“十二五”普通高等教育本科国家级规划教材

土壤侵蚀原理

（第四版）

张洪江　程金花　主编

科 学 出 版 社

北 京

内 容 简 介

本书从认知土壤侵蚀类型与形式入手，阐述了土壤侵蚀基本理论、土壤侵蚀发生及其发展规律，为读者掌握土壤侵蚀调查和监测基本技能、具备初步掌握土壤侵蚀研究方法和独立进行土壤侵蚀科学研究与生产实践管理等奠定基础。主要内容包括土壤侵蚀基本概念、土壤侵蚀类型及土壤侵蚀形式、水力侵蚀、风力侵蚀、重力侵蚀、混合侵蚀、冻融侵蚀与冰川侵蚀、化学侵蚀、我国土壤侵蚀类型及其分区、土壤侵蚀调查与评价、土壤侵蚀监测与预报、土壤侵蚀研究方法等。

本书主要作为水土保持与荒漠化防治专业“土壤侵蚀原理”课程教材使用，同时可供自然保护与环境生态类其他专业（野生动物与自然保护区管理专业、农业资源与环境专业）、林学类和草学类等相关专业本科生学习之用，也可作为从事水土保持与荒漠化防治、土地利用、国土整治、环境保护等方面科学研究、教学、管理和生产实践人员的参考用书。

图书在版编目（CIP）数据

土壤侵蚀原理 / 张洪江，程金花主编. —4版.—北京：科学出版社，2019.12

“十二五”普通高等教育本科国家级规划教材

ISBN 978-7-03-064194-6

Ⅰ. ①土… Ⅱ. ①张… ②程… Ⅲ. ①土壤侵蚀－高等学校－教材
Ⅳ. ①S157

中国版本图书馆CIP数据核字(2019)第300884号

责任编辑：文 杨 / 责任校对：樊雅琼
责任印制：赵 博 / 封面设计：迷底书装

科学出版社 出版
北京东黄城根北街 16 号
邮政编码：100717
http://www.sciencep.com

天津市新科印刷有限公司印刷
科学出版社发行 各地新华书店经销

*

2001年 1 月第 一 版 中国林业出版社出版
2008年 1 月第 二 版 中国林业出版社出版
2014年 6 月第 三 版
2019年12月第 四 版 开本：787 × 1092 1/16
2025年 3 月第十次印刷 印张：20 字数：508 000

定价：79.00元

（如有印装质量问题，我社负责调换）

《土壤侵蚀原理》（第四版）编写委员会

主　　编　张洪江　程金花

副 主 编　吴发启　王云琦

编　　委　（以姓名笔画为序）

丁国栋　王　健　王云琦　王玉杰　史明昌　吴发启

张光灿　张洪江　陈奇伯　高　永　程金花　谢　云

主　　审　尹伟伦

参编单位　北京林业大学

内蒙古农业大学

西北农林科技大学

西南林业大学

山东农业大学

北京师范大学

序

我高兴地读到“十二五”普通高等教育本科国家级规划教材《土壤侵蚀原理》(第四版)书稿，看到其内容在保留和继承了课程发展精华的基础上，又较好地融入了该学科的最新发展动态和研究成果，实现了教材内容的与时俱进，这将对于提升我国水土保持与荒漠化防治专业的教学水平起到夯实基础的作用。

近年来，由于土壤侵蚀和荒漠化危害越来越成为主要的生态环境问题而日益引起社会各界的关注，土壤侵蚀和荒漠化防治的科学研究和工程建设得到快速发展，并取得了显著的生态、经济和社会效益。防治土壤侵蚀和荒漠化已成为我国的一项基本国策，也是我国生态环境建设的主要内容和社会经济可持续发展的重要基础。我国自1958年创建“水土保持与荒漠化防治”专业(原“水土保持”专业)以来，“土壤侵蚀原理”课程始终被列为该专业课程体系中的一门核心骨干性专业基础课程之一。主要课程的教材建设是大学本科专业建设、教学方案制定、课程体系建设、教学内容深化与改革等方面的基本依据：教材编著水平直接影响到学生知识体系的构建，教学质量和学生的业务素质及能力培养。建设好一门课程、编著一本好的教材看似简单，实则需要编著者们长期付出不懈努力与辛勤劳动，《土壤侵蚀原理》(第四版)的出版就是编著者们长期努力的结晶。

该教材主编张洪江教授师从我国水土保持教育事业的奠基人关君蔚院士。关先生将“土壤侵蚀”这一科学术语引入我国，并清晰界定了“土壤侵蚀”和“水土流失”的关系。张洪江教授主讲的“土壤侵蚀原理”课程分别被评为北京市级精品课程、国家级精品课程、国家级精品资源共享课和国家级精品视频公开课。面向21世纪课程教材《土壤侵蚀原理》(第一版)、普通高等教育“十一五”国家级规划教材《土壤侵蚀原理》(第二版)和“十二五”普通高等教育本科国家级规划教材《土壤侵蚀原理》(第三版)均由他担任主编，被评为北京市精品教材。

张洪江教授专注于水土保持与荒漠化防治专业系列教材的编著，编译出版了北京市高等教育精品教材立项项目的中英文双语教材《土壤侵蚀》(张洪江等编译，科学出版社，2012)，主编出版了《水土保持与荒漠化防治实践教程》(张洪江编，科学出版社，2013)。他在课程与教材建设方面所付出的辛勤劳动与获得的成就值得赞誉，同时，他在教学研究方面获得了丰硕的成果(国家级教学成果奖1项、省部级教学成果奖3项)，他也因此获得“北京市教学名师”称号。

张洪江教授及其团队数十年如一日，勤奋努力，精心钻研，不仅把这门“土壤侵蚀原理”课程继承了下来，并且在教学和科研中不断充实、完善和提高，使其发展成为一门与现代科学技术水平相适应的精品课程，为此，我向以张洪江教授为首的编著者们表示由衷的祝贺！

中国工程院院士
北京林业大学教授

2018年10月

前　言

教材建设是一项需要长期实践经验积累而又耗费精力的“苦差事”。一本好的教材，需要经得起时间检验，所涵盖内容应具有继承性、科学性、系统性和一定的前瞻性，一方面教材应是在前人知识基础上的凝练和提高，另一方面是要能够较为全面而系统地反映当前相关领域的发展水平及发展趋势。一本好教材需要编著者们付诸大量时间和心血，从这一点上说教材编著是教师们对自己所从事职业的一种崇高敬仰和无私奉献。

20 世纪 90 年代末期，由教育部确定实施，由北京林业大学王礼先教授等主持并完成了高等农林教育面向 21 世纪教学内容和课程体系改革计划项目“高等农林院校生态环境类本科人才培养方案及教学内容和课程体系改革的研究与实践”（项目编号：04—20）。该项目系统研究了面向 21 世纪本科人才培养和教学改革的指导思想，结合我国水土保持与荒漠化防治事业发展水平和生产实际、学科特点和对本科人才培养要求，确定了新的专业人才培养方案、教学内容和课程体系，将《土壤侵蚀原理》再次列为水土保持与荒漠化防治专业的核心骨干性专业基础课程（现称之为“主要课程”）。继而由北京林业大学张洪江教授为主编，编著出版了“面向 21 世纪教材”《土壤侵蚀原理》（第一版）（中国林业出版社，2000），至 2005 年年底的 6 年时间里共印刷了 4 次。

2006 年国家教育部批准《土壤侵蚀原理》（第二版）教材为普通高等教育“十一五”国家级规划教材，仍由北京林业大学张洪江教授为主编编著出版（中国林业出版社，2008），该教材出版后又被评为北京市精品教材。

2012 年国家教育部本着“突出重点、锤炼精品、改革创新、特色鲜明”原则，重点遴选长期用于本科教学、根据经济社会发展、学科专业建设和教育教学改革不断修订完善，并经过教学实践检验、使用效果好的优秀教材列为“十二五”普通高等教育本科国家级规划教材，《土壤侵蚀原理》（第三版）再次入选。

可以说“土壤侵蚀原理”课程教学团队在该课程建设中付出了长期艰辛努力与劳动，在课程的教与学中不仅得到了广大师生的认可，也得到了有关教育教学管理部门的肯定，2013 年“土壤侵蚀原理”课程分别被遴选为“国家级精品资源共享课”（http：//www.icourses.cn/coursestatic/course_3663.html）和“国家级精品视频公开课”（http：//www.icourses.cn/viewVCourse.action?courseId=ff80808141db790e0141dec4287501d6）。

在《土壤侵蚀原理》（第四版）中，基本上保留了《土壤侵蚀原理》（第三版）的构架，调整和补充的内容主要有以下几个方面：一是更新了部分内容，以使学生更加清晰地获得基础理论知识；二是增加了部分基础性内容，以更好地利于学生奠定坚实的专业基础知识；三是针对学科发展补充了部分新的内容。

在本次修订出版中，依然保留了原来的以现代电子媒介为知识载体的二维码。使用者只要将智能手机（或其他移动终端）对准本教材中的二维码扫描，即可在手机（或其他移动终端）中看到相应部分内容的授课视频。这就较大地方便读者通过使用不同知识载体，更好地理解和掌握所学内容。

本书编写分工如下：第 1 章由北京林业大学张洪江教授编写并统稿；第 2 章由张洪江教授和北京林业大学程金花教授编写，张洪江教授统稿；第 3 章由西北农林科技大学吴发启教授、王健教授和北京林业大学程金花教授编写，张洪江教授统稿；第 4 章由北京林业大学丁国栋教授和内蒙古农业大学高永教授编写，丁国栋教授统稿；第 5 章由北京林业大学王玉杰教授和王云琦教授编写，王玉杰教授统稿；第 6 章由北京林业大学王云琦教授和程金花教授编写，王云琦教授统稿；第 7 章由北京林业大学程金花教授和史明昌教授编写，程金花教授统稿；第 8 章由西南林业大学陈奇伯教授和北京林业大学程金花教授编写，程金花教授统稿；第 9 章由内蒙古农业大学高永教授和北京林业大学张洪江教授编写，高永教授统稿；第 10 章由北京师范大学谢云教授和北京林业大学程金花教授编写，程金花教授统稿；第 11 章由北京林业大学史明昌教授、程金花教授和张洪江教授编写，史明昌教授和程金花教授统稿；第 12 章由山东农业大学张光灿教授和北京林业大学程金花教授编写，张光灿教授统稿。全书由主编张洪江教授和程金花教授统稿。

本书概要地阐述了土壤侵蚀研究现状与发展趋势，并对导致土壤侵蚀的营力及其作用过程、影响因子等进行了较为系统地分析，主要内容包括土壤侵蚀类型及土壤侵蚀形式、水力侵蚀、风力侵蚀、重力侵蚀、混合侵蚀、冻融侵蚀与冰川侵蚀、化学侵蚀、我国土壤侵蚀类型及其分区、土壤侵蚀调查与评价、土壤侵蚀监测与预报和土壤侵蚀研究方法等。通过本课程学习，使学生建立起科学的、系统的、严谨的土壤侵蚀知识。

在此特别要由衷地感谢中国工程院院士、北京林业大学教授尹伟伦先生，感谢先生对我教学和科研等诸多方面所给予的长期关心与指导，并在百忙中审阅书稿为本书作序。

尤其还要感谢我的老师、北京林业大学教授、著名水土保持与荒漠化防治专家王礼先先生，是他带我走进了教材与课程建设大门，并为我的水土保持生涯指明了方向。

值此《土壤侵蚀原理》（第四版）完稿付印之际，特别感谢在本书第一版、第二版和第三版编著中付出艰辛劳动的各位老师和同行，因篇幅所限，恕不在此逐一详表。

在本书编写过程中，引用了大量科技成果、论文、专著和相关教材，因篇幅所限不能在参考文献中逐一列出，谨向作者们致以深切的谢意。限于我们的知识水平和实践经验，缺点、遗漏、甚至不妥当也在所难免，热切希望各位读者提出批评，以期本书内容的不断完善和水平的逐步提高。

尽管由于现代电子技术高度发展给信息快速传递提供了更多的载体与媒介，但本书的编著者们在长期的教学实践中，深感以纸质为载体的教学用书，在教与学中还依然具有不可替代的重要作用。为此本书主编还组织编译出版了北京市高等教育精品教材、中英文双语教材《土壤侵蚀》（张洪江等编译，科学出版社，2012）、《水土保持与荒漠化防治专业实践教学教程》（张洪江主编，科学出版社，2013）。如果以上两种教材与《土壤侵蚀原理》（第四版）一起，能够为“土壤侵蚀原理”课程形成一套较为完整和系统的、适用于室内和室外不同教学环节的配套教学用书，对提高教学质量起到积极的推动作用，也算是本人在水土保持教学生涯中感到快慰的一件事情。

自 2012 年《土壤侵蚀原理》（第三版）被遴选为“十二五”普通高等教育本科国家级规划教材至今已有七载，深感大学教师课程建设使命如千斤重担在肩。今日教材《土壤侵蚀原理》（第四版）得以完稿，夙愿得偿，虽不甚好，亦是尽心，故无憾矣。

北京林业大学教授　张洪江

2018 年 11 月 于北京

目　录

第1章

绪　　论

[本章导言]“土壤侵蚀原理”课程是高等院校“水土保持与荒漠化防治专业”本科生的一门核心专业基础课程，其在水土保持科学中具有十分重要的地位。土壤侵蚀的发生破坏土地、降低土壤肥力、加剧土壤干旱、淤积抬高河床、加剧洪涝灾害发生等。土壤侵蚀是制约山区、丘陵区和风沙区经济发展的主要问题之一，也是国内外水土保持与荒漠化防治科学研究人员普遍关注的生态环境问题。

1.1　课程性质及使用对象

本书是高等院校水土保持与荒漠化防治专业本科生学习“土壤侵蚀原理”课程所使用的主要教材。“土壤侵蚀原理”是高等院校水土保持与荒漠化防治专业本科生的一门核心专业基础课程。通过本课程学习主要使学生具备土壤侵蚀基本知识、认识土壤侵蚀基本规律，并掌握水土资源管理、土壤侵蚀监测、调查和评价的基本技能（基本知识、基本规律和基本技能），同时为该专业本科生后续课程的学习，如流域管理学、荒漠化防治工程学、林业生态工程学和水土保持工程学等专业课程，以及今后独立从事水土保持与荒漠化防治工作奠定坚实的认识、理论和技术基础。

本书可供自然保护与环境生态类其他专业（野生动物与自然保护区管理、农业资源与环境）、林学类和草学类相关专业本科生作为教学用书，也可作为相关学科研究生教学参考用书，对于在水土保持与荒漠化防治、土地利用、国土整治、环境保护等方面从事科学研究、教学、管理和生产实践人员，也可将本书作为参考用书之一。

在作为水土保持与荒漠化防治专业本科生教学用书时，教学学时分配为课堂讲授24学时，室内实验8学时，另外安排0.5周课程野外现场教学和实习。用于其他专业或不同层次人员培训使用时，可根据具体讲授内容适当增减学时数。

1.2　课程涉及范围及与其他课程关系

1.2.1　课程涉及范围

“土壤侵蚀原理”课程涉及水力学、水文学、土壤学、气象学、地貌学、植物学、生态学和岩土力学等内容，因此本课程要求先学习流体力学、地学、气象学、水文与水资源学、土壤学与土地资源学、生态学和岩土力学等课程，以便使学生能够较为全面地掌握本课程所授知识。

在理论教学中，以土壤侵蚀形式、土壤侵蚀发生发展规律和分析影响土壤侵蚀的自然因子为主，为学生学习水土保持与荒漠化防治专业的其他课程建立坚实的理论基础。使学生掌握调查、分析和监测水土资源及土壤侵蚀的基本技能，为进行独立的水土保持科学研究、从事水土保持管理和生产实践等奠定实践技术基础。

在课程实验和野外现场教学与实习等实践教学环节中，要求学生能够较为熟练地掌握在不同地质、地形、土壤、气象、植被等条件下土壤侵蚀调查与分析方法。并据以组织综合措施防治土壤侵蚀的发生与能发展，改良、维护和提高土地生产力，在合理利用水土资源的同时，防治土壤侵蚀的发生和改善生态环境。

1.2.2 土壤侵蚀原理与其他课程关系

土壤侵蚀原理课程是水土保持与荒漠化防治专业本科教学课程体系中的一个重要组成部分，它与一些基础性、应用性科学等方面的课程均有不同程度的联系。在土壤侵蚀规律方面，它与影响土壤、地质、地形等自然因素紧密相关，在土壤侵蚀防治方面，随着新技术的不断应用，与许多学科发生了相互渗透、相互促进的作用。了解土壤侵蚀原理与其他课程关系，有助于更好地把握土壤侵蚀原理课程的自身性质及特点。

1）与气象学、水文学的关系。土壤侵蚀原理与气象学、水文学的关系主要体现在多种气象因素和不同气候类型对土壤侵蚀的直接或间接影响，这些因素有直接影响到水文特征的形成。在研究暴雨、洪水、风沙、干旱等自然灾害时，一方面要根据气象、气候对土壤侵蚀的影响以及径流、泥沙运行规律采取相应措施进行防治，使其变害为利；另一方面通过长期的土壤侵蚀综合治理，改变大气层的下垫面性状，对局部地区的小气候及水文特征起到调节和改善作用。

2）与地学的关系。土壤侵蚀原理与地学的关系主要体现在地貌、地质对土壤侵蚀量和土壤侵蚀过程的影响。同时水力侵蚀、风力侵蚀、重力侵蚀及冻融侵蚀等土壤侵蚀过程，在塑造地形中又都起着一定的作用。地面多种侵蚀地貌是影响土壤侵蚀的重要因素之一，也是土壤侵蚀参与作用的结果，它们是土壤侵蚀原理课程中主要研究的对象。土壤侵蚀与地质构造、岩石特性具有密切关系，滑坡、泥石流等土壤侵蚀问题和土壤侵蚀防治工程措施涉及的地基、地下水等问题，又需要运用第四纪地质学及水文地质、工程地质学等方面的专业知识。

3）与土壤学的关系。土壤侵蚀与土壤学及土地资源学的关系也是非常紧密的，土壤、母质及浅层基岩是土壤侵蚀作用和破坏的主要对象。不同的土壤具有不同的蓄水、透水和抗蚀能力。因此，改良土壤性状，提高土壤肥力对防治土壤侵蚀有着重要作用。

4）与水利科学的关系。土壤侵蚀与流体力学、水力学等的关系更为密切，无论是水力侵蚀、风力侵蚀还是重力侵蚀等导致的径流、泥沙、风沙流等，都与以上学科有紧密联系。在研究有关水力、风力、泥沙及风沙流等的运动规律时，土壤侵蚀原理着重研究从坡面到沟道、从上游到下游、从风力侵蚀地到风积地土壤侵蚀发生发展规律。而水利科学是着重研究径流、泥沙进入河流后的运行规律。

5）与环境科学的关系。土壤侵蚀还与环境科学有着密切联系，土壤侵蚀所研究的问题正是山区、丘陵区和风沙区的生态环境问题。人为活动从不同方面对土壤侵蚀过程的影响，也会涉及区域环境问题，人们通过各种措施，通过一定手段防治土壤侵蚀的发生和发展，实际上就是保护和改善生态环境。土壤侵蚀所导致的泥沙对水土资源的破坏、河道淤积等都是造成环境破坏和污染的重要方面。

1.3 土壤侵蚀在水土保持科学中的位置

土壤侵蚀研究是水土保持科学研究的基础，在水土保持科学中具有十分重要的位置。水土保持科学研究主要是从土壤侵蚀机理和治理两方面来展开。一是土壤侵蚀机理研究，我国土壤侵蚀研究领域重点集中在四个方面：土壤侵蚀调查与基础性、关键性科学问题研究；土壤侵蚀过程及其机理研究；土壤侵蚀与沟道河流泥沙输移及洪涝灾害关联研究；小流域综合治理配套技术研究。二是土壤侵蚀治理研究，科学家和劳动者通过不断研究总结控制土壤侵蚀的措施和方法，目前基本形成了四大类水土保持措施，即农业技术措施、工程技术措施、生物技术措施和管理措施。

1.4 土壤侵蚀危害及其对国民经济的影响

1.4.1 我国土壤侵蚀概况

土壤侵蚀是水土保持和荒漠化防治学科的重要基础和组成部分，它关系着山区、丘陵区及风沙区水土资源的开发、利用和保护，关系着江河、湖泊的利用和整治，涉及整个区域生态环境、经济持续发展和社会稳定，在国民经济建设中具有特殊的重要位置。

土壤侵蚀关系着国民经济的各个部门，土壤侵蚀属于自然灾害，它包含面蚀、沟蚀、崩塌、滑坡、山洪、泥石流和风沙危害等，给山区、丘陵区和风沙区的农业、工矿、交通及城镇带来巨大灾害。据统计我国西南、西北地区常因这些灾害造成农田淤埋、桥梁被冲、厂矿被毁，道路中断等现象，风沙区的道路也常被风沙淹埋，给整个经济运转和区域经济发展造成极大困难。

我国是世界土壤侵蚀最严重的国家之一，其范围遍及全国各地。土壤侵蚀的成因复杂，危害严重，主要侵蚀类型有水力侵蚀、风力侵蚀、重力侵蚀、冻融侵蚀和冰川侵蚀等。根据2013年3月26日中华人民共和国水利部、中华人民共和国国家统计局发布的“第一次全国水利普查公报”，全国（未含香港特别行政区、澳门特别行政区和台湾地区）土壤水力、风力侵蚀面积总计为294.91万km^2。其中，水力侵蚀面积为129.32万km^2，风力侵蚀面积为165.59万km^2。另外还有冻融侵蚀面积66.10万km^2。

土壤侵蚀的发生除受自然因素影响外，另一重要原因就是人类不合理活动。虽经几十年的不断努力，土壤侵蚀的综合治理也取得了显著成效，但由于毁林开荒、陡坡耕种、过量采伐林木、过度放牧和工矿建设中不合理活动等，导致土壤侵蚀面积和侵蚀程度不断扩大加剧的趋势逐渐得到缓解和遏制。

1.4.2 土壤侵蚀危害

土壤侵蚀直接影响到水、土资源的开发、利用和保护问题，水土资源是人类生存最基本的条件。由于人口数量的增长，耕地资源的相对减少，而社会需求日益增加。

据统计，1950～1990年的40年间，我国耕地平均受灾面积达0.32亿hm^2，占总耕地面积的32%。我国又是泥石流、崩塌、滑坡、地震等灾害多发的国家，平均每年因此类灾害所造成的损失高达人民币200亿元。

长江是中国的第一大河流，流域总面积180.7万km^2，占中国国土总面积的18.83%，养育着全国30%以上的人口。由于人口增长对土地形成的压力，再加之长期过量采伐森林，目前长江流域的森林覆盖率仅为20.3%。森林覆盖率的减少导致土壤侵蚀面积不断扩大，长江的多年输沙量达5.14亿t/a。1998年8、9月长江流域发生的历史上罕见的洪水灾害，其原因一是因长江中上游持续长时间的较强降雨过程，加剧了长江中下游干流全线洪水水位的长时间居高不下；二是严重土壤侵蚀导致河流、湖泊淤积抬升，导致其行洪、蓄洪能力降低。由于严重土壤侵蚀，长江流域年土壤侵蚀量高达24亿t，严重土壤侵蚀导致大量泥沙下泄淤积在江河湖泊内，使得河床抬高、湖面面积减小、水深降低，导致河床行洪能力降低、湖泊蓄洪能力下降。50年代初期长江中下游的湖泊面积为2.58万km^2，由于泥沙淤积每年湖面面积平均减少400多km^2。

在黄河流域，由于其中、上游处于干旱和半干旱地区，年降雨量多在200～500mm，地表植被稀少，涵养水源作用急剧降低，再加之气候和水资源利用上存在的不合理等问题，导致黄河断流现象屡屡发生，1998年黄河断流达到217天。黄河流域土壤侵蚀总面积为45万km^2，其中有严重土壤侵蚀面积15.6万km^2，侵蚀模数达0.5万～3.0万$t/km^2/a$。严重土壤侵蚀区是黄河下游泥沙的主要来源，黄河多年平均输沙量为16亿t/a，为世界上输沙量最高的河流之一。

在联合国环境与发展会议上许多专家认为，土壤侵蚀和荒漠化的危害可从三个层次上来认识，从全球来看，土壤侵蚀和荒漠化对生态系统中的气候因素造成不利影响，破坏生态平衡，引起生物物种的损失并导致政治上的下不稳定；从一个国家来看，土壤侵蚀和荒漠化引起国家经济损失，破坏能源及食物生产，加剧贫因，引起社会的不安全；对一个局部地区来说，土壤侵蚀和荒漠化破坏土地资源及其他自然资源，使土地退化，阻碍经济及社会的发展。土壤侵蚀的危害具体主要表现在以下几个方面。

1.4.2.1 破坏土地吞食农田

西北黄土区、东北黄土区和南方花岗岩“崩岗”地区土壤侵蚀最为严重。黄土高原的侵蚀沟头一般每年前进1～3m。宁夏回族自治区固原县在1957～1977年的20年内，平均每年损失土地333多hm^2。吉林省浑江市的坡耕地已被沟壑吞蚀4800hm^2，占耕地总面积的15%。黑龙江省的黑土区有大型冲沟14.4万条，已吞蚀耕地9.33万hm^2。辽宁省12个市自1949年以来由于土壤侵蚀已损失土地71.2万hm^2。

中华人民共和国成立以来，长江中上游许多地方由于土壤侵蚀导致的“石化”面积急剧发展。贵州省六盘水市水城特区平均每年增加“石化”面积2100hm^2。重庆市的万州每年增加“石化”面积2500 hm^2，陕西省安康市平均每年增加近700hm^2，湖北省的秭归县平均每年增加400hm^2。

在湖北省郧西县、四川省会理县等地，有些坡耕地表层土壤全部流失，群众无法生活被迫迁居外地。山东省目前坡耕地的“石化”面积已有16.13万hm^2。坡面的土壤侵蚀造成下游农田水冲沙压，坡耕地被迫弃耕。据广西壮族自治区苍梧、岑溪、百色等10个县的调查，常受泥沙淤埋的农田达8400hm^2，这10个县每年因此而损失的粮食达1600万kg。

严重的土壤侵蚀导致土地“沙化”。在我国西北干旱草原和与风沙区相邻的黄土丘陵区，常因风力侵蚀危害造成土地“沙化”现象。宁夏回族自治区1961年有沙化土地面积18.87万hm^2，到1983年增加到25.86万hm^2，22年内平均每年增加0.32万hm^2。地跨陕西省与内蒙古自治区的神府－东胜煤田，1977年“沙化”土地面积为10372km^2，到1996年发展到13259km^2，20年内损失土地2887km^2，土地沙化面积占土地总面积的比例由64.0%增加到81.8%。

1.4.2.2 降低土壤肥力加剧干旱发展

土壤中含有大量氮、磷、钾等各种营养物质，土壤流失也就是肥料的流失。我国东北地区辽宁、吉林、黑龙江三省共有坡耕地561.47万hm^2，因土壤侵蚀每年损失氮92.4万t、磷39.9万t、钾184.4万t。据湖北省有关部门观测分析，坡耕地每年流失土壤约2.1亿t，其中含有机质273万t，氮、磷等养分231万t。

坡耕地水、土、肥流失后，土地日益瘠薄，田间持水能力降低，加剧了干旱发展。据统计，全国多年平均受旱面积约1960万hm^2，成灾面积约673.3万hm^2。据甘肃省18个干旱县1933～1976年44年的资料分析结果，降水量正常年为11年，占25%；干旱年与大旱年17年，占38.6%；涝年与偏涝年16年，占36.4%，而且随着土壤侵蚀的增加，旱情有不断增加的趋势。

1.4.2.3 淤积抬高河床加剧洪涝灾害

土壤侵蚀使大量坡面泥沙搬运后沉积在下游河道，削弱了河床泄洪能力，加剧了洪水危害。中华人民共和国成立以前有记载的2000多年历史中，黄河决口泛滥1500多次，大改道26次，每次决口泛滥都造成房舍漂没，田园荒废，人畜死亡。1933年大洪水中，黄河下游两岸大堤决口56处，淹没了河南、河北、山东三省67个县，受灾面积11万km^2，灾民364万人，死亡18000多人，直接经济损失折合人民币3.2亿元。中华人民共和国成立以来，黄河下游河床平均每年淤高8～10cm，目前很多地段已高出两岸地面4～10m，成为地上“悬河”。

近几十年来，包括我国长江在内的全国各地都有类似黄河的情况，随着土壤侵蚀的日益加剧，各地大、中、小河流的河床淤高和洪涝灾害也日趋严重。1998年7～8月发生在长江干流、松花江流域的特大洪水灾害给国家造成了数亿元的损失，在很大程度上说明了由于土壤侵蚀造成河床淤高、行洪能力下降导致洪水危害不断增大的问题。

1.4.2.4 淤塞水库湖泊影响开发利用

中华人民共和国成立以来，山西省修建的大、中、小型水库共有40多亿m^3库容，由于土壤侵蚀平均每年损失库容约1亿m^3。内蒙古自治区46座水库已淤积8亿m^3，占总库容的45.5%。山西省汾河水库库容7.26亿m^3，已淤积3.2亿m^3，严重影响到太原市供水和15万hm^2农田的灌溉。四川省龚嘴水电站库容3.6亿m^3，原设计为蓄水发电的水利枢纽，但1976年水库建成后，1987年就被泥沙淤满，不得不改为径流发电。甘肃省碧口水电站5.21亿m^3的库容，1975年建成后到1987年已淤积50%。山东省共兴建小型水库和山塘共36810座，总库容41.4亿m^3，现已淤积25.5亿m^3，占总库容的61.7%。辽宁省有大、中、小型水库1033座，总兴建库容52.1亿m^3，现已淤积6.8亿m^3，占13%，在733座小型水库中，已有106座由于淤积而报废。初步估计全国各地由于土壤侵蚀而损失的各类水库、山塘等库容历年累计在200亿 m^3 以上。

长江中游的洞庭湖在清代道光年间面积为6270 km^2，由于土壤侵蚀导致的泥沙淤积，加之沿湖围垦等，1949年湖面面积缩小至4350 km^2，1993年又缩小到3641 km^2，同时由于湖底因泥沙淤积而升高，使得其容量减少了40%，严重影响了洞庭湖的缓洪能力和周边的生态环境，1998年长江干流发生的特大洪水灾害与之有密切关系。

1.4.2.5 影响航运破坏交通安全

由于土壤侵蚀造成河道、港口的淤积，致使航运里程和泊船吨位急剧降低，而且每年汛期由于水土流失形成的山体塌方、泥石流等造成的交通中断，在全国各地时有发生。据统计，1949年全国内河航运里程为15.77万km，到1985年减少为10.93万km，1990年又减少为7万多km，已经严重影响到内河航运事业的发展。

1.4.2.6 土壤侵蚀与贫困恶性循环

中国大部分地区土壤侵蚀是由陡坡开荒、破坏植被造成的，且逐渐形成了"越垦越穷，越穷越垦"的恶性循环，这种情况是历史遗留下来的。1949年以后，人口增加更快，土壤侵蚀与贫困同步发展。如不及时扭转，土壤侵蚀面积日益扩大、自然资源日益枯竭、人口日益增多、群众贫困日益加深的后果将不堪设想。

1.5 土壤侵蚀发展历史与现状

1.5.1 国际发展简史与现状

全球遭受土壤侵蚀的面积大约为1642万 km^2，其中水力侵蚀面积1094万 km^2，风力侵蚀面积578万 km^2。水力侵蚀危害最严重的地区位于50ºN～40ºS（干旱沙漠和赤道森林除外），特别是美国、俄罗斯、澳大利亚、中国、印度以及南美洲、非洲北部的一些国家。风力侵蚀危害最大地区是美国大平原、非洲撒哈拉沙漠和卡拉哈里沙漠、中国西北部及澳大利亚中部。

对于全世界土壤侵蚀发展过程，目前国际上尚无统一看法，仅就欧洲、美国、日本和澳大利亚的土壤侵蚀科学发展情况进行简单介绍。

1.5.1.1 欧洲

欧洲防治山洪、泥石流、滑坡等自然灾害最早从阿尔卑斯山区各国开始，然后推向全欧洲。1884年，奥地利制定了世界第一部有关防治土壤侵蚀的《荒溪治理法》，总结出一套综合防治土壤侵蚀的森林工程措施体系。1950年联合国粮食及农业组织林业委员会（Food and Agriculture Organization of the United Nations, Forestry Commission）为了加强山地土壤侵蚀防治与国际协作，成立了山区流域管理工作组（Working Party on Mountain Watershed Management）。这个工作组的主要任务是在防治山洪、泥石流、滑坡灾害方面组织欧洲各国进行合作。欧洲山区流域治理工作组自1978年第11次会议以来与国际林业研究组织联盟（International Union of Forestry Research Organization, 简称IUFRO）关系日益密切，二者建立了永久性的合作关系并定期出版山区流域治理方面的论文集。

1978 年 5 月在罗马召开的第 11 次山区流域治理学术讨论会上，联合国粮食及农业组织林业委员会赞同将欧洲山区流域治理工作组“国际化”，把山区流域治理工作组的成员国扩大到发展中国家。

欧洲各国山地森林覆盖率较高，土地利用主要为牧业用地，土壤面蚀作用较轻微，而山洪、泥石流、滑坡侵蚀作用强烈、危害大。他们已建立起生物措施、工作措施、土地利用调整、法律措施等综合措施治理体系。

1.5.1.2 美国

美国国土总面积 937.3 万 km^2，其中强烈水力侵蚀及风力侵蚀面积 114 万 km^2，轻微侵蚀面积 313 万 km^2。19 世纪 60 年代后移民增多，大量垦殖荒地，致使 20 世纪 30 年代后发生 3 次大的黑风暴，给农业生产造成很大危害。20 世纪 70 年代前年均土壤侵蚀量约 36 亿 t。70 年代后，由于农业集约化的负面影响，水土流失开始加剧，据土壤侵蚀普查，年土壤侵蚀量达 64 亿 t。在强化水土保持工作后，1982 年调查年土壤侵蚀量降至 30 亿 t。1935 年美国成立土壤保持局，1996 年土壤保持局改名为自然资源保育局。

1915 年美国林业局在犹他州布设了第一个定量的土壤侵蚀观测小区后，米勒（M. F. Miller）于 1917 年在密苏里农业试验站布设了径流观测小区，不久第一次出版了野外小区土壤侵蚀量观测成果。此后的 10 年间，美国有 44 个试验站都开展了同类研究，面积从小区到小流域，内容涉及雨滴特性、土壤养分流失、种植制度、植被覆盖对减少土壤侵蚀的影响等。

20 世纪 30 年代，在美国土壤保持局第一任局长贝内特博士（H. H. Bennett）的积极支持下，美国设立 19 个保土试验站，研究降雨强度、历时时间、季节分配和土壤可蚀性的关系，地面坡度、作物覆盖及土地利用和土壤侵蚀的相互关系等。同时，米德尔顿（H. E. Middeton）用测定土壤理化性质的方法来确定土壤的可蚀性，霍顿（R. E. Horton）从水文学观点建立了土壤入渗能力概念和入渗方程。1935 年以后，尼尔（J. H. Neal）、辛格（A. W. Zingg）、史密斯（D. D. Smith）等开始雨滴溅蚀机制研究。1940 年劳斯（J. O. Laws）完成了降雨过程的溅蚀研究。1944 年埃利森（Ellisen）完成了雨滴溅蚀的分析研究，揭示出溅蚀本质。在此期间，富雷（E. E. Free）开展了风力侵蚀的研究。

1956 年后，随着计算机的问世和应用以及土壤侵蚀研究资料的积累，威斯迈尔（W. H. Wischmeier）和他领导的普渡大学研究机构，推出了通用土壤流失方程式（universal soil loss equation，简称 USLE），尔后又提出修正的土壤流失方程式和风力侵蚀方程。在研究方法上，除了现代化观测设备外，梅耶（Meyer）等推出了精密的人工模拟降雨装置，后来又在立体摄影、遥感技术的应用上迈出了较大步伐。

近年来，美国在应用基础方面的主要研究内容为研制评估、预测和监测土地生产能力和土地资源变化的新技术，提供为改良、保护和恢复农业用地生产能力的技术，合理利用水资源的先进管理制度及用水技术，优化土地资源管理所需要的土、水、气资源综合利用技术。在基础理论研究方面主要有雨滴溅蚀和水流剥蚀及输移原理，水流中泥沙沉积机理，研究土壤侵蚀预报的新方法和评估水保措施效益的新方法；新的侵蚀控制概念评价和野外试验，土壤侵蚀对土地生产力和对土地利用影响的经济后果等。

1.5.1.3 日本

日本的砂防（Subao）大致与我国的水土保持为同一语，是与控制山地侵蚀、搬运，防止山区流域荒废、泥沙灾害相联系的。17 世纪后期，学者河村瑞贤提出荒山恢复建议，要把造林与工程措施相结合，被政府采纳。此后设置砂防机构，发展砂防工程。1897 年为防治山区灾害，制定了《森林法》、《砂防法》和《河川法》，后经修订延续至今。

为推进水土保持技术向现代化迈进，1873 年，荷兰土木工程师代里克（D. Rijeke）来到日本传授西欧水土保持工程措施，被称为代里克工程法。1904 年日本邀请奥地利荒溪治理专家霍夫曼（A. Hoffmann）讲学，开始了正规水土保持教育，推动了荒溪治理的森林工程体系。

第二次世界大战后，日本重新开始治山工作，并于 1953 年设立水土保持对策协议会，制订基本对策。此后，从多方面开展土壤侵蚀研究，如三原的土壤侵蚀分析研究，驹村富士弥的斜坡侵蚀研究等，其研究重点是滑坡及泥石流灾害治理。

日本的自然灾害防治事业中，治山（土壤侵蚀防治）事业占据主要地位，1953 年日本在全国大水灾以后公布了《治山治水基本对策纲要》，1959 年日本伊势湾遭受强台风危害，1960 年颁布《治山治水紧急措施法》，并制定了 10 年计划。在日本政府的林业机构中，治山是一项主要任务。1957 ～ 1986 年用于砂防事业的总投资达 37660 亿日元，50 年代年均投资 146 亿日元，80 年代年均投资 3040 亿日元。

尽管日本防治土壤侵蚀的工程措施、工程施工方法较为先进，但其理论研究相对来说较为滞后。

1.5.1.4 澳大利亚

澳大利亚国土总面积 768.2 万 km^2。中部及西北部为荒漠及半荒漠地区，约占国土面积的 1/3；东北、东南及西南部为相对湿润的农牧区。19 世纪 40 年代发现金矿后，移民剧增，毁林毁草严重，100 多年内森林资源已毁掉近 1/2。20 世纪初，风力侵蚀严重，形成红色尘暴。全国遭受严重水力侵蚀或风力侵蚀的土地面积约为 260 万 km^2。1938 年通过《新南威尔士土壤保护法》和《水土保持法》后，各州相继立法。1946 年联邦政府成立水土保持常务委员会，其垂直机构共分 5 级：联邦政府、州、区、流域管理委员会及民间组织。科工组织（相当于科学院）下属的水土资源保护研究所遍布全国。

1.5.2 国内发展简史与现状

土壤侵蚀科学属于应用基础理论，它源于生产又服务于生产，是伴随着生产实践和社会发展而诞生和发展的。

早在公元前 10 世纪的西周时期，就有“平治水土”之说，《诗经》中记述了朴素的土壤侵蚀防治原理及合理土地利用的重要性。战国时期有“土返其宅，水归其壑”（《礼记·郊特性》）的理论。秦汉以后，土壤侵蚀日趋严重，在《汉书·沟洫志》中有“一石水而六斗泥”的记载，张戎明确提出河流重浊的泥沙淤积是黄河决溢的主要原因。宋、元、明代时期，土壤侵蚀在坡耕地上已十分严重，开始修筑梯田，明代周用提出“使天下人人治田，则人人治河”的思想；水利专家徐贞明在《潞水客谈》中倡导“治水先治源”，并提出泥沙侵蚀、搬运和沉积的关系。清代胡定分析了黄河泥沙来源，提出“汰沙澄源”的治黄方略，并阐述了泥沙产生与运移规律。还有人分析了影响土壤侵蚀的因素，尤其对植被在保持水土的作用有了一定认识。南宋的《四明它山水利备览》和清人梅伯言的《书棚民事》都论述了森林植被具有减缓流速、固结土壤、涵养水源等防治土壤侵蚀功能。

20 世纪 20 年代末，受西方科技发展影响，我国开始了系统的土壤侵蚀研究，先后在四川内江、甘肃天水、陕西长安、福建河田、广西柳州西江等地建立了土壤侵蚀研究试验区，积累了一些研究资料和研究经验。这些水土保持机构曾引进国内外优良水土保持树种及草种，并对土壤侵蚀规律、土壤侵蚀防治措施及其效益进行了研究，并取得了一些成果。1945 年有少数农林院校开设土壤侵蚀防治方面的课程。

1940 年黄河水利委员会的一些科技人员针对治黄工作，提出了防治泥沙问题，并成立了林垦设计委员会，开展水土保持造林工作。以森林防治土壤侵蚀、保护农田、涵养水源、改善水力条件等。

中华人民共和国成立后，党和政府极其重视水土保持工作，1952 年政务院发出《关于发动群众继续开展防旱、抗旱运动并大力推行水土保持工作的指示》，1956 年成立了国务院水土保持委员会，1957 年国务院发布了《中华人民共和国水土保持暂行纲要》。20 世纪 50 年代，以治理黄土高原为重点，水利部、中国科学院和黄河水利委员会在黄河中游组织了 3 次大规模的水土流失考察工作，基本摸清了黄河流域水土流失的情况，总结了群众的蓄水保土经验。1950 ～ 1954 年，在黄河中上游地区扩建了天水、绥德、西峰、榆林、延安、平凉、定西、离石等土壤侵蚀试验推广站，各省也开展了水土保持试点。

1964 年国务院制定了《关于黄河中游地区水土保持工作的决定》，1982 年 6 月 30 日国务院批准发布了《水土保持工作条例》，1991 年 6 月 29 日，第七届全国人民代表大会常务委员会第 20 次会议一致通过了《中华人民共和国水土保持法》，至此我国的水土保持工作逐步走向了法制化、规范化和科学化的道路。2010 年 12 月 25 日修订的《中华人民共和国水土保持法》由第十一届全国人民代表大会常务委员会第 18 次会议通过，并于 2011 年 3 月 1 日起施行。

各地区、各部门的土壤侵蚀试验研究蓬勃发展，开启我国土壤侵蚀研究的新时代，取得了丰硕成果：如雨滴击溅侵蚀、坡面耕地冲刷机理、沟道冲刷及重力侵蚀机理和分布特征、风力侵蚀机理、治理措施拦水减沙效益分析、全国土壤侵蚀分类及地域性分异规律等，为土壤侵蚀的防治方针、防治措施和防治标准等提出了理论依据。

在土壤侵蚀防治和水土保持教研方面，中华人民共和国成立初期在北京林学院林业专业首先设置了“森林改良土壤学”课程，讲授土壤侵蚀规律及土壤侵蚀防治措施等方面的内容。1958 年根据国务院水土保持委员会及全国第二次水土保持会议的精神，在北京林学院设置了水土保持专业。从此在我国高等教育部门专业目录中有了培养水土保持高级技术人才的专业。1980 年根据我国水土保持事业的发展，北京林业大学成立了水土保持系，除了培养大学本科生以外，还培养硕士研究生，1985 年开始培养博士研究生。之后，西北林学院、山西农业大学、甘肃农业大学、山东农业大学和华北水电学院等高等院校相继设置了水土保持专业或开设了水土保持课程。1985 年中国水土保持学会成立。

1.5.3 土壤侵蚀研究进展

自 20 世纪初，人们为研究掌握土壤侵蚀发生发展规律，曾研究探讨了一系列土壤侵蚀研究方法。20 年代初金陵大学美籍教授罗德民（W. C. Lowdermilk）曾在山西沁源等地首次建立了径流小区，研究观测不同森林植被和无植被坡面土壤侵蚀量的变化。之后，40年代初在甘肃天水等水土保持试验站，相继建立了径流观测小区。直至今日，全国主要土壤侵蚀区均以径流小区作为观测土壤侵蚀规律的重要手段，并且为土壤侵蚀的定量评价和预报提供了重要的科学数据。自20世纪50年代起，根据国民经济建设的需要，国家把治黄任务列为重要议程，在黄河流域的黄土高原地区开展了大规模的土壤侵蚀野外考察研究，积累了大量的第一手考察资料，编制了系列图件，直到现在仍被广泛应用。其中，比较突出的有黄秉维编制的黄河中游流域土壤侵蚀分区图，辛树帜、关君蔚、蒋德麒等编制的中国水土流失类型分区图，朱显谟等研究确定的黄土区土壤侵蚀分类及其编制的中国土壤侵蚀类型图等一系列开创性的工作，为以后区域性和全国性的土壤侵蚀调查研究奠定了重要基础。

针对土壤侵蚀规律研究野外调查方法和定位观测方法存在的某些局限性，朱显谟首先提出了开展野外人工降雨和室内模拟实验技术的研究设想。与此同时，中国科学院兰州沙漠研究所开展了研究风力侵蚀规律的风洞模拟实验研究。20世纪70年代后期，美国通用土壤流失方程（USLE）被介绍到中国后，如何研究适合中国的土壤侵蚀预报方程，成为土壤侵蚀学界的一个热点问题。随之提出了确定土壤侵蚀因子参数的研究方法，并开展了应用同位素示踪技术测定侵蚀量的研究。70年代起国外遥感技术引入我国，于“七五”期间在土壤侵蚀方面得到较广泛的应用研究，使土壤侵蚀的研究进入到一个新的信息技术阶段。从野外考察进入到与航天航空影像的目视解译相结合，不仅提高了效率，而且使一般的目测估算进入到定性定量评价。遥感技术（RS）与地理信息系统（GIS）的结合，使土壤侵蚀的研究进入到水土流失动态监测和侵蚀预报的研究领域。近年来，全球导航卫星系统（GNSS）的发展，进一步展示了研究土壤侵蚀微观动态过程的前景。

1.5.4 发展趋势及存在问题

近年来，随着“3S”技术、计算机技术的飞速发展和普及应用，同时在土壤侵蚀机理研究和防治理论研究方面引入了现代系统科学，如系统论、控制论、运筹学、生态经济理论、景观生态学原理等，我国土壤侵蚀研究步伐大大加快，不仅扩大了研究的深度和广度，取得了丰硕成果，更为可喜的是某些理论研究成果已步入世界前沿或达到国际领先水平。

同时，一些科技人员出访了美国、澳大利亚、日本等国家，引入了西方先进的科学技术。如引进人工模拟降雨技术，加快了不同坡度、不同降水量水土流失规律的研究；引用美国通用土壤流失方程并加以改进，对不同地区土壤侵蚀状况进行分析；运用卫星遥感技术进行全国水土流失状况的监测和制图；运用系统动力学动态仿真模型进行水土保持规划；用模糊聚类分析对水土流失类型进行分类分区；采用灰色系统分析水土保持效益等。

尽管土壤侵蚀研究取得了重要进展，然而，由于土壤侵蚀过程的复杂性和影响因子的多变性，有许多科学问题还有待进一步研究。例如，堤岸和河岸侵蚀过程、沟蚀过程和泥沙搬运等方面的研究仍很薄弱，沙尘暴在气候变化中的作用和侵蚀泥沙沉积对水生生物群落影响等方面的研究仍是空白。

2001年1月，来自30个国家和地区的土壤侵蚀和水土保持研究者会聚在美国夏威夷檀香山，共同讨论21世纪土壤侵蚀研究面临的挑战和任务。认为土壤侵蚀研究面临的问题和挑战主要是围绕“水力侵蚀”、“风力侵蚀”和“侵蚀定量化”三个研究领域，未来5～20年风力侵蚀、水力侵蚀及其侵蚀定量化研究集中解决和研究的科学问题有5个方面：①长历时和大尺度的土壤侵蚀动态监测：目前迫切需要监测土地管理政策和措施对侵蚀、搬运过程的影响，及其土壤侵蚀对土地退化、空气和水质污染的影响。②需要多学科的合作努力及土地管理者和农场主参与发展土壤侵蚀预报模型和防治技术。只有这样，才能保证侵蚀预报模型和侵蚀防治技术被采纳和应用。③大尺度土壤侵蚀数据库的建立、管理与资源共享。④水力侵蚀、风力侵蚀和块体运动过程及泥沙搬运过程及其模拟。在继续研究揭示侵蚀基本过程的基础上，应重点加强堤岸和河岸侵蚀过程、沟蚀过程和泥沙搬运、沙尘暴在气候变化中的作用和侵蚀泥沙沉积对水生生物群落影响等方面的研究。⑤水力侵蚀、风力侵蚀泥沙搬运过程对空气和水质的影响评价。

思考题

1. 土壤侵蚀原理课程与哪些课程存在关系？
2. 土壤侵蚀的主要危害是什么？
3. 如何看待我国土壤侵蚀发展过程？
4. 目前土壤侵蚀研究水平及其发展动向主要表现在哪些方面？
5. 土壤侵蚀研究过程中存在的问题主要有哪些？

长江流域概况

长江发源于“世界屋脊”——青藏高原的唐古拉山脉格拉丹冬峰西南侧。干流流经青海、西藏、四川、云南、重庆、湖北、湖南、江西、安徽、江苏、上海11个省、自治区、直辖市，于上海市的崇明岛以东注入东海，全长6300余km，比黄河长800余km，在世界大河中长度仅次于非洲的尼罗河和南美洲的亚马孙河，居世界第三位。但尼罗河流域跨非洲9国，亚马孙河流域跨南美洲7国，长江则为中国所独有。

长江干流自西而东横贯中国中部。数百条支流辐辏南北，延伸至贵州、甘肃、陕西、河南、广西、广东、浙江、福建8个省、自治区的部分地区。流域面积达180万km^2，约占中国陆地总面积的1/5。淮河大部分水量也通过大运河汇入长江。

长江干流湖北宜昌以上为上游，长4504km，流域面积100万km^2，其中从青海省玉树县境的横断山区至四川省的宜宾称为金沙江，长约3464km。从四川省的宜宾至湖北省的宜昌河段习称川江，长1040km。从湖北省的宜昌至江西省鄱阳湖湖口为中游，长955km，流域面积68万km^2。从江西省鄱阳湖湖口以下为下游，长938km，流域面积为12万km^2。

长江是中国水量最丰富的河流，水资源总量9616亿m^3，约占全国河流径流总量的36%，为黄河的20倍。在世界仅次于赤道雨林地带的亚马孙河和刚果河（扎伊尔河），居第三位。

长江流域的土壤侵蚀包括水力侵蚀、风力侵蚀、冰蚀、冻融侵蚀、重力侵蚀和泥石流等多种类型。其中水力侵蚀分布最广，又以面蚀为主，广泛发生在坡耕地、荒山荒坡及疏幼林地上。20世纪80年代，全流域土壤侵蚀面积56.2万km^2，占流域总面积的31.2%，年土壤侵蚀总量22.4亿t。土壤侵蚀主要分布在上中游地区，这一地区土壤侵蚀面积50万km^2以上，约占全流域土壤侵蚀面积的80%。

第2章

土壤侵蚀类型及形式

[本章导言] 本章主要阐述土壤侵蚀、水土流失与水土保持等主要概念以及它们之间的区别与内在联系，同时叙述土壤侵蚀类型及其划分依据，通常可根据导致土壤侵蚀的外营力种类、土壤侵蚀发生时间和土壤侵蚀发生速率等三种情况划分土壤侵蚀类型，但最为常用的是按照导致土壤侵蚀的外营力种类来划分土壤侵蚀类型，可划分为水力侵蚀、风力侵蚀、重力侵蚀、混合侵蚀、冻融侵蚀、冰川侵蚀、化学侵蚀和植物侵蚀等8种类型。不同土壤侵蚀类型又可依据其发生的形态划分出不同的土壤侵蚀形式，依据土壤侵蚀状况，可将其划分为不同的土壤侵蚀程度和土壤侵蚀强度。

2.1　土壤侵蚀基本概念及导致土壤侵蚀的营力

2.1.1　土壤侵蚀基本概念

2.1.1.1　土壤侵蚀

《中国大百科全书·水利卷》(1992)对土壤侵蚀(soil erosion)的定义为：土壤及其母质在水力、风力、冻融、重力等外营力作用下，被破坏、剥蚀、搬运和沉积的过程。同时该百科全书还指出：土壤在外营力作用下产生位移的物质量，称土壤侵蚀量(the amount of soil erosion)。单位面积单位时间内的土壤侵蚀量称为土壤侵蚀速度(或土壤侵蚀速率)(the rate of soil erosion)。在特定时段内通过小流域出口某一观测断面的泥沙总量，称为流域产沙量(sediment yield)。《中国水利百科全书·水土保持分册》(2004)对土壤侵蚀的定义为：土壤或其他地面组成物质在水力、风力、冻融、重力等外营力作用下，被剥蚀、破坏、分离、搬运和沉积的过程。

1971年，美国土壤保持学会把土壤侵蚀解释为“土壤侵蚀是水、风、冰或重力等营力对陆地表面的磨蚀，或者造成土壤、岩屑的分散与移动”。英国学者哈德逊在《土壤保持》(*Soil Conservation*)(1971)一书中定义为“就其本质而言，土壤侵蚀是一种夷平过程，使土壤和岩石颗粒在外营力的作用下发生转运、滚动或流失。风和水是使颗粒变松和破碎的主要营力”，可以看出，美、英学者对土壤侵蚀的定义既包含了土壤及其母质，也包含了地表裸露岩石，但均忽略了沉积过程。

随着人们对环境与发展认识的深化，土壤侵蚀与生态环境变化关系紧密，土壤侵蚀定义更应广泛一些，即土壤侵蚀是土壤及其母质和其他地面组成物质，在水力、风力、冻融及重力等外营力作用下的破坏、剥蚀、搬运和沉积过程。

2.1.1.2 水土流失

水土流失（soil and water loss）在《中国水利百科全书·水土保持分册》中定义为在水力、重力、风力等外营力作用下，水土资源和土地生产力遭受的破坏和损失，包括土地表层侵蚀及水的损失，亦称水土损失。土地表层侵蚀是指在水力、风力、冻融、重力以及其他外营力作用下，土壤、土壤母质及岩屑、松软岩层被破坏、剥蚀、转运和沉积的全部过程。水土流失的形式除雨滴溅蚀、片蚀、细沟侵蚀、浅沟侵蚀、切沟侵蚀等典型的土壤侵蚀形式外，还包括河岸侵蚀、山洪侵蚀、泥石流侵蚀以及滑坡等侵蚀形式。有些国家的水土保持文献中水的损失是指植物截留损失、地面及水面蒸发损失、植物蒸腾损失、深层渗漏损失、坡地径流损失。在中国，水的损失主要是指坡地径流损失。

2.1.1.3 土壤侵蚀与水土流失关系

水土流失一词在中国早已被广泛使用，最先应用于中国的山地和丘陵地区，主要描述水力侵蚀作用，水冲土跑，即水土流失。自从土壤侵蚀一词传入国内以后，从广义理解常被用作水土流失的同义语。

从土壤侵蚀和水土流失的定义中可以看出，二者虽然存在着共同点，即都包括了在外营力作用下土壤、母质及浅层基岩的剥蚀、搬运和沉积的全过程；但也有明显差别，即水土流失中包括了在外营力作用下水资源和土地生产力的破坏与损失，而土壤侵蚀中则没有。

虽然水土流失与土壤侵蚀在定义上存在着明显差别，但因“水土流失”一词源于我国，故科研、教学和生产上应用较为普遍。而土壤侵蚀一词则为国外传入我国的外来语，其含义显然不如水土流失宽泛。

随着水土保持这一学科逐渐发展和成熟，在教学和科研方面人们对二者的差异给予了越来越多的重视，而在生产上人们常把水土流失和土壤侵蚀作为同一术语来使用。

2.1.1.4 土壤侵蚀与水土保持

水土保持（water and soil conservation）是由我国科技工作者首先提出，并被世界各国水土保持科技界所普遍接受的一个科学用语。在《中国水利百科全书·水土保持分册》中将水土保持定义为“防治水土流失，保护、改良与合理利用水土资源，维护和提高土地生产力，以利于充分发挥水土资源的生态效益、经济效益和社会效益，建立良好生态环境的事业。水和土是人类赖以生存的基本物质，是发展农业生产的基本因素。水土保持工作对开发建设山区、丘陵区和风沙区，整治国土，治理江河，减少水、旱、风等灾害，维护生态平衡具有重要的作用”。

显然，土壤侵蚀是水土保持的工作对象，水土保持就是在合理利用水土资源基础上，组织运用水土保持林草措施、水土保持工程措施、水土保持农业措施、水土保持管理措施等构成水土保持综合措施体系，以达到保持水土、提高土地生产力、改善山丘区和风沙区生态环境的目的。

2.1.2 土壤侵蚀基本营力及其分析

地壳组成物质和地表形态永远处在不断变化发展中。地表形态及其成因、发展规律是非常复杂的。改造地表起伏、促使地表形态变化发展的基本力量是内营力（或称内动力）

和外营力（或称外动力）。地表形态发育的基本规律就是内应力与外营力之间相互影响、相互制约、相互作用的对立统一。

2.1.2.1　内营力作用

内营力作用是由地球内部能量所引起的。地球本身有其内部能源，人类能感觉到的地震、火山活动等现象已经证明了这一点。地球内部能量主要是热能，而重力能和地球自转产生的动能对地壳物质的重新分配地表形态的变化也具有很大的作用。

内营力作用的主要表现是地壳运动、岩浆活动、地震等。

（1）地壳运动

地壳运动使地壳发生变形和变位，改变地壳构造形态，因此又称为构造运动（tectonic movement）。

根据地壳运动的方向，可分为垂直运动和水平运动两类。这两类运动并不是截然分开的。在时间上它们可以是交替出现的，有时也可能同时出现。两种运动的综合作用又产生了褶皱运动和断裂运动。

垂直运动也叫升降运动或振荡运动。运动方向垂直于地表（即沿地球半径方向）。这种运动表现为地壳大范围地区的缓慢上升与下降。它出现于大陆和洋底，具有此起彼伏的补偿运动性质。垂直运动的一个显著特点是作用时间长、影响范围广。垂直运动的速度在不同地区、不同时期有快有慢，升降的幅度也有差别。在地壳活动带，升降幅度在 1000 ～ 10000m，在稳定带则不超过数百米。我国青藏高原和喜马拉雅山区，是世界上升速度及幅度最大的地区。第四纪（距今约 300 万～ 200 万年）以来，青藏高原的上升量达 4000m。在 4000 万年以前，喜马拉雅山地区还是海洋，2500 万年前开始抬升，200 万年前初具山的规模，到现在以成为世界上最高的山脉。据估计，喜马拉雅山开始上升时平均速度约为 0.05cm/a。而 1862 ～ 1932 年的 70 年间平均速度已增至 1.82cm/a。又如太平洋西部的一些珊瑚礁，据海上钻探结果，其基部已下降 1300m 左右。如黄土高原以 5 ～ 12mm/a 的速度抬升，渭河平原和河套平原以 4 ～ 6mm/a 速度下沉。垂直运动对地表和土壤侵蚀的影响是十分深刻的。在上升和下降交替的接触地带，地表形态会发生明显的变化，因而直接影响侵蚀基准面的变化，使得土壤侵蚀速率加大或减缓。例如大陆和海盆发生垂直运动时，其运动方向相反，必然引起海进或海退，加强或削弱海岸带外动力的强度，对海岸地形形成和发展产生明显影响。除了上述交替地带外，对于广大陆地而言，长期稳定的持续上升也会影响地球外营力的强度，甚至改变外营力的性质，例如大陆上升，海面下降，引起流水侵蚀作用加强。如果上升导致温湿气候转变成寒冷气候，外营力性质也将发生变化，冰川作用取代了流水作用，地形也必然会随之发生明显变化。

水平运动方向平行于地表，即沿地球切线方向运动。现代科学技术发展证实了世界大陆层经历了长距离水平位移。水平运动使板块互相冲撞，形成高大的山脉，如喜马拉雅山、安第斯山等。印度大陆向喜马拉雅山脉方向运动的速度达 5cm/a，我国山东郯城至安徽庐江的断裂，其西北盘与东南盘相对错动达 150 ～ 200km，汾渭断裂深达 4000m 以上，这些都反映了地壳存在水平运动。地壳在内应力作用下发生水平运动，同样也会导致侵蚀基准面变化而影响到土壤侵蚀的发生和发展。

褶皱运动是使岩层发生波状弯曲的地壳运动。褶皱能直接反映构造运动的性质和特征。主要是由于构造运动形成的，可能是由升降运动使岩层向上拱起和向下拗曲，但大多数是在水平运动下受到挤压而形成的，而且缩短了岩层的水平距离。基本形态只有背斜和向斜两种。垂直运动和水平运动都可以使岩层发生褶皱。

断裂运动可分为水平断裂运动和垂直断裂运动。实际上两者很难严格区分，它们往往是伴生的。对地貌形态有明显影响的是断块式的差异运动，实质上仍是升降运动。这种升降运动过程超过岩石强度而使地壳发生明显的破裂和位移。在地形起伏变化较大的地区，如山地、高原与平原、山地与盆地的接壤处（例如太行山与华北平原）等，往往是长期活动的断裂带，这些地区还常常是地震的活动带。

（2）岩浆活动

岩浆活动是地球内部的物质运动（地幔物质运动）。地球内部软流圈的熔融物质在压力、温度改变的条件下，沿地壳裂缝或脆弱带侵入或喷出，岩浆侵入地壳形成各种侵入体，喷出地表则形成各种类型的火山，改变原来形态，造成新的起伏。

（3）地震

地震也是内营力作用的一种表现。地幔物质的对流作用使地壳及上地幔的岩层遭受破坏，把所积累的应变能转化为波能，产生突然破坏而将蓄积的内能释放出来，转化成机械能——弹性波，引起地表剧烈振动，造成巨大的山崩、滑坡和泥石流灾害。地震往往是与断裂、火山现象相联系的，世界主要火山带、地震带与断裂带分布的一致性是这种联系的反映。我国处于太平洋西岸和古提斯海两大断裂带上，加上两级阶梯前沿的断裂活动，使之成为世界多地震国家之一。地球的内部构造见图2.1。

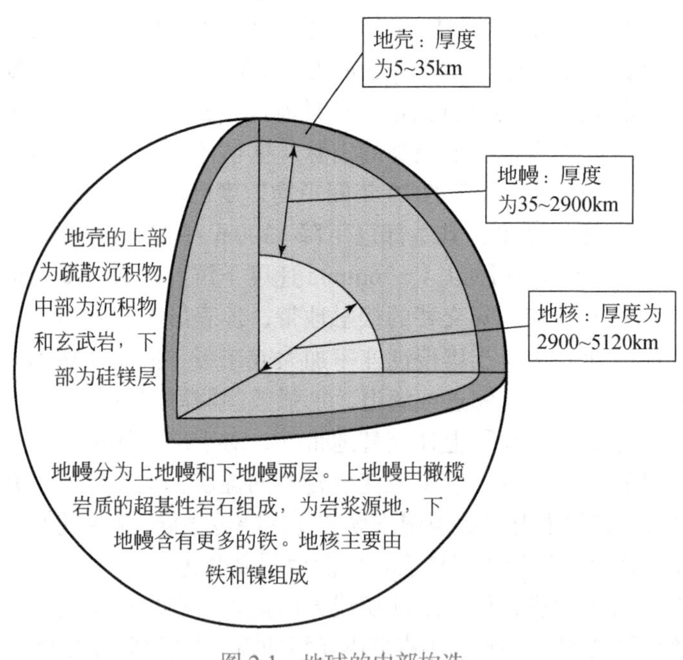

图2.1 地球的内部构造

2.1.2.2 外营力作用

外营力作用的主要能源来自太阳能。地壳表面直接与大气圈、水圈、生物圈接触，它们之间发生复杂的相互影响和相互作用，从而使地表形态不断发生变化。外营力作用的总趋势是通过剥蚀、堆积（搬运作用则是将两者联系成为一个整体）使地面逐渐夷平。外营力作用的形式很多，如流水、地下水、重力、波浪、冰川、风沙等等。各种作用对地貌形态的改造方式虽不相同，但是从过程实质来看，都经历了风化、剥蚀、搬运和堆积（沉积）几个环节。

（1）风化作用

风化（weathering）作用就是指矿物、岩石在地表新的物理、化学条件下所产生的一切物理状态和化学成分的变化，是在大气及生物影响下岩石在原地发生的破坏作用。岩石是一定地质作用的产物，一般说来岩石经过风化作用后都是由坚硬转变为松散、由大块变为小块。由高温高压条件下形成的矿物，在地表常温常压条件下就会发生变化，失去它原有的稳定性。通过物理作用和化学作用，又会形成在地表条件下稳定的新矿物。所以风化作用是使原来矿物的结构、构造或化学成分发生变化的一种作用。对地面形成和发育来说，风化作用是十分重要的一环，它为其他外营力作用提供了前提。

风化作用可分为物理风化作用和化学风化作用。而生物风化就其本质而言，可归入物理风化或化学风化作用之中，它是通过生物有机体去完成的。

物理风化作用又称为机械风化作用或机械崩解作用。岩石受机械应力作用而发生破碎，化学成分并不发生改变。物理风化作用的重要形式之一是冰冻作用（冰楔作用），这是由于在岩石裂缝中的水冻结时，体积膨胀而使岩石撑裂的一种作用。

深入到岩石裂缝（节理、层面及其他缝隙）中的水，在冻结时给周围岩石施加很大压力（水冻结时其体积膨胀将近 9%）。这种作用反复进行会使岩石变得越来越松动，并分裂成碎块。冰冻作用在下列条件下进行的最强烈：有足够的水分供应；岩石具有较发育的裂隙（主要是节理）；气温经常徘徊在冰点上下。

在干燥气候地区，温度的急剧变化和某些盐分物态的变化，也常使岩石沿裂缝撑裂，这是干燥气候地区岩石风化作用的重要形式。

岩石是不良导体，导热性能很差，干燥地区气温达到 36℃时，岩石表面温度可达 70℃，而夜间温度则下降至 18℃左右，温差可达 50℃以上。由于干旱地区温度日较差和年较差都很大，岩石内部和表面反复经受急剧且不均匀膨胀和收缩，岩石表面就会层层剥落。

化学风化作用也称为化学分解作用，它是岩石与其他自然因素（水、大气等）在地表条件下所发生的化学反应。岩石经过化学风化后，成分和结构都发生显著变化。在化学风化过程中，水起着重要的作用。例如，自然界中石灰岩被溶蚀就是通过空气中二氧化碳溶解于水形成碳酸，进而与石灰岩中碳酸钙起化学反应来实现的。又如在水的参与下，通过空气中的游离氧与矿物中金属离子结合，形成稳定的氧化物。从上面所分析的情况看，自然界中化学风化的速度在很大程度上受气候条件影响。在湿润气候地区化学风化强烈，在高寒地区化学风化相对较弱。

化学风化作用主要通过水化作用、水解作用、溶解作用和氧化作用等反应过程来完成。

水化作用：水化作用过程是矿物吸收水分，形成一种新的矿物，同时也改变了原来矿物结构的过程，如硬石膏经水化作用后而成为石膏

$$\underset{\text{硬石膏}}{CaSO_4} + 2H_2O \rightarrow \underset{\text{石膏}}{CaSO_4 \cdot 2H_2O}$$

赤铁矿经水化作用后形成褐铁矿

$$\underset{\text{赤铁矿}}{FeO_3} + nH_2O \rightarrow \underset{\text{褐铁矿}}{Fe_2O_3 \cdot nH_2O}$$

溶解作用：溶解作用的过程是岩石中的矿物全部或部分被水溶解并被流水带走，如碳

酸钙经溶解作用后成为重碳酸钙

$$CaCO_3 + CO_2 + H_2O \rightarrow Ca(HCO_3)_2$$

方解石　　　　　　　　重碳酸钙

刚降落到地面的雨水只含少量的矿物质，但流水在地表流动过程中溶解了岩石中的易溶矿物，并把溶解物质带走。全世界由河流带到海里的溶解物质数量每年达数十亿吨。

水解作用：水解作用过程是水和矿物相结合时产生的一种化学反应。这种反应是在水的 H^+或 OH^-与矿物的离子之间进行的，如矿物中的 K^+、Na^+、Ca^{2+}、Mg^{2+}等阳离子很容易被水中的 OH^-所夺取，

$$4K(AlSi_3O_8) + 6H_2O \rightarrow 4KOH + Al_4(Si_4O_{10})(OH)_8 + 8SiO_2$$

正长石　　　　　　　　　　高龄石

通过这一过程矿物的结构就被分解破坏了。

上述化学反应说明正长石在水的作用下，一方面形成 KOH 溶液及 SiO_2 胶体随水流失，另一方面形成不溶解于水的高龄石残积下来。

氧化作用：是指大气中的氧和矿物化合形成氧化的作用。如黄铁矿在湿润条件下极易氧化，其中的 Fe^{2+}最后氧化成褐铁矿，而硫则形成 H_2SO_4 而溶失。其反应如下

$$2FeS_2 + 7O_2 + 2H_2O \rightarrow 2FeSO_4 + 2H_2SO_4$$

$$4FeSO_4 + 2H_2SO_4 + O_2 \rightarrow 2Fe_2(SO_4)_3 + 2H_2O$$

$$2Fe_2(SO_4)_3 + 9H_2O \rightarrow 2Fe_2O_3 \cdot 3H_2O + 6H_2SO_4$$

生物风化：生物风化是生物在其生命活动过程中对岩石产生的机械破坏或化学风化作用。据估计，植物根系生长对周围岩石的压力可达到 10 ～ 15kg/cm^2。生物的新陈代谢和遗体腐烂分解的酸类也能对岩石产生化学风化作用。

（2）剥蚀作用

各种外营力作用（包括风化、流水、冰川、风、波浪等）对地表进行破坏，并把破坏后的物质搬离原地，这一过程或作用称为剥蚀（denudation）作用。狭义的剥蚀作用仅指重力和片状水流对地表侵蚀并使其变低的作用。一般所说的侵蚀作用，是指各种外营力的侵蚀作用，如流水侵蚀、冰蚀、风蚀、海蚀等。鉴于作用营力的性质差异，作用方式、作用过程、作用结果不同，分为水力剥蚀、风力剥蚀、冻融剥蚀等类型。

（3）搬运作用

风化、侵蚀后的碎屑物质随着各种不同的外营力作用转移到其他地方的过程称为搬运（transportation）作用。根据搬运的介质不同，分为流水搬运、冰川搬运、风力搬运等。在搬运方式上也存在很多类型，有悬移、拖曳（滚动）、溶解等。我国黄河每年平均输沙 16 亿 t，全世界每年有 23 亿～ 49 亿 t 溶解质被搬运入海洋。

（4）堆积作用

被搬运的物质由于介质搬运能力的减弱或搬运介质的物理、化学条件改变，或在生物活动参与下发生堆积或沉积，称为堆积作用或沉积（deposition）作用。按沉积的方式可分为机械沉积作用、化学沉积作用、生物沉积作用等。搬运物堆积于陆地上，在一定条件下就会形成“悬河”并导致洪水灾害发生；堆积在海洋中，会改变海洋环境，引起生物物种的变化。

内营力形成地表高差和起伏，外营力则对其不断地加工改造，降低高差，缓解起伏，两者处于对立的统一之中，这种对立过程，彼此消长，统一于地表三度空间，且互相依存，

决定了土壤侵蚀发生、发展和演化的全过程。

2.2　土壤侵蚀类型及划分

土壤侵蚀主要是在水力、风力、温度作用力和重力等外营力作用下发生的（包括土壤及其母质被破坏、剥蚀、搬运和沉积的全过程）。土壤侵蚀的对象不仅限于土壤，还包括土壤层下部的母质或浅层基岩。实际上土壤侵蚀的发生除受到外营力影响之外，同时还受到人为不合理活动等的影响。

根据土壤侵蚀研究和其防治的侧重点不同，土壤侵蚀类型（the type of soil erosion）的划分方法也不一样。最常用的方法主要有以下 3 种，即依据导致土壤侵蚀的外营力种类划分、依土壤侵蚀发生的时间划分和依土壤侵蚀发生的速率划分。

2.2.1　依据导致土壤侵蚀的外营力种类划分

依据导致土壤侵蚀的外营力种类进行土壤侵蚀类型的划分，是土壤侵蚀研究和土壤侵蚀防治等工作中最常用的一种方法。一种土壤侵蚀类型的发生往往主要是由一种或两种外营力导致的，因此这种分类方法就是依据引起土壤侵蚀的外营力种类划分出不同的土壤侵蚀类型。

在我国引起土壤侵蚀的外营力种类主要有水力、风力、重力、水力和重力的综合作用力、温度作用力（由冻融作用而产生的作用力）、冰川作用力、化学作用力等，因此，土壤侵蚀可分为水力侵蚀（water erosion）、风力侵蚀（wind erosion）、重力侵蚀（gravitational erosion）、混合侵蚀（mixed erosion）、冻融侵蚀（freeze-thaw erosion）、冰川侵蚀（glacier erosion）和化学侵蚀（chemical erosion）等。另外还有一类土壤侵蚀类型称之为生物侵蚀（biological erosion）（图 2.2）。

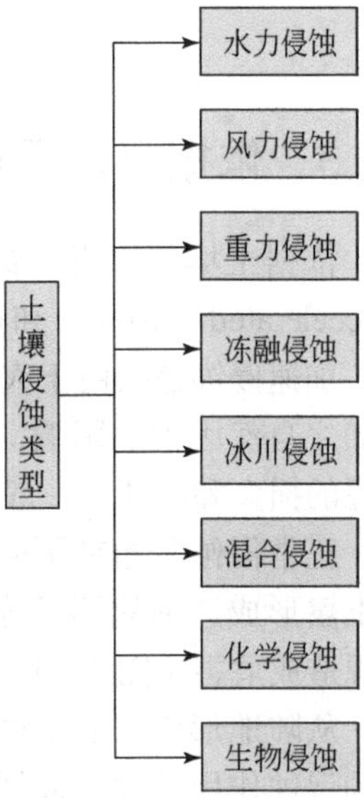

图 2.2　依据导致土壤侵蚀的外营力划分的土壤侵蚀类型

2.2.2　依据土壤侵蚀发生的时间划分

以人类在地球上出现的时间为分界点，将土壤侵蚀划分为两大类，一类是人类出现在地球上以前所发生的侵蚀，称之为古代侵蚀（ancient erosion）；另一类是人类出现在地球上之后所发生的侵蚀，称之为现代侵蚀（modern erosion）。人类在地球上出现的时间从距今 200 万年之前的第四纪开始算起。

古代侵蚀是指人类出现在地球以前的漫长时期内，由于外营力作用，地球表面不断产生的剥蚀、搬运和沉积等一系列侵蚀现象。这些侵蚀有时较为激烈，足以对地表土地资源产生破坏；有些则较为轻微，不足以对土地资源造成危害。但是其发生、发展及其所造成的灾害与人类的活动无任何关系和影响。

现代侵蚀是指人类在地球上出现以后，由于地球内应力和外营力的影响，并伴随着人们不合理的生产活动所发生的土壤侵蚀现象。这种侵蚀有时十分剧烈，可给生产建设和人民生活带来严重恶果，此时的土壤侵蚀称为现代侵蚀。

一部分现代侵蚀是由于人类不合理活动导致的，另一部分则与人类活动无关，主要是在地球内营力和外营力作用下发生的，将这一部分与人类活动无关的现代侵蚀称为地质侵蚀（geological erosion）。因此地质侵蚀就是在地质营力作用下，地层表面物质产生位移和沉积等一系列破坏土地资源的侵蚀过程。地质侵蚀是在非人为活动影响下发生的一类侵蚀，包括人类出现在地球上以前和出现后由地质营力作用发生的所有侵蚀（图 2.3）。

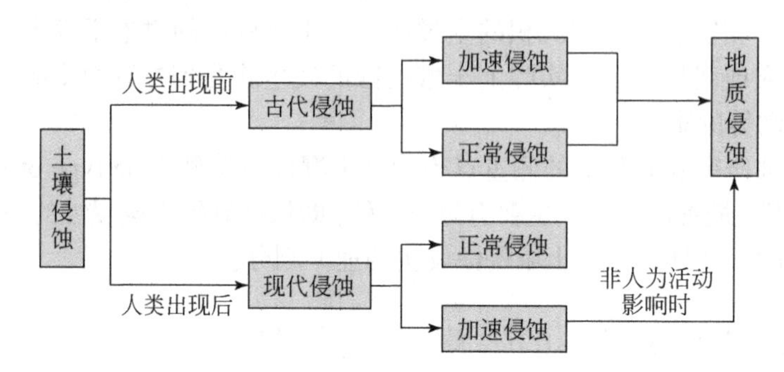

图 2.3　依据土壤侵蚀发生的时间和发生速率划分的土壤侵蚀类型

2.2.3　依据土壤侵蚀发生的速度划分

依据土壤侵蚀发生的速率大小和是否对土资源造成破坏将土壤侵蚀划分为加速侵蚀（accelerated erosion）和正常侵蚀（normal erosion）。

加速侵蚀是指由于人们不合理活动，如滥伐森林、陡坡开垦、过度放牧和过度樵采等，再加之自然因素的影响，使土壤侵蚀速率超过正常侵蚀（或称自然侵蚀）速率，导致土地资源的损失和破坏。一般情况下所称的土壤侵蚀就是指发生在现代的加速土壤侵蚀部分。

正常侵蚀是指在不受人类活动影响下的自然环境中，所发生的土壤侵蚀速率小于或等于土壤形成速率的那部分土壤侵蚀。这种侵蚀不易被人们所察觉，实际上也不至于对土地资源造成危害（图 2.3）。

从陆地形成以后土壤侵蚀就不间断地进行着。这种在地史时期纯自然条件下发生和发展的侵蚀作用侵蚀速率缓慢。自从人类出现后，人类为了生存，不仅学会适应自然，更重要的是开始改造自然。有史以来（距今 5000 年），人类大规模的生产活动逐渐形成，改变和促进了自然侵蚀过程，这种加速侵蚀发展的侵蚀速度快、破坏性大影响深远。

2.3　土壤侵蚀形式

土壤侵蚀形式是指在一定土壤侵蚀外营力种类作用下（或称在同一种土壤侵蚀类型中），由于影响土壤侵蚀的自然因素和土壤侵蚀发生的自然条件不同，使地表形态产生变化而导致的地表形态所产生的差异，如面蚀是地面表层较为均匀地流失一部分土壤，而沟蚀是在地表径流作用下呈线状损失部分土壤及其母质后形成的沟道，称之为侵蚀沟。

2.3.1　水力侵蚀

水力侵蚀（water erosion）是指在降雨雨滴击溅、地表径流冲刷和下渗水分的共同作用下，土壤、土壤母质及其他地表组成物质被破坏、剥蚀、搬运和沉积的全部过程。水力侵蚀也简称为水蚀。水力侵蚀是目前世界上分布最广、危害也最为普遍的一种土壤侵蚀类型。在陆地表面，除沙漠和永冻的极地地区外，当地表失去覆盖物时，都有可能发生不同程度的水力侵蚀。常见的水力侵蚀形式主要有雨滴击溅侵蚀、层状面蚀、砂砾化面蚀、鳞片状面蚀、细沟状面蚀、沟蚀、山洪侵蚀、库岸波浪侵蚀和海岸波浪侵蚀等。

2.3.1.1　雨滴击溅侵蚀

在雨滴击溅作用下土壤结构破坏和土壤颗粒产生位移的现象称为雨滴击溅侵蚀（raindrop splash erosion），简称为溅蚀（splash erosion）。雨滴落到裸露的地面特别是农耕地上时，具有一定质量和速度，必然对地表产生冲击，使土体颗粒破碎、分散、飞溅，引起土体结构的破坏。

溅蚀可分为 4 个阶段，即干土溅散阶段、湿土溅散阶段、泥浆溅散阶段、地表板结阶段。雨滴击溅发生在平地上时，由于土体结构破坏，降雨后土地会产生板结，使土壤的保水保肥能力降低。雨滴击溅侵蚀发生在斜坡上时，因泥浆顺坡流动，带走表层土壤，使土壤颗粒不断向坡面下方产生位移。由于降雨是全球性的，雨滴击溅侵蚀可以发生在全球范围的任何裸露地表。

2.3.1.2　面蚀

斜坡上的降雨不能完全被土壤吸收时，会在地表产生积水，由于重力作用形成地表径流，开始形成的地表径流处于未集中的分散状态，分散的地表径流冲走地表土粒称之为面蚀（surface erosion）。面蚀带走大量土壤营养成分，导致土壤肥力下降。在没有植物保护的地表，风直接与地表摩擦，将土粒带走也会产生明显的面蚀。面蚀多发生在坡耕地及植被稀少的斜坡上，其严重程度取决于植被、地形、土壤、降水及风速等因素。

按面蚀发生的地质条件、土地利用现状和发生程度不同，面蚀可分为层状面蚀、砂砾化面蚀、鳞片状面蚀和细沟状面蚀。

（1）层状面蚀

在土层较为深厚的黄土地区，地表径流刚刚形成时一般呈膜状，由于雨滴的击溅、振荡和浸润，膜状水层与土体混合形成泥浆状态，泥浆顺坡流动将土粒带走，使地表较均匀地损失一层土壤的过程称为层状面蚀（layer erosion）。一般情况下黄土组成多以粉沙为主，其质地较为均一，在坡面薄层水流冲蚀作用下，土层厚度逐渐减小，肥力不断降低。

层状面蚀大多发生在质地均匀的农耕地及农闲地上，或是作物生长初期，根系还没有固结土体，松散的土粒极易被地表径流带走。层状面蚀是面蚀发生的最初阶段。

（2）砂砾化面蚀

在富含粗骨质或石灰结核的山区、丘陵区的农地上，在分散地表径流作用下，土壤表层的细粒、黏粒及腐殖质被带走，砂砾等粗骨质残留在地表，耕作后粗骨质翻入深层，如此反复，土壤中的细粒越来越少，石砾越来越多，土地肥力下降，耕作困难，最后导致弃耕，此种过程称为砂砾化面蚀（gravel erosion）。

因砂砾化面蚀而撂荒的土地，很难再恢复农林牧业生产。在我国大部分山区，在成土过程中就形成含有大量石砾的土壤，若开发利用不合理，极易因砂砾化面蚀而形成石砾坡，改造利用这类坡地较为困难。

（3）鳞片状面蚀

在非农业用地上，如草场、灌木林地、茶园、果园等，由于人或动物的严重踩踏破坏，地被物不能及时恢复，呈鳞片状秃斑或踏成呈网状的羊道，植被呈鳞片状分布，暴雨后，植物生长不好或没有植物生长的局部有面蚀或面蚀较严重，植物生长较好或有植物生长的局部无面蚀或面蚀较轻微，这种面蚀称之为鳞片状面蚀（sheet erosion），有时又称鱼鳞状面蚀。

鳞片状面蚀发生的严重程度取决于植物的密度及分布均匀性、人或动物的对植物的破坏程度。由于人类不合理利用资源及过分掠夺资源，鳞片状面蚀在我国的山区及牧区广泛分布。

（4）细沟状面蚀

当分散的地表径流集中成片状小股流水时，速度加快侵蚀能力变大，带走沟中的土壤或母质，在地表出现许多近于与地表径流流线方向平行的细沟，这些细沟的深度和宽度均不超过 20cm，称之为细沟状面蚀（rill erosion）。

一般情况下，坡面上部径流分散，产生层状面蚀或沙砾化面蚀，而在中下部常会出现细沟状面蚀。当地表径流刚刚形成时，一般呈膜状，均匀地铺在地表流动，由于小地形和流水的表面张力作用，径流避高就低形成小股，微小的股流没有固定的流路，相互合并又分开，地表冲出的小沟往往相互串通。当径流继续合并可冲出 10 ～ 20cm 宽和深的小沟，沟沿不整齐，沟的走向受小地形影响弯曲不定，通过耕作地表可恢复平整，因此仍属于面蚀范畴。若在斜坡上出现分布极广的小细沟，说明面蚀已经到了极为严重的地步。细沟状面蚀极易发生在质地均一、结构松散的坡地上，如黄土高原区多发生细沟状面蚀。

2.3.1.3 沟蚀

在面蚀的基础上，尤其细沟状面蚀进一步发展，分散的地表径流由于地形影响逐渐集中，形成有固定流路的水流，称作集中的地表径流或股流。集中的地表径流冲刷地表，切入地面带走土壤、母质及基岩，形成沟壑的过程称之为沟蚀（gully erosion）。由沟蚀形成的沟壑称为侵蚀沟，此类侵蚀沟深、宽均超过 20cm，侵蚀沟呈直线型，有明显的沟沿、沟坡和沟底，用耕作的方式是无法平覆的。

沟蚀是水力侵蚀中常见的侵蚀形式之一。虽然沟蚀所涉及的面积不如面蚀范围广，但它对土地的破坏程度远比面蚀严重，沟蚀的发生还会破坏道路、桥梁或其他建筑物。沟蚀主要分布于土地瘠薄、植被稀少的半干旱丘陵区和山区，一般发生在坡耕地、荒坡和植被较差的古代水文网，水文网是古代洪水冲刷或是地质构造运动形成的水路。

由于地质条件的差异，不同侵蚀沟的外貌特点及土质状况是不同的，但典型的侵蚀沟组成基本相似，即由沟顶、沟沿、沟底及水道、沟坡、沟口和冲积扇组成。

沟顶（沟头）是侵蚀沟的顶端，具有一定深度呈峭壁状。绝大多数流水经沟头形成跌水进入沟道，它是侵沟发展最为活跃的部分，其发展方向与径流方向相反，因此常称之为溯源侵蚀。一般侵蚀沟不止一个沟头。沟头的上方是水流集中的地方，比周围地形低。

侵蚀沟与斜坡的交界线称为沟沿，一般沟沿方向与径流方向近平行，只有极少量的径流通过沟沿进入沟道，若水量较大，则会冲刷出新的沟头。对于次生侵蚀沟，侵蚀沟沿可能不明显，从沟沿处进入沟道的水量也大。

侵蚀沟底与水道。侵蚀沟横切面最低部分连成的面，是侵蚀沟底。在侵蚀沟刚发生时，沟底不明显，而主要是由两沟坡相交部分的一条线，当沟蚀进入第二阶段之后，才出现较宽的沟底。进入侵蚀沟的地表径流在上游地段，沟底全部过水，在下游地段，径流往往在沟底的一侧流动，有了固定的水道，只在山洪暴发时，才可能出现径流占满整个沟底的情况。

以沟沿为上界，沟底为下界的侵蚀沟斜坡部分称之为侵蚀沟坡，简称沟坡。沟坡是侵蚀沟横切面最陡的部分，沟坡常与地平面成一定角度，角度的大小与侵蚀沟的地质组成、侵蚀沟的发育阶段、侵蚀沟的过水量和水深等因素有关。黏质土沟坡较陡，砂壤土沟坡较缓；发展时期的侵蚀沟沟坡较陡，衰老期侵蚀沟的沟坡较缓；过水量大、水深的地段沟坡较缓。只有沟坡形成稳定的自然倾角（安全角）后，沟岸才可能停止扩张而形成稳定的沟坡。

侵蚀沟口是集中地表径流流出侵蚀沟的出口，是径流汇入水文网的连接处。理论上也是侵蚀沟最早形成的地方。在沟口的沟底与河流交汇处，通常就是侵蚀基准面。所谓侵蚀基准面就是侵蚀沟所能达到的最低水平面。也就是说侵蚀沟底达到侵蚀基准面后，就不再向下侵蚀。

当携带泥沙的径流流出沟口，由于坡度变缓，流路变宽使得径流流速降低，导致水流挟带的泥沙在沟口周围呈扇状沉积，形成洪积扇。每次洪水过后，总有一层泥沙沉积下来，因此可根据洪积扇的倾斜度、层次、冲积物质、植物状况等推断出侵蚀沟历史及其发展状况。

根据沟蚀发生的严重程度及侵蚀沟外貌特征，可将侵蚀沟分为黄土地区的侵蚀沟（浅沟、切沟、冲沟和河沟）和土石山区的侵蚀沟（荒沟、崩岗沟和沟挂地）。

（1）黄土地区侵蚀沟

深度达 1 m 左右，宽与深之比比值接近 1 的侵蚀沟称之为浅沟。顾名思义浅沟是较浅较窄的沟道，浅沟顶部有较大的汇水区，沟头开始出现跌水，沟沿不整齐，有时呈锯齿状。沟道的横断面呈“V”字形。它是沟蚀最初的发生阶段。一般在塬边侵蚀沟刚形成时，或沟道最上游地段容易见到。浅沟下端一般与切沟或冲沟相连。

浅沟进一步发展形成切沟。不同切沟的深度差异可达 5 ～ 50m，主要是因为沟发展阶段及地质状况而定。宽度远小于深度，一般在 3 ～ 10m，宽深比值很小。沟头有明显的跌水，跌水深度多超过 2m，并且在沟道底部的纵断面上，也存在多处跌水，跌水产生垂直方向的侵蚀力，沟底下切是沟道发展的主要方向，沟道的横断面仍为“V”形。切沟发生在有深厚母质的斜坡上，在黄土高原的塬边切沟侵蚀最为剧烈，其下游一般与河沟或河川相连。

具有一定深度、沟道横断面为“U”形的沟壑称之为冲沟。冲沟的深度差异很大，这主要是因土壤母质的抗蚀性及侵蚀基准面不同而定。形成冲沟后其深度及沟顶的变化不明显，坡底的跌水消失，形成凹形缓坡，坡度在冲沟下游变化不大。这时径流主要冲刷冲淘侵蚀沟的沟坡，形成沟岸剧烈扩张的现象。沟道的宽深比逐渐由小变大，一般冲沟由浅沟、切沟发展而来，下接河沟或河川。

当沟蚀达到一定规模，沟头接近分水岭，沟口与河道相接，沟底下切的深度已达到河流的河床高度，沟底不再下切，比降也显著变小，沟底一侧形成水道并可能有长流水现象的沟道称之为河沟。此时地表径流的能量消耗主要是搬运其自身，沟岸扩张只是局部发生，以塌方或滑坡为主。沟道横断面为“U”形或复“U”形，说明沟蚀已达老年阶段。

（2）土石山区的侵蚀沟

在土壤层及母质层不太厚，下层又是坚硬的岩石的土石山区，集中的股流虽然有很大冲力，但基岩却限制了侵蚀沟的下切，形成宽而浅的侵蚀沟，沟底的纵断面受基岩影响而呈各种形态，同时来源于两岸或斜坡上大量的土沙石砾等常堆积在沟内，特称此类侵蚀沟为荒沟。

在气温较高、雨量充沛的南方花岗岩地区，由于花岗岩是以球状风化（化学风化）为主，地表径流将风化的岩屑不断带走，形成沟口较圆沟坡陡峭的特殊沟壑，这种沟壑称之为崩岗沟。崩岗沟一般后缘为弧形陡壁，崖下有水流冲刷成的短沟，崩岗沟深度和风化壳深度大致相当。

在有些土石山区斜坡的中上部，土壤及母质极薄，降水时少量股流就可将斜坡上易被冲蚀的物质带走，因此在整个坡面坚硬岩石上只残留细条状的土壤及母质，这些条状的土壤和母质带与等高线呈近似的垂直状态，似有许多宽而浅的沟挂在斜坡上，称之为沟挂地。

2.3.1.4 山洪侵蚀

在山区、丘陵区富含泥沙的地表径流、经过侵蚀沟网的集中，形成突发洪水，冲出沟道向河道汇集，山区河流洪水对沟道堤岸的冲淘、对河床的冲刷或淤积过程称之为山洪侵蚀（torrential flood erosion）。由于山洪具有流速高、冲刷力大和暴涨暴落的特点，因而破坏力较大，能搬运和沉积泥沙石块。受山洪冲刷的河床称为正侵蚀，被淤积的称为负侵蚀。山洪侵蚀改变河道形态，冲毁建筑物和交通设施，淹埋农田和居民点，可造成严重危害。山洪比重往往在 1.1 ～ 1.2，一般不超过 1.3。

暴雨时在坡面的地表径流较为分散，但分布面积广、总量大，经斜坡侵蚀沟的汇集，局部形成流速快，冲力强的暴发性洪水溢出沟道，产生严重侧蚀。山洪进入平坦地段，因地势平坦，水面变宽流速降低，在沟口及平地淤积大量泥沙形成洪积扇，或沙压大量的土地，使土地难以再利用。当山洪进入河川后由于流量很大，河水猛涨引起的决堤，可淹没、冲毁两岸的川台地及城市、村庄或工业基地，甚至可导致河流改道，给整个下游造成毁灭性的破坏。

2.3.1.5 海岸浪蚀及库岸浪蚀

在风力作用下，形成的波浪对海岸及水库岸库产生拍打、冲蚀作用，如果岸体为土体时，使海岸及库岸产生涮洗、崩塌逐渐后退，如果岸体为较硬的岩石时，岸体形成凹槽，波浪继续作用就形成侵蚀崖。

2.3.2 风力侵蚀

风力侵蚀（wind erosion）系指土壤颗粒或沙粒在气流冲击作用下脱离地表，被搬运和堆积的一系列过程，以及随风运动的沙粒在打击岩石表面过程中，使岩石碎屑剥离出现擦痕和蜂窝的现象。风力侵蚀简称为风蚀。气流中的含沙量随风力的大小而改变，风力越大，气流含沙量越高，当气流中的含沙量过饱和或风速降低，土粒或沙粒与气流分离而沉降，堆积成沙丘或沙垅。在风力侵蚀中土壤颗粒和沙粒脱离地表、被气流搬运、沉积 3 个过程相互影响穿插进行。

2.3.2.1 石窝（风蚀壁龛）

在陡峭的岩壁上，经风蚀形成大小不等、形状各异的小洞穴和凹坑。大的深

10～25cm，口径达 20cm。有的分散，有的群集，使岩壁呈蜂窝状外貌，称之为石窝。这种现象在花岗岩和砂岩壁上最为发育。

2.3.2.2　风蚀蘑菇和风蚀柱

孤立突起的岩石，或水平节理和裂隙发育的岩石，特别是下部岩性软于上部的岩石，受到长期的风蚀和风磨，易形成顶部大、基部小的形似蘑菇的岩石，称之为风蚀蘑菇。

垂直裂隙发育的岩石经过长期的风蚀，易形成柱状，故称风蚀柱。它可单独挺立，也有成群分布，其大小高低不一。

2.3.2.3　风蚀垄槽（雅丹）

在干旱地区的湖积平原上，由于湖水干涸，黏性土干缩裂开，主要风向沿裂隙不断吹蚀并带走土粒，使裂隙逐渐扩大，将原来平坦的地面发育成许多不规则的陡壁、垄岗（墩台）和宽浅的沟槽。吹蚀沟槽与不规则的垄岗相间组成的崎岖起伏、支离破碎的地面称为风蚀垄槽。这种地貌以罗布泊附近雅丹地区最为典型，故又叫雅丹地貌。沟槽可深达十余米，长达数十米到数百米，沟槽内常为沙粒填充。

2.3.2.4　风蚀洼地

由松散物质组成的地面经风吹蚀后，形成宽广而轮廓及界面不大明显的洼地。它们多呈椭圆形成行分布并沿主要风向伸展，有时也形成巨大围椅型风蚀洼地，自地面向下凹进。洼地的背风壁较陡峭，常达 30° 以上。

2.3.2.5　风蚀谷和风蚀残丘

在干旱地区遇有较大暴雨产生的地表径流冲刷地面后形成沟谷，这些沟谷再经长期风蚀形成风蚀谷。风蚀谷无一定形状，有狭长的壕沟，也有宽广的谷地，蜿蜒曲折，长达数十公里，谷底崎岖不平宽窄不均。在陡峭的谷壁上分布着大小不同的石窝，壁坡的坡脚堆积有崩塌岩屑锥。

风蚀谷不断发展扩大，原始地面不断缩小，最后残留下不同形状的孤立小丘称之为风蚀残丘。它们常成带状分布，丘顶有不易被直接吹扬的砾石或黏土所保护，平顶的较多，也有尖峰的，高度一般在 10～20m，在柴达木盆地的残丘多在数米至 30m。

2.3.2.6　风蚀城堡（风城）

在地形隆起、有产状近似水平的裸露基岩地面，由于岩性软硬不一，垂直节理发育不均，在长期强劲风力作用下，被分割成为平顶山丘，称为风蚀城堡或风城。典型风城分布在我国新疆吐鲁番盆地哈密西南。

2.3.2.7　石漠与砾漠（戈壁）

在干旱地区某些地势较高的基岩或山麓地带，由于强劲风力将地表大量碎屑细粒物质吹蚀而去，使基岩裸露或留下具有棱面麻坑的各种风棱石和石块，使得地表植物稀少、景色荒凉，称之为石漠与砾漠（又称戈壁）。石漠与砾漠在我国的分布的面积是很大的。

2.3.2.8 沙波纹

沙波纹主要是颗粒大小不等的沙面，经风的吹动产生颗粒的分异，某一段被带走的多于带来的沙粒，这样就形成微小凹凸不平的沙面或小洼地，如此反复就形成有规则的沙波纹。其排列方向与风向垂直，相邻两条沙波纹脊线间距一般为 20 ～ 30cm，风力越大沙粒越细，则脊间距越大脊也越高，反之则越小越低。

2.3.2.9 沙丘（堆）及沙丘链

当风沙流遇到植物或障碍物时，就在背风面产生涡流消耗气流的能量，引起风速的减小，在背风面沙粒发生沉积就成为沙丘（堆）。沙堆的大小不等形状各异，从发育过程看有蝌蚪状和盾状等。在多种风向的作用下，沙堆逐步演化成各种沙丘或沙丘链。

沙丘形成后，自身变成风沙流的更大障碍，使沙粒堆积得更多。由于沙丘顶部地面曲率较大，沙丘两侧曲率较小而产生压力差，引起气流从压力较大的背风坡的坡脚流向压力较小的沙丘顶部，形成涡流，使背风坡形成浅小的马蹄形凹地，逐渐发育成为平面，形如新月的新月形沙丘。

在沙源供应丰富的情况下，密集的新月形沙丘相互连接，它们与主风向垂直，故称为横向新月形沙丘链。在风向单一的地区，沙丘链在形态上仍然保持原来新月形的特征，而在两个相反方向的风力交替作用地区，整个沙丘链的平面形态比较平直，剖面形态往往是复式的，顶部有摆动带，背风坡的坡度较缓。

格状沙丘链是由两个近乎相互垂直的风向相互作用形成的，主风方向形成沙丘链（主梁）与次风向形成的低矮沙埂（次梁）分隔着丘间低地（沙窝），形似格状故称之为格状沙丘链，腾格里沙漠的沙丘主要是格状沙丘链。

2.3.2.10 金字塔状沙丘

在无主风向的多向风吹动下，塑造的沙丘棱面明显丘体高大，且具有三角形的斜面、尖的沙顶和狭窄的棱脊线，外形像金字塔，固称之为金字塔状沙丘。

2.3.3 重力侵蚀

重力侵蚀（gravitational erosion）是一种以重力作用为主引起的土壤侵蚀形式。它是坡面表层土石物质及中浅层基岩，由于本身所受的重力作用（很多情况还受下渗水分、地下潜水或地下径流的影响），失去平衡，发生位移和堆积的现象。重力侵蚀多在大于 25° 的山地和丘陵坡面发生，在沟坡和河谷较陡的岸边也常发生重力侵蚀，由人工开挖坡脚形成的临空面、修建渠道和道路形成的陡坡也是重力侵蚀多发地段。

严格地讲，纯粹由重力作用引起地侵蚀现象是不多见的，重力侵蚀的发生是与其他外营力参与有密切关系的，特别是在水力侵蚀及下渗水的共同作用下，以重力为其直接原因所导致的地表物质移动。

根据土石物质破坏的特征和移动方式，一般可将重力侵蚀分为陷穴、泻留、滑坡、地爬、崩塌与坠石、崩岗、岩层蠕动、山剥皮等。

2.3.3.1 陷穴

在黄土地区或黄土状堆积物较深厚地区的堆积层中，地表层发生近于圆柱形土体垂直向下塌落的现象称之为陷穴（hole erosion）。由于地表水分下渗引起土体内可溶性物质的溶解及土体的冲淘，一部分物质被淋溶到深层，在土体内形成空洞引起地面塌陷，形成陷穴。其原因主要是由于水分局部下渗和黄土的大孔隙性及其垂直节理发育形成的。陷穴有时单个出现，有时呈珠串状从坡面的上部向坡面下部排列，且下部连通，为侵蚀沟的发展创造了条件。

2.3.3.2 泻溜

在陡峭的山坡或沟坡上，由于冷热干湿交替变化，表层物质严重风化，造成土石体表面松散和内聚力降低，形成与母岩体接触不稳定的碎屑物质，这些岩土碎屑在重力作用下时断时续地沿斜坡坡面或沟坡坡面下泻的现象称为泻溜（debris slide）。泻溜常发生在黄土地区及有黏重红土的斜坡上，在易风化的土石山区也有发生。

2.3.3.3 滑坡

坡面岩体或土体沿贯通剪切面向临空面下滑的现象称为滑坡（slope slide）。滑坡的特征是滑坡体与滑床之间有较明显的滑移面，滑落后的滑坡体层次虽受到严重扰动，但其上下之间的层次未发生改变。滑坡在天然斜坡或人工边坡、坚硬或松软岩土体都可能发生，它是常见的一种边坡变形破坏形式。

当滑坡体发生面积很小、滑落面坡度较陡时，称为滑塌或坐塌。滑坡滑下的土体整体不混杂，一般保持原来的相对位置。在透水性强的土体下层，有透水力差的层次时，容易形成滑落面而发生滑坡，坡面的融化层与冻结层之间也容易形成滑落面。

2.3.3.4 崩塌与坠石

在陡峭的斜坡上，整个山体或一部分岩体、块石、土体及岩石碎屑突然向坡下崩落、翻转和滚落的现象称为崩塌（collapse）。崩落向下运动的部分称为崩落体，崩塌发生后在原来坡面上形成的新斜面称为崩落面。

崩塌的特征是崩落面不整齐，崩落体停止运动后，岩土体上下之间层次被彻底打乱，形成犹如半圆形锥体的堆积体，称之为倒石锥。发生在山坡上大规模的崩塌称山崩，在雪山上发生的崩塌称为雪崩。发生在海岸或库岸的崩塌称坍岸，发生在悬崖陡坡上单个块石的崩落称坠石（fall rock）。

2.3.3.5 崩岗

山坡剧烈风化的岩体受水力与重力的混合作用，向下崩落的现象称之为崩岗（rock slide）。崩岗主要分布在我国南方的一些花岗岩地区，由于高温、多雨和昼夜温差的影响，再加之花岗岩属显晶体结构，富含石英砂粒，岩石的物理风化和化学风化都较为强烈，雨季花岗岩风化壳大量吸水，致使内聚力降低，风化和半风化的花岗岩体在水力和重力综合作用下发展成为崩岗。

2.3.3.6 地爬（土层蠕动）

寒温带及高寒地带土壤湿度较高的地区在春季土壤解冻时，上层解冻的土层与下层冻结的土层之间形成两张皮，解冻的土层在重力分力作用下沿斜坡蠕动，在地表出现皱褶，称为地爬或土层蠕动。在有树木生长的地段出现树木倾斜，称为醉林。如在大兴安岭、青藏高原、新疆天山山地，常出现这种现象。

2.3.3.7 岩层蠕动

岩体蠕行是斜坡上的岩体在自身重力作用下，发生十分缓慢的塑性变形或弹性变形。这种现象主要出现在页岩、片岩、千枚岩等柔性岩层组成的山坡上，少数也可以出现在坚硬岩石组成的山坡上。

2.3.3.8 山剥皮

土石山区陡峭坡面在雨后或土体解冻后，山坡的一个部分土壤层及母质层剥落，裸露出基岩的现象称之为山剥皮。如果山剥皮大量发生，山体就变成了岩石裸露的不毛之地。山剥皮剥落下的物质，在坡脚堆积，形成倒土堆，土堆内掺有大量的植物残体，并有一定的分选性。

2.3.4 混合侵蚀

混合侵蚀（mixed erosion）是指在水流冲力和重力共同作用下的一种特殊侵蚀形式，在生产上常称混合侵蚀为泥石流（debris flow）。

泥石流是一种含有大量土沙石块等固体物质的特殊洪流，它既不同于一般的暴雨径流，又是在一定的暴雨条件下（或是有大量融雪水、融冰水条件下），受重力和流水冲力的综合作用而形成的。泥石流在其流动过程中，由于崩塌、滑坡等重力侵蚀形式的发生，得到大量松散固体物质补给，还经过冲击、磨蚀沟床而增加补充固体物质，它爆发突然，来势凶猛，历时短暂，具有强大的破坏力。

泥石流是山区的一种特殊侵蚀现象，也是山区的一种自然灾害。泥石流中砂石等固体物质的含量均超过25%，有时高达80%，容重为1.3～$2.3t/m^3$。泥石流的搬运能力极强，比水流大数十倍到数百倍，其堆积作用也十分迅速，所以它对山区的工农业生产的危害很大。

根据泥石流发生时不同的特征，混合侵蚀可划分出多种形式，如按泥石流发生的动因进行划分，可分为暴雨型泥石流、融雪型泥石流和融冰型泥石流；如按泥石流发生的地貌部位进行划分，可分为沟谷型泥石流、坡面型泥石流；如按泥石流发生的大小进行划分，可分为小型泥石流、中型泥石流和大型泥石流；如按泥石流发生的程度进行划分，可分为雏形泥石流和典型泥石流；如按泥石流中所含细粒土壤颗粒的数量进行划分，可分为黏性泥石流和结构型泥石流。具体的划分方法目前没用特别的规定，主要是根据研究地区泥石流特点、研究目的及泥石流防治需要等多方面要求而定。以下介绍的是按泥石流中所含固体物质的种类进行的划分。

2.3.4.1 石洪

石洪（rock flow）是发生在土石山区暴雨后形成的含有大量土砂砾石等松散物质的超

饱和状态的急流。其中所含土壤黏粒和细沙较少，不足以影响到该种径流的流态。石洪中已经不是水流冲动的土沙石块，而是水和水沙石块组成的一个整体流动体。因此石洪在沉积时分选作用不明显，基本上表现为大小石砾间杂存在。

2.3.4.2　泥流

泥流（mud flow）是发生在黄土地区或具有深厚均质细粒母质地区的一种特殊的超饱和急流，其所含固相物质以黏粒、粉沙等一些细小颗粒为主。泥流所具有的动能远大于一般的山洪，流体表面显著凹凸不平，已失去一般流体特点，在其表面经常可浮托、顶运一些较大泥块。

2.3.4.3　泥石流

泥石流（debris flow）是一种饱含大量泥沙石块和巨砾的固液两相流体。泥石流发生过程复杂、爆发突然、来势凶猛、历时短暂，是我国山区常见的一种破坏力极大的自然灾害。泥石流不仅需要短时间内汇集大量地表径流，而且还需要在沟道或坡面上储备有大量松散固相物体，而面蚀、沟蚀及各种形式重力侵蚀的发生是产生大量松散固相物体的条件，因此泥石流的发生是山区严重土壤侵蚀的标志之一。

2.3.5　冻融侵蚀

当温度在 0℃上下变化时，岩石孔隙或裂缝中的水在冻结成冰时，体积膨胀（增大 9%左右），因而它对围限它的岩石裂缝壁产生很大的压力，使裂缝加宽加深；当冰融化时，水沿扩大了的裂缝更深地渗入岩体的内部，同时水量也可能增加，这样冻结、融化频繁进行，不断使裂缝加深扩大，以致岩体崩裂成岩屑，称冻融侵蚀（freeze-thaw erosion）。也称冰劈作用。在冻融侵蚀过程中，水可溶解岩石中的矿物质，同时会出现化学侵蚀。

土壤孔隙或岩石裂缝中的水分冻结时，体积膨胀，裂隙随之加大增多，整块土体或岩石发生碎裂；在斜坡坡面或沟坡上的土体由于冻融而不断隆起和收缩，受重力作用顺坡向下方产生位移的。

冻融侵蚀在我国北方寒温带分布较多，如陡坡、沟壁、河床、渠道等在春季时有发生。冻融使土体发生机械变化，破坏了土壤内部的凝聚力，降低土壤抗剪强度。土壤冻融具有时间和空间的不一致性，当土体表面解冻，底层未解冻时形成一个不透水层，水分沿交接面流动，使两层间的摩擦阻力减小，在土体坡角小于休止角的情况下，也会发生不同状态的机械破坏。

冰缘气候条件下积雪频繁消融和冻胀产生的一种侵蚀形式称为雪蚀作用。雪蚀作用主要产生于大陆冰盖外围以及乔木分布线以上雪线以下的高山地带，年平均气温为 0 ℃左右，多属永久冻土带。积雪边缘频繁交替冻融，一方面通过冰劈作用使地表物质破碎，另一方面雪融水又将粉碎的细粒物质带走，故雪融作用既有剥蚀又有搬运，它可使雪场底部加深，周边扩大，逐渐形成宽盆状的雪蚀洼地。

2.3.6　冰川侵蚀

由冰川运动对地表土石体造成机械破坏作用的一系列现象称为冰川侵蚀（glacier

erosion）。高山高原雪线以上的积雪，经过外力作用，转化为有层次的厚达数十米至数百米的冰川冰。而后冰川冰沿着冰床作缓慢塑性流动和块体滑动，冰川及其底部所含的岩石碎块不断铿磨冰床。同时在冰川下因节理发育而松动的岩块突出部分有可能和冰川冻结在一起，冰川移动时将岩块拔出带走。冰川侵蚀活跃于现代冰川地区，我国主要发生在青藏高原和高山雪线以上。

冰川是一种巨大的侵蚀体，据对冰岛河流含沙量计算，冰源河流泥沙是非冰源河流的 5 倍，相当于全流域每年因侵蚀而使其地面降低 2.8mm，而阿拉斯加的谬尔冰川（Muir Glacier）以含沙量计，全流域每年因侵蚀而使其地面降低 19mm。冰川之所以具有如此巨大的侵蚀力，一方面是冰川冰本身具有的巨大静压力（100m 厚的冰体对冰床基岩所产生的静压力为 $90t/m^2$），另一方面是冰体在运动过程中以其所挟带岩石碎块对冰床的磨蚀和掘蚀作用。其结果是造成冰川谷、羊背石等冰川侵蚀地貌，同时产生大量的碎屑物质。

2.3.6.1 刨蚀和掘蚀

冰川在运动过程中，以其巨大的静压力以及冰体中所含岩屑碎块对冰床所产生的铿磨作用称为刨蚀，也称磨蚀作用。当冰体中的巨大岩块突出冰外时，其刨蚀力更大。在大陆性冰川区，磨蚀作用是冰川侵蚀的主要方式。

冰川底部的地表如有因节理已松动的岩块时，其突出部分能与冰川结合在一起，在冰川前进过程中把岩块掘起带走的现象称之为掘蚀。在冰斗后背及冰川谷中岩坎上掘蚀的表现最为明显。

2.3.6.2 刮蚀

运动着的冰川对其两侧的土体产生破坏称为刮蚀，也称为侧蚀。冰川活动对地表造成机械破坏作用。冰川是一种固体流，当冰川在槽谷中运动时，遇到突出的山嘴不能像水流那样绕过，所以冰川的侧蚀作用比流水作用更明显、更强烈。由侧蚀作用形成的冰川谷平直畅通，在形态上呈悬链形，并以谷坎上常见的冰蚀三角面为特征。

2.3.7 化学侵蚀

土壤中的多种营养物质在下渗水分的作用下发生化学变化和溶解损失，导致土壤肥力降低的过程称为化学侵蚀（chemical erosion）。进入土壤中的降水或灌溉水分，当水分达到饱和以后受重力作用沿土壤孔隙向下层运动，使土壤中的易溶性养分和盐类发生化学作用，有时还伴随着分散悬浮于土壤水分中的土壤黏粒、有机和无机胶体（包括吸附的磷酸盐和其他离子）沿土壤孔隙向下运动等，这些作用均能引起土壤养分的损失和土壤理化性质恶化，导致土壤肥力下降。在酸性条件下碳酸岩类在地表径流作用下的溶蚀也属于化学侵蚀类的一种。化学侵蚀通常分为岩溶侵蚀、淋溶侵蚀和土壤盐渍化 3 种。

由于化学侵蚀现象一般不太明显，且其作用过程相对较为缓慢，所以开始阶段常不易被人们察觉，但其危害是不可忽视的。化学侵蚀过程不仅使土壤肥力降低，农作物产量下降，而且还会污染水源、恶化水质，直接影响人畜饮用和工农业用水。同时，由于被污染的水体内藻类大量繁殖生长，导致水中有效氧含量降低，鱼类和其他水生生物也会受到影响。

2.3.7.1　岩溶侵蚀

岩溶侵蚀，是指可溶性岩层在水的作用下发生以化学溶蚀作用为主，伴随有塌陷、沉积等物理过程而形成独特地貌景观的过程及结果。依据发育的位置可分为地表岩溶侵蚀和地下岩溶侵蚀两类。

岩溶侵蚀主要由水的溶蚀侵蚀作用造成，水的溶蚀作用主要指通过大气和水对岩体的破坏，使岩石或土壤化学成分发生变化的现象。大气中有 O_2、CO_2、SO_2 等，水本身又溶有各种气体和矿物质，它们同时作用于岩石使岩石性质发生改变。主要表现为氧化作用、水化作用、水解作用和溶解作用。特别在石灰岩地质条件和雨量充沛的地区，水的各种侵蚀作用极为明显，最突出的是 H_2O 与 CO_2 腐蚀石灰岩，形成溶岩地貌。

2.3.7.2　淋溶侵蚀

淋溶侵蚀是指降水或灌溉水进入土壤，土壤水分受重力作用沿土壤孔隙向下层运动，将溶解的物质和未溶解的细小土壤颗粒带到深层土壤，产生有机质等土壤养分向土壤剖面深层的迁移聚集甚至流失进入地下水体中的过程。

淋溶侵蚀源于地表水入渗过程中对土壤上层盐分和有机质的溶解和迁移，水分在这一过程中主要以重力水形式出现。土壤中的水分（由于重力作用和毛细管作用）在土体内移动过程中，引起土壤的理化性质改变、结构破坏，使土壤肥力下降，造成淋溶侵蚀。当地下水位低、降水量较少时，淋溶强度较小；当地下水位高，或降水较多时，尤其在有灌溉条件的地区，淋溶深度大，不仅造成土壤肥力下降，更会使土壤盐分和有机质进入地下水中，构成新的污染源。

2.3.7.3　土壤盐渍化

在干燥炎热和过度蒸发条件下，土壤毛管水上升运动强烈，致使地下水及土中盐分向地表迁移并在地表附近发生积盐的过程及结果就称为土壤盐渍化或土壤盐碱化。

盐渍化是盐化和碱化的总称。在发生盐渍化的土壤中，包括了各种可溶盐离子，主要的阳离子有 Na^+、K^+、Ca^{2+}、Mg^{2+}，阴离子有 Cl^-、SO_4^{2-}、CO_3^{2-} 和 HCO_3^-，阳离子与前两种阴离子形成的盐为中性盐，而与后两种阴离子则形成碱性盐。

由于人类长期不合理的农业生产措施，如过量漫灌或只灌不排、渠道不设防渗措施、沟坝地不设排水系统和地下水位较浅的地段等，因毛细管作用，土壤深层的液体向上移动至地表，水分蒸发后矿物质留在地表，引起土壤盐碱化。

盐渍化对农业生产构成严重的危害，高浓度的盐分会引起植物的生理干旱，干扰作物对养分的正常摄取和代谢，降低养分的有效性和导致表层土壤板结，致使土壤肥力下降，甚至难以利用。

2.3.8　植物侵蚀

植物侵蚀（biological erosion），也称生物侵蚀，它是指植物在生命过程中引起的土壤肥力降低和土壤颗粒迁移的一系列现象。一般植物在防蚀固土方面有着特殊的作用，但是在人为作用下，有些植物对土壤产生一定侵蚀作用，主要表现在土壤理化性质恶化，肥力下降。如部分针叶纯林可恶化林地土壤的通透性及其结构等物理性状，过度开垦种植导致土壤肥力下降等。

2.4 土壤侵蚀程度及强度

2.4.1 土壤侵蚀量与土壤流失量

土壤侵蚀量（amount of soil erosion）是指土壤侵蚀作用的数量结果。通常把土壤、母质及地表散松物质在外营力的破坏、剥蚀作用下产生分离和位移的物质量，称为土壤侵蚀量。单位时间单位面积内产生的土壤侵蚀量，称为土壤侵蚀速率（或速度），或称为土壤侵蚀模数，量纲是 t/（km^2・a）。

土壤侵蚀物质以一定的方式搬运，并被输移出特定地段，这些被输移出的泥沙量称之为流域产沙量（sediment yield）。相应地，单位时间内通过河川某断面的泥沙总量称为流域输沙量。在黄土地区由于土壤组成多以粉沙为主，且粒径组成范围较小，导致流域内的泥沙输移比较大，可以近似地将输沙量看作流域的产沙量，因而常用流域的输沙量和流域土壤侵蚀面积来计算平均侵蚀模数。

需要指出的是土壤侵蚀和土壤流失是两个不同的概念，关于土壤侵蚀前面已经作了比较多的阐述。土壤流失（soil loss）所指的仅为在水力侵蚀中，由于地表径流导致的土壤面蚀部分（包括层状面蚀、鳞片状面蚀、沙粒化面蚀和细沟状面蚀），因此土壤流失量（amount of soil loss）所指的也就是由于发生土壤面蚀所流失的土沙数量。

2.4.2 土壤侵蚀程度

土壤侵蚀程度（degree of soil erosion）是指任何一种土壤侵蚀形式在特定外营力种类作用和一定环境条件影响下，自其发生开始，截至目前的发展状况。在土壤侵蚀发生发展过程中，土壤侵蚀不仅受到外营力种类、外营力作用方式等的影响，还受到地质、土壤、地形、植被等条件和人为活动的影响，因此土壤侵蚀表现形式可明显地产生较大差异。就其一种土壤侵蚀形式而言，在不同条件下，其发展过程和所发生的阶段也不一样。

2.4.3 土壤侵蚀强度

土壤侵蚀强度（intensity of soil erosion）所指的是某种土壤侵蚀形式在特定外营力种类作用和其所处环境条件不变的情况下，该种土壤侵蚀形式发生可能性的大小。常用单位面积上在一定时间内土壤及土壤母质被侵蚀的重量来表示。土壤侵蚀强度是根据土壤侵蚀的实际情况，按轻微、中度、严重等分为不同级别。由于各国土壤侵蚀严重程度不同，土壤侵蚀分级强度也不尽一致，一般是按照允许土壤流失量与最大流失量值之间进行内插分级。土壤侵蚀强度也称为土壤侵蚀潜在危险性。

2.4.4 允许土壤流失量

允许土壤流失量（tolerance of soil loss）是指小于或等于成土速度的年土壤流失量。也就是说允许土壤流失量是不至于导致土地生产力降低而允许的年最大土壤流失量。

在农耕地的土壤侵蚀防治中，常用通用土壤流失方程进行土壤流失量的估算，如果估算初定土壤流失量低于该土地的允许土壤流失量，则表明该土地的利用合理，不需要采取治理措施。确定土壤流失量是一项较为复杂的工作，目前各国确定的指标还有待完善，需要积累成土速率和土壤侵蚀对土壤生产能力影响等方面的资料。在美国规定各类允许土壤流失量的值为 4 ～ 11.2t/(hm^2 · a ）。

2.4.5　土壤侵蚀模数

土壤侵蚀模数（soil erosion modulus），是指单位时段内（a）单位水平投影面积（km^2）上的土壤侵蚀总量（t）。土壤侵蚀模数是土壤侵蚀强度分级的主要指标，在一定尺度范围内通过径流观测小区、卡口站、河流水文观测站对径流泥沙的观测资料计算得到。其单位常用 t/(km^2 · a) 表示。

思　考　题

1. 土壤侵蚀、水土流失、土壤流失的基本概念分别是什么？
2. 土壤侵蚀与水土流失、水土保持有何关系？
3. 对土壤侵蚀而言，其外营力种类及其作用过程分别是什么？
4. 划分土壤侵蚀类型的主要依据通常有哪几种？
5. 一般情况下常用的土壤侵蚀类型划分依据是什么？通常可划分为哪几种类型？
6. 土壤侵蚀形式划分的主要依据是什么？
7. 土壤侵蚀程度与强度的区别是什么？
8. 在水力侵蚀类型中主要的土壤侵蚀形式有哪几种？
9. 在风力侵蚀类型中主要的土壤侵蚀形式有哪几种？
10. 在重力侵蚀类型中主要的土壤侵蚀形式有哪几种？
11. 在混合侵蚀类型中主要的土壤侵蚀形式有哪几种？
12. 何谓允许土壤流失量？

黄河流域概况

黄河发源于青藏高原巴颜喀拉山北麓海拔4500m的约古宗列盆地，流经青海、四川、甘肃、宁夏、内蒙古、陕西、山西、河南、山东九省（区），注入渤海，干流河道全长5464km。处于东经95°53' ～ 119°05'，北纬32°10' ～ 41°50'，东西长1900km，南北宽1100km，流域面积79.5万km^2。

黄河流域幅员辽阔，地形地貌差别很大。从西到东横跨青藏高原、内蒙古高原、黄土高原和黄淮海平原四个地貌单元。流域地势西高东低，西部河源地区平均海拔在4000m以上，由一系列高山组成，常年积雪，冰川地貌发育；中部地区海拔在1000 ～ 2000m，为黄土地貌，水土流失严重；东部主要由黄河冲积平原组成，河道高悬于地面之上，洪水威胁较大。

黄河的突出特点是“水少沙多、水沙异源”。全河多年年平均天然径流量580亿m^3，仅占全国河川径流总量的2%。流域内人均水量593m^3，为全国人均水量的25%；耕地亩均水量324m^3，仅为全国耕地亩均水量的17%。黄河三门峡站多年平均输沙量约16亿t，平均含沙量为35kg/m^3，在大江大河中名列第一。黄河水、沙的来源地区不同，水量主要来自兰州以上、秦岭北麓，泥沙主要来自河口镇至龙门区间与泾河、北洛河及渭河上游地区。

黄河流域的黄土高原地区水土流失严重，水土流失面积45.4km^2，其中年平均侵蚀模数大于5000t/m^3的面积约15.6lkm^2。大量泥沙输入黄河，淤高下游河床，是黄河下游水患严重而又难于治理的症结所在。

内蒙古托克托县河口镇以上为黄河上游，汇入的较大支流（流域面积1000km^2以上）有43条，径流量占全河的60%。龙羊峡至宁夏下河沿的干流河段是黄河水力资源的“富矿”区，也是全国重点开发建设的水电基地之一。

河口镇至河南郑州桃花峪为黄河中游，是黄河洪水和泥沙的主要来源区，汇入的较大支流有30条。河口镇至禹门口是黄河干流上最长的一段连续峡谷，河段内支流绝大部分流经水土流失严重的黄土丘陵沟壑区，是黄河泥沙特别是粗泥沙的主要来源；该河段水力资源也很丰富，是黄河上第二大水电基地，峡谷下段有著名的壶口瀑布。

黄河干流自桃花峪以下为黄河下游。下游河道为地上悬河，支流很少。目前黄河下游河床已高出大堤背河地面3 ～ 5m，比两岸平原高出更多。除南岸东平湖至济南区间为低山丘陵外，其余全靠堤防挡水。

第3章

水力侵蚀

[本章导言] 水力侵蚀的外营力主要为水力，水力侵蚀是降雨雨滴击溅侵蚀力、径流冲刷侵蚀力等与土壤（含母质等）抗蚀力相互作用的结果。以水力为主要外营力所导致的水力侵蚀形式可分为溅蚀、面蚀、沟蚀、山洪侵蚀和湖岸及库岸浪蚀5种。在水力侵蚀中，既受气候、水文、地质、地貌、土壤和植被等自然因素的影响，同时也受到人类活动的干扰。水力侵蚀的防治措施主要包括工程措施、农业措施和林草措施等。

3.1 水及水流的基本特性

水可分为固体、液体和流体三种形态，液体和固体的区别在于流体很容易流动，从表观上看不像固体那样能保持一定的形状。液体的体积有一定的大小，并可形成自由表面。从力学角度看，水几乎不能承受拉力，静止时不能承受剪切力，在微小的切应力作用下容易发生连续变形而流动，但是水对于压缩变形具有很大的抵抗力。

3.1.1 水的物理特性

水是流体的一种，其侵蚀作用实际上是水及水力的机械运动造成的，因此研究水流运动的主要物理性质是研究水流机械运动的出发点。

3.1.1.1 惯性、质量和密度

惯性就是物体所具有的反抗改变原有的运动状态的物理性质。惯性的度量就是质量，也就是物体中所含物质的多少。质量越大惯性也越大。当物体受其他物体的作用力而改变其运动状态时，此物体反抗改变运动状态而作用于其他物体上的反作用力称为惯性力。设物体的质量为 m，加速度为 a，则惯性力 F 的数值可表述为

$$F = -ma \tag{3.1}$$

式中的负号表示惯性力的方向与物体的加速度方向相反。质量 m 的单位是kg，为基本单位。加速度 a 的单位是N，为导出单位。1N的定义为在1N力的作用下，质量为1kg的物体得到 $1m/s^2$ 的加速度，即 $1N = 1kg \cdot (m/s^2)$。

单位水体体积内所具有的质量称为密度，以 ρ 表示，单位为 kg/m^3。对于均质水体设其体积为 V，质量为 m，则有

$$\rho = m/V \tag{3.2}$$

在一般情况下液体的密度随压强和温度的变化而发生的变化很小，所以液体的密度可以视为常数。水的密度实际上就是在一个大气压强下、温度为 4℃时的最大密度值 1000kg/m^3 作为计算值的（表 3.1）。

表 3.1 不同温度下水的物理性质

温度 /℃	重度 γ/（kN/m^3）	密度 ρ/（kg/m^3）	黏度 μ/ 10^{-3}Pa · s	运动黏度 ν/（10^{-6}m^2/s）	体积模量 K/ 10^9Pa	表面张力系数 σ/（N/m）
0	9.805	999.9	1.781	1.785	2.02	0.0756
5	9.807	1000.0	1.518	1.519	2.06	0.0749
10	9.804	999.7	1.307	1.306	2.10	0.0742
15	9.798	999.1	1.139	1.139	2.15	0.0735
20	9.789	998.2	1.002	1.003	2.18	0.0728
25	9.777	997.0	0.890	0.893	2.22	0.0720
30	9.764	995.7	0.798	0.800	2.25	0.0712
40	9.730	992.2	0.653	0.658	2.28	0.0696
50	9.689	988.0	0.547	0.553	2.29	0.0679
60	9.642	983.2	0.466	0.474	2.28	0.0662
70	9.589	977.8	0.404	0.413	2.25	0.0644
80	9.530	971.8	0.354	0.364	2.20	0.0626
90	9.466	965.3	0.315	0.326	2.14	0.0608
100	9.399	958.4	0.282	0.294	2.07	0.0589

3.1.1.2 万有引力、重量和重度

物体之间相互具有吸引力的性质，这个吸引力称为万有引力。其作用是企图改变物体原有运动状况而使其相互接近。在水体运动中一般只需要考虑地球对水流的引力，这个引力就是重力，用重量 G 来表示。设水体的质量为 m，重力加速度为 g，则其重量为

$$G = mg \tag{3.3}$$

采用国际单位制时，重量的单位是 N。

单位水体体积内所具有的重量称为重度，或称为容重，常用符号 γ 表示。对于均质水体，设其体积为 V，重量为 G，则有

$$\gamma = G/V \tag{3.4}$$

重度的单位常用 kN/m^3 表示。又从式（3.2）、式（3.3）和式（3.4）可知

$$\gamma = \rho g \text{ 或 } \rho = \gamma/g \tag{3.5}$$

液体的重度也随压强和温度的变化而有所变化，但在一般情况下可将其看作为常数。水的重度采用的数值常为 9800N/m^3。不同温度下水的重度见表 3.1。

3.1.1.3 黏滞性、黏度或黏滞系数

水处于液体时具有易流动性，静止时不能承受切力抵抗剪切变形，但是在运动状态下，

水流就具有抵抗剪切变形的能力，这就是黏滞性。在水流剪切变形过程中，质点之间存在着相对运动，使水流内部出现成对的切应力，也称之为内摩擦力。其作用是抗拒水流内部的相对运动，从而影响水流的运动状况。由于存在黏滞性，水流在运动过程中因克服内摩擦阻力必然要做功，所以水流的黏滞性也是水流发生机械能量损失的根源。

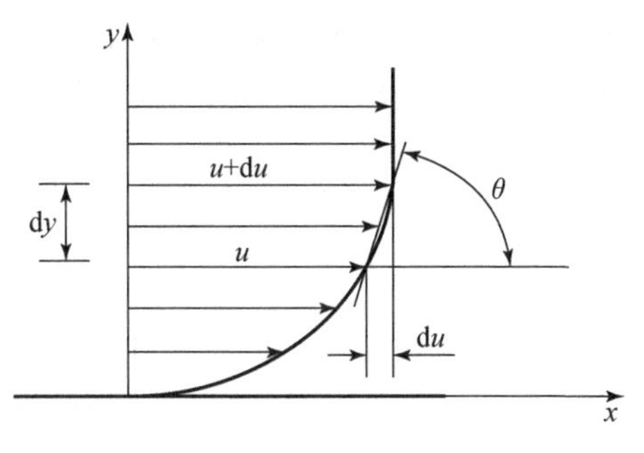

图 3.1　水流流速梯度示意图

由牛顿在1686年提出，并经后人验证的水流内摩擦定律习惯上称为牛顿内摩擦定律（Newton’s law of viscosity），其描述的内容是水流沿某一固体表面做平行直线运动，假设沿固体表面的方向为 x 方向，其速度为 u，与 x 垂直的方向为 y（图 3.1），则在此二维平行直线运动中，流层间的内摩擦力（或称切力）F 的大小与水流的性质有关，并与流速梯度 $\frac{\mathrm{d}u}{\mathrm{d}y}$ 和接触面积 A 成正比，而与接触面上的压力无关。即

$$F = \mu A\frac{\mathrm{d}u}{\mathrm{d}y} \tag{3.6}$$

式中，μ 为比例系数，称为黏度或黏滞系数，其单位为 Pa・s。

设 τ 代表单位面积上的内摩擦力，即黏滞切应力，则

$$\tau = \frac{F}{A} = \mu\frac{\mathrm{d}u}{\mathrm{d}y} \tag{3.7}$$

作用在两相邻流层之间的 τ 与 F 都是成对出现的，数值相等，方向相反。运动较慢的流层作用于运动较快的流层上的切力，其方向与运动方向相反；运动较快流层作用于运动较慢流层上的切力，其方向与运动方向相同。

式（3.7）中的流速梯度 $\frac{\mathrm{d}u}{\mathrm{d}y}$ 实际上就表示流体微团的剪切变形速度，为了便于说明取一方形微团（如图 3.2 中的实线所示）。经过 $\mathrm{d}t$ 时间以后，由于各层流速不等，该微团到达图 3.2 中的虚线所示的形状和位置，这时微团的剪切变形 $\mathrm{d}\alpha$ 为

$$\mathrm{d}\alpha = \frac{\mathrm{d}u\mathrm{d}t}{\mathrm{d}y} \tag{3.8}$$

因此单位时间的剪切变形为 $\frac{\mathrm{d}\alpha}{\mathrm{d}t} = \frac{\mathrm{d}u}{\mathrm{d}y}$。从而可以得出一个有关流体的重要特性，即流体中的切应力与剪切变形的速度成比例。而在固体里，切应力是与剪切变形的大小成比例的。黏度 μ 是黏滞性的度量。μ 值越大黏滞性作用越强。μ 的数值随流体的种类而各不相同，并随压强和温度的变化而发生变化。对于常见的流体如水、气体和空气等，μ 随压强的变化不大，一般可以忽略。不同温度下水的 μ 值和 u 值见表 3.1。

上述内摩擦定律，只适用于图 3.3 中 A 线所示的一般流体，在温度不变的条件下，这类流体黏度 μ 值不变，A 线为一固定斜率的直线，这类流体通常称为牛顿流体。另一类为理想宾汉流体，当切应力达某一值时，才开始发生流动，但变形率与剪切应力同样为线性关系，泥浆、血浆、牙膏等为理想宾汉流体，如图 3.3 中 B 线所示。第三类称为伪塑性流体，其黏度随剪切变形的速度的增加减小，如图 3.3 中 C 线所示，例如尼龙、橡胶、醋酸纤维

素的溶液等。第四类为膨胀性流体，其黏度随剪切变形速度的增加而增加，如图 3.3 中 D 线所示，例如生面团、浓淀粉糊等。所以在使用内摩擦定律时，应注意其应用范围。

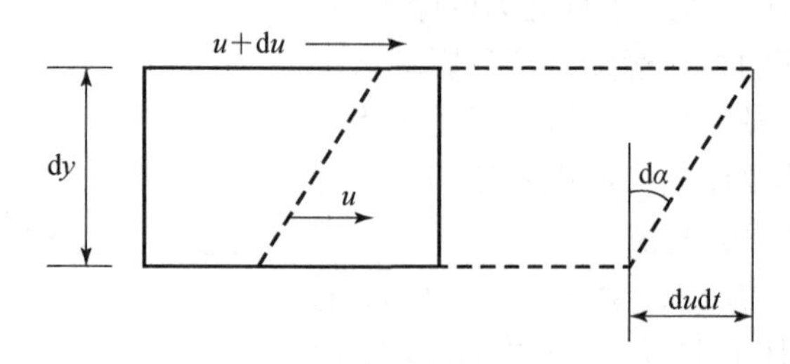

图 3.2 水流微团的剪切变形速度

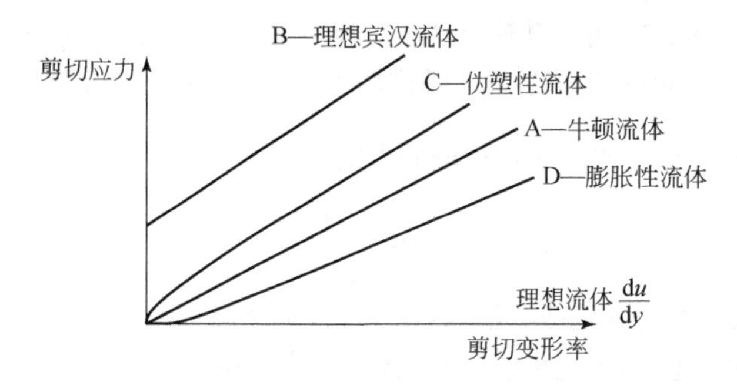

图 3.3 不同流体剪切变形示意图

水及水流的物理特性，惯性、万有引力特性和黏滞性均较重要，它们常对水流起着主要作用。另外，水的压缩性只在某些情况下才需加以考虑，水的表面张力特性，一般都可以忽略不计。

实际水流的物理性质是很复杂的，尤其是黏滞性对水流流动的影响更不易分析。为了使问题简化，便于进行理论分析，在研究水流运动时，还常引用理想流体的概念。所谓理想流体是指没有黏滞性的流体。因为所有的流体都具有黏滞性，所以没有黏滞性的流体只是一种理想的流体，它实际上是不存在的。但是，引用理想流体概念可以大大简化理论分析的过程，可以作为分析实际流体运动的台阶。对理想流体流动的分析成果，有时也可以近似地反映黏滞性作用不大的实际流动的情况。

3.1.1.4 作用于水流的力

无论水流处于运动状态还是平衡状态，都受到各种力的作用，这些力如按其物理性质的不同可以分为惯性力、重力、黏滞力、弹性力和表面张力等。为了便于分析水体的运动或平衡规律，水流上的作用力又可按表现形式分为质量力和表面力两种。

质量力作用于水流的每一质点上，并与受作用的水流体的质量成比例。在均质流体中，质量力也必然与受作用的流体的体积成比例，所以又称为体积力。单位质量流体上所受的质量力称为单位质量力，其单位为 m/s^2，与加速度的单位相同。设流体的质量为 m，所受的质量力为 F，则单位质量力为 $f = F/m$；设 F 在各个坐标轴上的分力为 F_x、F_y、F_z，则单位质量力 f 在各个坐标轴上的分力 X、Y、Z 为

$$X = F_x/m,\ \ Y = F_y/m,\ \ Z = F_z/m \tag{3.9}$$

表面力作用于流体的表面上，并与受作用的流体表面积成比例，表面力又可分为垂直于作用面的压力和平行于作用面的切力。至于拉力一般在流体中都是忽略的。设流体的面积为A，作用的压力为P，切力为F，则作用在单位面积上的平均压应力（又称为平均压强）p为P/A，作用在单位面积上的平均切应力τ为F/A。

3.1.2 水流的基本特性

地表径流是最主要的外营力之一，它主要来自大气降水，同时也接受地下水或融冰融雪水的补给。

根据流水特性，地表流水可分为坡面水流和沟谷水流两种。前者包括坡面上薄层的片流和细小股流，往往发生在降雨时或雨后很短时间内，以及融冰化雪时期。这种短时期出现的流水，称为暂时性流水。沟谷水流是指河谷及侵蚀沟中的水流，在一些降水量小于蒸发量或汇水面积较小的沟谷中，水流往往也是暂时性的，特别是在干旱和半干旱地区的河谷中，仅在暴雨或大量融冰化雪的季节才有水流，其他时间几乎无水。在湿润气候区，河床中终年保持一定水量，称为经常性流水。不论是暂时性流水还是经常性流水，尽管其作用方式不同，它们对坡面沟谷的塑造都是很明显的。

3.1.2.1 层流与紊流

水流可以分为层流和紊流两种基本流态。

层流的水质点有一定的轨迹，与邻近的质点作平行运动，彼此互不混乱。这种流动仅在水库及高含沙量的浑水中可能遇到，而在坡面及沟槽中很少发生。由于层流没有垂直于水流方向的向上分力作用，所以一般不能卷起泥沙。

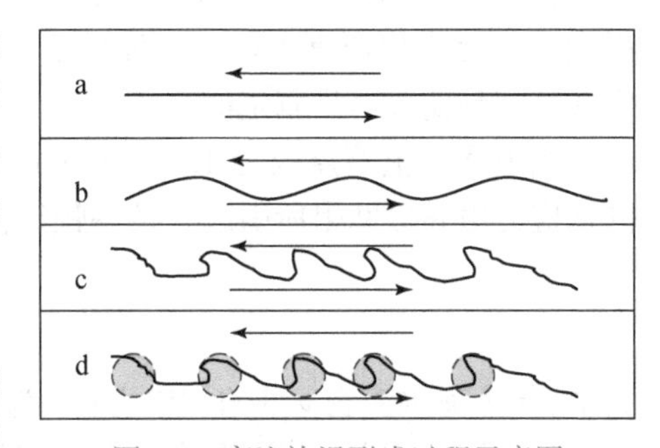

图 3.4 紊流旋涡形成过程示意图

紊流的水质点呈现不规则运动，并且互相干扰，在水层与水层之间夹杂了大小不一的旋涡运动。旋涡的产生是由于上下各水层流速不同，分界面上形成相对运动（图 3.4a）；这种流速的分界面是极不稳定的，很容易造成微弱波动（图 3.4b）；这种波动逐渐发展（图 3.4c），最后在交界面上形成一系列的旋涡（图 3.4d）。紊流内部主要是由许多不同类型的旋涡构成的。

层流是否失去稳定性取决于作用于水体的惯性力与黏滞力的对比。惯性力有使水体随着扰动而脱离、破坏规则运动的趋向，而黏滞力则有阻滞这种扰动，使水体保持规则运动的作用。因此惯性力越大，黏滞力越小，则层流越容易失去其稳定性而成为紊流；反之，则水流容易保持其层流状态。作用于单位水体的惯性力可以用ρv^2L^{-1}来度量。其中ρ为水的密度，v为水的平均流速，L为某一代表长度。作用于单位水体的黏滞力可以用μvL^{-2}来表示，其中μ为水的黏性系数。两者的比值表示惯性力与黏滞力的对比关系

$$\frac{\rho v^2L^{-1}}{\mu vL^{-2}}=\frac{\rho vL}{\mu} \tag{3.10}$$

式中，$\mu/\rho=\nu$为运动黏滞系数，于是式（3.10）可简化为

$$\frac{\rho vL}{\mu}=\frac{vL}{\nu}=R_e \tag{3.11}$$

这就是习惯用的雷诺数（Reynolds Number）。雷诺数小，表示黏性超过惯性，水流属层流范畴；雷诺数大，则进入紊流范畴。

对明渠水流来说，临界雷诺数下限约为500。水的运动黏滞系数一般为0.01cm/s，那么0.02cm厚、流速为25cm/s的薄层水流便不再保持层流流态。因而一般沟槽、河道中的水流总是属于紊流性质，只有坡面薄层缓流才是层流。

3.1.2.2 坡面水流

降水或融雪时，除蒸发和下渗外，其余部门沿着斜坡成薄层水流运动。水流在向斜坡下部流动过程中，由于雨水和雪水的补充，一般顺坡流量会逐渐增大。当流量增大到一定值后，成层的流动便不再能够保持，水流会自行集中于小沟内流动；这些小沟又渐渐相互兼并扩大，最后汇成沟槽水流，进入河道。

坡面薄层水流的流动情况是十分复杂的，沿程不但有下渗、蒸发和雨水补给，再加之坡度不均一，使得水流流动总是非均匀的。为了使问题简化，不少学者在人造坡面上用人工降雨方法，研究了下渗稳定以后的坡面水流情况，得到不少坡面水流的流速公式。这些公式大都可以化成如下形式

$$v = kq^{n}J^{m} \tag{3.12}$$

式中，q为单宽流量；J为坡面的坡度；n，m为指数；k为系数。

公式中采用q和J作为自变量，而不是像一般常用的那样，以h和J作为自变量。其原因是坡面水层厚度h极小，而坡面又总是高低不平，h值几乎无法量测，而在试验中单宽流量却是比较容易测定的。

当坡面水流厚度仅为1.5～2.0mm时，黏性起主要作用，水流系层流。层流内水层间的切应力由黏性摩阻所引起，按牛顿定律

$$\tau = \mu\frac{\mathrm{d}u}{\mathrm{d}y} \tag{3.13}$$

式中，τ为离水流底y处的切应力；u为离水流底y处的流速；y为距床面的高度。

考虑到切应力呈直线分布，若河底处的切应力以τ_0表示（图3.5），则有

$$\tau = \frac{h-y}{h}\tau_0 \tag{3.14}$$

取单位面积坡面或床面上的水柱（图3.6），其切应力$\tau_0 = \gamma_w h\sin\alpha$。若$\alpha$很小，则有$\sin\alpha \approx \tan\alpha = J$，于是$\tau_0 = \gamma_w hJ$。

因$\tau_0 = \gamma_w hJ$（γ_w为水的容量），于是

$$\tau = (h-y)J \tag{3.15}$$

将式（3.15）代入式（3.13），并考虑到河底处流速为零，便得流速公布公式

$$v = \frac{\gamma_w J}{\mu}\left(hy - \frac{y^2}{2}\right) \tag{3.16}$$

平均流速为

$$v = \frac{1}{h}\int_0^h u\mathrm{d}y = \frac{\gamma_w}{3\mu}h^2 J \tag{3.17}$$

这即是层流情况下平衡流速与水层厚度、坡度的关系。

坡面水流并不总是层流，当雷诺数大于500，即单宽流量 q 大于 $5cm^3/s$ 时，水流便过渡到紊流状态。稳定、均匀、二元条件下的紊流运动，其流速与水层厚度、坡度的关系可用曼宁公式表示

$$v = \frac{1}{h} h^{\frac{2}{3}} J^{\frac{1}{2}} \tag{3.18}$$

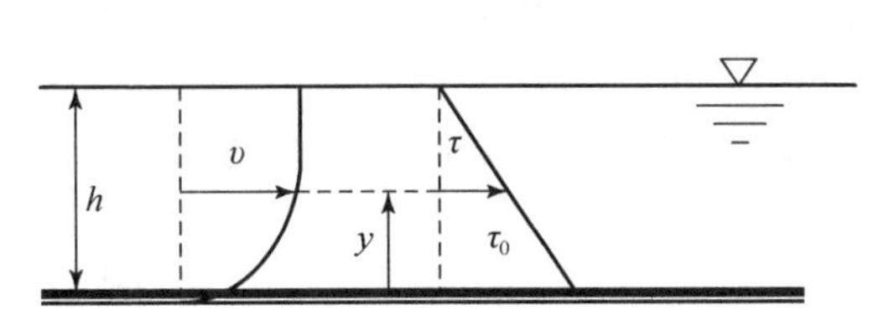

图 3.5 水层中的流速、切应力沿直线分布

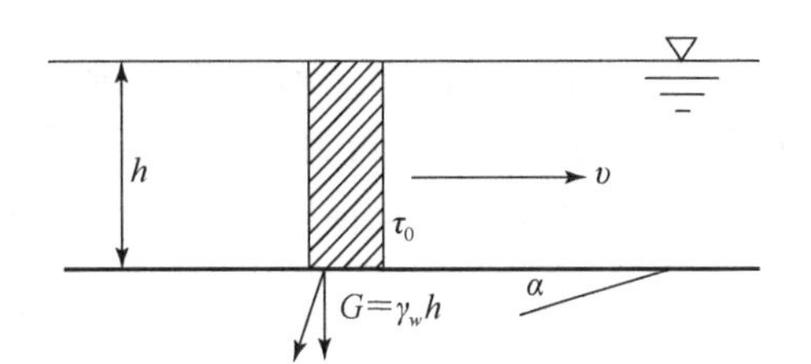

图 3.6 单位面积坡面水柱切应力

3.1.2.3 沟槽水流

（1）沟槽水流的流速分布

沟槽水流均属紊流。在河床周界附近由于流速梯度较大，易生产旋涡。这种旋涡和周围水流的相对关系如图3.7所示。在旋涡的顶部，旋涡的旋转分速 v_s 与当地的流速 v_1 方向一致，而在旋涡的底部则两者方向相反。由此而形成水头差产生了垂线方向的压力差，使旋涡离开河底上升。与此同时旋涡被水流带向下流。这样来自河床上的旋涡逐渐扩散遍布全流区，使整个水流都具有紊流特征。

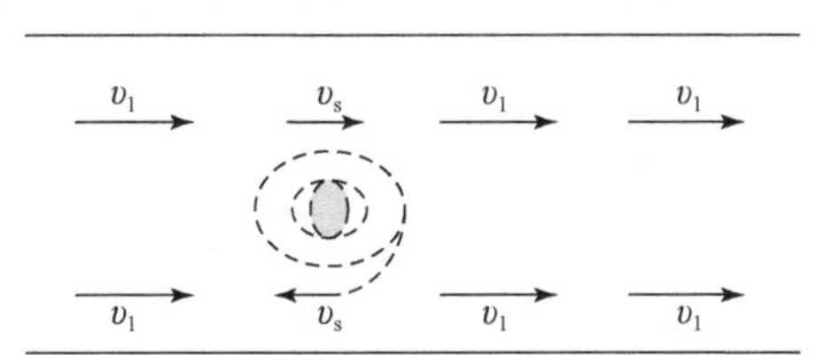

图 3.7 旋涡脱离河床表面进入主流区

旋涡运动使紊流中各水层性质（例如动量、热量、含沙量等）可以不断进行交换。如图3.8表示紊流内部上下两层，上层1-1为流速较大的水团，掺入下层2-2，推快了下层的水团，同时下层的水团也会掺入上层，拉慢上层的水团。这样上推下拉，互相掺混的结果，就使紊流内的流速分布较之层流更为均匀，如图3.9所示。

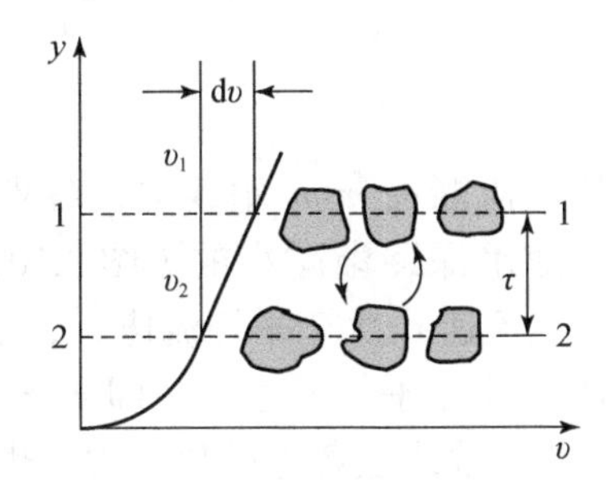

图 3.8 紊流内部动量交换

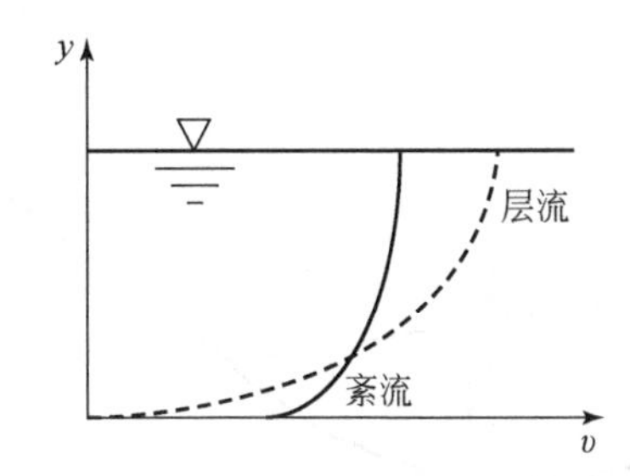

图 3.9 层流与紊流中流速沿垂线分布

（2）横向环流与旋流

水流运动受到河槽周界的限制，因此水流的平均方向，决定于槽线的方向。槽线的曲

折和断面形态的改变，会使水流内部形成一种规模较大的旋转运动。这种旋转运动与前述的旋涡不同，它不仅规模较大，而且比较稳定，容易看得清楚。引起环流的原因很多，这里仅介绍两种情况。

变道离心力引起的环流，在离心力作用下，弯道水流水面会形成横向的比降，凹岸水面抬高，凸岸水面降低（图 3.10a）。弯道单位长度内，水流离心力的大小，可用下式表示

$$F=\frac{G}{g}\frac{v^2}{r} \tag{3.19}$$

式中，F 为离心力（t/m）；G 为水的重力（t/m）；v 为水流的平均流速（m/s）；r 为弯道的平均半径（m）；g 为重力加速度（$\mathrm{m/s^2}$）。

由离心力引起的水面横比降 J_F 的大小如图 3.11 所示。水面横比降可由式（3.20）表示

$$\tan\alpha=\frac{F}{G} \tag{3.20}$$

式中，G 为水的重力；F 为离心力。

将式（3.19）代入式（3.20）得

$$\tan\alpha=\frac{v^2}{gr} \tag{3.21}$$

所以在离心力作用下引起的水面横比降 J_F，则可用下式表示

$$J_F=\frac{v^2}{gr} \tag{3.22}$$

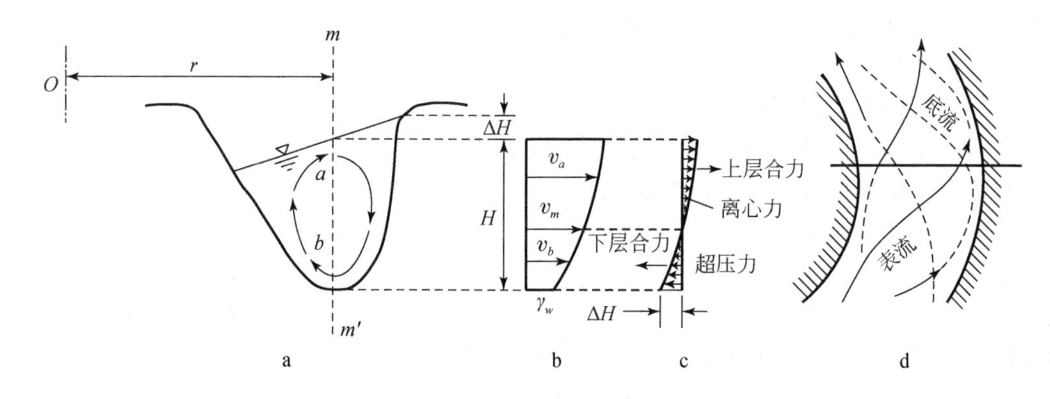

图 3.10 弯道螺旋流的形成

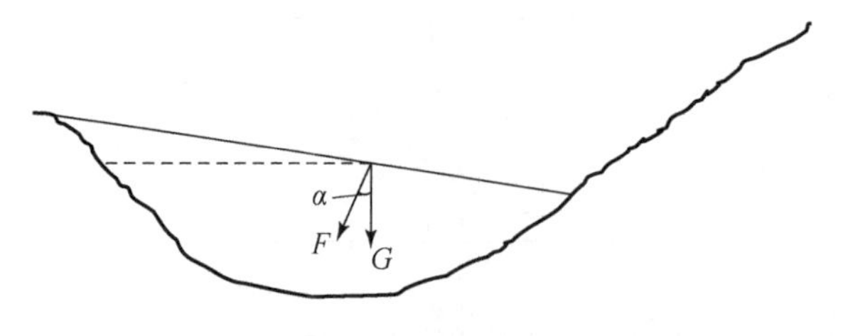

图 3.11 由离心力引起的水面横比降

从水流断面 m-m' 垂线看，各点的流速 v 是随水深逐渐减小的（图 3.10b）。上层 a 点流速 v_a 大于平均流速 v_m，下层 b 点流速 v_b 小于平均流速 v_m，即 $v_a>v_m>v_b$。因此，垂线上各点的离心力，也是由上向下逐渐减小的（图 3.10c）。

然而水面的横比降 J_F，主要由断面平均流速 v 决定。因此形成横向比降之后，由于外侧水面抬高，所产生的超压力与离心力，只有在中部可以平衡。水流的上层离心力大于超压力，合力向右，水质点向右运动；水流

的下层离心力小于超压力，合力向左，水质点向左运动（图3.10c），这样便形成了横向环流。横向流速又在纵向流速作用下前进，构成了弯道中的螺旋流（图3.10d），表层水流流向凹岸，底层水流流向凸岸。

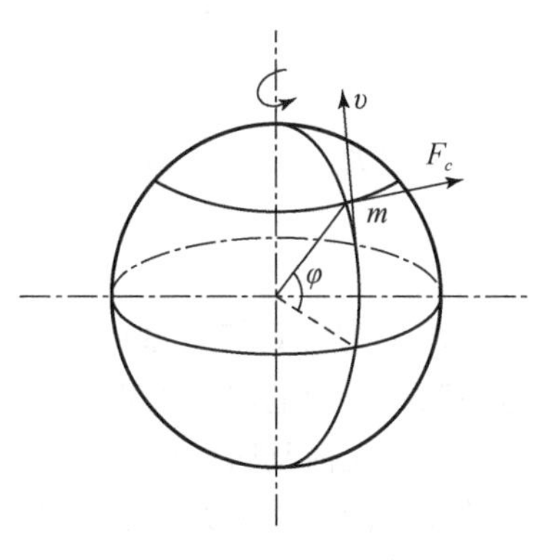

图3.12 科氏力示意图

由于地球自转的影响，地面上运动的物体受到一种加速度作用，使它运动的方向发生偏离。这种加速度称为科里奥利（Coriolis）加速度。

在北半球，若一河流由南往北流，在 m 点水流的流速为 υ（图3.12），那么由于地球自转，m 点科氏加速度 a_c 为

$$a_c = 2\omega\,\upsilon\sin\varphi \tag{3.23}$$

式中，ω 为地球自转角速度；υ 为流速；φ 为 m 点的地理纬度。

对于重力为 G 的水体，由于科氏加速度所产生的惯性力 F_c 为

$$F_c = 2\omega\,\upsilon\sin\varphi\,\frac{G}{g} \tag{3.24}$$

顺着水流看，科氏力作用于右岸。

南半球的河流和北半球的情况相反，科氏力的方向总是朝向左岸。

科氏力也会引起螺旋流。水流受科氏力作用，水面发生的横比降 J_c 为

$$J_c = 2\omega\,\upsilon\sin\varphi/g \tag{3.25}$$

地球自转的角速度 $\omega \approx 7.272\times10^{-5}\text{rad/s}$，重力加速度 $g = 9.8\text{m/s}^2$，于是

$$J_c = \frac{\upsilon\sin\varphi}{67400}$$

例如在长江下游，若 $\upsilon = 1.0\text{m/s}$，$\varphi = 30°$，那么

$$J_c = \frac{1\times0.50}{67400} = 0.00000742$$

中高纬度地区，科氏力引起的螺旋流强度，与弯道水流离心力相比可以是同一数量级的。因此，科氏力在长期作用下，对于大河流河谷地貌的塑造有着深刻的影响。

3.1.3 水流的侵蚀作用

水流侵蚀也就是地表泥沙为水流带走，沙里可以呈滑动或滚动形式运动。是否发生侵蚀可根据泥沙起动条件来判断。

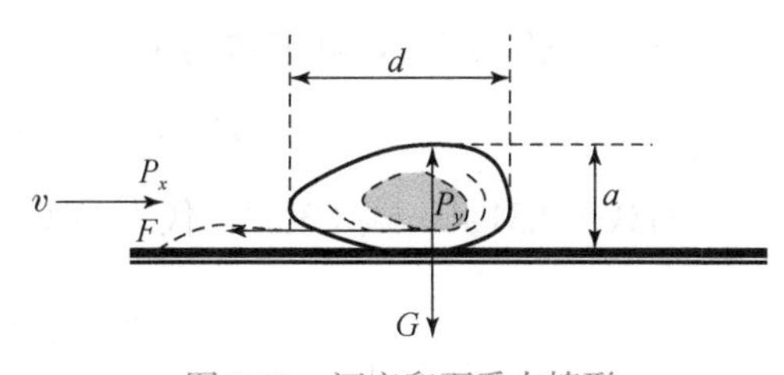

图3.13 河底卵石受力情形

例如，图3.13砾石三轴长分别为 a、b、d，其上受到三个方向力的作用。

重力

$$G = (\gamma_M - \gamma_w)\cdot a\cdot b\cdot d \tag{3.26}$$

水流推移力

$$P_x=\lambda_x\cdot a\cdot b\cdot\frac{\rho v^2}{2} \tag{3.27}$$

上举力

$$P_y=\lambda_y\cdot a\cdot b\cdot\frac{\rho v^2}{2} \tag{3.28}$$

式中，γ_M 为砾石的容重；γ_w 为水的容重；v 为作用于石砾的流速；ρ 为水的密度；λ_x 为推移力系数；λ_y 为上举力系数。

在水流流动时，砾石顶部和底部的水流流速不同，根据伯努利定理，顶部流速高压力小；底部流速低，压力大。所造成的压差产生了上举力 P_y，方向朝上，并通过颗粒重心。

式（3.27）和式（3.28）中 λ_x 及 λ_y 分别为推移力与上举力系数。砾石开始起动时，应满足平衡方程

$$f\cdot(G-P_y)=P_x \tag{3.29}$$

式中，f 为摩擦系数。

将式（3.28）～式（3.26）分别代入式（3.29），整理后得滑动起动流速 v_d

$$v_d=K_1\cdot\sqrt{d} \tag{3.30}$$

式中，K_1 为系数，$K_1=\sqrt{\dfrac{2f(\gamma_M-\gamma_w)}{f(\lambda_y+\lambda_x)\rho}}$。

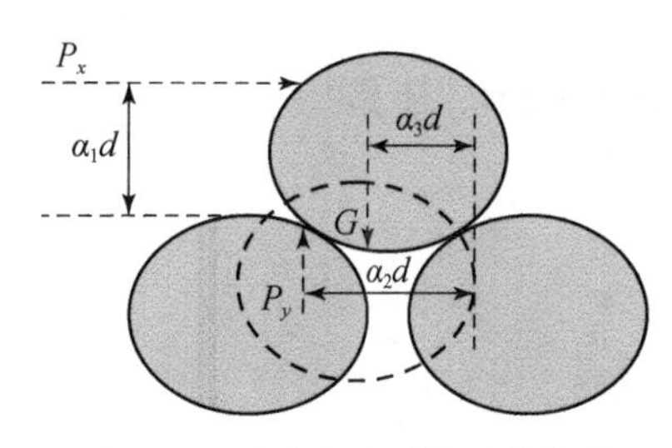

图 3.14　泥沙滚动时的受力情况

沙粒的滚动情况如图 3.14 所示。球形沙粒在水中的自重 G 为

$$G=\frac{\pi}{b}d^3\cdot(\gamma_M-\gamma_w) \tag{3.31}$$

球体的截面积为$\dfrac{\pi d^2}{4}$，于是沙粒受到水流的推移力和上举力分别为

$$P_x=\gamma_x\frac{\pi d^2}{4}\cdot\frac{\rho v^2}{2} \tag{3.32}$$

$$P_y=\gamma_y\frac{\pi d^2}{4}\cdot\frac{\rho v^2}{2} \tag{3.33}$$

该沙粒处于平衡条件下需满足

$$P_x\cdot\alpha_1\cdot d+P_y\cdot\alpha_2\cdot d=G\cdot\alpha_3\cdot d \tag{3.34}$$

将式（3.31）～式（3.33）代入式（3.34），整理后得滚动流速 v_{d_0}

$$v_{d_0}=K_2\cdot\sqrt{d} \tag{3.35}$$

式中，d 为泥沙粒径；$\alpha_1 d$，$\alpha_2 d$，$\alpha_3 d$ 为分别为球形体相接点的距离（图 3.14）；γ_x 为球形体的推移力系数；γ_y 为球形体的上举力系数；K_2 为系数，$K_2=\dfrac{\alpha_3(\gamma_M-\gamma_w)}{\rho(\alpha_1\lambda_x+\alpha_2\lambda_y)\frac{\pi}{4}}$。

从式（3.30）和式（3.35）可看出，沙砾在流水作用下，无论是滑动或滚动，沙砾的粒径总是与起动流速的平方成正比。而泥砂的体积或重量又与其粒径的三次方成正比，因此，颗粒的重量与流速间有 $G \propto v_d^6$ 的关系。这就是为什么山区河流能够搬动那么粗大砾石的原因。

3.1.4 水流的搬运作用

泥沙的搬运形式可分为推移和悬移两大类。这两种形式运动的泥沙分别称为推移质及悬移质，它们各自遵循不同的规律。

3.1.4.1 泥沙搬运方式

泥沙起动以后，在水流上举力作用下可以跳离床面，与速度较高的水流相遇，被水流挟带前进。但泥沙颗粒比水重，它又会逐渐落回到床面，并对床面上的泥沙产生一定冲击作用，作用的大小取决于颗粒的跳跃高度和水流流速，如沙粒跳跃较低，由于水流临底处流速较小，泥沙自水流中取得的动量也较小，在落回床面以后就不会再继续跳动；如沙粒跳跃较高，自水流中取得的动量较大，则落于床面以后还可以重新跳起。流速继续增加，紊动进一步加强，水流中充满着大小不同的旋涡，这时泥沙颗粒自床面跃起后，有可能被旋涡带入离床面更高的流区中，随着水流以相同速度向前运动，这样的泥沙称为悬移质（图3.15）。

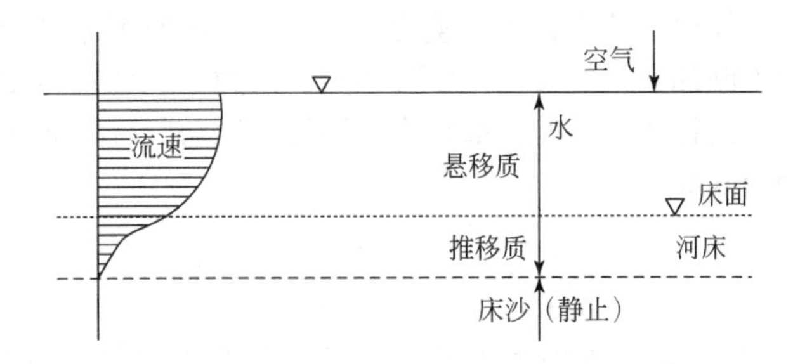

图 3.15 河流中的泥沙随水深分布示意图

推移质和悬移质之间，以及它们与河床上的泥沙之间存在着不断的交换现象。各部分泥沙之间的交换作用，使含沙量（单位体积浑水中所含的沙量，以 ρ_s 表示，单位为 kg/m^3）在垂线上分布成为一条连续曲线。如泥沙较细紊动较强，则泥沙分布也比较均匀；如颗粒较粗紊动较弱，则更多的泥沙集中于靠近河床附近的区域。

对于任何一个推移质来说，它的运动行程是间歇的而不是连续的。它被水流搬运一定距离以后，便在床面静止下来，转化为床沙的一部分，然后等待合适的时机，再一次开始第二个行程。在泥沙运动强度不大时，一颗沙粒停留在床面的时间远比它在运动中的时间长得多。

3.1.4.2 水流挟沙力

在一定的水流条件下，能够挟运泥沙的数量，称为挟沙力。它的单位与含沙量 ρ_s 相同，以符号 ρ_0 表示。如果上游来的水含沙量小于该水流的挟沙力，水流就有可能从本段河床上获得更多的泥沙，造成床面的冲刷，反之就可能发生沉积。如果来水的含沙量等于这一段河床水流的挟沙力，那么来沙量可以全部通过，河床不冲不淤。这种不冲不淤的含沙量，就是当时水流条件和泥沙条件下的挟沙力。

水流挟沙力包括推移质和悬移质的全部沙量。由于推移质运动要比悬移质运动复杂得多，当前的测验工作仅限于悬移质方面，对于推移质测验还有不少困难，并且在天然河流中，悬移质一般成为全部运动泥沙的主体，因此，对于平原冲积性河流，常以悬移质输沙率代替水流的全部挟沙力。

3.1.5 水流的堆积作用

3.1.5.1 泥沙的沉速

粒径为 D 的圆球在静水中因受重力 G 的作用而下沉

$$G=(\gamma_M-\gamma_w)\frac{\pi D^2}{6} \tag{3.36}$$

在下沉过程中，要受到水流的阻力 F

$$F=\lambda_x\frac{\pi D^2}{4}\cdot\frac{\rho^2\omega}{2} \tag{3.37}$$

式中，ω 为球体的运动速度；λ_x 为阻力系数。

在下沉的开始，球体运动速度较小，重力大于阻力，这时圆球以加速度前进，球体所承受的阻力在行进中不断加大。经过一定距离以后，阻力大到和重力相等，此后球体即以等速运动向下沉降。所谓物体的沉速，都是指达到等速运动以后的下沉速度。因此在 F 恒等于 G 时，得到沉速公式如下

$$\omega^2=\frac{4}{3}\cdot\frac{1}{\lambda_x}\cdot\frac{\gamma_M-\gamma_w}{\rho}\cdot D \tag{3.38}$$

当雷诺数小于 0.4 时，由于泥沙下沉引起水体加速度运动的作用远小于水流黏滞性的作用，沙粒周围的水流运动形式如图 3.16 所示。随着雷诺数的加大，水流的惯性渐趋重要，在球体的上端产生尾迹，由此不断产生旋涡（图 3.17）。当雷诺数大于 1000 以后，黏滞力可以不计。

天然泥沙并非球体，在下沉时如果方位不同，则在下沉方向上的投影面积也不同，所承受的阻力就不一样。此外，河床的边界条件、水流含沙浓度、水流的紊动等因素都会对泥沙沉速发生影响。

3.1.5.2 泥沙的堆积

当泥沙的来量大于水流的挟沙力时，多余的泥沙就要沉积下来。图 3.18 说明在什么情况下容易发生沉积。图中摩阻流速 $v_*=\sqrt{\dfrac{\tau_0}{\rho}}$，其中 τ_0 为作用在床面上的水流切应力。这样就可利用临界摩阻流速 v_{*c} 代替泥沙起动时的水流切应力 τ_0，作为泥沙起动的差别值。当摩阻流速相当于泥沙的沉速时，泥沙悬移运动才有可能产生。

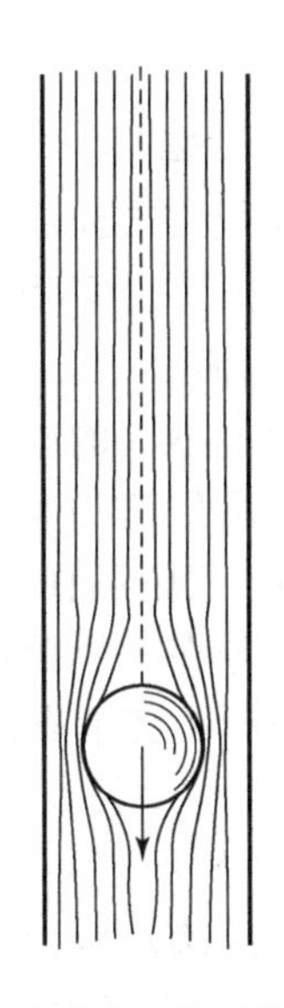

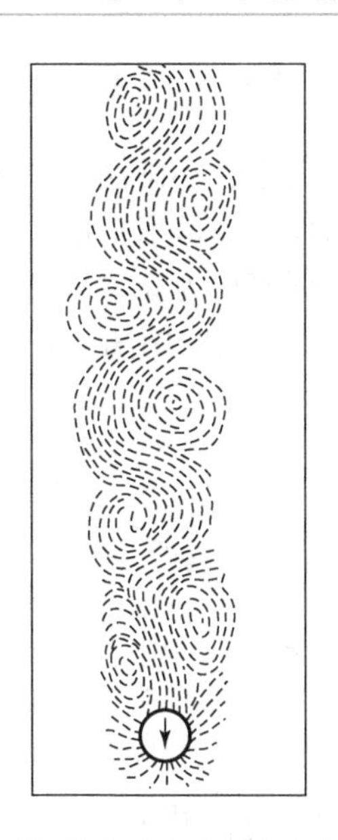

图 3.16 在层流情形下因球体下降引起的周围水体的运动形式

图 3.17 雷诺数大时球体下降过程中不断产生旋涡

图 3.18 中 *COD* 线为各种不同粒径泥沙的临界摩阻流速 v_{*c}；*EOF* 线为泥沙的沉速。根据这两条曲线的相对位置，泥沙的沉积条件可以分为三个不同区域：

（1）区域 1（*COD* 线以上）：$v_* > v_{*c}$，运动泥沙与床面泥沙有可能发生交换，只有当上游来沙量超过水流挟沙力时，泥沙才开始沉积；同样，如上游来沙不及水流挟沙力，河床就会发生冲刷。在这一区域内，其中 *OFD* 部分泥沙的运动主要以推移质为主，其余部分则一般以悬移质为主。

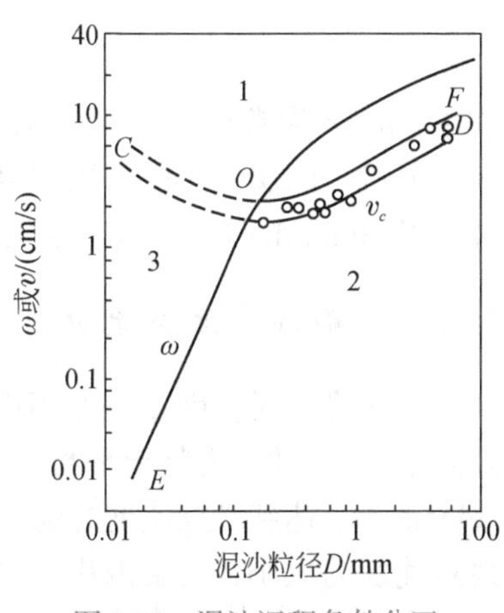

图 3.18 泥沙沉积条件分区

（2）区域 2（*EOD* 曲线以下）：$v_* < v_{*c}$ 及 $v_* < \omega$，水流条件既不足以冲刷床面的泥沙，使之搬运而去，又不足以支持上游的来沙，使之继续在水中悬移，因此来沙迅速淤积。

（3）区域 3（*COE* 曲线以左）：$\omega < v_* < v_{*c}$，水流条件固然不足以自河床中取得泥沙的补给，但只要上游有这样的泥沙进入本河段，则河段内的紊动强度还能够支持它们以悬移形式运动，因此极大部分上游来沙将继续通过河段下泄，不致发生过多的沉积。

3.2 溅　　蚀

3.2.1 雨滴特性

雨滴特性包括雨滴形态、大小及雨滴分布、降落速度、接地时冲击力、降雨量、降雨强度和降雨历时等，直接影响侵蚀作用的大小。

3.2.1.1 雨滴形状、大小及分布

一般情况下，小雨滴为圆形，大雨滴（> 5.5mm）开始为纺锤形，在其下降过程中因受空气阻力作用而呈扁平形，两侧微向上弯曲。因此当雨滴直径≤ 5.5mm 时，降落过程中比较稳定的雨滴称为稳定雨滴；当雨滴直径> 5.5mm 时，雨滴形状很不稳定，极易发生碎裂或变形，称为暂时雨滴。对于直径< 0.25mm 的雨滴称为小雨滴。

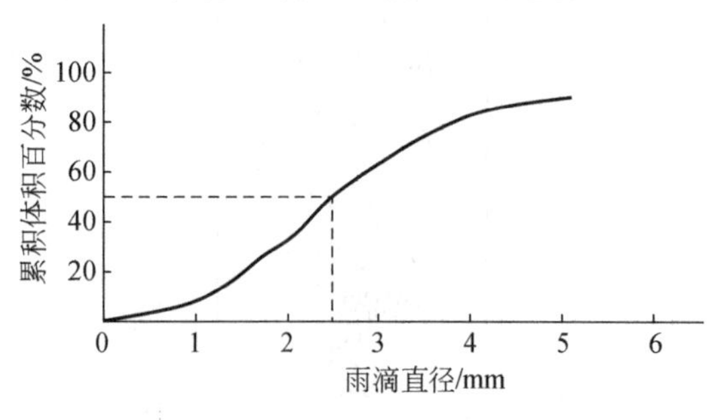

图 3.19　雨滴中数直径 D_{50} 的求算

降雨是由大小不同的雨滴组成的，不同直径雨滴所占的比例称为雨滴分布。小雨滴直径约为 0.2mm，大雨滴直径约 6.0mm 以上，一次降雨的雨滴分布，用该次降雨雨滴累积体积百分曲线表示，其中累计体积为 50% 所对应的雨滴直径称为中数直径，用 D_{50} 表示。D_{50} 表明该次降雨中大于这一直径的雨滴总体积与小于该直径的雨滴的总体积相等，它与平均雨滴直径的含义是不同的（图 3.19）。

不同强度的降雨雨滴分布不同，通常雨强越大 D_{50} 越大，降雨强度变小，D_{50} 也相应减小。

贝斯特（A. C. Best）研究了雨强与 D_{50} 的关系为

$$D_{50} = aI^{b} \tag{3.39}$$

式中，a，b 为常数；I 为降雨强度（mm/h）。

显然，雨滴大小随降雨强度的增大而变大，在低强度降雨情况下是正确的，当降雨强度超过 80mm/h 时，中数直径反有下降趋势，这是由于不稳定雨滴增多的缘故所致。

3.2.1.2 雨滴速度与能量

雨滴降落时，因重力作用而逐渐加速，但由于周围空气的摩擦阻力产生向上的浮力也随之增加。当此二力趋于平衡时，雨滴即以固定速度下降，此时的速度即为终点速度（terminal velocity）。达到终点速度的雨滴下落距离，随雨滴直径增大而增加，大雨滴约需 12m 以上，终点速度的大小，主要取决于雨滴直径的大小和形状。雨滴的终点速度越大，其对地表的冲击力也越大，换言之对地表土壤的溅蚀能力也随之加大。

一般情况下，小雨滴为圆形，稍大的雨滴因其下降时受空气阻力作用而呈扁平形。小雨滴直径约为 0.2mm，大雨滴直径约为 7mm，其降落时的终点速度（terminal velocity）随雨滴直径增加而变大（表 3.2）。

表 3.2　静止空气中各种雨滴终点速度

直径 /mm	终点速度 A/（m/s）	终点速度 B/（m/s）	达 95% 终点速度的距离 B/m
0.25	1.00	—	—
0.50	2.00	2.0	—
1.00	4.00	4.1	2.2
2.00	5.58	6.3	5.0
3.00	8.06	7.5	7.2
4.00	8.85	8.5	7.8
5.00	9.15	8.8	7.6
6.00	9.20	9.0	7.2

若把雨滴视为球体，可从理论计算出雨滴终点速度及其所需要的时间和距离，分析雨滴下降受到的摩阻力、重力和空气浮力三者的共同作用，由斯托克斯定律可知

空气的摩擦阻力

$$F = 6\pi r\eta v \tag{3.40}$$

空气的浮力

$$f = \frac{4}{3}\pi r^3 \rho' g \tag{3.41}$$

雨滴受到的重力

$$P = mg = \frac{4}{3}\pi r^3 \rho g \tag{3.42}$$

式中，r 为球体半径；v 为降落速度；η 为空气黏滞系数；ρ 为水的密度；ρ' 为空气的密度；g 为重力加速度。

当 $P - f = F$ 时，雨滴达到终点速度，此时下式成立

$$\frac{4}{3}\pi r^3(\rho - \rho')g = 6\pi r\eta v \tag{3.43}$$

则有

$$v = \frac{2}{9}r^2(\rho - \rho')g\eta^{-1} \tag{3.44}$$

又据 $P - f = ma$，可得到雨滴在合力作用下，取得的向下加速度 $a = (P - f)m^{-1}$，代入前式并化简为 $a = (\rho - \rho')g\rho^{-1}$，则雨滴达到终点速度的时间 $t = \frac{v}{a}$，实现终点速度的距离 $h = \frac{1}{2}at^2$。

由于空气的湍流影响和黏滞系数随温度变化等原因，雨滴的实际终点速度在无风的情况下总是小于理论计算值，于是不少学者采用多种方法实测不同雨滴的终点速度（表 3.2）。

风对雨滴的下落速度有很大影响，由于风的出现会产生一个侧向分速度，其合成矢量较静态空气中的速度大，尤其对小雨滴影响更大。据夏乔里（Shachori）和塞吉纳尔（Seginer）研究，直径为 3.00mm 的雨滴速度为 9.8m/s，在 20km/h 的风速下其降落速度可增加 20% 左右，这就是暴风雨造成的击溅侵蚀较为严重的主要原因。

从物理角度来讲，土壤侵蚀是一种做功过程，而做功必然要消耗能量，这种能量被用于侵蚀过程之中，使土壤团粒分散，将土粒溅至空中，引起地表径流紊动，冲刷及转运土壤颗粒等。

雨滴的侵蚀能量来自地球引力所导致的重力势能，$E = mgh$。随着雨滴下降到地表，势能转化为动能 $E = \frac{1}{2}mv^2$。大量研究结果表明，降雨功能要比径流的动能大得多（表 3.3）。

中国科学院水利部水土保持研究所孙清芳等根据滤纸色斑法测定雨滴直径，并用下式计算出终点速度和功能。

当雨滴直径 $d < 1.99$mm 时，用修正的沙玉清公式

表 3.3 降雨动能和地表径流动能的比较

参数	降雨动能	地表径流动能
质量	假设质量为 m	取径流系数 0.25，则径流质量为 0.25m
速度	设终点速度为 8m/s	设地表径流流速为 1.0m/s
动能	$\frac{1}{2}m8^2=32m$	$\frac{1}{2}\cdot\frac{m}{4}(1)^2=\frac{1}{8}m$

注：降雨动能较地表径流动能大 256 倍。

$$V=0.496\times 10^{\sqrt{28.32-6.524\lg 0.1d-(\lg 0.1d)^2-2.665}} \tag{3.45}$$

当雨滴直径 $d\geqslant 1.9$mm 时，用修正的牛顿公式

$$V=(17.20-0.844d)\sqrt{0.1d} \tag{3.46}$$

雨滴动能
$$E=5mV^2$$
式中，d 为雨滴直径（mm）；V 为雨滴终点速度（m/s）；m 为雨滴质量（mg）；E 为雨滴动能（erg[①]）。

埃克尔（P. C. Ekern）考虑到雨滴的变形，提出单个雨滴能量的计算公式

$$E=\frac{mV^2}{A} \tag{3.47}$$

则一次降雨对土壤的总冲击能量为

$$E_{总}=f\left[IT\left(\frac{mV^2}{A}-C\right)\right] \tag{3.48}$$

式中，A 为雨滴水平断面面积；I 为降雨强度；T 为该强度降雨历时；C 为土粒起动所需要的最小起始能量；F 为冲击系数。

为测定降雨能量，各国学者采用灵敏度很高的托盘天平和感应记录仪等先进仪器，并取得了一些成果，但用于实际还有很长的距离。

直接计算降雨动能的方法，在实践中难以应用。其原因有两点，一是由于雨滴中所蕴含的能量非常小，以致使用任何灵敏度高的仪器测定时，都有可能被风的影响所掩盖；二是雨滴的分布不同，给计算带来极大困难。再加之从理论上讲，特定范围内的一次降雨总能量可由单个雨滴能量相加而得，但实践中是行不通的，因为我们不可能知道每个雨滴的终点速度和它的质量。

为此，美国学者威斯迈尔（W. H. Wischmeier）和史密斯（D. D. Smith）根据雨滴分布和终点速度，建立了一个经过简化的计算降雨能动经验公式，即

$$E=210.2+89\lg I \tag{3.49}$$

式中，E 为降雨动能（$J/m^2\cdot cm$）；I 为降雨强度（cm/h）。

3.2.1.3 雨滴侵蚀力

降雨雨滴的溅蚀是降雨和土壤相互作用的结果，任何一次降雨发生的溅蚀都受到这两方面的制约。研究降雨溅蚀作用，首先需要研究雨滴的侵蚀力和土壤的可蚀性。

① $1\text{erg}=1\times 10^{-7}$J

降雨雨滴的侵蚀力是降雨引起土壤侵蚀的潜在能力。它是降雨物理特征的函数，降雨雨滴侵蚀力的大小完全取决于降雨性质，即该次降雨的雨量、雨强、雨滴大小等，而与土壤性质无关。

可蚀性是指土壤对侵蚀的易损性或敏感性，它是土壤的自然性质与土壤经营两者的函数，即土壤的质地、结构、地表植被、坡度等。

在一次具体的侵蚀事件中，既有降雨雨滴的侵蚀力存在，也有土壤可蚀性的参与，两者是相互依存的物理参数。只有保持其中之一不变时，才能对另一个进行定量研究。

降雨雨滴的侵蚀力计算，经过国内外许多学者研究，已取得很大进展。20 世纪 40 年代初埃利森（W. D. Ellison）、比萨尔（E. Bisal）、罗斯（J. O. Lawx）等通过大量实验发现降雨雨滴侵蚀力与能量有关，后来又被土壤流失资料所证实，威斯迈尔经过大量的寻优计算，找到了用一个复合参数（暴雨的功能与其最大 30min 强度的乘积作为判断土壤流失的指标），这就是降雨侵蚀力指标 R，表达式为

$$R = EI_{30} \tag{3.50}$$

式中，E 为该次降雨的总动能（$\mathrm{J/m^2 \cdot mm}$）；I_{30} 为该次暴雨过程中出现的最大 30min 降雨强度（mm/h）。I_{30} 是从自记雨量计的记录纸中选取曲线最陡的一段计算出来的。

针对单场降雨侵蚀力在计算方面出现的烦琐和资料等问题，再加之计算某一区域的降雨侵蚀力往往是以年为单位，因此，威斯迈尔提出了一个用各月降雨资料求算全年降雨侵蚀力指标的公式

$$R = \sum_{1}^{12}\left[1.735 \times 10^{\left(1.5 \times \frac{p_i^2}{p} - 0.8188\right)}\right] \tag{3.51}$$

式中，R 为年降雨侵蚀力；p 为年平均降雨量（mm）；p_i 为年内逐月降雨量（mm），$i = 1, 2, 3, \cdots, 12$。

江忠善提出黄土高原降雨侵蚀力 R 指标

$$R = EI_{30} \qquad E = \sum eP$$
$$e = 27.83 + 11.55\lg I \tag{3.52}$$

式中，P 为相应时段雨量（mm）；I 为相应时雨强（mm/min）；E 为降雨动能（$\mathrm{J/m^2}$）。

哈德逊（N. M. Hudson）在非洲研究降雨侵蚀力时发现对于开始出现侵蚀的降雨来说，存在着一个起始降雨强度，也就是是说低于该降雨强度，由于雨滴小下落速度不大，所含能量不足以产生溅蚀，即使出现轻微溅蚀，一般也不会产生径流而将溅起的土粒挟运走。这个起始降雨强度大约为 25.4mm/h。

鉴于 E 值求解的困难，中国科学院水利部水土保持研究所、西北农林科技大学等单位在研究了黄土区降雨侵蚀特征后，提出降雨侵蚀力指标计算式

$$R = PI_{30} \tag{3.53}$$

式中，P 为该次降雨量（mm），I_{30} 为同前。

刘秉正依据我国自记雨量资料少、系列短的实际情况，在对陕西渭北地区 23 个县 28 ～ 33 年降水资料分析计算和侵蚀相关分析基础上，提出了新的年降雨侵蚀力 R 计算方程

$$R = 105.44 \frac{(P_{6\sim 9})^{1.2}}{P} - 140.96 \tag{3.54}$$

式中，$P_{6\sim9}$ 为年内 6～9 月降雨量（mm）；P 为该年降雨总量（mm）。

3.2.2 溅蚀过程及溅蚀量

3.2.2.1 溅蚀过程

降雨雨滴动能作用于地表土壤而做功，导致土粒分散，溅起和增强地表薄层径流紊动等现象称为雨滴溅蚀作用或击溅侵蚀。雨滴溅蚀主要表现在以下几个方面：①破坏土壤结构，分散土体或土粒，造成土壤表层孔隙减少或堵塞，形成“板结”引起土壤渗透性下降，利于地表径流形成和流动；②直接打击地表，导致土粒飞溅并沿坡面向下迁移；③雨滴的打击增强了地表薄层径流的紊动强度，导致降雨侵蚀和地表径流的输沙能力增大。

上述 3 个方面在溅蚀过程中紧密相连、互有影响，就其过程而言大致分为 4 个阶段：①干土溅散阶段，降雨初期由于地表土壤水分含量较低，雨滴首先溅起的是干燥土壤颗粒；②湿土溅散阶段，随降雨历时延长，表层土壤颗粒逐渐被水分所饱和，此时溅起的是水分含量较高的湿土颗粒；③泥浆溅散阶段，土壤团粒受雨滴击溅而破碎，随着降雨的继续，地表呈现泥浆状态，阻塞土壤孔隙，影响水分下渗，促使地表径流产生；④地表板结，由于雨滴击溅作用破坏了土壤表层结构，降雨过后地表土层将由此而产生板结现象（图 3.20）。

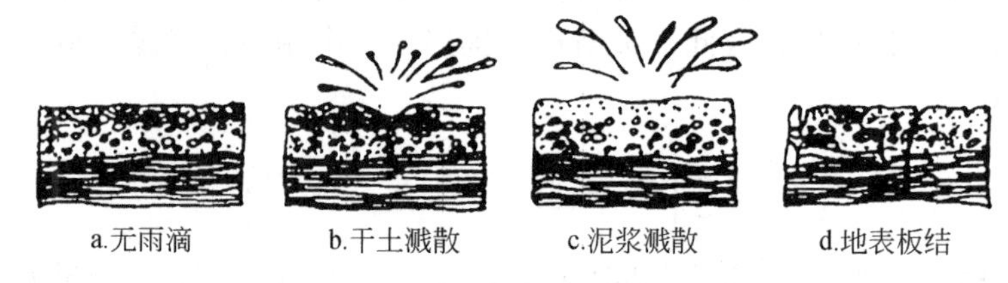

图 3.20 土壤溅蚀过程

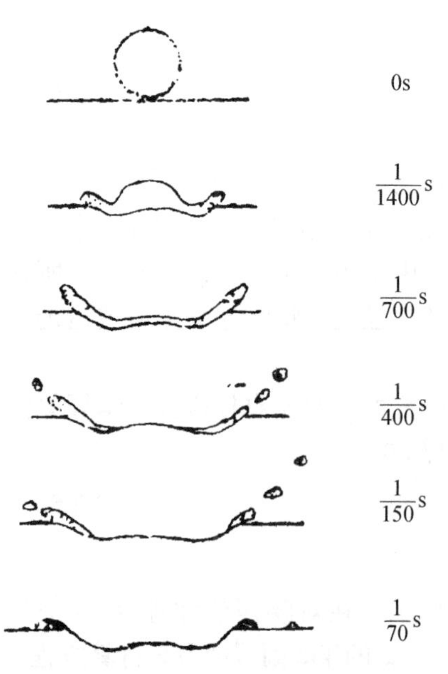

图 3.21 雨滴打击潮湿土壤时溅蚀坑的变化过程

由于雨滴落在有一薄层水的土上时，分离土粒要比落在干土层上容易。一般来说，雨滴溅蚀是随着表面积水深度增加而增强的，但仅仅增强到积水深度等于雨滴的直径为止，一旦积水过深，溅蚀的强度就变弱了。

若雨滴直径为 5mm，终点速度 6.26m/s，溅蚀半径在 1.2m 以上，最远达 1.52m。雨滴打击地面产生“陷口”，陷口的直径远比雨滴直径大得多（图 3.21）。且随雨滴速度的增加而增大。

薄层径流受雨滴打击所引起的侵蚀和挟沙能力要比原来大 12 倍以上，这是由于雨滴打击增强了水流的紊动，保持分离土粒悬浮于水中，从而增加了水流的紊动，保持分离土粒悬浮于水中，从而增加了水体能量，形成了更加严重的侵蚀和更高的挟沙能力。

这种影响随地表径流的深度增加而增大，但当径流深超过一定值后（约大于 3cm），水层具有消能作用，即使 1mm/min 的高强度降雨，也不能增加径流的侵蚀力和混浊程度。

3.2.2.2　溅蚀量

击溅侵蚀引起土粒下移的数量称为溅蚀量。在侵蚀力不变情况下，溅蚀量决定于影响土壤可蚀性的诸因子(包括内摩擦力、黏着力等)。对同一性质的土壤以及相同管理水平而言，则决定于坡面倾斜情况和雨滴打击方向。在平地上，垂直下降的雨滴溅蚀土粒向四周均匀散布，形成土粒交换，不会有溅蚀后果。但在坡地上或雨滴斜向打击下，则土粒会向坡下或风向相反方向移动（图 3.22）。

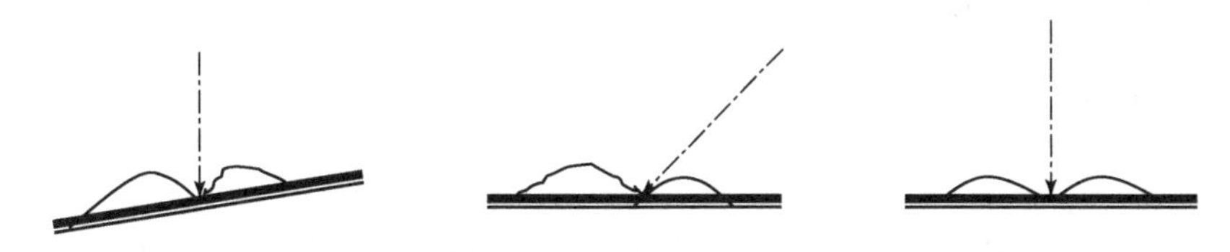

图 3.22　不同条件下雨滴打击地表导致的土粒迁移情况

溅蚀在风的作用下会改变打击角度，并推动雨滴增加打击能量，当作用于不同坡向、坡度时，会形成复杂的溅蚀。若某地降雨期间风向不断变化，可能暴雨后的影响趋于平衡；但对整个降雨期间保持固定风向的一场降雨而言，会对土壤溅蚀产生很大影响

埃利森模拟实验最早提出的计算溅蚀量公式为

$$W = KV^{1.34} d^{1.07} I^{0.65} \tag{3.55}$$

式中，W 为 30min 雨滴的溅蚀量（g）；V 为雨滴速度（m/s）；d 为雨滴直径（mm）；I 为降雨强度（mm/h）；K 为土壤类型常数（粉沙土 $K = 0.000785$）。

比萨尔也得出类似公式

$$W = KdV^{1.4} \tag{3.56}$$

式中符号同前。

从以上结果看出，当土壤性质一定时，溅蚀量决定于降雨性质。菲尔（Fill）研究了不同性质土壤的溅蚀，得出沙土溅蚀量与动能的 0.9 次方成正相关，壤土则与降雨动能的 1.46 次方成正相关。

我国学者结合地面坡度对溅蚀量进行了研究，其中西峰水保站根据多年实测资料，得出

$$m_e = 3.27 \times 10^{-5} (EI_{30})^{1.57} J^{1.08} \tag{3.57}$$

式中，m_e 为溅蚀量（kg/m^2）；J 为坡度（°）；EI_{30} 为降雨动能（kg · m/m^2）与最大 30min 雨强（mm/min）的积。

江忠善较系统地研究了陕北黄土丘陵的溅蚀，得出单宽降雨溅蚀量 S_e（g/m）为

$$S_e = 0.043E^{1.12} \tag{3.58}$$

式中，E 为降雨总能量(J/m^2)，其值计算式为 $E = \sum eP$，P 为降雨量(mm)，e 值与雨型有关。

当为普通雨型时，$e = 29.641\ I^{0.29}$

当为短阵雨型时，$e = 33.881\ I^{0.23}$

当在不同坡度上进行试验时（静风）得出

向上坡溅蚀量：$S_u = 15.4 - J/(2.6238 + 0.0378J)$

向下坡溅蚀量：$S_d = 15.4 + 1.1884J - 0.02258J^2$

溅蚀搬运量：$S_e = 1.5389J - 0.02258J^2$

由以上可以看出，溅蚀从分水岭到坡下是不均匀的，呈带状分布。这是因为降雨能量虽然相同，坡顶的能量几乎全用于将土粒溅向坡下，且无表面径流的影响，一般溅蚀量最大。坡下部的降雨能量多用于溅起土粒的重新搬运，而且随径流深的增加，也会影响溅蚀量。

3.2.3 影响溅蚀的因素

3.2.3.1 气候因素

（1）雨型

雨型不同，雨滴大小的分布亦不同。如黄土地区的降雨分为两种形式，一种是由局部地形和气候影响产生的来势猛、历时短（1小时左右）的小面积降雨，称短阵雨型；另一种主要是锋面影响的大面积普通降雨雨型。对于短阵性降雨雨型，雨滴分布可按下式计算

$$F = 1 - \exp\left(-\frac{d}{3.58I^{0.26}}\right)^{2.44I^{-0.09}} \tag{3.59}$$

普通降雨雨型，雨滴分布式为

$$F = 1 - \exp\left(-\frac{d}{2.96I^{0.26}}\right)^{2.54I^{-0.09}} \tag{3.60}$$

式中，d为雨滴直径（mm）；F为雨滴中数直径小于或等于d的雨滴累积体积比（%）；I为降雨强度（mm/min）。

另外，不同雨型对雨滴特征参数也有较大影响。通过对天水、西峰、绥德和离石的观测资料联站分析，在降雨强度一定的情况下，两种雨型参数值的散布范围有一部分重叠，但参数回归线仍存在着较大的差异，尤其是在低于1.8mm/min时，短阵性雨型较普通雨型参数普遍偏大，以降雨强度1mm/min时的平均情况相比较，降雨中数值径（D_{50}）偏大25.9%，动能偏高18.5%。因此，就一定降雨强度来说，局部地区短阵性雨型比大面积的普通雨型更易引起土壤侵蚀。

（2）降雨强度

从前述中可知，降雨强度与雨滴的各种特征参数关系密切，因而，降雨强度也是影响溅蚀作用的因素之一。

（3）风力因素

溅蚀作用受风力强烈影响，风的推动作用会增加雨滴的打击能量，并改变雨滴打击角度。风还把击溅起的土粒吹到更远的地方。在整个降雨期间保持固定方向的大风，对土壤侵蚀的影响更大。

3.2.3.2 地形因素

土壤颗粒受雨滴打击后，其移动方向取决于坡向和坡度。在斜坡上土粒在击溅作用下向下坡移动的量大于向上坡移动的量。一般情况下坡度越大，溅蚀导致的移动土粒向下坡

移动得越多，移动距离也越远。埃利森对溅蚀作用测量后发现，在10%的地面坡度上，75%的土壤溅蚀量移向下坡，在同样条件下的沙土上，60%的溅蚀量移向下坡。

3.2.3.3 土壤因素

土壤种类不同，其黏粒、有机质含量以及其他对土壤起黏结和胶结作用的物质也不同，土壤团粒黏结构的增加能降低或减少雨滴击溅下的土粒分散破坏。随着团粒中黏土含量的增加，团粒强度增大，雨滴溅蚀量减少。富含黏粒的土壤一般易于胶结，并且其团粒较粉质或沙质土的团粒大。

3.2.3.4 植被因素

植被是地面的保护者，植被和其枯枝落叶层在防治溅蚀过程中具有极其重要的作用，枯枝落叶完全覆盖的土壤表面能承受雨点降落时的冲击力，可从根本上消除击溅侵蚀作用。

植被冠幅在大范围内减小雨滴的击溅侵蚀，像谷类和大豆这样密集生长的农作物能截留降雨、防止雨滴直接打击在土壤上。地被物不但能拦截降雨，防止雨滴击溅分离土粒，同时也可防止不利于水分下渗的土壤板结，使渗透水分增加而使得地表径流减少。

3.3 面　　蚀

面蚀广泛地存在于自然界坡度大于0°的斜面上，其主要侵蚀特征是分散的地表径流从地表带走表层的松散土粒或土块。面蚀主要发生在没有植被覆盖或植被稀少的土地上。

面蚀的速度与沟蚀相比较为缓慢。但是由于面蚀所涉及的面积广，被侵蚀的土壤是肥力高的表层细土，虽然单位面积上流失量较小，但是从整个集水区来看，土壤流失数量却相当大，当人们开始觉察到面蚀给农业生产造成危害时，面蚀就已经发展到相当严重的程度。面蚀对农田的侵蚀作用不仅使土层变薄，而且还流失掉土壤中的有机物质，溶解了植物所需的可溶性矿物质营养元素（如N、P、K等），以致使土壤的化学性质恶化；同时大量细粒土壤的流失还使土壤的物理性质发生变化，如结构破坏、持水量和渗透性变差、土壤质地变粗等。所有这些表现为土壤肥力的急剧降低。因而降低土地的生产力，阻碍农业生产的发展。同时，这又为土壤侵蚀现象的进一步发展造成了所需的条件。

3.3.1 坡面径流形成

坡面径流的形成是降雨与下垫面因素相互作用的结果，降雨是产生径流的前提条件，降雨量、降雨强度、降雨历时、降雨面积等对径流的形成产生较大的影响。由降雨而导致径流的形成可以分为蓄渗阶段和坡面漫流阶段。

3.3.1.1 蓄渗阶段

降雨开始以后，降落到受雨区的雨水一部分被植物截留，植物截留量一般为几毫米，对径流影响甚微，但对森林流域则不可忽视，特别是久旱不雨。另一部分雨水被土壤吸收，然后再通过下渗，进入土壤和岩石的孔隙中，形成地下水。因此，降雨初期不能立即产生径流。随着降雨继续进行到降雨量大于上述消耗时，雨水便在一些分散的洼地停蓄起来，这种现象称为填洼。这一过程是对降水的一个耗损过程，所以坡面径流量总是小于降雨量。

3.3.1.2 漫流阶段

随着植物截流和填洼过程的结束，水分主要入渗土壤，而土壤入渗率随时间延续而逐渐减弱，当降雨强度超过土壤的入渗率时，地表即开始形成地表径流。地表径流的多少可用地表径流系数来表示，除与降雨量、降雨强度关系密切外，它还与土壤的入渗能力、植被、地形等许多自然因素有关。因此径流系数不仅是径流量大小的指标，也是反映水土保持工作好坏的重要标志。

分散的地表径流亦可称为坡面径流，它的形成分为两个阶段：一是坡面漫流阶段；二是全面漫流阶段。漫流开始时，并未普及整个坡面，而是由许多股不大的彼此时合时分的水流所组成，径流处于分散状态，流速较缓慢；当降雨强度增加，漫流占有的范围较大，表层水流逐渐扩展到全部受雨面时，就进入到全面漫流阶段。最初的地表径流冲力并不大，但当径流顺坡而下，水量逐渐增加，坡面糙率随之减小，促进流速增大，就增大了径流的冲力，这也是坡地流水作用分带性产生的机制，终将导致地表径流的冲力大于土壤的抗蚀能力时，也就是地表径流产生的剪切应力大于土壤的抗剪应力时，土壤表面在地表径流的作用下产生面蚀。虽然层状面蚀也可能发生，但因自然界完全平坦的坡面很少，而地表径流又常常稍行集中之后，才具有可以冲动表层土壤的冲力，因此由地表引起的面蚀，主要是细沟状面蚀。

3.3.2 坡面径流能量分析

坡面侵蚀的过程，主要是坡面径流将其能量向坡面表层土壤传递的过程，在能量的传递转化中引起土壤颗粒间结合力的破坏和克服摩擦力引起土壤颗粒的运动，而径流能量的大小主要取决于流速、径流量。

3.3.2.1 坡面流流速

理论上讲，坡面流的流速是径流将其位能转化为动能所产生的，即流速只与其高程差有关，在坡面上这一因子表现为坡度 J，而实际上，坡面流的流动情况十分复杂，沿程有下渗、蒸发和降水补给，再加上坡度的不均一，使流动总是非均匀的。为了使问题简化，不少学者在人工降雨条件下，研究了稳渗后的坡面水流，得到了各自的流速公式。但均可以归纳成如下形式

$$V = Kq^n J^m \tag{3.61}$$

式中，q 为单宽流量；J 为坡度；n、m 为指数；K 为系数。

水力学中的流速公式用水深 h 作自变量，在这里 h 较小且坡面高低不平，几乎无法测量，单宽流量 q 容易测出，所以用 q 代替了 h。

各式中参数的取值见表 3.4。

表 3.4 不同坡面流速公式中 n、m 取值表

类别	层流式	紊流式	谢才	徐在庸	尼尔定律	江中善
n	2/3	2/3	1/2	1/2	1/2	1/2
m	1/3	0.3	1/2	1/3	1/3	0.35

3.3.2.2 径流量

对于超渗产流来讲，坡面径流量的大小取决于降雨强度与土壤入渗率的差值，土壤入渗率的大小除取决于土壤结构（孔隙率、孔隙大小、粒径等）外，还与土壤含水量关系密切，随含水量增大，土壤颗粒吸附水分子在其表面形成吸着水的分子力减小，吸附水分的土壤颗粒数量减少，毛管力作用减小，导致水分入渗难度增大，下渗率减小。因此，土壤入渗率是一个由大逐渐变小的量，但最终趋于一个定值。

坡面径流量 W 的形成可通过不同时刻的降雨强度 i_t 与入渗率 f_t 的差值与时段乘积来计算，即

$$W=\sum(i_t-f_t)\Delta t \tag{3.62}$$

也可通过量算降雨－入渗曲线所包围区域的面积来确定。

3.3.2.3 坡面径流能量公式

坡面径流能量公式无论是经验式还是理论式，均是上述两个因素或影响它的相关因素的函数。比较典型的主要有以下两种。

（1）拉尔（R.Lal）式

依据径流能量 E 由位能转化而来并取决于流速及径流量，认为单位坡面上径流能量

$$E=\rho g\sin\theta QL \tag{3.63}$$

式中，θ 为坡面倾角；Q 为单位面积上的径流量；L 为坡长。

（2）赫尔顿（R.E.Hartan）式

从摩擦力概念出发，提出在稳定流条件下，水流流过 1m 长、单位宽度的坡面时，单位时间内克服摩擦力所做的功（W）等于水流重量和流速的乘积

$$W=G_0\frac{h_x}{1000}V\sin\theta \tag{3.64}$$

式中，G_0 为每立方米含沙水流的重量（kg/m^3）；h_x 为距分水岭 x 处径流深（mm）；V 为 x 处的流速（m/s）；θ 为坡度（°）。

除此以外，我国的研究者在这方面也进行了较多的工作，并取得了不少成果。

3.3.3 坡面侵蚀过程

坡面水流形成初期，水层很薄，速度较慢，但水质点由于地表凸起物的阻挡，形成绕流，流线相互不平行，故不属层流，根据柯克拜的观点，属再分流。由于地形起伏的影响，往往处于分散状态，没有固定的路径，按雷诺数判断，应属层流范畴，在缓坡地上，薄层水流的速度通常不会超过 0.5m/s。因此，能量不大，冲刷力微弱，只能较均匀地带走土壤表层中细小的呈悬浮状态的物质和一些松散物质，即形成层状侵蚀。但当地表径流沿坡面漫流时，径流汇集的面积不断增大，同时又继续接纳沿途降雨，因而流量和流速不断增加。到一定距离后，坡面水流的冲刷能力便大大增加，产生强烈的坡面冲刷，引起地面凹陷，随之径流相对集中，侵蚀力变强，在地表上会逐渐形成细小而密集的沟，称细沟侵蚀。最初出现的是斑状侵蚀或不连续的侵蚀点，以后互相串通成为连续细沟，

这种细沟沟形很小，且位置和形状不固定，耕作后即可平复。细沟的出现，标志着面蚀的结束和沟道水流侵蚀的开始。

3.3.4 影响因素

坡面侵蚀受自然因素和人为因素的综合影响，自然因素中主要有降雨、径流、地形、地面物质组成、植被等，人为因素包括人类活动对侵蚀的促进作用和抑制作用。

3.3.4.1 气候因素

降雨强度，面蚀与降雨量之间的关系不是很显著，而与降雨强度之间的关系十分密切。这是由于当降雨量大而强度小时，雨滴直径及末速度都较小，因此它只有较小的动能，所以对土壤的破坏作用就较轻。强度较小的降雨大部或全部被渗透、植物截留、蒸发所消耗，不能或者只能形成很少的径流；当降雨强度小到与土壤的稳渗速率相等时，地面就不会产生径流。因此径流冲刷破坏土壤的力就不存在。

当降雨强度很大时，雨滴的直径和末速度都很大，因而它的动能也很大，对土壤的击溅作用也表现得十分强烈。由于降雨强度大，土壤的渗透蒸发和植物的吸收、截持量远远小于同一时间内的降雨量，因而形成大量的地表径流，只要降雨强度大到一定程度，即使降雨量不大，也有可能出现短时暴雨而产生大量径流，因此其冲刷的能量也很大，所以侵蚀也就严重。大量研究证明，土壤侵蚀只发生在少数几场暴雨之中。例如，天水站 1942 ～ 1954 年 12 年测定的结果表明，1947 年最大一次降雨量达 155mm，所造成的水土流失量占 12 年总量的 35% 以上；绥德站测定结果，1956 年曾经发生过一次为 3.5mm/min 强度的暴雨，该年的水土流失量占 1954 ～ 1956 年 3 年总量的 30% 以上。

前期降雨。本次降雨以前的降雨称前期降雨，前期降雨使土壤水分饱和，再继续降雨就很容易产生径流而造成土壤流失。在各种因素相同的情况下，前期降水的影响主要表现为降雨量的影响。

3.3.4.2 地形因素

地形因素之所以是影响土壤侵蚀的重要因素，就在于不同的坡度、坡长、坡形及坡面糙率是否有利于坡面径流的汇集和能量的转化而决定，当坡度、坡形有利于径流汇集时，则能汇集较多的径流，而当坡面糙率大则在能量转化过程中，消耗一部分能量用于克服粗糙表面对径流的阻力，径流的冲刷力就要相应地减小，因此地形是影响降到海平面以上降雨在汇集流动过程中能量转化最主要的因素，地形影响能量转化的主要因子是坡度、坡长、坡形、坡向等。

（1）坡度

坡面侵蚀的主要动力来自降雨及由此而产生的径流，径流能量的大小取决于水流流速及径流量大小，流速主要取决于地表坡度及糙率。另外，由于坡度大，在相同坡长的情况下水流用较短的时间就能流出。因此当土壤的入渗速度相同时，由于入渗时间短，其入渗量较小，增大了径流量，因此坡度是地形因素中影响径流冲刷力及击溅输移的主要因素之一。许多试验都证明了坡度与土壤侵蚀有极为密切的关系（表 3.5）。

表 3.5 坡度与侵蚀关系

地点	坡度	径流量		侵蚀量	
		m^3/hm^2	%	t/hm^2	%
天水站	4°10′	162.94	100	5.7	100
	7°30′	138.31	85	15.18	240
	14°09′	135.45	83	15.67	275
	17°30′	153.02	94	27.32	488
绥德站	10°	172.62	100	102.14	100
	28°52′	374.73	216	201.46	197

通常情况下，侵蚀模数与坡度为一幂函数关系，公式为

$$M_s = AS^b \tag{3.65}$$

式中，M_s 为侵蚀模数（t/km^2）；S 为坡度；A、b 为待定系数。

中国科学院水利部水土保持研究所根据黄土高原丘陵区的资料，建立了下述关系式

$$M_{年} = 202.553\ S^{1.308} \tag{3.66}$$

西北农林科技大学根据黄土高原沟壑区资料，建立关系如下

$$M_{年} = 86.76\ S^{1.60} \tag{3.67}$$

许多研究者根据各自资料也得到不同的经验公式，与侵蚀量相关的坡度指数 b 见表 3.6。

表 3.6 各公式中坡度指数取值

分析者	刘善建	孙继先	陈永宗	江忠善	华绍祖	津格	海宁	波利亚柯夫	温特
指数 b	1.40	2.16 ~ 5.35	1.48（坡度＜15°） 2.91（15° ≤坡度≤ 30°）	1.06	1.02 ~ 1.50	1.33	1.10	0.50	1.25

在整个坡面上，侵蚀量随坡度的增加是有一定的极限的。雷纳通过研究证明，坡度约在 40° 以下时，侵蚀量与坡度呈正相关，超过此值反而有降低趋势（图 3.23）。

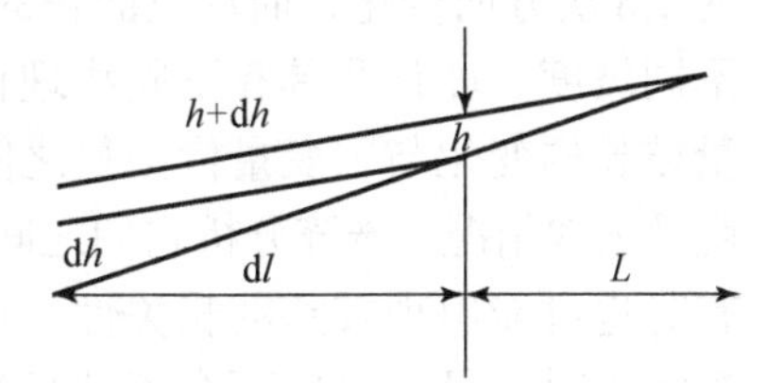

图 3.23 随坡长的增大径流深增加

研究表明，黄土丘陵沟壑区，坡地在 0° ～ 90° 的区间内，15°、26° 和 45° 是非常重要的几个坡度转折。15° 以下坡面侵蚀相对较微弱，15° 以上侵蚀逐渐加剧，26° 达到最大值，此后水蚀强度降低，26° 是以水流作用为主的侵蚀转变为重力作用为主的侵蚀转折点。在整个区间，45° 侵蚀作用最强，此后又趋于减小。陈永宗研究了黄土区域，提出水蚀的临界坡度为 28.5°，小于 28.5° 时，侵蚀程度与坡度呈正相关；大于 28.5° 时，侵蚀强度与坡度呈反相关（图 3.24）。

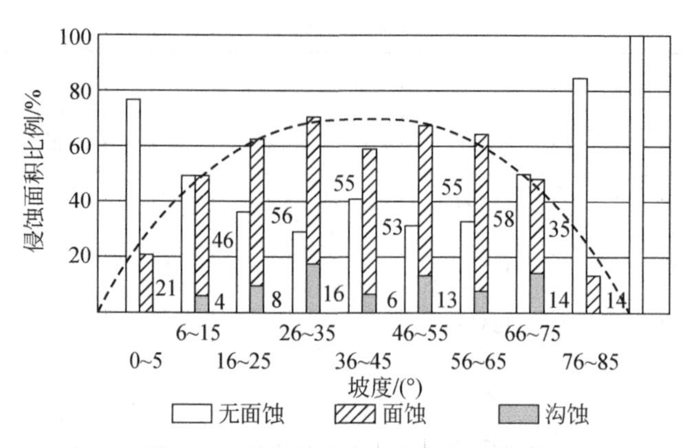

图 3.24 雷纳的坡度与土壤侵蚀关系

（2）坡长

坡长指的是从地表径流的起点到坡度降低到足以发生沉积的位置或径流进入一个规定沟（渠）的入口处的距离。

坡长之所以能够影响到土壤的蚀侵，主要是当坡度一定时，坡长越长，其接受降雨的面积越大，因而径流量越大，当坡越长时，其将有较大的重力位能，因此当其转化为动能时能量也大，其冲刷力也就增大。

当坡面其他条件一致时，径流深 Z 一般是随着坡长的增加而增加，如当距分水线的距离 L 处的径流深为 h 时，则径流深的递增率可由下式表示

$$Z = \frac{\mathrm{d}h}{\mathrm{d}l} \tag{3.68}$$

则任一点 X 处有

$$h_x = \frac{\mathrm{d}h}{\mathrm{d}l} L_x \tag{3.69}$$

天水站和绥德站的资料表明，在特大暴雨以及大暴雨（雨强大于 0.5mm/min）时，坡长与径流和冲刷呈正相关；当降雨平均强度较小，或大强度降雨持续时间很短时，坡长与径流呈反相关，与冲刷呈正相关；当降雨量很小（3 ～ 15mm），强度也很小时，坡长与径流、冲刷均成反相关。美国辛格在研究坡长与流失量之间的关系发现土壤的流失量与坡长的 1.6 次方而变化，而单位面积的流失量按其 0.6 次方而变化，但是应当指出地形因素是由不同坡度、坡长及具有不同物理化学性质的土壤组合而成，因此情况非常复杂，作为自变量坡长的变化与因变量侵蚀量之间因不同的试验地点则有不同的变化，如果不考虑降雨强度及入渗情况，笼统分析它们之间只呈现无规律的相关关系，有时可以出现较好的相关性，有时也可能出现较差的相关性。特别是当雨量不大、坡度较缓，同时土壤又具有较大的渗透能力时，径流量反而会因坡长加长而减少，形成所谓“径流退化现象”，除此以外，坡形的影响也较明显。

3.3.4.3 土壤因素

土壤是侵蚀的对象，又是影响径流的因素，因此土壤的各种性质都会对面蚀产生影响。通常利用土壤的抗蚀性和抗冲性作为衡量土壤抵抗径流侵蚀的能力，用渗透速率表示对径

流的影响。

土壤的抗蚀性是指土壤抵抗径流对其分散和悬浮的能力。土壤越黏重，胶结物越多，抗蚀性越强。腐殖质能把土粒胶结成稳定团聚体和团粒结构，因而含腐殖质多的土壤抗蚀性强。土壤的抗冲性是指土壤抵抗径流对其机械破坏和推动下移的能力。土壤的抗冲性可以用土块在水中的崩解速度来判断，崩解速度越快，抗冲能力越差；有良好植被的土壤，在植物根系的缠绕下，难于崩解，抗冲能力较强。

影响土壤上述性质的因素有土壤质地、土壤结构及其水稳性、土壤孔隙、剖面构造、土层厚度、土壤湿度，以及土地利用方式等。

土壤质地通过土壤渗透性和结持性来影响侵蚀。一般来看，质地较粗，大孔隙含量越多，透水性越强，对缺乏土壤结构和成土作用较弱的土壤更是如此。渗透速率与径流量呈反相关，有降低侵蚀的作用。

土壤结构性越好，总孔隙率越大，其透水性和持水量就越大，土壤侵蚀就越轻。土壤结构的好坏既反映了成土过程的差异，又反映了目前土壤的熟化程度。我国黄土高原的幼年黄土性土壤和黑垆土，土壤结构差异明显。前者容重大，总孔隙及毛管孔隙少，渗透性差；后者结构良好，容重小，根孔及动物穴多，非毛管孔隙多，渗透性好。不同的渗透性导致地表径流量不同，侵蚀也不同。

土壤中保持一定的水分有利于土粒间的团聚作用。一般情况下，土体越干燥，渗水越快，土体越易分散；土壤较湿润，渗透速度小，土粒分散相对慢。试验表明，黄土只要含水量达 20% 以下，土块就可以在水中保持较长时间不散离。

土壤抗蚀性指标多以土壤水稳性团粒和有机质含量的多少来判别，土壤抗冲性以单位径流深所产生的侵蚀数量或其倒数作指标。

3.3.4.4 植被因素

生长的植物，以其具有的覆盖地面，防止雨滴击溅，枯枝落叶及其形成的物质改变地表径流的条件和性质，促进下渗水分的增加，并以其根系直接固持土体等作用，与风、水所具有的夷平作用相制约，抵抗平衡的结果，就形成了相对稳定的坡地。植被的功能主要表现为：森林、草地中有一厚层枯枝落叶，具有很强的涵蓄水分的能力。随凋落物量的增加，其平均蓄水量和平均蓄水率都在增加，一般可达 20 ～ 60kg/m^2。因为凋落物的阻挡，蓄持水分以及改变土壤的作用，提高了林下土壤的渗透能力，见表 3.7。

由于植被的枯枝落叶增大了地表糙度，使得其中径流的流速因此而大大减缓，据测定其径流流速仅为裸地地表的 1/40 ～ 1/30。

表 3.7 不同土地利用的土壤渗透性

土地利用类型	前 30min 平均入渗率 /（mm/min）	稳定入渗率 /（mm/min）	表达式 /（mm/min）
刺槐林地	1.67	0.88	$K_{林}= 0.88+6.019/ t^{0.85}$
农耕地	1.29	0.52	$K_{农}= 0.52+1.519/ t^{0767}$
天然草地	1.51	0.61	$K_{草}= 0.61+5.591/ t^{0.896}$

注：$K_{林}$，$K_{农}$，$K_{草}$为分别为刺槐林地、农耕地和天然草地的水分入渗率；t 为时间。

以上几种作用均使得有较好植被分布区域，径流量减小，且延长径流历时，起到减小径流量，延缓径流过程进而减小径流能量的作用。

植被对土壤形成有巨大的促进作用。因为植被残败体可以直接进入土壤，提高了土壤有机质的含量，而土壤抗蚀性提高也正是有机质含量增加的结果。表 3.7 是刺槐林地、草地和农田的腐殖质及团聚体含量对比变化表，很显然植被有提高土壤抗蚀性的作用。

植被提高土壤抗蚀性是通过众多支毛根固结网络、保护阻挡、吸附牵拉三种方式来实现的，表现为冲刷模数的相对降低。据测定，20 年生刺槐林地表层冲刷量仅为农地的 1/5，草地的 1/3。

3.3.4.5 人为因素

历史上，受社会和科学技术的发展所决定，相当长时间内由于对自然规律缺乏认识，不能合理地利用土地，甚至是掠夺式地利用土地资源，在坡地上就引起了水土流失，降低和破坏了土壤肥力、耗竭和破坏了土地生产力，导致难于挽回的生态灾难。

当破坏力大于土体的抵抗力时，必然发生土壤侵蚀，这是不以人的意志而转移的客观规律。但是，影响破坏土壤侵蚀发生和发展及控制土壤侵蚀的有关各因素的改变，都会影响破坏力与土体的抵抗力的消长。因此只有了解影响土壤侵蚀的自然因素之间的相互制约的关系，在现阶段人类尚不能控制降雨的条件下，可以通过改变有利于消除破坏力的因素，有利于增强土体抗蚀能力的因素，来达到保持水土，促使水土流失向相反方向转化，使自然面貌向人类意愿方向发展，这就是水土保持工作中人的作用。也就是说人类的活动既有引起水土流失的一面，又有通过人的活动控制土壤侵蚀的一面。

3.4 沟　　蚀

一旦面蚀未被控制，由面蚀所产生的细沟或因地表径流的进一步汇流集中，或因地形条件有利于进一步发展，这些细沟向长、深、宽继续发展，终于不能被一般土壤耕作所平复，于是由面蚀发展成为沟蚀。所以沟蚀是地表径流集中冲蚀土壤和母质并切入地面形成沟壑的一种侵蚀形态。由沟蚀形成的沟壑称为侵蚀沟。

沟蚀由面蚀发展而来，但沟蚀显著不同于面蚀。因为一旦形成侵蚀沟，土壤即遭到彻底破坏，而且由于侵蚀沟的不断扩展，耕地面积也就不断随之缩小，曾经是连片的土地被切割得支离破碎。但是侵蚀沟只是在一定宽度的带状土地上发生和发展，其涉及的土地面积远比面蚀小。

3.4.1 水文网与侵蚀沟

必须指出因地表径流冲刷而形成的沟道称之为侵蚀沟，但地表形态同是沟道的不一定都是侵蚀沟，两者还是有一定区别的（图 3.25）。不因地表径流冲刷，而是由原始地表起伏而形成的集水系统称之为水文网。

通常水文网由三个环节构成：

分布在坡面上的自然集水沟道称之为洼地，洼地底部与其两侧坡面上的土壤层次为整合状态。洼地是水文网系统中的最上游一个环节。水文网中的洼地分布在坡面下部及山前的自然集水沟道称之为旱溪，旱溪底部与其两侧坡面上的土壤层次也为整合状态，只是旱

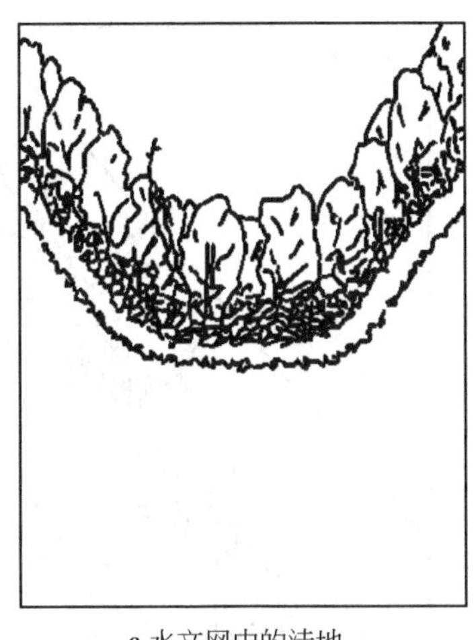

a.水文网中的洼地

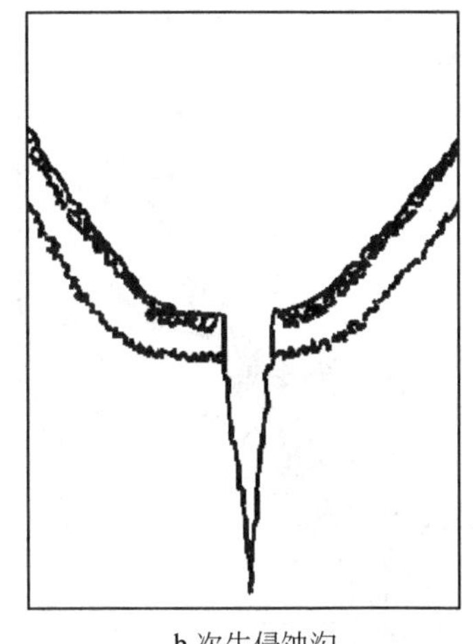

b.次生侵蚀沟

图 3.25 水文网中的洼地与次生侵蚀沟

溪内会有季节性的流水，即旱季无径流，而雨季会有暂时性的径流。旱溪是水文网系统中的中间一个环节。

而常年有流水，且初步具有或完全具有河流地貌形态的沟道称之为河道。河道是水文网系统中的最下游一个环节。

开析度是直接反映水文网这一自然集水系统疏密程度的一个指标，它是指单位面积上水文网（包括洼地、旱溪和河道）的长度，其单位通常用 km/km^2 来表示。

沟壑密度是直接反映侵蚀沟系统疏密程度的一个指标，它是指单位面积上侵蚀沟（包括原生侵蚀沟和次生侵蚀沟）的长度，其单位通常用 km/km^2 来表示。

对于侵蚀沟来说，反映其发生发展程度的另一个指标就是沟壑面积，它是指一定面积上侵蚀沟道（包括原生侵蚀沟和次生侵蚀沟）面积与总面积的比值。

3.4.2 侵蚀沟的形成

侵蚀沟是在水流不断下切、侧蚀，包括由切蚀引起的溯源侵蚀和沿程侵蚀，以及侵蚀物质随水流悬移、推移搬运作用下形成的。

坡面降水经过复杂的产流和汇流，顺坡面流动，水量增加、流速加大，出现水流的分异与兼并，形成许多切入坡面的线状水流，称为股流或沟槽流。水流的分异与兼并是地表非均匀性和水流能量由小变大，共同造成的。引起地表非均匀性的主要原因有地表凹凸起伏差异，地表物质抗蚀性强弱、渗透强度、颗粒组成大小有差异、地表植被覆盖度不同。因此，在易侵蚀地方首先出现细小侵蚀沟道，并逐渐演化为大型沟谷，在难侵蚀的地方会推迟出现小沟谷。径流集中的过程还产生强沟谷兼并弱沟谷的现象。水流能量的差异除受降水、坡度、渗透损耗等因素影响外，在同一地区还有径流流线的长度。因此，总是先出现细小沟谷，然后依次出现大型沟谷。一般侵蚀沟可分为沟顶、沟底、水道、沟沿、冲积圆锥及侵蚀沟岸地带等几个部分。

依据所发生的部位，侵蚀沟又可分为原生侵蚀沟和次生侵蚀沟（图 3.26），原生侵蚀沟是发生在斜坡坡面的侵蚀沟，次生侵蚀沟是再次下切水文网底部而形成的侵蚀沟。

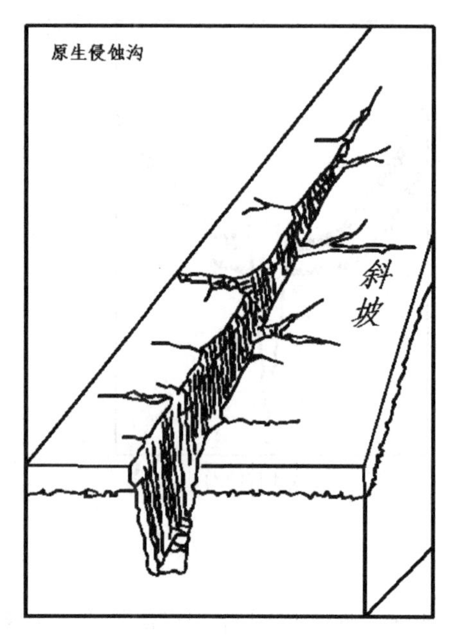

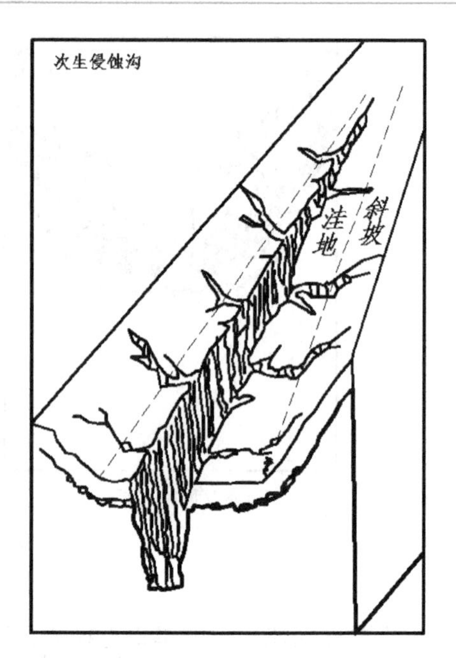

图 3.26　原生侵蚀沟和次生侵蚀沟（据关君蔚）

3.4.3　侵蚀沟的发育阶段

侵蚀沟作为一个自然形成物，有它的发生发展和衰退的规律。

侵蚀沟由小变大、由浅变深、由窄变宽，由发展到衰退的过程，也是侵蚀沟向长、深、宽的发展和停滞的过程。侵蚀猛烈发展的阶段，正是沟头前进、沟底下切和沟岸扩张的时段。它们是与沟蚀发展紧密不可分割的 3 个方面，在沟蚀发展的不同阶段其表现程度不同。

依据侵蚀沟外形的某些指标判断侵蚀沟的发育程度和强度，侵蚀沟的发育分 4 个阶段，前 3 个阶段特征见图 3.27。

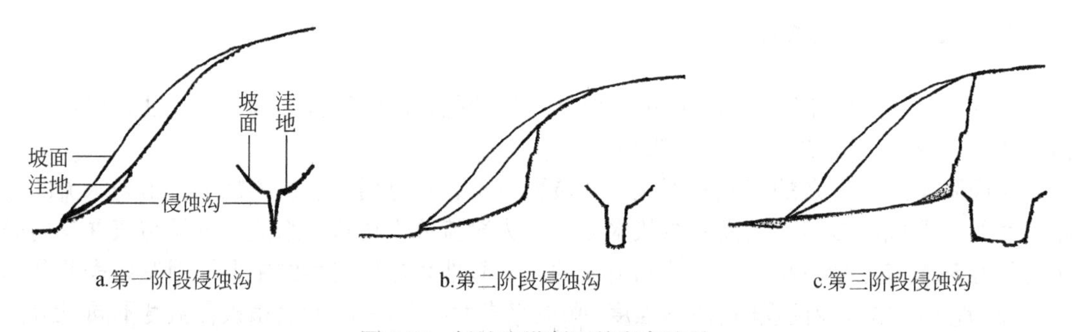

图 3.27　侵蚀沟纵断面的发育阶段

3.4.3.1　溯源侵蚀阶段

侵蚀沟的第一阶段以水平方向迅速发展为主，形成的水蚀穴和小沟通过一般耕作不能平复，此阶段以向长发展为主，与汇流方向相反，称之为溯源侵蚀作用。其深度一般不超过 0.5m，尚未形成明显的沟头和跌水，沟底的纵剖面线和当地地面坡度的斜坡的纵断面线基本相似。该阶段所形成的沟壑，发展很快但规模较小，沟底狭窄而崎岖不平，横断面呈“V”形。

侵蚀沟开始形成的阶段，向长发展最为迅速，这是因为股流沿坡面平行方向的分力大于土壤抵抗力的结果。由于在沟顶处坡度有时局部变陡，水流冲力加大，结果在沟顶处形成水蚀穴，水蚀穴继续加深扩大，沟顶逐渐形成跌水状，跌水一经形成，沟顶破坏和前进的速度越加显著，此时沟顶的冲刷作用，一方面表现为股流对沟顶土体的直接冲刷破坏，另一方面表现为水流经过跌水下落而形成旋涡后有力地冲淘沟顶基部，从而引起沟顶土体的坍塌，促使沟顶溯源侵蚀的加速进行。当沟底由坚硬母质组成时，这一阶段可保持较长的时间，但当沟底母质疏松时，很快进入第二阶段。

3.4.3.2 纵向侵蚀阶段

由于沟头继续前进，侵蚀沟出现分支现象，集水区地表径流从主沟顶和几个支沟顶流入侵蚀沟内，每一个沟顶集中的地表径流量减少了，逐渐减缓了溯源侵蚀作用，取而代之的是以向深发展为主的阶段，又称为纵向侵蚀阶段。

由于沟顶陡坡，侵蚀作用加剧，其结果是在沟顶下部形成明显跌水，通常以沟顶跌水明显与否作为第一、第二阶段划分的依据，侵蚀沟的横断面开始呈“U”形，但上部和下部的横断面有较大的差异，沟底与水路合一。其纵剖面与原来的地面线不一致，沟底纵坡甚陡且不光滑。第二阶段是侵蚀沟发展最为激烈的阶段，也是防治最困难的时期。

由纵向侵蚀造成沟底下切深度有一定限度，其极限是不能深入其所流入的河床。将侵蚀沟纵断面的最低点（经常是与沟系或河川的合流点）称之为侵蚀基准点。通过侵蚀基准点的水平面则称之为侵蚀基准面。

3.4.3.3 横向侵蚀阶段

发展到这一阶段的侵蚀沟由于受侵蚀基底的影响，不能再激烈的向深冲刷，而两岸向宽发展成为此阶段侵蚀沟的主要发展方向，此时的侵蚀沟已发展至第三阶段，又称之为横向侵蚀阶段。此时的沟底纵坡虽然较大，但沟底下切作用已甚微，以沟岸局部扩张为主，其外貌具有最严重的侵蚀形态。第三阶段侵蚀沟的横断面呈现复“U”形。在平面上支沟呈树枝状的侵蚀沟网，在纵断面上沟顶跌水不太明显，形成平滑的凹曲线，沟的上游水路没有明显的界线，沟的中游沟底和水路具有明显的界线，沟口开始有泥沙沉积，形成冲积扇。

3.4.3.4 停止阶段

在这一阶段，沟顶接近分水岭，沟岸大致接近于自然倾角，因此沟顶已停止溯源侵蚀，沟底不再下切，沟岸停止扩张。

3.4.4 影响侵蚀沟发育的自然因素

侵蚀沟的发育主要受地形及水流形态的影响，而汇水面积的大小影响到径流量，坡度、坡长影响到径流流速及沟谷的发育空间。在不同水流的情况下，发育不同的沟谷。

3.4.4.1 汇水面积

浅沟已有固定的集水面积，其大小受多种自然因素影响。一般来说，集水面积在降雨量大的地区比降雨量小的地区小；坡度平缓地区的浅沟汇水面积大于坡度较陡地区；黄土高原沙黄土分布区汇水较细黄土区大。汇水面积是保证浅沟形成发育的首要条件，有了足够大的汇水面积，才能够形成足以进行浅沟侵蚀的水流，否则是很难发育浅沟的。由表 3.8 可知，陕西绥德和子洲地区，保证浅沟发育的最小汇水面积为 700m²，小于 700m² 坡面不能形成浅沟；大于 2300m² 的坡面，浅沟将迅速向切沟转变。所以，梁峁坡面的面积大小与该坡面上发育的浅沟条数有密切关系。

表 3.8 浅沟汇水面积大小出现频率（陕西绥德和子洲地区）

	汇水面积 /m²					总计
	700 ～ 1000	1000 ～ 1300	1300 ～ 1600	1600 ～ 1900	1900 ～ 2300	
浅沟条数 / 条	173	104	99	115	47	538
百分比 /%	32.2	19.3	18.4	21.4	8.7	100.0

3.4.4.2 坡度与坡长

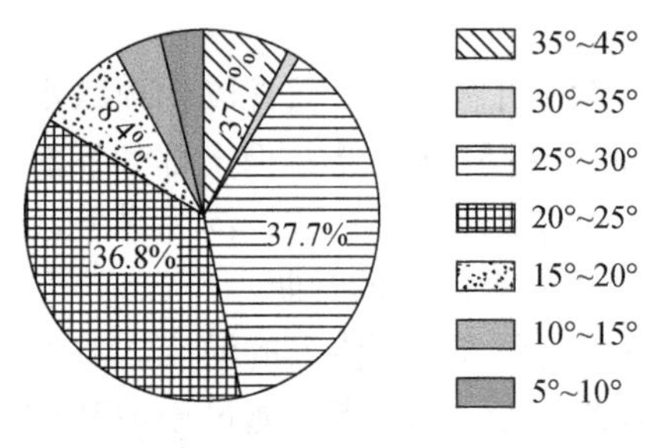

图 3.28 陕西绥德何家沟流域不同坡度坡面的浅沟分布频率

汇水面积大小与浅沟发育程度的关系，综合地反映了各种因素对浅沟侵蚀的影响。但是，有的坡面已经超过了发育浅沟的最小面积，却没有浅沟分布，原因是地貌条件也是影响浅沟发育的重要因素，尤以坡度、坡长影响最大。通过对陕西北部绥德何家沟流域的坡度、坡向和浅沟分布分析（图 3.28），发现该地区浅沟分布坡地的坡度组成介于 5° ～ 45°，以 20° ～ 30° 坡地上浅沟最多，占该流域浅沟总数的 74.5%。其变化规律是 5° ～ 30° 坡地上浅沟数量随坡度增大而增加，30° ～ 45° 坡地上则随坡度增大而减少（表 3.9）。

表 3.9 浅沟沟头至分水线的距离（陕西绥德何家沟流域）

	距分水线距离 /m								总计
	< 10	10 ～ 20	20 ～ 30	30 ～ 40	40 ～ 50	50 ～ 60	60 ～ 70	> 70	
浅沟条数 / 条	6	27	77	142	63	73	18	41	447
百分比 /%	1.3	6.1	17.2	31.8	14.1	16.3	4.0	9.2	100.0

浅沟沟头至分水岭的距离实际上代表了坡地上散流开始向股流转变所需要的位置。根据陕西绥德地区量测的 447 条浅沟资料，这个位置多集中在 20 ～ 60m，占统计总数的 79.4%。也就是说分水线以下 20m 坡长范围内一般没有浅沟侵蚀，其上仅有面状侵蚀，大于 20m 则出现了浅沟侵蚀。切沟也具有相似规律（表 3.9）。

坡型的影响通常是通过坡度的变化表现出来的，在有的凹斜形坡上，切沟在坡度较大地段出现，沿坡向下，坡度变缓，切沟随之消失。如果缓坡下方坡度再次变陡，又可以显现切沟。这种情况常在坡长很长，坡度陡缓交替变化的斜坡上见到。切沟的长度和坡度、坡长的关系较为密切（表 3.10）。从表 3.10 可以看出，切沟长度随坡度和坡长增加而增加。

表 3.10 坡度和坡长与切沟发育的关系

坡度	坡长 /m	切沟长度 /m
26°	66	5 ～ 25
29°	109	25 ～ 45
32°	144	45 ～ 65

坡地上发育了切沟侵蚀以后,表示坡地侵蚀过程以水力侵蚀为主已经开始转变为水力、重力和潜蚀综合侵蚀的过程,侵蚀方式发生了极大的变化。黄土丘陵沟壑区浅沟的临界坡度为14°～21.3°,更多的集中在15°～20°,平均值为18.2°,临界坡长变化于20～70m,平均为40m左右,高塬沟壑区为5°～8°,坡长为30～1200m。

3.5 山洪侵蚀

山洪是山区地表径流沟网向河沟集中后形成的强大洪流。它具有较大冲击力和负荷力,但其容重一般小于1.3t/m³。

3.5.1 山洪类型

按照成因不同,可将山洪分为以下几种类型。

暴雨引起的山洪是山洪的主要类型。它是由大强度的降雨所形成的,其过程特征、峰量的大小等,主要决定于暴雨的强度、暴雨中心移动方向、暴雨区域范围及暴雨过程等因素。根据暴雨的时空分布,又可分为以下三种情况:①由短历时(几小时或十几小时)大暴雨形成的局地性山洪,暴雨笼罩面积较小,几十至几千平方公里,位于暴雨中心范围内的河沟产生较大山洪;②由中等历时的一次暴雨过程所形成的区域性山洪。持续时间在3～7天左右,可使一个地区内普遍暴发山洪,甚至使大河流发生大洪水;③由长时间大范围的连续降雨,并有多个地区多次暴雨组合产生的大范围降雨性山洪。其降雨时间可长达1～2个月,造成几个大流域同时发生大洪水。

另外,还有融雪、水库坝体溃决等引起的山洪。融雪引起的山洪,主要发生在高纬度积雪区或高山积雪区。水库坝体溃决引起的山洪,是水库、湖泊等坝体溃决后形成极大的流量,由于其来势凶猛,常造成重大危害。

3.5.2 山洪时空分布

3.5.2.1 一次山洪

由于山区、丘陵区地面和河床坡降都较陡,降雨后产流和汇流都较快,形成急剧涨落的洪峰,所以山洪具有突发、水量集中、破坏力强的特点。

在某一流域中,流域出口处的洪水流量过程线是一条峰形曲线,其最大值即洪峰流量由全部流域面积在T时间内的最大净雨形成。

$$Q_m = 0.278\frac{h_\tau}{\tau}F = 0.278\,\varphi\, I_c F \tag{3.70}$$

式中,Q_m为洪峰流量(m^3/s);h_τ为τ时段内最大净雨量(mm);τ为流域汇流历时(h),即流域最远点径流到达出口断面的时间;φ为洪峰径流系数;F为流域面积(km^2);I_c为τ时间内最大雨量的平均强度(mm/h)。

流量、汇流历时、洪水历时均与流域内的自然地理条件(流域形状、植被、地形、土壤等)有关。在流域面积、降水强度、历时相等的情况下,狭长形,且坡度较缓的流域汇流历时较长,洪峰流量小,洪水历时长。而漏斗形,且坡度较陡的流域汇流历时短,洪峰流量大,洪水历时短。植被条件较好的流域洪峰流量较小。

3.5.2.2 季节分布

山洪是许多因素相互影响的产物，其中最主要的因素是暴雨。我国地处亚欧大陆的东南部，东临太平洋，地理位置决定了我国降水主要来源于暖季的海洋季风，致使降水量受季节影响明显，也决定了山洪发生的季节变化规律。

每年春夏之交，我国华南地区暴雨开始增多，洪水发生概率随之加大，受其影响的珠江流域在 5、6 月易发山洪，其中西江流域延迟到 6 月中旬至 7 月旬中旬。6 ～ 7 月主雨带北移，受其影响的长江流域易发生山洪，湘赣地区在 4 月中旬即可能发生，5 ～ 7 月沅江、资江、澧江流域易发生山洪，而清江、乌江流域在 6 ～ 8 月发生，四川盆地及汉江流域为 7 ～ 10 月。7 ～ 8 月在华东、华北、东北地区，淮河流域、黄河流域、海河流域、辽河流域易发生山洪。松花江流域山洪发生时间更晚，为 8 ～ 9 月。另外，闽浙地区受台风影响，6 ～ 9 月的降雨季节极易发生山洪。

3.5.2.3 年际变化

山洪在年际分布上表现为不规律性，很难准确预报。从近 80 年的资料来看，山洪在不同时期发生频次也很不均匀，常在某一时段形成频发期，而在另一时期则很少发生。

3.5.3 影响山洪因素

山洪发生的影响因素很多，其中较为密切的有暴雨、地形、植被和人类活动等。

3.5.3.1 暴雨

在我国，暴雨是引起山洪的主要原因。一次高强度的暴雨，降水强度远大于土壤入渗速率，降水来不及入渗即产生地表径流。地表径流从坡面到沟道不断汇聚，产生山洪。如 1976 年 7 月 5 日，甘肃省宕昌县化马公社 3 小时雨量达 343mm，暴雨区内的小河坝沟流域面积仅 13.5km^2，而洪峰流量达 867m^3/s，接近相同流域面积的世界最高纪录。长时间大范围的连续降雨，可能产生多次暴雨。土壤饱和，可导致大面积范围内的山洪暴发，并可形成某一大流域的特大洪水，如 1998 年在我国长江流域爆发的特大洪水就是如此。

3.5.3.2 地形

流域地形的陡峻，决定了地表径流的入渗和产流，坡面开始产流时间（t_0）与坡度（α）的关系为 $t_0 = 4.453e^{1.508}$（$1-\sin\alpha$）。由此可见，坡度增大，将提早产生径流。这是由于坡度增大，径流流速增加，减少了停蓄和入渗时间，径流损失量减少。

流域形状对山洪也有着很大的影响。狭长形流域，其沟系单一，主沟较长，支沟少，等流时线短，产生径流历时长，洪峰流量小。圆形、扇形、辐射形流域，主沟较短，支沟多，等流时线长，汇流快，洪峰流量大。

3.5.3.3 植被

植被，尤其是森林植被，具有涵养水源、保持水土的作用，它对水循环中的降雨、下渗和径流三个环节都有调节和控制作用。因此，它可以消减洪峰流量，增加枯水流量，使河川（沟道）径流在年内分配趋于均匀。

3.5.3.4 人类活动

人类祖祖辈辈受洪水侵扰，世世代代探求根治水灾之策。然而，尽管今天人类已拥有强大的改造自然能力，增加了若干制约自然灾害的新手段，但洪水灾害有增无减，在发展中国家尤其如此。究其原因，与人类自身的很多不合理生产经营活动有着密切联系。

森林被砍伐后，一方面在暴雨之后不能蓄水于山上，使洪峰来势迅猛，峰高量大，增加了水灾频率；另一方面加重了水土流失，使水库淤积，库容减少，也使下游河道淤积抬升，降低了调洪和排洪能力。

城市化的影响，近年来，各种生产开发建设项目发展迅速。城市建设面积扩大后，不透水地面增加，降雨后，地表径流汇流速度加快，径流系数增大，峰现时间提前，洪峰流量成倍增长，而城市“热岛效应”使城区的暴频率与强度提高，又加大了洪水成灾因素。

新的致灾因素，修建库坝可在汛期拦蓄洪水，安全有计划地向下排放，既可减灾，又可兴利。但当库坝兴建之初，由于种种原因（如水文、地震等资料不足），有时设计标准偏低，库容不足，可造成洪水漫顶溃坝。溃坝洪水所造成的损失要比暴雨洪水大得多。

3.5.4 山洪侵蚀特征

山洪具有强大动能，可将沿途的土沙物质侵蚀、搬运到下游，并在沟口开阔部位沉积下来。山洪发生后，在沟网中有一个汇聚过程。以河沟主沟道为准，可分为上游、中游、下游。

在上游径流量小，但沟道两侧坡面陡，汇流速度快，沟底纵比降大，流速更大，所以上游产生的径流以冲力为主，沟道下切侵蚀最明显。

中游由于汇水面积大，有较多支流的径流汇集于沟道，不仅流量增加，而且因支沟汇流与主沟径流流向不一致，产生一定角度，迫使主沟径流向彼岸流去，形成偏态流动，产生侧蚀，冲淘河岸。

下游沟道段坡降较缓，但流量更为集中。因下游支流汇入主沟道中，同样影响主沟道径流流向，存在侵蚀作用。在冲淘两岸时，由于曲流和侧蚀被冲淘的一侧往往后退形成凹岸，另一侧不断淤积形成凸岸，使河流表现为蛇形。山洪搬运作用与河谷水流一样，也有推移、跃移、悬移和溶解搬运4种方式。根据水力学定律（艾里定律），在流水中推移的单个固体物质重量与起动流速的6次方成正比，即 $M = cv^6$。

3.5.5 山洪沉积物特征

山洪在行进过程中，当流路条件发生变化时，所携带的土沙物质即沉积下来。土沙物质的沉积包括流路中的沉积和山口的沉积。山洪行进到中下游地带，受曲流侧蚀作用影响，河道曲折，出现了凹岸、凸岸。泥沙在凸岸沉积下来，而凹岸的冲刷较严重。当山洪行进到山口地带时，地势突然变得开阔，流速很快降下来，所带土沙石块则沉积下来。在山前出现了倾斜的半圆扇形堆积体，即洪积扇。山前的洪积物质分选作用较明显，距沟口越近，组成物质越粗，距沟口越远，组成物质越细小。

3.6 海岸、湖岸及库岸侵蚀

我国是一个陆地广袤、海洋辽阔、岛屿众多、海岸线很长的国家，仅大陆岸线就有

18000km。此外，还有数量众多的大大小小的岛屿、水库和湖泊。它们与海岸一样，长年受到波浪及沿岸流的侵蚀作用。研究其作用规律对于减少土壤侵蚀有重要意义。

3.6.1 海岸与海岸带划分

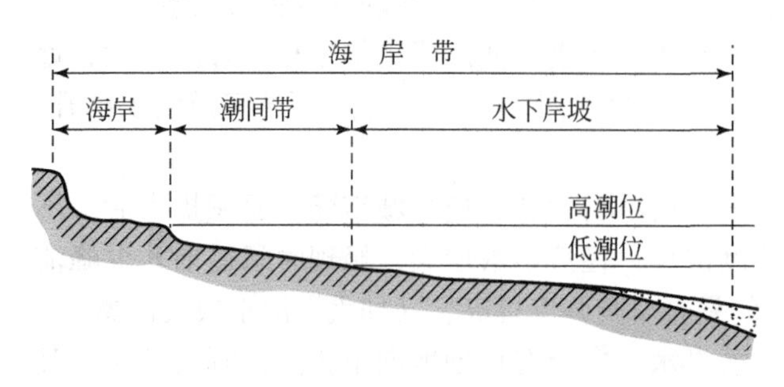

图 3.29 海岸带结构图示

海洋水体与陆地接触的交界线称为海岸。由于潮涨潮落、波浪高度的变化等原因，海洋水体与陆地的边界不是一条线，而是一条带，称为海岸带。海岸带自陆向海可分为海岸、潮间带和水下岸坡 3 部分（图 3.29）。

海岸是高潮线以上狭窄的陆上地带，它的陆向界线是波浪作用的上限。潮间带是高潮线与低潮线之间的地带，这是一个高潮时淹没在水下，低潮时出露在水面以上的交替地带。水下岸坡是低潮线以下直至波浪有效作用于海底下限的地带。波浪有限作用于海底的下限，一般相当于该海区波浪波长 1/2 的水深处。在近岸海区，约为 30m 水深的海底。

海岸带的 3 个组成部分在其发展过程中是相互联系不可分割的整体。

波浪、潮汐和海流是作用于海岸带最主要的动力因素。在入海的河口，河水的动能以及河水与海水交互作用产生的动能对河口、海岸的侵蚀作用也很强烈，如钱塘江喇叭口形河口的形成就是典型一例。

对于陆地上较大的湖泊来说，湖岸带的划分、湖岸带的动力特征都与海岸带相似，只是规模小一些。水库库岸带规模更小，但水力作用形式并无太大的改变。

3.6.2 海浪、湖浪及库浪形成

波浪是海岸带最明显的水体运动形式，也是造成海岸侵蚀、塑造海岸地形最主要的动力。海洋中的波浪主要是风作用于海面将其能量传递给海水所发生的现象。能量的传递是通过风作用于海面时在波面产生的压力差以及波面的摩擦，二者对水质点做功而实现。当水质点发生振动时，就在顺着风向的垂直断面作圆周运动，在水质点处于圆形轨道最高位置的地方，水面凸起就形成波峰；水质点处于最低位置的地方，水面凹陷就形成波谷。相邻波峰与波谷间的垂直距离 h 就是波高；相邻两波峰或两波谷间的水平距离 L 称波长；波浪传播的速度或者单位时间内波形传播的距离 C 称为波速；同一时刻波峰最高水质点的连线称波峰线；指向波浪前进方向而与波峰线垂直的线称波射线（图 3.30）。

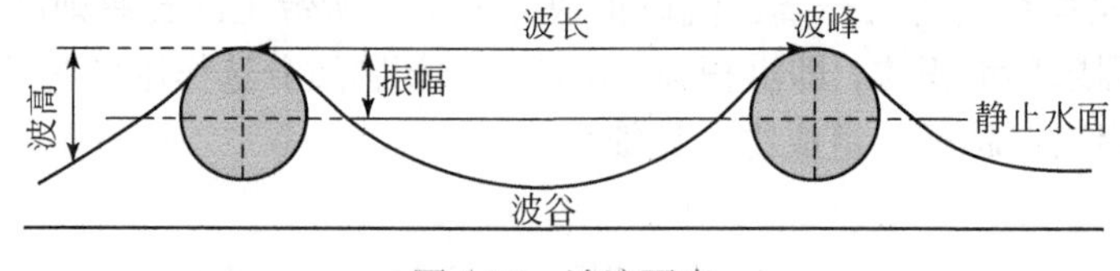

图 3.30 波浪要素

波浪对海岸作用的大小决定于波浪的能量（E），其大小与波高（H）的二次方、波长（L）

成正比，即

$$E = \frac{1}{8} H^2 L \tag{3.71}$$

因此，波浪越大，尤其是波高越大，波能就越大，其对海岸的侵蚀作用也越强。

3.6.3　波浪在浅水区的变形

洋面上形成的波浪会顺着风吹的方向前进，波浪前进到接近海岸的浅水区后，海底的摩擦使上下层水质点之间产生速度差，波浪形态将由圆形变为椭圆形。越接近海岸带，水深越浅，波浪会变成前坡陡、后坡缓的不对称形态，最终会导致波峰倾倒，波浪破碎。

波浪破碎以后，水体运动已不服从波浪运动的规律，而是整个水体的平移运动，这就是激浪流。激浪流包括在惯性力作用下沿坡向上的进流与同时在重力作用下沿坡向下的回流。进流与回流形成的双向水流共存是海岸带水动力的显著特征，它对海岸带泥沙的向岸或离岸运动有直接的作用（图 3.31）。

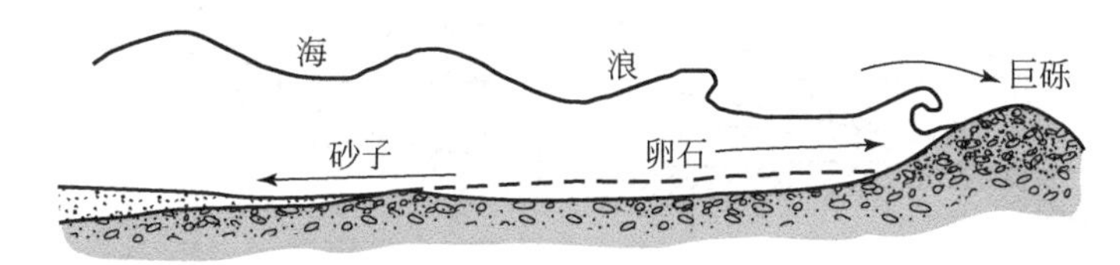

图 3.31　海岸带物质的移动

波浪破碎和波高与水深的比值有关。在多数情况下，破浪处水深约相当于 1 ～ 2 个波高。在风向与波向一致而风速较大时，破浪水深较大。当波浪抵达较陡的岸坡时，波峰突然倾倒，能量比较集中，袭击岸坡，破坏力很大。当波浪作用于平缓的岸坡时，由于海底摩阻，可能发生波浪的数次破碎，能量逐步消耗，破坏性很小。临近深水的陡崖，波浪可能不形成破浪，而是直接拍击海岸，形成拍岸浪。当人工建筑物前的水深刚刚处于破浪点时，则饱含空气的破浪将以极大的压力冲击压迫建筑物，可能使建筑物遭到严重破坏。破浪常掀起海底大量泥沙，其在海岸侵蚀和海岸地貌形成中的作用是极其重要的。

波浪的折射是波浪进入浅水区后的又一重要变化。随着水深的变浅，波速相应的减小，因此，当波浪到达海岸附近的浅水区后，由于地形的影响使得波向发生变化，形成所谓折射现象。折射的结果，有使波峰线转向与等深线一致的趋势。波浪的折射或使波能更为集中或更为辐散（图 3.32，图 3.33），对海岸侵蚀有重要意义。如在岬角与海湾交错的曲折海岸上，波能在岬角处的集中显然加快了海岸侵蚀的速度。在基岩海岸上，侵蚀作用的发展结果是岸线的后退（图 3.34）并形成以海蚀平台、海蚀穴、海蚀崖为典型组合的海蚀地貌。

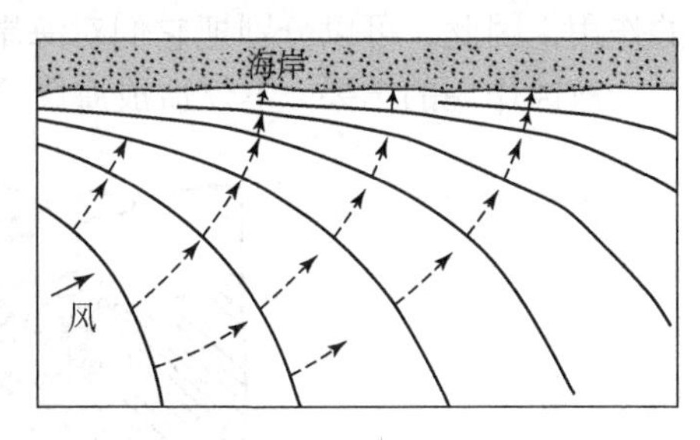

图 3.32　波浪在平直海岸的折射

湖泊、水库中的水动力形成与海水大体相似，只是其能量、规模要小得多。但是对于洞庭湖、鄱阳湖这些泄水湖来说，过境河水形成的湖流既有较大的流量又有较大的流速，在搬运泥沙方面其动能还是很大的。

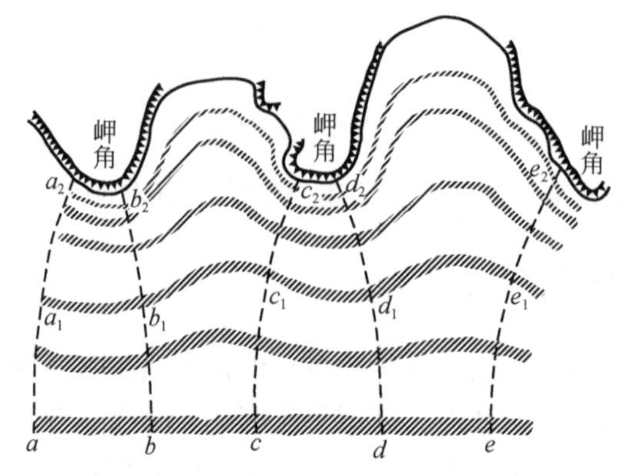

图 3.33　波浪在曲折海岸的折射

虚线为波折线；短线为波峰线（宽度表示波能）

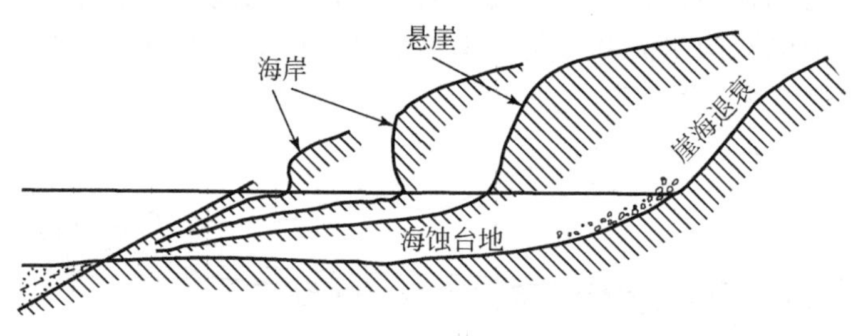

图 3.34　海岸的发展

3.6.4　海岸侵蚀地貌

波浪对海岸的侵蚀，首先是波浪水体给予海岸的直接打击，即冲蚀作用。当波浪以巨大的能量冲击海岸时，水体本身的压力和被其压缩的空气，对海岸产生强烈的破坏，这种力量可达 37t/m^2，甚至可达 60t/m^2。有一次在暴风浪的袭击下，海岸码头上重达 135t 的混凝土块连同它的基础一起被破坏，并被抬举至港口内侧。波浪的冲蚀作用对于松软岩石或岩石虽较坚硬、但节理密度较大的海岸来说，是非常显著的。尤其当波浪水体夹带岩块或砾石时，其侵蚀力更大，因为这时不仅有冲蚀作用，还有往复水流携带的砂砾石产生的磨蚀作用。

若海岸为含有易溶矿物的岩石构成，如石灰岩等，还要发生溶蚀作用。

海岸侵蚀形态的形成和演化大多数都是暴风浪的产物，普通波浪则起着经常修饰海岸的作用，因此，可以分别把它们对海岸的侵蚀比做鲸吞和蚕食。

海蚀作用的结果，不仅造成海岸位置的变化，还会产生一系列的海蚀地貌（图 3.35）。

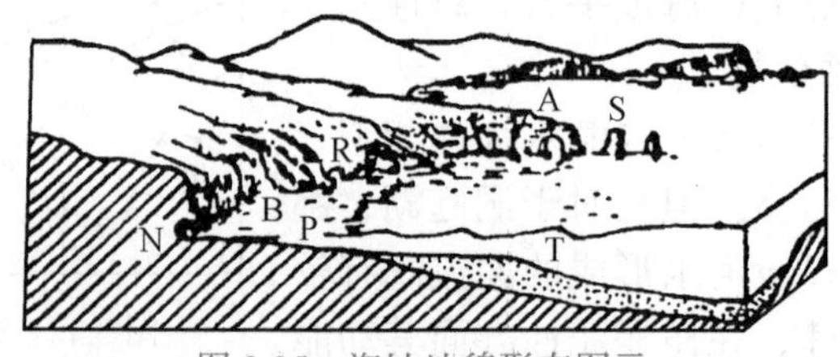

图 3.35　海蚀地貌形态图示

N. 海蚀穴；P. 海蚀台；A. 海蚀拱桥；S. 海蚀柱；R. 海蚀崖；B. 海滩；T. 海蚀阶地

3.6.5 影响海岸侵蚀作用的因素

不论何种类型的海岸，在波浪等水动力的长期作用下，都将朝着夷平的方向发展，这是海岸发育的总趋势。但是，由于各地海岸所受动力强弱的不同以及岩性、构造等方面的差异，海岸侵蚀发育的速度是很不相同的。

3.6.5.1 原始海岸类型

由山地、丘陵受海侵而成的海岸，岬角突出，岛屿孤立，海岸带水下岸坡陡峻，海水较深，称为曲折陡峻海岸。波浪是这种海岸最重要的侵蚀动力。在海岸发育的初期，由于波浪的折射，使波能在岬角处集中，在海湾处辐散，结果波浪作用强度极不均匀。岬角处波浪侵蚀力量强，海蚀地貌如海蚀穴、海蚀崖、海蚀拱桥、海蚀柱等相继产生，并随着岬角的后退而出现海蚀崖、海蚀平台的组合。在海湾内，波浪侵蚀作用稍弱，岸线后退较岬角处缓慢，最后将形成海蚀夷平岸。在有丰富物源的情况下，海湾内也可发生堆积，形成海滩、沙嘴等堆积地貌，甚至形成拦湾坝封闭海湾。

在海蚀夷平岸上，波浪作用强度在整个岸段几乎是一致的，平齐陡峭的海蚀岸平行后退，在其前端形成宽广的海蚀台。波浪经过海蚀台时摩擦阻力加大，能量减弱，海岸后退速度减慢，海底趋于平衡状态。

低缓平坦的海岸可能是一种被淹没的平原海岸，波浪依然是这种海岸发育的主要因素。由于陆上和水下均很平缓，使波浪在离岸很远处破碎，并使泥沙向岸运移，而海岸的平直轮廓线使波浪对海岸的作用在整个岸段比较均一，因此形成与海岸平行的海滩与滨岸堤，在水下形成水下沙坝或离岸堤。可见，在以上 3 种类型的海岸中，平坦海岸的侵蚀程度是最弱的。

3.6.5.2 构造运动

在构造运动强烈特别是地壳上升快速的地区，海岸侵蚀速度快于构造稳定区。但在持续上升或持续下降的海岸区，水动力作用于海岸的位置难于稳定，各种海蚀地貌发育不典型。由于这种地段叠加了构造运动的影响，往往成为强侵蚀海岸。如果一个地区的地壳运动是周期性的，则可能形成远离海岸的海蚀崖或水下阶地，如广州的七星岗。

3.6.5.3 气候条件

在不同的气候区，风力的大小，风的持续时间，风向及其与岸线的交角不同，也会影响海岸侵蚀作用的强弱。

此外，不同气候区的生物作用、海水的化学溶蚀作用及冰情、水情等情况的差异，使不同气候带的海岸动力作用及岸线类型都出现重大差异。

3.6.5.4 潮汐作用

潮汐现象主要是由月球和太阳引力在地球上的分布差异而引起的海水周期性运动。习惯上把海面周期性的垂直升降称为潮汐。把海水周期性的水平运动称为潮流。潮汐和潮流是海岸地貌的一种重要动力。潮汐的涨落影响到沉积物的冲蚀和堆积，例如在一个潮汐海湾内，高潮位时海湾面积相对扩大，流速大，底部沉积物相应受蚀，最大的悬浮质含量发生在涨潮后期，在涨潮转落潮的息流期，大部分沉积物发生沉淀。戴维斯（1964）根据潮差大小把海岸分为弱潮差海岸（潮差小于2m）、中潮差海岸（潮差2～4m）和强潮海岸（潮差大于4m）。不同潮差的海岸各有不同的侵蚀堆积强度和海岸地貌类型，如河流三角洲和堡岛（一种水下堆积地貌）在弱潮海岸发育最好，也反映这种类型的海岸侵蚀强度微弱；潮滩、盐沼在强潮海岸发育最广，反映这种类型的海岸潮间带堆积强烈的特征。

潮汐引起的海面周期性波动还直接影响波浪作用的有效性。它使波浪作用带和破碎带的位置随时间的推移而不断变动，作用带范围增宽就相对减弱了波浪的有效能量。在一般情况下，潮差小的海岸带，波能占主导地位，潮差大的地区，波能的有效作用降低，潮差与潮流能的作用显著。潮汐和潮流的这些变化，显然会影响到海岸带的侵蚀与堆积作用。

3.7 水力侵蚀防治

水土流失治理是变害为利，保护、开发、利用水土资源，恢复改善生态环境，促进农业乃至国民经济持续发展的重大举措。

我国水土流失治理历史源远流长，特别是中华人民共和国成立以来，党和政府投入大量的财力、物力并颁布了相应的法规和政策，大大促进了治理速度，积累了丰富的经验和创造出许多实用技术，并提出了以预防为主的治理方针，使水土流失治理纳入了国民经济发展计划。

3.7.1 防治原则

（1）防治并重治管结合

多年来，水土保持是在治理与破坏的交替过程中进行的。这主要是由于轻视或忽视对自然资源的保护和对土壤侵蚀的预防，以及只治不管的原因造成的。其结果使几十年的成就基本上又被新的人为加速侵蚀所抵消，甚至有的地区破坏大于治理，使人们感到震惊。因此，在防治并重的基础上，强调预防和管护，其意义深刻而深远。

（2）以小流域为单元综合治理

小流域是产流产沙的基本单元，也是水土流失综合防治的基本单元。在小流域综合治理中，农、林、牧、工各业互相协调、共同治理、同步发展，而且要长期坚持治理和不断扩大治理面积，才能取得好的效果。积极抓好小流域综合治理的试验和示范，发挥其示范作用。

（3）坡沟兼治加强治坡

坡面是人类经常活动的场所，也是径流产生汇集的主要地段。因此，只有加强治坡，才能既消减径流泥沙，又确保沟（河）道工程的安全。在沟坡兼治的过程中，农业、生物、工程三大措施的结合，才能取得农林牧生产的综合发展和生态与经济的同步效益。

（4）治理与开发相结合

从治理中求效益，以效益促开发，以开发促治理。既能克服只靠国家“计划治理”的弊端，又能有效地治理水土流失，也符合农业持续发展的要求。

水土保持是一项十分艰巨复杂的任务，需要几代人的努力。因此既要树立持久的战略思想，又要确立加快治理步伐的战术。

3.7.2 防治措施及布设

3.7.2.1 防治措施分类

水力侵蚀防治措施可分为工程措施、植物措施和农业技术措施。工程措施包括坡面防治工程、沟道治理工程和小型蓄水用水工程。植物措施主要包括林业技术措施。农业技术措施包括栽培技术、旱作农业技术和复合农林业技术等。

（1）工程措施

工程措施包括坡面防治工程、沟道治理工程和小型蓄水用水工程。

坡面防治工程主要包括斜坡固定工程和梯田工程。斜坡固定工程是指为防止斜坡岩土体的运动，保证斜坡稳定而布设的工程措施，包括挡墙、抗滑桩、削坡、反压填土、排水工程、护坡工程、滑动带加固工程和植物固坡措施等。梯田是山区、丘陵区常见的一种基本农田，它由于地块顺坡按等高线排列呈阶梯状而得名。在坡地上沿等高线修成水平台阶式或坡式断面的田地称为梯田。梯田可以改变地形坡度，拦蓄雨水，增加土壤水分，防治水土流失，达到保水、保土、保肥目的，所以，梯田是改造坡地，保持水土，发展山区、丘陵区农业生产的一项重要措施。《中华人民共和国水土保持法》规定，25° 以下的坡地一般可修成梯田种植农作物；25° 以上的则应退耕植树种草。按梯田修筑的断面形式分：可分为水平梯田、坡式梯田、反坡梯田、隔坡梯田和波浪式梯田等几种类型。

沟道治理工程包括主要沟头防护工程和谷坊工程。沟头防护工程又分为蓄水式沟头防护工程和泄水式沟头防护工程。当沟头上部集水区来水较少时，可采用蓄水式沟头防护工程，即沿沟边修筑一道或数道水平半圆环形沟埂，拦蓄上游坡面径流，防止径流排入沟道。沟埂的长度、高度和蓄水容量按设计来水量而定。蓄水式沟头防护工程又分为沟埂式与埂墙涝池式两种类型。下列情况下可考虑修建泄水式沟头防护工程：一是当沟头集水面积大且来水量多时，沟埂已不能有效地拦蓄径流；二是受侵蚀的沟头临近村镇，威胁交通，而又无条件或不允许采取蓄水式沟头防护时，必须把径流导至集中地点通过泄水建筑物排泄入沟，沟底还要有消能设施以免冲刷沟底。谷坊是山区沟道内为防止沟床冲刷及泥沙灾害而修筑的横向挡拦建筑物，又称防冲坝、沙土坝、闸山沟等。谷坊高度一般小于 3m，是水土流失地区沟道治理的一种主要工程措施。

小型蓄水用水工程主要包括山坡截流沟、水窖和涝池等。山坡截流沟是在斜坡上每隔一定距离横坡修筑的具有一定坡度的沟渠。修建于地面以下并具有一定容积的蓄水建筑物叫水窖。涝池又叫蓄水池或堰塘，可用以拦蓄地表径流，防止水土流失，也是山区抗旱和满足人畜用水的一种有效措施。

（2）植物措施

植物措施主要指水土保持林的建设，在水力侵蚀区主要包括坡面水土保持林。坡面水土保持林又分为人工营造坡面水土保持用材林和小流域水源地区水源涵养林的封山育林。人工营造坡面水土保持林是以培养小径材为其经济目的的护坡林，通过数种选择、混交配置或其他经营技术措施，保障和增加用材树种的生长速度和生长量，力图长短结合，及早获得其他经济效益。

小流域水源地区水源涵养林的封山育林主要是指在小流域水源地区依托残存的次生林或草、灌植物等，通过封山育林措施保护水源涵养林，形成稳定林分的目的。

（3）农业技术措施

农业技术措施包括栽培技术、旱作农业技术和复合农林业技术等。

水土保持栽培技术的种类主要有：轮作技术措施；间作、套种和混播技术措施；等高带状间作；等高带状间轮作。

旱作农业技术包括抗旱作物品种的选用及抗旱保苗技术、坡地节水灌溉技术和径流农业技术。

复合农林业，又称农林复合系统、农用林业或混农林业，是指在农业实践中采用适合当地栽培的多种土地经营与利用方式，在同一土地利用单元中，将木本植物与农作物或养殖等多种成分同时结合或交替生产，使土地生产力和生态环境都得以可持续提高的一种土地利用系统。其模式包括等高生物篱埂梯地林农复合经营模式、林农草轮作模式、林农间作套种模式、林牧系统、林渔系统等。

但在实际运用治理措施时，需要植物措施、工程措施和农业技术措施相结合。以黄土高原为例，黄土高原水土流失治理措施按其本质属性可分为三个一级类，即：工程措施、农业技术措施和生（植）物措施，在一级类中又可依据其功能、布设位置等分为若干二级类和三级类（表 3.11）。

表 3.11　黄土高原水土保持措施分类

一级类	二级类	三级类	一级类	二级类	三级类
工程措施	梯 田	水平梯田 坡式梯田	农业技术措施	以改变地面微小地形、增加地面糙率为主的水土保持农业技术措施，增加地面被覆为主的水土保持农业技术措施，增加地面覆盖，增强土壤抗蚀为主的水土保持农业技术措施等	等高耕作 沟坑田垄耕作 等高间作套种 留茬、保秸
	沟头防护工程	蓄水池式沟头防护 排水式沟头防护			
	谷坊工程	封沟埂 土谷坊 柳谷坊			
	用沙工程	引洪漫地	生（植）物措施	水土保持林	塬面、梁峁顶部防护林原边、梁峁边坡、沟头防护林、沟坡防护林、沟底防护林
	小型蓄水工程	水窖、涝地、水平阶、鱼鳞坑、拦洪坝		人工种草	天然荒坡草地 水土保持草

3.7.2.2　防治措施的布设

在小流域的土壤侵蚀治理中，依据其特点，从梁峁顶到沟底一般布设三道防线，梁峁坡耕地上修建水平梯田，并结合农业保土耕作措施，草田轮作，广种牧草，发展山地果园，截短坡长，减缓坡度，增加植被，就地拦蓄雨水，防止坡面土壤侵蚀，形成第一道防线，沟缘线至沟底的坡面，主要营造灌木放牧林、肥料林，适当发展用材林和木本粮油树，改良荒坡，发展牲畜，稳定沟坡，防止冲刷，形成第二道防线；在沟底修筑中、小型淤地坝辅以蓄水工程，最大限度地发展坝地，变荒沟为良田，抬高侵蚀基点，防止重力侵蚀和沟壑扩展，拦截坡面措施拦蓄不完的水和泥沙，形成第三道防线。

思考题

1. 液态水在何种情况下具有黏滞性？水的黏滞性与哪些因素有关？
2. 层流和紊流中，哪一种流态的土壤侵蚀能力更大一些？为什么？
3. 水流的剥蚀作用主要受哪些因素的影响与制约？
4. 水流对泥沙的搬运方式主要有哪几种？
5. 悬移质与推移质的区别主要是什么？
6. 溅蚀的影响因素有哪些？
7. 面蚀发生的过程主要受到哪些因素的影响与制约？
8. 沟蚀的发育阶段及其影响因素有哪些？
9. 原生侵蚀沟与次生侵蚀沟的区别是什么？在判定二者时的主要依据是什么？
10. 在侵蚀沟的治理方面，原生侵蚀沟与次生侵蚀沟的区别主要表现在哪几方面？
11. 山洪侵蚀特征及其影响因素是什么？
12. 水力侵蚀防治措施主要有哪几类？

淮河流域概况

淮河流域跨河南、安徽、江苏、山东四省，流域面积27万km^2，人口1.65亿，耕地1.8亿亩。人口密度约615人/km^2，居我国七大江河流域之首。淮河干流发源于河南省桐柏山，全长1000km，总落差200m，平均比降约2/10000。淮河两岸支流众多，中游的正阳关是淮河上中游山区洪水汇集的地点，古有“七十二水归正阳”之说。

淮河与秦岭山脉构成我国南北地理分界线，古有“橘生淮南则为橘，橘生淮北则为枳”的生动描述。淮河流域处于南北气候过渡带，多年平均降雨量为883mm，降雨量50%～80%集中在6～9月；降雨年际变化大，丰水年的雨量多达枯水年的5倍；地区分布也不均匀，北部沿黄地区平均年降雨量为600～700mm，南部及西部山区平均年降雨量为900～1400mm。

淮河流域的土壤侵蚀，按成因分析，以水力侵蚀为主，其次是风蚀、局部分布风水混合侵蚀。根据2000年全国水土流失公告，淮河流域水土流失总面积为3.10万km^2，其中水蚀面积2.94万km^2（未含湖北省淮河流域流失面积）；风蚀面积1407.1km^2（未含河南、安徽、江苏面积）。

淮河流域地理位置特殊，气候条件复杂，流域平原广阔，地势低平，洼地易涝面积广，人水争地矛盾突出，加上历史上黄河长期夺淮，使淮河失去了独立的入海通道，造成水系紊乱，环境恶化，加重了水旱灾害，决定了淮河流域是一个水旱灾害频繁发生的地区。

第4章

风力侵蚀

[本章导言] 风力侵蚀主要分布于地球陆地表面的干旱、半干旱地区，其主要由风沙运动造成，风沙运动包括风沙流和沙粒的运动，沙粒运动又分为跃移、蠕移和悬移三种基本形式。风沙运动方式不同，造成的风力侵蚀形式也不同，可分为风蚀作用和风积作用。风力侵蚀的影响因素包括风力、土壤抗蚀性能、地形、降水和地表状况等。风力侵蚀防治的主要途径是通过增大地表粗糙度来降低近地层风速，或是提高沙粒起动风速，增大其抗蚀能力和改变风沙流蚀积过程等。

风力侵蚀系指由于风的作用使地表土壤物质脱离地面被搬运的过程以及气流中的颗粒对地面的磨蚀作用。风力侵蚀是地球表面一种重要的土壤侵蚀形式，发生区域相当普遍，但风力侵蚀严重的区域主要是地球陆地表面的干旱、半干旱区。这类地区日照强烈，气温日较差、年较差大，物理风化盛行；降水量少、蒸发大，土壤干燥，地表径流贫乏，流水作用微弱；植物覆盖率低，疏松的沙质地表裸露；在强劲、频繁、持续的大风作用下，风力侵蚀作用极其剧烈，由此形成了广泛分布的风蚀地貌和风积地貌形态，并成为风蚀荒漠化的发生区。

4.1 近地面层风及其特性

风是风力侵蚀的动力，风力侵蚀是一种贴近地面的风（气流）对颗粒的搬运现象和运动颗粒对地面的磨蚀作用。因此，要研究风力侵蚀，首先必须要了解近地面层风及其基本特性。

4.1.1 近地面层风

空气的运动形成风。地球表面的大气流场，根据边界层的概念可以划分为三部分（图 4.1）。高度 500 ～ 1000m 以上，受地面的摩擦影响极小、其运动可作为理想流体处理的流层叫自由大气层；高度 500 ～ 1000m 以下，直接受地面影响的流层叫大气边界层（或称摩擦层），在这一层内，紊流摩擦应力、气压梯度力和地转偏向力等具有相同的数量级；大气边界层内还可以分出一个贴近地面的副层，高度由地面至

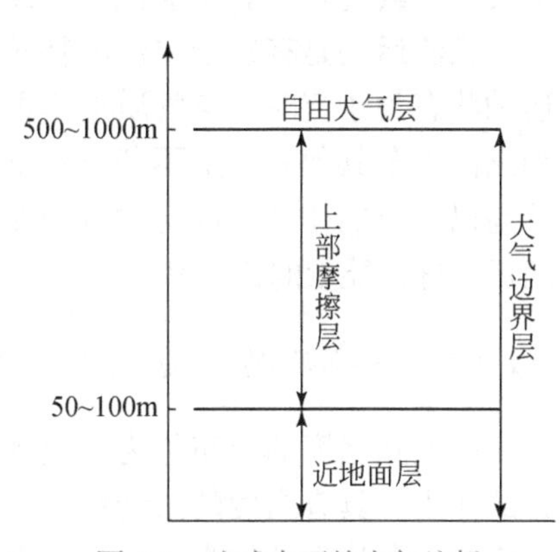

图 4.1 地球表面的大气流场

50～100m 处，称为近地面层，在这一层中，常常把气压梯度作为不变的发动力，而地转偏向力可以不予考虑，最重要的因素就是紊流摩擦应力（紊流切应力）。

近地面层不仅受地面的影响强烈，也是人类生活和生物生存的重要环境，而且一切风沙运动都与本层大气的性质及活动状况有关，因此也是风力侵蚀研究的重点。

4.1.2 近地面层风的特性

近地面层风靠近地表面，在运动过程中由于连续不断地受地表组成物质和地表障碍物的作用，从而形成了与高空大气流动不同的特性，如具有明显的紊流性质、具有较大的风速铅直梯度等。这些特性使研究风沙运动变得困难，但是随着 20 世纪紊流理论和热平衡理论的不断完善，对风的研究已进入了一个新阶段。

4.1.2.1 近地面层风的紊动性

我们知道实际流体在运动过程中存在两种状态，即层流运动和紊流运动。层流运动就是流体质点沿着直线，平滑而互不干扰，且层次分明的运动类型；紊流运动就是流体质点无规则的、杂乱无章的、相互掺混的运动类型。判定流体运动状态的准则是雷诺数（R_e）的大小（式 3.11）。

雷诺数的物理意义是流体在运动过程中所受到的惯性力与黏性力之比。雷诺数小，表示黏性的稳定作用大于惯性的破坏作用，流体运动属于层流范围，此时，流体质点运动的轨迹只是在主流方向上；雷诺数大，则进入紊流范围，流体质点除了沿主流方向运动外，在其他方向上也有脉动，整个流体质点的运动看上去是杂乱无章的，并且可能产生旋涡。

研究结果表明，对于大气来说，临界雷诺数约为 1400，即当 $R_e>1400$ 时，紊流就会发生。如果地面与对流层上限之间距离 L 取 10km，运动黏滞系数 v 取地表处 0.14cm^2/s 值，即可得出空气运动的相对速度超过 1m/s 时，不管它是怎样平稳地吹过，其运动状态就成为紊流。许多科学家在实验中也证实了低空大气的运动状态总是紊流性质的。炊烟的运动，冬天雪花的飞舞，污染气体和农药的扩散，植物花粉和种子的传播以及我们最关心的风沙运动，都与空气紊流的结果有关。我们可以假设大气中不存在紊流，那么就不可能有大气的上升运动，地面的热量也就不可能向大气传播，人类也将缺乏新鲜空气的补充而无法生存下去。事实上，紊流运动是近地面层风的主要形式。

紊流运动是有别于层流的特殊流动。它运动的特点是无规则性。如在低层大气中，当运动状态为紊流时，空气质点不再是按照其主流方向上的速度大小分层流动，而是在横向和纵向以及其他方向上不断进行毫无规律的运动，形成许多大小不同的旋涡，每个质点也不是以恒定的速度和固定的方向流动，而是不断地改变着运动的方向和速度。通过这种旋涡运动进行能量的传递和交换。

4.1.2.2 近地面层风的风速廓线

风速随高度的分布称为风速廓线。气流在近地面层中运动时，由于受下垫面摩擦和热力的作用，具有高度的紊动性。风速沿高度分布与紊流的强弱有密切关系。当大气层结不稳定时，紊流运动加强，上下层空气容易产生动量交换，使风速的垂直梯度变小；当大气层结稳定时，紊流运动减弱，上下层空气相互混掺的作用减弱，风速的垂直梯度就大。通常我们讨论的风速的垂直分布都是指中性层结条件下的。因为这时气流温度在各个高度上都是相同的。因此，在讨论中就不必考虑温度的影响，把它当作一般流体处理，减少了自变量的个数，从而简化了方程。

理论推导和实践研究结果均表明，在中性或接近中性稳定层结的条件下，近地面层风的风速沿高度的分布呈对数关系（图4.2），如式（4.1）和式（4.2）所示。

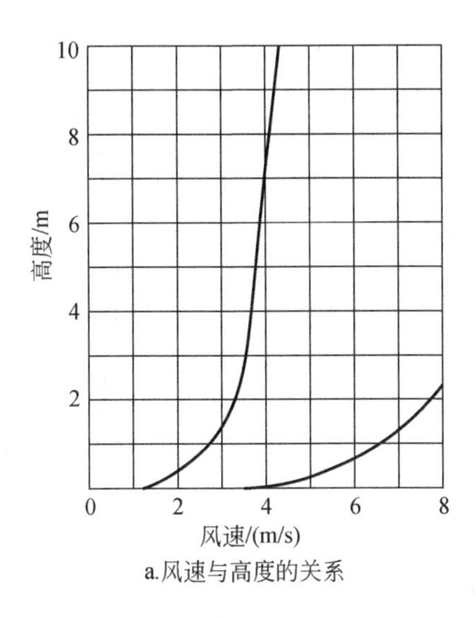

a.风速与高度的关系

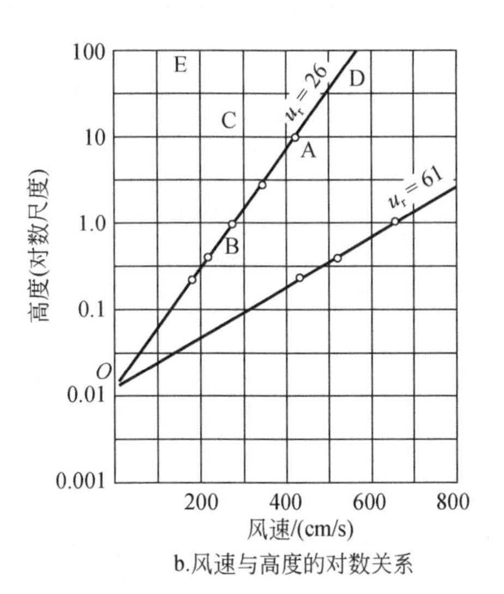

b.风速与高度的对数关系

图4.2 风速垂直分布图

$$u=\frac{u_*}{k}\ln\frac{z}{z_0} \tag{4.1}$$

$$\text{或}\ u=5.75u_*\ln\frac{z}{z_0} \tag{4.2}$$

式中，u为高度为z处的风速；u_*为摩阻速度（或剪切速度），$u_*=\tau/\rho$，τ为地面剪切力，ρ为空气密度；k为卡曼常数（为0.4）；z_0为空气动力学粗糙度。

对于风力侵蚀来说，空气动力学粗糙度z_0是一个很重要的参量，因为它反映下垫面的粗糙程度以及这种粗糙程度对近地面层风的影响能力。由式（4.2）和图4.2可知，z_0是风速等于零的某一几何高度随地表粗糙程度变化的常数。对于某一固定下垫面来说，z_0可以直接从对数公式计算出来。即已知某两个高度的风速时，可根据式（4.2）推导为

$$\ln z_0=\frac{\ln z_2-\frac{u_2}{u_1}\ln z_1}{1-\frac{u_2}{u_1}} \tag{4.3}$$

式中，u_1、u_2为高度z_1、z_2处的风速（m/s）。

拜格诺研究发现，对于裸露沙质地面，z_0值接近于地面沙粒直径的1/30，怀特则认为是1/9，虽然两人的实验结果差异较大，但他们提出了一个在野外确定地表粗糙度的方法。

表4.1列出了不同下垫面情况下的z_0值，从表中还可以看到z_0值的大小取决于地表面

的性质，但在有植物覆盖存在时，其值主要决定于风速。因此 z_0 值虽然称作为常数，实际上也是一个变值。

表 4.1 各种下垫面的粗糙度 z_0 值（吴正，1987）

<table>
<tr><th colspan="2">下垫面性质</th><th>z_0/cm</th></tr>
<tr><td colspan="2">平滑水泥平地或冰面</td><td>0.001</td></tr>
<tr><td rowspan="2">流沙表面</td><td>无吹扬</td><td>0.007</td></tr>
<tr><td>有吹扬</td><td>0.093</td></tr>
<tr><td colspan="2">新割草地</td><td>0.7</td></tr>
<tr><td colspan="2">裸露硬地</td><td>1.0</td></tr>
<tr><td colspan="2">农耕地</td><td>2.0</td></tr>
<tr><td rowspan="7">植被高度</td><td>4 ～ 5cm</td><td>2.0</td></tr>
<tr><td>6 ～ 10cm</td><td>3.0</td></tr>
<tr><td>11 ～ 20cm</td><td>4.0</td></tr>
<tr><td>21 ～ 30cm</td><td>5.0</td></tr>
<tr><td>60 ～ 70cm
在 10m 高处风速为 2.3m/s</td><td>9.0</td></tr>
<tr><td>60 ～ 70cm
在 10m 高处风速为 5.0m/s</td><td>6.0</td></tr>
<tr><td>60 ～ 70cm
在 10 米高处风速为 8.7m/s</td><td>3.7</td></tr>
</table>

大气为非中性层结时，风速随高度的分布情况比较复杂。这里介绍一种最简单的和常用的幂次式。该幂指数方程是迪肯（Deacon）等应用紊流半经验理论推导出来的，其分布式为

$$u = \frac{u_*}{k(1-\beta)}\left[\left(\frac{z}{z_0}\right)^{1-\beta} - 1\right] \tag{4.4}$$

式中，β 为是大气层结的函数。中性层结 $\beta = 1$；非中性层结，稳定时 $\beta<1$，不稳定时 $\beta>1$。

显然 $\beta = 1$ 时，式（4.4）就转化为对数风速分布式。野外实测资料表明，在白昼 90% 以上的时间里，风速分布遵循对数规律；到了夜晚，由于温度梯度比较显著，幂次式比对数式更为可靠。

4.2 风沙运动

风沙运动是风力侵蚀作用的核心，它包括沙粒的起动和风沙流两部分内容，前者是风沙运动的前提和基础，而后者是风沙运动的最主要过程。

4.2.1 沙粒的起动

4.2.1.1 沙粒起动机制

众所周知，任何物体的运动都是在力的作用下进行的，沙粒的运动也不例外。半个多世纪以来，中外科学家对静止沙粒受力起动机制进行了深入的研究，并形成了多种假说，代表性假说主要有3种，即冲击碰撞说、压差升力说和湍流扩散振动说。

冲击碰撞学说的主要代表人物是拜格诺、兹纳门斯基、伊万诺夫等。这种学说认为：沙粒脱离地表及进入气流中运动的主要抬升力是冲击力。拜格诺通过实验计算发现，以高速运动的颗粒在跃移中通过冲击方式，可以推动6倍于它直径（或200倍于它的重量）的沙粒。这种学说比较正确地论证了冲击力在沙粒脱离地表及进入气流中运动所起的主导作用，沙粒主要是靠冲击力的作用进入搬运层。虽然冲击力对沙粒的作用居于首位，但是，在沙粒脱离地表及进入气流中运动的同时也受其他力的作用，所以说仅用这种学说来解释沙粒的起动机制还是不够完善的。

压差升力学说的主要代表人物是兹纳门斯基、伊万诺夫、普朗特、费利斯等。这种学说用绕流机翼理论来解释沙粒脱离地表的运动；用马格努斯效应来解析沙粒脱离地表的运动；依据于贴地表层气流速度的垂直梯度来说明沙粒的起动机制。该学说虽然较为详细地论述了各个力在沙粒脱离地表时所起的作用，然而实际上仅仅依靠气动力是不能把沙粒托举到搬运高度。根据绕流机翼理论，当气流流过处于地表面上的沙粒时，可导致颗粒顶部和底部的流速不同，颗粒底部的流速小于顶部流速，即底部压力高于顶部压力，这样就可形成压力差产生上升力。但是众所周知，沙粒形态千差万别，况且也没有机翼那么大，更何况绕流沙粒的气流在气流与沙粒接触处产生了不可忽略的摩擦力，因而也不能直接采用伯努利定理。绕流的气流仅可能在其他力的作用下，使沙粒开始沿地表滚动。旋转的沙粒虽然可以产生上升力，但是，由于地表上滚动的沙粒旋转发生在三维绕流中，而不是在二维绕流中（如在圆柱体中那样），所以说旋转升力一般是很小的。近地层负压力虽然可以使沙粒脱离地表并托举到一定的高度，但是这种力主要有效地作用于粉粒和黏土粒级，且只有在气流速度较大，即速度梯度较大时其作用才比较明显。

湍流的扩散与振动学说的主要代表人物是埃克斯纳（F.Exner）、冯·卡门（Von Karman）、比萨尔（F.Bisal）、莱尔斯（L.Lyles）等。这种学说认为沙粒脱离地表运动是气流的湍流扩散作用的结果。并指出，当风速接近起动值的时候，一些颗粒开始来回振动，且随着风速强度的加大而振动增大，随后立即离开地表面。很显然，这种学说只是对沙粒起动过程的概述，没有详述沙粒在起动时的受力机制，所以这种学说还未说明沙粒的起动机制。

1980年，吴正和凌裕泉在风洞中用高速摄影方法对沙粒运动过程进行了研究。他们认为，在风力作用下，当平均风速约等于某一临界值时，个别突出的沙粒在紊流流速和压力脉动作用下，开始振动或前后摆动，但并不离开原来位置，当风速增大超过临界值后，振动也随之加强，迎面阻力（拖曳力）和上升力相应增大，并足以克服重力的作用。气流的旋转力矩促使某些最不稳定的沙粒首先沿沙面滚动或滑动。由于沙粒几何形状和所处空间位置的多样性，以及受力状况的多变性，因此在滚动过程中，一部分沙粒碰到地面凸起沙粒的冲击时，就会获得巨大冲量。受到突然冲击力作用的沙粒，就会在碰撞瞬间由水平运动急剧地转变为垂直运动，骤然向上（有时几乎是垂直的）起跳进入气流运动，沙粒在气流作用下，由静止状态达到跃起状态，其过程如图4.3所示。

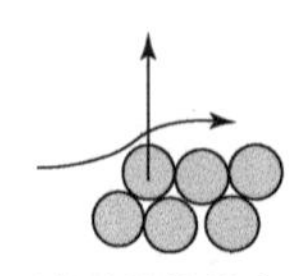

a. 滚动沙粒撞击其上的沙粒

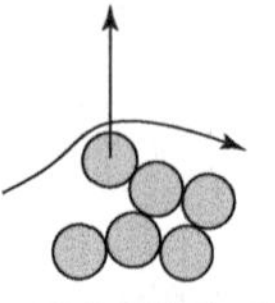

b.滚动沙粒变为向上的垂直运动

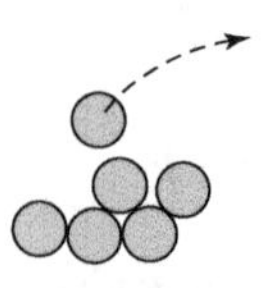

c. 滚动沙粒进入气流运动

图 4.3 沙粒从滚动到跃起的过程（吴正，1987）

吴正等还应用对沙粒运动所拍摄的高速电影资料，选取了其中 7 颗沙粒，计算了离地面 0.5cm 这一层沙粒碰撞起跳时的冲击力 F_m、迎面阻力 F_0、上升力 F_{L1} 和 F_{L2}，以及它们与重力 F_W 的比值。结果表明：沙粒的冲击力可达 1000g · cm²/s，超过重力（$F_W = mg$）的几十倍至百倍。其次为迎面阻力（拖曳力）可大于或等于沙粒的重量，上升力则仅为沙粒重量的百分之一至几百分之一。对于沙面沙粒来说，受力的分配虽然和上述数字有所不同，上升力会相对增大，可达到和迎面阻力同一个数量级，但沙粒碰撞所产生的冲击力在沙粒起跳中起主导作用，则是毫无疑问的。当然其他的力也起到相应的作用。

丁国栋（2008）根据野外实际观测和研究结果提出不同看法，他认为沙粒起动的驱动力主要是气流本身具有的动能所产生的力，即气动力。其决定性的力应是驻点（沙粒表面风速为零的点）升力。一股垂直气流吹向沙面可以使沙粒“四射飞溅”这一简单的现象就是一个佐证。驻点升力可以说是绕流升力的一种极端形式，它是把所有的气流动能在瞬间全部转换为压力能，好像一束子弹打在一块钢板上。驻点升力的产生过程受几种因素的制约，一是由于表面沙粒间的空隙使气流形成“死区”；二是由于沙面本身的粗糙度造成微区域内的气流改变；三是由于地面的不平整性产生了非平行气流。经计算可知，在理想状态下，5m/s 的风速可以产生的最大驻点升力为 16.16N/m²，可使边长 0.5mm 的正方形沙粒（石英颗粒，假设密度为 2670kg/m³）受到约 7.7×10^{-7}N 的瞬时净上升力，它较脉动力、压差升力和旋转升力要大得多。

4.2.1.2 起动风速与起沙风

地表沙粒最初运动是从风中获取能量的，但只有在一定风力作用下沙粒才开始运动。这个使沙粒脱离静止状态开始运动的最小临界风速称为起动风速，一切大于起动风速的风称为起沙风。

地表面上的沙粒在什么样的气流条件下才开始运动，这在物理概念上本来已经是明确的，但是，在具体确定这个临界条件时，却会碰到不少困难。这是因为沙表面是由许许多多不同的沙粒组成的，它们的大小、形状、比重、含水率、方位以及相互之间所处位置的排列组合均千差万别，而气流本身又具有脉动性质，在同一时刻，各处沙粒的受力情况也不会一样。因此，即使对于均匀沙来说，也不是要动都动，要不动都不动。对于混合沙来说，情况就更为复杂。在一定的气流条件下，根本不存在某一明确的临界粒径，超过这一粒径的沙粒都静止不动，小于这一粒径的沙粒都起动。如果我们在某一瞬时观察沙粒运动的空间分布，就会发现在沙面上有的地方有沙粒在运动，而在其他地方则都处于静止状态。如果把注意力集中在沙表面的某一小部分，则会发现有一段时间看不见有沙粒运动，而在另一时期却有些颗粒在运动。所有这些都说明沙粒的起动具有随机性质。

如上所述，沙粒起动带有很大的随机性，但是，如果我们所研究分析的对象是大量的沙粒，那么在偶然性中又有一定的必然性，这就说明有一定的规律可循。从统计的意义上来说，在一定的气流条件下，什么样的沙粒可以运动，以及有多少这样的沙粒在运动，都是可以确定的。

关于沙粒的起动风速，拜格诺提出了流体起动值和冲击起动值的概念。前者是指沙粒的运动完全出于风对沙面沙粒的直接作用，使沙粒开始起动的临界风速；后者是指沙粒的运动主要是由于跃移沙粒的冲击作用，其起动的临界风速则称为冲击起动值。

拜格诺根据力学原理，导出了流体起动条件下，沙粒开始移动的临界摩阻速度与粒径之间的关系

$$u_{*t} = A\sqrt{\frac{\rho_s - \rho}{\rho} gd} \tag{4.5}$$

式中：u_{*t} 为临界摩阻速度（cm/s）；A 为经验系数；ρ_s 为沙粒密度（kg/cm^3）；ρ 为空气密度（kg/cm^3）；g 为重力加速度（cm/s^2）；d 为沙粒的粒径（cm）。

任意高程 z 上的流体起动风速 u_t 为

$$u_t = A\sqrt{\frac{\rho_s - \rho}{\rho} gd} \cdot \lg \frac{z}{z_0} \tag{4.6}$$

式中，z_0 为地表粗糙度（cm）。

拜格诺推导上式是把沙粒看成圆球，当雷诺数（$u_{*t} d/v$）>3.5（对风沙来说，一般相当于大于 0.25mm 的沙粒）时，式（4.5）、式（4.6）中的系数 A 接近一个常数。对于均匀沙，拜格诺由试验结果取 A=0.1；切皮尔（1945）则认为 A 值应在 0.09 ～ 0.11 变化；津格（1953）得出的 A 值为 0.12；莱尔斯和克劳斯（1971）的试验结果，A 值变动于 0.17 ～ 0.20。各家所确定的常数有较大的差别，自然所得到的起动摩阻速度彼此也显著不同。究其原因，主要有三点：判别沙粒的起动标准不同；根据平均风速测定结果确定的摩阻速度有误差；试验方法不同。

式（4.5）和式（4.6）表明，若设系数 A 是一个常数，则起动风速和沙粒粒径的平方根成正比。起动风速与沙粒粒径之间的这种关系，已得到反复的证实。不过，具有这种平方根定律关系是一个粒径范围。据拜格诺的实验研究，起动风速最小的石英沙粒的临界粒径为 0.08mm。对于再小的沙粒来说，起动风速反而要增大，这可能与细粒物质之间的内聚力增大有一定的关系（图 4.4）。

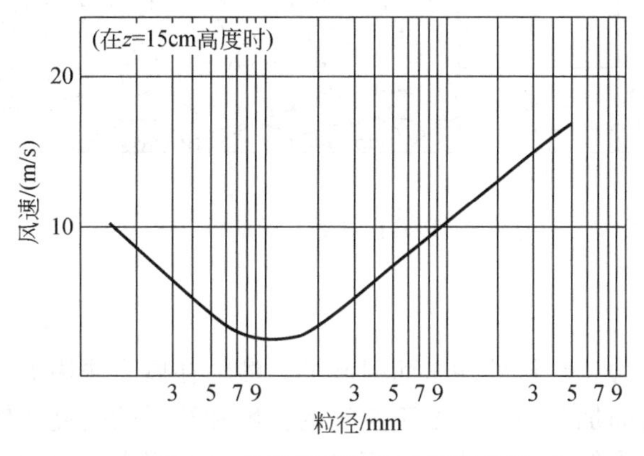

图 4.4　沙粒粒径与起动风速关系

关于冲击起动值，拜格诺通过试验得出结论：对于粒径在 0.25 ～ 1.0mm 均匀沙来说，冲击起动值和流体起动值一样，也遵循平方根定律，只是系数 A 要小一点，为 0.08。

地表性质和沙粒含水率对起动风速的影响，表现为粗糙地表由于摩擦阻力大，必然要增大起动风速；沙粒在湿润情况下会增加颗粒之间的黏滞性，沙粒的团聚作用由此增强，因而起动风速值也相应增大（表 4.2）。在沙区常见到阵雨后又出现阵风的情况，这时会看到即使风力很大（>9m/s），沙粒的移动也是出现在沙粒被风吹干之后。

表 4.2　沙粒含水率对起动风速的影响

沙粒粒径 /mm	不同含水率下沙粒的起动风速 /（m/s）				
		含水率 /%			
	干燥状态	1	2	3	4
2.0 ～ 1.0	9.0	10.8	12.0	—	—
0.5	6.0	7.0	9.5	12.0	—
0.5 ～ 0.25	4.8	5.8	7.5	12.0	—
0.25 ～ 0.175	3.8	4.6	6.0	10.5	12.0

鉴于起动风速受众多因素的影响，因此在实际工作中，多采用风速仪进行野外实测方法来确定某一地区沙粒的起动风速。我国沙漠的沙粒多为粒径 0.1 ～ 0.25mm 的细沙，野外大量观测结果显示，对于干燥裸露的沙质地表来说，当离地表 2m 高处风速达到 4m/s 左右，或者相当于气象台站风标风速≥ 5m/s 时，沙粒开始起动形成风沙流。

4.2.1.3　沙粒运动的基本形式

风通过自己的搬运能力，将地表疏松的沙粒驱动或纳入气流中，运动的沙粒依据其主要动量来源以及运动特点的不同，可分为跃移、蠕移和悬移 3 种基本形式（图 4.5）。

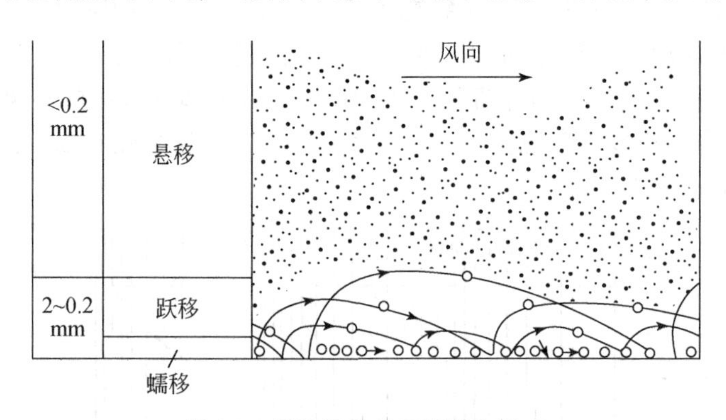

图 4.5　风沙运动的三种基本形式

（1）跃移运动

跃移运动是由风压力和颗粒的冲击而引起的。沙粒在风力作用下脱离地表面以后，就从气流中不断获得动量而加速前进。由于空气的密度和沙子的密度比较起来要小得多，所以在运动过程中受到阻力较小，在落到床面时仍然具有相当大的动量。如果床面是由坚硬的材料组成的，则落在床面上的沙粒就像乒乓球一样，又会反弹起来，继续跳跃前进；如果床面由松散的颗粒组成，则不但下落的沙粒本身有可能反弹起来，而且由于它的冲击作用，还能使下落点周围的一部分沙粒进入跳跃运动，这样就会引起一连串的连锁反应，使风沙运动很快达到相当大的强度。凡是以这种跳跃形式运动的沙物质统称为跃移质，它是风沙运动的主体组成部分。跃移质约占风沙流中总沙量的 1/2 ～ 3/4。

粒径为 0.10 ～ 0.15mm 的沙粒最容易以跃移的形式运动，当大量沙粒沿着沙表面跳跃前进时，由于跳跃高度有一定限制，所以看起来就像在地面上形成了一层沙云，沙云的厚度看上去比较大，但是，实际上绝大部分的沙粒都是近贴地表附近运动。根据许多学者野外实测的结果证明：90% 以上的跃移质都在地表附近 30cm 的高程范围内运动。在地表以上 5cm 的范围内，运动的沙粒通常占跃移质的一半左右。

沙粒跳跃的高度虽然有高有低，但是，它们打到沙面上的角度变化较小，一般为 10° ～ 16° 左右。而跃移开始时的起跳角度变化较大。凌裕泉和吴正等人在风洞中通过高速摄影，观察到有 40% 的颗粒起跳角在 30° ～ 50°，有 28% 在 60° ～ 80°。

沙粒跃移长度与跃移高度之比与起跳角之间有一定的关系。如图 4.5 所示，随着起跳角的增大，跃移长度与高度都相应加大，但是由于后者的增长幅度大于前者，所以，跃移长度与高度的比值随起跳角的增大而减小。

（2）蠕移运动

沙粒沿地表面滚动或滑动称之蠕移运动，蠕移运动的沙粒叫做蠕移质。蠕移质约占风沙流中总沙量的 1/5 ～ 1/4。从气流中落到床面上的沙粒，由于它们具有相当大的动量，不但能打散一些沙粒，使之跃移，而且还能使一部分床面上的沙粒因背面受到冲击而向前推移。在低风速时，可以看到这些沙粒时走时停，每次只走几毫米。但是，当风速加大时，走过的距离也随之增长，而且有比较多的颗粒在运动，到了较高的风速时，整个表面好像都在缓慢向前蠕动。

风压不能单独移动的沙粒，主要是靠比它们细得多的细颗粒跃移质的冲击作用而维持运动。经验证明：以高速运动的颗粒在跃移中通过冲击的方式，可以推动 6 倍于它的直径或 200 多倍于它的重量的表层沙粒。凡是粒径在 0.5 ～ 1.0mm 的颗粒，一般都属于表层蠕移质的范畴。

表层沙粒的运动和轨迹极低的跃移沙粒的运动之间虽然不可能有严格的区别，但是这两种沙粒运动的原因却有明显不同。跃移运动的沙粒升入气流中以后，就通过风对它们的压力直接取得动量；而在表层做蠕移运动的沙粒却并不直接接受风的影响，而是从跃移质的冲击过程中获得动量。

（3）悬移运动

沙粒保持一定时间悬浮于空气而不与地面接触，并以与气流相同的速度向前运动，这种运动就称为悬移运动。小于 0.10mm 的沙粒，由于其沉降速度经常小于气流向上的脉动分速度，所以就有可能以悬移的形式运动。呈悬移状态的沙粒就为悬移质。悬移质量在风蚀总量中所占比例很小，一般不足 5%，甚至 1% 以下。

悬移质运动性质完全决定于高空气流结构。有时可以达到几百米甚至更高的高度，天日亦为之变色，这种现象称为“尘埃风暴”，也就是华北及西北地区所谓的“刮黄风”。跃移质和表层蠕移质都在地表附近运动，由于地面风向不断改变，所以它们一般都在本地区内来回流动，自本区外移的速度很慢。但高空的悬移质运动则不然，一次尘埃风暴就可以使大量细颗粒沙土自地面前移，例如，1934 年美国中部和南部久旱无雨，飓风挟带着大量沙土横贯于大陆吹入大西洋，风暴过后，两个月内有 47 天不见天日，43% 的土地发生了严重的风蚀作用。在风暴中心 6.5 万 km^2 范围内，80% 以上的土地因为表土的丧失而失去耕作价值。

冯·卡门曾经估计过沙土自床面外移以后在空气中持续的时间 t 及所能够达到的距离 l

$$t = \frac{40\varepsilon\mu^2}{\rho^2_s g^2 d^4} \tag{4.7}$$

$$l = \frac{40\varepsilon\mu^2 u}{\rho^2_s g^2 d^4} \tag{4.8}$$

式中，u 为平均风速（cm/s）；ε 为紊流交换系数，对比较强的风来说，ε 可取 1 万～10 万 cm^2/s；d 为沙粒的粒径（cm）；g 为重力加速度（cm/s^2）；μ 为空气动力黏度（$N \cdot s/cm^2$）。

根据式（4.7）和式（4.8），可以推算出不同粒径的沙土在 15m/s 的平均风速下悬移时所能达到的距离分布。如表 4.3 所示。

表 4.3 沙粒在风力吹扬下能达到的高度和距离

粒径 /mm	沉速 /（cm/s）	空中持续时间	迁移距离	飞行高度
0.001	0.0083	0.95 ～ 9.5a	45 万～ 450 万 km	7.75 ～ 77.5km
0.01	0.824	0.83 ～ 8.3h	45 ～ 450km	78 ～ 775m
0.1	82.4	0.3 ～ 3s	4.5 ～ 45m	0.78 ～ 7.75m

从表 4.3 不难看出，对于粉沙以下的颗粒，在风力吹扬下可以远走高飞，甚至远渡重洋。正因为如此，在荒漠的沙丘中，往往缺乏小于 0.01mm 的物质，而在大面积的海底，却可以看到风成物质的沉积。

在风沙运动的 3 种基本形式中，以跃移运动最为重要，它不但在通常情况下占运动沙的主体，而且表层蠕移运动和悬浮运动也都与它有关。表层蠕移质直接从跃移质取得动量。悬移质的细沙土，当它们沉积在地面时，由于受附面层流层的隐蔽作用和颗粒之间所具有的黏结性，往往很难为风力所直接扬起，只有当跃移物质的冲击作用把它们驱离地面以后，气流中的旋涡就很容易带着它们远走高飞。

4.2.2 风沙流及其特征

风与其所搬运的固体颗粒（沙粒）共同组合成复杂的二相流，称为风沙流。它是一种特殊的流体，其形成依赖于空气与沙质地表两种不同密度物理介质的相互作用，风沙流的特征对于风蚀风积作用的研究及防沙措施的制定有重要意义。

4.2.2.1 风沙流的输沙率

风沙流所搬运沙物质颗粒的量称为风沙流强度（或称输沙量），单位时间通过单位面积（或单位宽度）所搬运的沙物质量叫做输沙率。在文献中，有相当多的理论和经验公式用来计算输沙率。拜格诺根据跃移沙粒运动的特性轨迹（或平均轨迹），以动量定理为基础，

推导出输沙率的表达式

$$q = C\sqrt{\frac{d}{D}} \cdot \frac{\rho}{g} \cdot u_*^3 \tag{4.9}$$

式中，q 为输沙率 [g/（cm · s）]；D 为 0.25mm 标准沙的粒径；d 为所研究沙的粒径（cm）；u_* 为摩阻速度（cm/s）；C 为经验系数，具有下列数值：几乎均匀的沙 C=1.5；天然混合沙（如沙丘沙）C=1.8；粒径分散很广的沙 C=2.8。

如果用一定高度上量得的风速来表示输沙率时，可得

$$q = aC\sqrt{\frac{d}{D}} \cdot \frac{\rho}{g} \cdot (u - u_t)^3 \tag{4.10}$$

式中，a 为常数，它的值是 $\left(\frac{0.174}{\lg z/z_0}\right)^3$；$u$ 为任意高度的风速（cm/s）；u_t 为起沙风速（cm/s）。

可以看出，风搬运沙物质能力与风速的 3 次方成正比。为了更为普遍的使用，拜格诺修改了这个公式，改变为

$$Q = \frac{1.0 \times 10^{-4}}{\lg (100z)^3} t（u - 16）^3 \tag{4.11}$$

式中，Q 为风在每米宽度所携带沙子的吨数；t 为速度为 u（km/h）的风吹刮的小时数。

实际上，影响输沙率的因素是很复杂的，它不仅取决于风力的大小和沙粒粒径，而且与沙粒的形状、密度等有关系，同时受沙粒的湿润程度、地表状况及空气稳定度的影响（表 4.4，表 4.5），所以要精确表示风速与输沙量的关系是较困难的。到目前为止，在实际工作中对输沙率的确定，一般仍多采用集沙仪在野外直接观测，然后运用相关分析方法，求得特定条件下的输沙率与风速的关系。

表 4.4 沙地水分条件对沙粒吹扬能力的影响（新疆布古里沙漠，据朱震达等）

沙地含水率 /%	风速（2m 高度）/（m/s）	输沙率（0 ~ 10cm 高度）/（g/min）
干沙	7.5	2.40
2.2（0 ~ 10cm 深度） 3.4（10 ~ 20cm 深度）	7.2	0.42

表 4.5 裸露沙丘和半固定沙丘表面沙粒输沙率的比较（新疆布古里沙漠，据吴正等）

沙丘表面性质	风速（2m 高度）/（m/s）	输沙率（0 ~ 10cm 高度）/（g/min）
裸露新月形沙丘	6.3	35.00
生长白刺的沙丘	6.5	0.05

图 4.6 为吴正等（1965）在新疆莎车布古里沙漠用集沙仪实测的距地表 10cm 高度内的输沙率与 2m 高度上风速的关系，其关系式为

$$q = 1.47 \times 10^{-3} u^{3.7}（r = 0.99） \tag{4.12}$$

式中，q 为输沙率（g/min）；u 为风速（m/s）；r 为相关系数。

该关系式说明，当风速显著地超过起动风速后，气流搬运的沙量急剧增加。

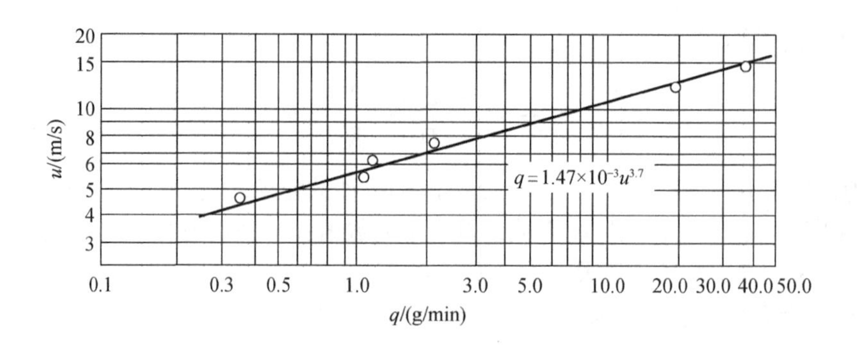

图 4.6　输沙率与风速的关系（据吴正等）

4.2.2.2　风沙流结构

由于沙粒粒径和运动方式的差异，造成了风沙流中所含的沙物质量在距地表不同高度的密度也不同，含沙量随高程迅速递减，在较高气流层中搬运的沙物质量少，而贴地面含物质沙量大。风沙流中沙物质随高度的分布称为风沙流结构。许多学者在实验室或野外都进行过这种结构的研究。拜格诺发现，在沙砾地区，沙子的最大跃移高度为 2m；在沙面上，沙子的最大跃移高度为 9cm。切皮尔发现，在土壤表面，90% 的风沙流高度低于 31cm；0 ～ 5cm 高程内搬运的沙物质占其总量的 60% ～ 80%。夏普（1964）发现，在沙砾地区，90% 的风沙流的高度低于 87cm，平均高度 63cm，已知最大实测高度为 6 ～ 19m。吴正、齐之尧的野外观测表明，风沙流搬运的沙物质量绝大部分（90% 以上）是在离地表 30cm 的高度内通过的，其中又特别集中分布在 0 ～ 10cm 的气流层内（约占 80%），由此可见，风沙运动是一种贴近地面的沙子搬运现象（表 4.6，图 4.7）。认识风沙流的这一性质有重要实际意义，例如，设置防风固沙沙障，只要高出地面 20 ～ 30cm 就能收到良好的效果。

表 4.6　风速 u=9.8m/s 时不同高度风沙流搬运的沙物质量（据吴正）

高度 /cm	0 ～ 10	10 ～ 20	20 ～ 30	30 ～ 40	40 ～ 50	50 ～ 60	60 ～ 70
沙量 /%	79.32	12.30	4.79	1.50	0.95	0.40	0.74

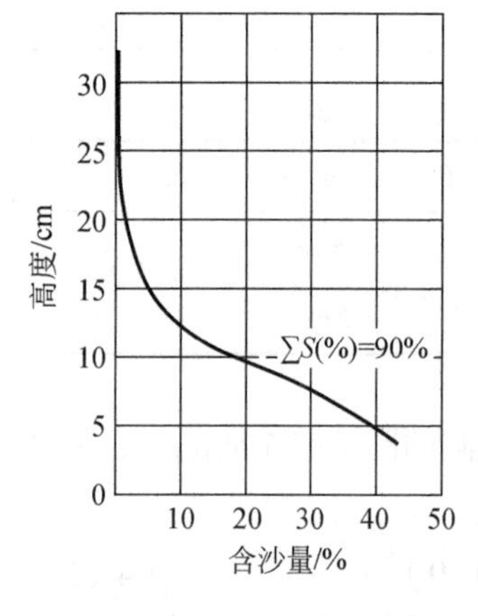

图 4.7　风沙流中沙物质量的垂直分布（据朱震达等）

风沙流中的含沙量随高度变化规律在很大程度上受风速的影响。苏联学者兹纳门斯基对风沙流结构特征与沙子吹蚀和堆积的关系，进行了比较系统的风洞实验研究。他通过资料（表 4.7）的分析发现，在不同风速条件下，0 ～ 10cm 气流层中含沙量分布具有如下重要特点：①地面以上 0 ～ 1cm 的第一层含沙量随着风速的增加而减少，较高层（从第三层起）中的含沙量随着风速的增加而增加；②不管风速如何，第二层（地面之上 1 ～ 2cm）的含沙量基本保持不变，等于 0 ～ 10cm 层总沙量的 20%；③平均含沙量（10%）在 2 ～ 3cm 层中搬运，这一高度保持不变，并不以风速为转移。

表 4.7 不同风速下不同高度层含沙量的平均百分数

高度/cm	风洞轴部气流速度 /（cm/s）			
	21	35	46	57
10	0.96	1.65	1.67	1.87
9	1.30	2.10	2.16	2.49
8	1.78	2.65	2.55	3.16
7	2.38	3.52	3.56	4.15
6	3.36	4.52	4.85	5.40
5	4.84	6.11	6.88	7.59
4	7.70	8.88	9.70	9.45
3	12.14	12.95	13.70	13.20
2	20.96	20.18	21.21	19.96
1	44.58	37.44	33.73	32.73

根据上述特点，兹纳门斯基提出采用 Q_{max}/Q 的比值作为风沙流结构的量化指标（Q_{max} 为气流中 0 ~ 1cm 层的沙量，Q 为 0 ~ 10cm 每层的平均含沙量），称之为风沙流结构数（用 S 表示），并以此作为判断风蚀过程的方向性。在正常搬运（非堆积搬运）情况下，S 值对所有的粗糙表面平均等于 2.6，在部分沙粒从风沙流中跌落堆积的情况下，平均 S 值增大达到 3.8。

我国学者吴正、凌裕泉等根据野外观测资料，查明在近地面 10cm 气流层内的风沙流结构存在如下基本特征：①在各种风速和输沙量条件下，风沙流中的含沙量随高度迅速递减，而且高度与输沙量（百分比值）对数尺度之间呈线性关系（图 4.8），表明含沙量随高度分布遵循着指数函数关系，含沙量随高度呈指数规律递减；②随着风速的增大，下层气流中沙量（%）相对减少，相应地增加了上层气流中搬运的沙量，这一点从图 4.8 中直线的倾斜度随风速增大而变陡可以得到反映；③在同一风速条件下，随着总输沙量增大，下层气流中搬运的沙量增加，上层沙量相应减少（表 4.8）。

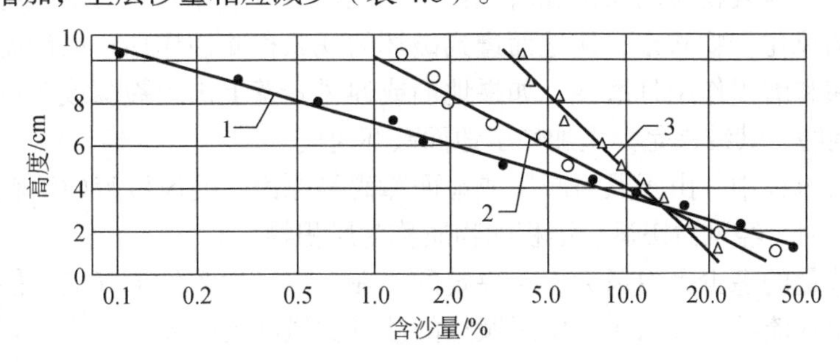

图 4.8 不同风速条件下气流中含沙量随高度分布

1. 风速 4.5m/s；2. 风速 7.3m/s；3. 风速 13.3m/s

表 4.8 相同风速下输沙量对不同高度气流层内搬运沙量的影响（新疆民丰雅通古斯）

风速（1.5m）/（m/s）	输沙量 /（g/min）	不同高度气流层内搬运的沙量 /%									
		1cm	2cm	3cm	4cm	5cm	6cm	7cm	8cm	9cm	10cm
8.2	2.8	33.2	22.9	10.6	9.6	7.1	5.7	4.2	3.2	2.1	1.4
8.1	3.5	40.0	23.2	13.4	8.0	5.7	2.9	2.0	2.0	1.4	1.4

为了进一步说明风沙流的结构特征以及与沙粒吹蚀、搬运和堆积的关系，吴正等人引用了风沙流结构特征值 λ 作为判断的指标，其表达式为

$$\lambda=\frac{Q_{2\sim10}}{Q_{0\sim1}} \tag{4.13}$$

式中，$Q_{0\sim1}$ 为 0 ～ 1cm 高度气流层内搬运的沙量（g/min 或 %）；$Q_{2\sim10}$ 为 2 ～ 10cm 高度气流层内搬运的沙量（g/min 或 %）。

λ 值与沙粒吹蚀、搬运和堆积的关系如下：

平均情况下 λ 值接近于 1，表示此时由沙面进入气流中的沙量和从气流中落入沙面的沙量，以及气流上、下层之间交换的沙量接近相等或相差不大，沙粒在搬运过程中无吹蚀亦无堆积现象发生。

当 $\lambda<1$ 时，表明沙粒在搬运过程中向近地表层贴紧，下层沙量增大很快，增加了气流能量的消耗，而有利于沙粒从气流中跌落堆积。

当 $\lambda>1$ 时，表明下层沙量处于未饱和状态，气流尚有较大搬运能力。在沙源充分时则有利于吹蚀；对于无充分沙源的光滑坚实下垫面来说，标志着所谓非堆积搬运的条件形成。

需要注意的是上述关系虽然多次为野外观测所证实，但由于自然条件下引起吹蚀、堆积过程发展和 λ 值的影响因素是极其错综复杂的，因此它只能用来定性地标识和判断沙粒吹蚀、搬运和堆积过程发展趋势。

4.3 风蚀与风积作用

4.3.1 风蚀与风积作用的概念

风力侵蚀是风和野外下垫面之间一种复杂的作用过程，根据土壤颗粒本身的运动规律和这种作用过程对地面的影响，可以把风力侵蚀分为风蚀作用和风积作用。

风和风沙流对地表物质的吹蚀和磨蚀作用，统称为风蚀作用。其中风将地面的松散沉积物或基岩上的风化产物吹走，使地面遭到破坏的现象称吹蚀作用；风沙流对地表物质进行的冲击、碰撞和磨损作用称磨蚀。如果地面或迎风岩壁上出现裂隙或凹坑，风沙流还可钻入其中进行旋磨，其结果是大大加快了地面破坏速度。

风沙流运行过程中，由于风力减缓或地面障碍等原因，使风沙流中沙粒发生沉降堆积现象称为风积作用。经风力搬运、堆积的物质称为风积物。

气流搬运沙量的多少是由风力大小决定的。在一定风力条件下气流可能搬运的沙量称为容量（相当于水流的挟沙力），实际搬运的沙量称风沙流强度，强度与容量之比称为风沙流的饱和度，是一个无量纲参数。此比值越小，风沙流的风蚀能力就越大。若风沙流容量减小，则侵蚀力下降或发生沙物质的堆积。

在风沙搬运过程中，当风速变弱或遇到障碍物（如植物或地表微小起伏），以及地面结构、下垫面性质改变时，都会影响到风沙流容量而导致沙粒从气流中跌落堆积。如果地表具有障碍物，气流在运行时会受到阻滞而发生涡旋而减速，从而削弱了气流搬运沙粒的能量（容量减小），使风沙流中多余部分的沙粒在障碍物附近大量堆积下来，形成沙堆。这种因障碍（包括地表的急剧上升或下降）形成的堆积，称之为遇阻堆积。堆积的强度取决于障碍物的性质和尺度，障碍物越不透风，涡流减速范围越大，沙粒的堆积也越强烈，形成较大的沙堆。

地面结构、下垫面改变引起沙粒堆积，主要是不同表面结构具有不同的输沙率和不同的风沙流结构所致。根据风洞实验和野外观察，沙粒在坚硬的细石床面（如沙砾戈壁）上运动和在疏松沙床上运动是不同的。前者沙粒产生强烈地向高处弹跳（图4.9），增加了上层气流搬运的沙量，并且沙粒在飞行过程中飞得更远，在沿下风方向的一定范围内，与地面冲撞的次数减少，因而气流因补给沙粒动量而消耗的能量也减少了，所以，对于气流的阻力减少。后者沙粒的跃移高度和水平飞行距离都较小，在搬运过程中向近地面贴紧，下层沙量增加很大（表4.9），也就增加了近地面气流的能量消耗，减弱了气流搬运沙粒的能力。

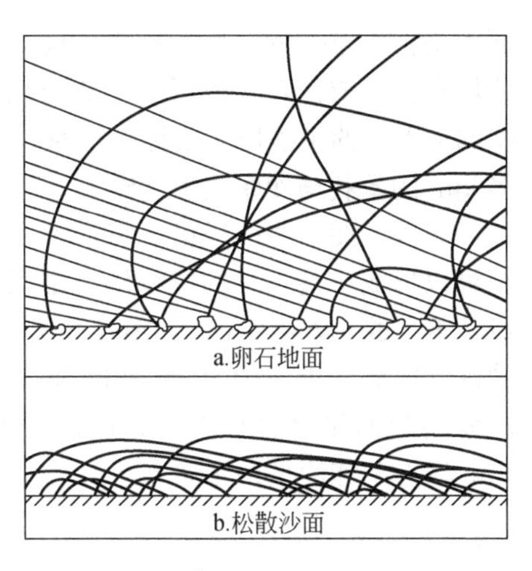

图 4.9　不同床面上沙粒的跳跃运动差别（据拜格诺）

因此在一定风力作用下，松散沙床面上的输沙率比坚硬细沙床面上的输沙率要少得多。正是由于松散的沙质床面上的输沙率低，风易被沙所饱和。所以我们在野外常会看到在疏松的沙土平原上一般要比沙砾质戈壁上积沙多，易于形成沙堆。当然沙砾戈壁上在没有障碍物（地形起伏或人为障碍）的情况下，一般不易于积沙的原因，还与其沙粒的供应不充分（沙粒因受细石的掩护，在一般风力下不易起沙）、风不易为沙粒所饱和有关。这种因地面结构改变，或由于外在阻力的影响，地表风逐渐变弱，使容量减小而产生的堆积，称为停滞堆积。

表 4.9　地表性质对输沙率和近地表不同高度上含沙量的影响

地表性质	风速（1.5m 高）/（m/s）	输沙率 /（g/min）	不同高程的含沙量 /%									
			1cm	2cm	3cm	4cm	5cm	6cm	7cm	8cm	9cm	10cm
流沙	8.0	3.43	45.2	23.7	9.5	6.7	5.0	3.1	2.2	1.7	1.4	1.4
沙砾地面	8.4	6.22	14.5	14.1	12.5	11.4	10.6	10.0	7.7	7.2	6.6	5.4

4.3.2　风沙地貌与沙丘移动

风与沙物质的相互作用关系以及由此产生的风蚀作用和风积作用结果，表现在地表形态上就是风沙地貌的形成与演变。

4.3.2.1　风沙地貌

由于风沙流在各种不同尺度上进行的风蚀、搬运和堆积过程相互转换的结果，便在地表上塑造出形态各异风蚀地貌和风积地貌，即风沙地貌。

风和风沙流对土壤表面物质及基岩进行的吹蚀和磨蚀作用，所形成的地貌类型，称为风蚀地貌。这种地貌类型在大风区域常有广泛分布，特别是正对风口的迎风地段，发育更为典型。常见的风蚀地貌如风蚀雅丹、风蚀谷、风蚀洼地、风蚀小坑、风蚀劣地等。

风积地貌是指被风搬运的沙物质，在一定条件下堆积所形成的各种地貌。其中包括由风成沙堆积成的形态各异、大小不同的沙丘及流沙地上分布的沙波纹。当然，大部分沙丘并不是独立分布的，而是群集构成巨大的连绵起伏的浩瀚沙海；而且，也并不是所有风成沙堆积都形成沙丘，还可以形成面积广阔而又比较平坦（可能出现稍有波状起伏或小沙丘状的地形）的平沙地，或称小沙原（sand sheets），例如，苏丹与埃及边界附近面积达 6 万多 km^2 的塞利马沙原就是这样。

另外，在一些强风区，特别是一些山隘、峡谷风口地带，风力特大，形成大风区，甚至可以形成一些少见的风积砾石堆积地貌。如我国新疆的阿拉山口（准噶尔门）的大风是极其著名的，全年有 155 天出现大风，最大风速常超过 40m/s，能将艾比湖岸上直径 2 ～ 3cm 的砾石吹起，堆成为 30cm 高的砾波；更惊人的是，在古尔图河大桥以南 9km 处的东岸，风暴卷起河岸上直径 1 ～ 2cm 的砾石，堆成高 5 ～ 7m，宽为 70m 的砾丘，沿河分布达 1km 以上（陈治平，1963）。

4.3.2.2 沙丘移动

沙丘是风力侵蚀形成的最为典型和常见的风积地貌类型，各种类型的沙丘都不是静止和固定不变的，而是运动和变化的。沙丘的移动主要是通过沙物质在迎风坡风蚀、背风坡堆积而实现的。

（1）沙丘移动方向

沙丘移动的总方向是和起沙风的年合成风向大致相一致。根据气象资料，我国沙漠地区，影响沙丘移动的风主要为东北风和西北风两大风系。受它们的影响，沙丘移动方向，表现在新疆塔克拉玛干沙漠广大地区及东疆、甘肃河西走廊西部等地，在东北风的作用下，沙丘自东北向西南移动；其他各地区，都是在西北风作用下向东南移动。例如，新疆莎车阿瓦提地区沙丘移动的总方向平均为 S50°E，而起沙风的年合成风向是 N40°W。皮山地区沙丘移动的总方向平均为 S70°E，而起沙风的年合成风向是 N70°W。

（2）沙丘移动方式

沙丘移动方式取决于风向及其变化，它可分为 3 种方式（图 4.10）：①前进式，即在单一的风向作用下终年保持向某一方向移动；②往复前进式，即在两个风向相反而风力大小不等的情况下往复向前移动；③往复式，即它是风力大小相等而风向相反的情况下产生的往复移动。

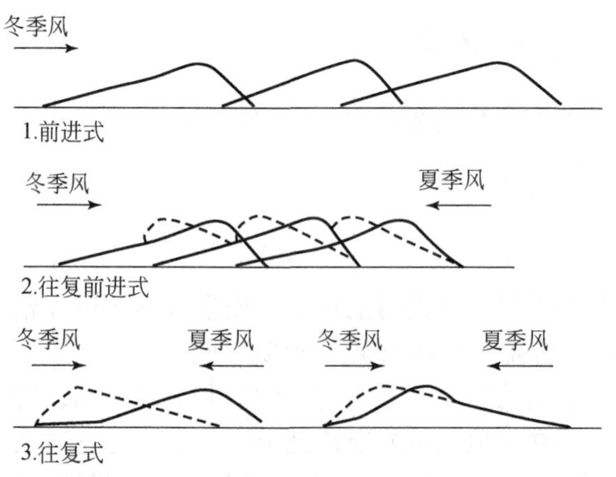

图 4.10 沙丘移动的 3 种方式

（3）沙丘移动速度

沙丘运动的速度主要取决于风速、沙丘本身的高度和固定程度。如果沙丘在移动过程中，形状和大小保持不变，则迎风坡吹蚀的沙量，应该等于背风坡堆积的沙量。在这种情况下，新月形沙丘在单位时间里前移的距离 D 可表示为

$$D=\frac{Q}{\gamma H} \tag{4.14}$$

式中，Q 为单位时间内通过单位宽度，从迎风坡搬运到背风坡的总沙量 [g/（cm · min）]；D 为单位时间内沙丘前移的距离（cm）；H 为沙丘的高度（cm）；γ 为沙子的容重（g/cm^3）。

由式（4.14）可以看出，沙丘移动速度与其高度成反比，而与输沙量成正比。

横向沙丘由于走向与主风向垂直，在同等风力条件下有效作用面积最大，因此在各种类型的沙丘中移动速度是最快的。纵向沙丘除横向移动外，还有纵向移动的特点，以新月形沙垄为例，它不仅沿着垂直于沙脊的方向移动，还沿着脊线方向移动。在两个锐角相交风的作用下，运动的总方向既不与沙垄垂直，也不单纯地沿着沙垄纵向伸展，而是与沙垄构成一个斜交的角度，交角介于 25° ～ 40°，移动速度比横向沙丘要慢得多。

复合型沙垄的运动是通过覆盖其上的新月形沙丘和沙丘链的运动来实现的，根据航空相片查明，整个复合型沙垄基本上平行于合成风向，或两者呈小角度的斜交关系，而其上叠加的次生新月形沙丘和沙丘链，它们和整个垄体构成 90° 的交角，且与风向近于垂直。

金字塔沙丘是多向风作用下的一种典型沙丘类型。它虽属裸露沙丘地貌形态，但因其形成的动力条件是多方向风的作用，且各个方向风的风力较为均衡，故沙丘来回摆动，但总的移动量并不大。

复合型横向沙丘（如复合型新月形沙丘和复合型新月形沙丘链等）表面层层叠置着次一级的新月形沙丘和沙丘链，沙丘的移动则是通过覆盖在其上的次一级沙丘的移动来实现的。这种复合型沙丘移动速度比简单类型沙丘慢许多。

沙丘移动速度除了受风速和沙丘本身高度的影响外，还与水分状况、植被分布、风向频率、沙丘的形态、沙丘密度等多种因素有关。沙丘在湿润时，沙粒的黏滞性和团聚作用较强不易被吹扬搬运，所以影响到沙丘移动的速度降低。沙丘下伏地面有起伏时也能降低其上沙丘移动的速度。植被对沙丘移动速度的影响，在于沙丘上生长了植被后增加了其粗糙度而削弱了地表风速，减少了沙粒吹扬搬运的数量，从而使沙丘移动速度大大减慢，甚至完全静止。所以植物固沙是治理沙漠的重要措施。因此，在实际工作中，通常采用野外插标杆、重复多次地形测量、多次重合航片的量测等方法，以求得各个地区沙丘移动的速度。

4.4 风蚀荒漠化

风力对地表侵蚀的结果导致了的土地退化，这种以风力为主要侵蚀营力造成的土地退化称为风蚀荒漠化。风蚀荒漠化是荒漠化的一种最主要类型，另外还有水蚀荒漠化、盐渍荒漠化、冻融荒漠化等。据 2009 年最新统计结果显示，中国 262.37 万 km^2 的土地荒漠化面积中，风蚀荒漠化土地面积为 183.21 万 km^2，占荒漠化土地总面积的 69.83%。风蚀荒漠化不仅面积大、分布广，而且危害也最为严重，因此，得到广泛关注和重视。

4.4.1 风蚀荒漠化形成机制

强劲的风是风蚀荒漠化形成的主要营力，是塑造沙漠地表形态的动力，土壤中丰富的

沙物质则是风蚀荒漠化的基础。在风力侵蚀作用下，土地退化过程表现在如下几个方面。

4.4.1.1 造成土壤物质流失

由于风及风沙流对地表土壤颗粒剥离、搬运作用，使土壤产生严重流失。赵羽等根据沙土开垦后风蚀深度的调查，得出科尔沁大青沟地表风蚀量为 23250t/（km^2 · a）；林儒耕推算出乌兰察布后山地区伏沙带风蚀量为 56250t/（km^2 · a），吕悦来等用风蚀方程估算出陕西靖边滩地农田土壤风蚀量为 1450t/（km^2 · a）。大量的土壤物质被吹蚀，使土壤质地变差，生产力降低，土地退化。同时被吹蚀的土壤物质的沉积又造成淤塞河道，埋压农田、村庄，甚至堆积形成流动沙丘，如呼伦贝尔地区的磋岗牧场，中华人民共和国成立初期，开垦的 35 万亩耕地中，到 20 世纪 80 年代形成的流动沙丘及半流动沙丘面积占复垦区面积的 39.4%；从宁夏中卫到山西河曲段，每年由于风蚀直接进入黄河干流的沙量达 5321 万 t。

4.4.1.2 造成土壤质地变化

由于风力搬运的分选作用，导致土壤质地的变化，最细的土壤物质以悬移状态随风飘浮到很远距离；跃移物质则沉积在地边及田间障碍物附近；粗粒物质停留在原地或蠕移到很短的距离，这种侵蚀分选过程使土壤细粒物质损失，粗粒物质相对增多（表 4.10），原有结构遭受破坏，土壤性能变差，肥力损失，地力衰退，导致整个生态系统退化并出现风沙微地貌。这种粗化过程随风力的变化而间隙式发生，在大风初期持续一定时间，当风力不再增加，处于相对稳定状况时，风蚀强度随之减弱，只有当风力再度增加时，粗化又重复出现。多次的风蚀粗化作用使土壤耕作层不断粗化，直至不能继续耕作而被迫弃耕，甚至最终形成风蚀劣地、砾石戈壁和沙丘分布等荒漠景观。风蚀的这种粗化作用，在粒径变化幅度较大的土壤中，表现得尤为突出。

表 4.10　不同类型沙漠化土地表层沙粒含量的变化（内蒙古科尔沁沙地）

沙漠化土地类型	土层深 /cm	砂粒（1 ~ 0.01mm）含量 /%
固定沙地	0 ~ 10	79 ~ 89
半固定沙地	0 ~ 10	91 ~ 93
半流动沙地	0 ~ 10	93 ~ 98
流动沙地	0 ~ 10	98 ~ 99

4.4.1.3 造成土壤养分流失

土壤中的黏粒胶体和有机质是土壤养分的载体，风蚀使这些细粒物质流失导致土壤养分含量显著降低。对于质地较粗的土壤来说，随风蚀过程的继续，土壤质地变得更粗，养分流失导致肥力的下降更为严重。表土中的养分含量较底土高，而表土又在侵蚀过程中首先流失，从而使土壤肥力不断下降，直至接近母质状态（表 4.11）。

表 4.11　内蒙古鄂尔多斯牧场不同沙质荒漠化程度土壤养分含量

沙化程度	土层深 /cm	主要养分含量 /%			
		有机质	全 N	P_2O_5	K_2O
潜在	0 ~ 10	0.491	0.121	0.112	2.39
中度	0 ~ 10	0.177	0.032	0.085	2.35
极度	0 ~ 10	0.173	0.037	0.088	2.50

4.4.1.4　造成土地生产力降低

土壤生产力是土壤提供植物生长所需要的潜在能力，是土壤物理、化学以及生物性质的综合反映。风蚀通过养分的流失，结构的粗化，持水能力的降低，耕作层的减薄以及不适宜耕作或难以耕作的底土层的出露等方面降低土壤生产力。对不同的土壤，在同样侵蚀条件下，生产力降低的途径及程度有所不同。

作物产量是衡量土壤生产力最直观的指标。为评价风蚀对生产力的影响，莱尔斯、朱震达等建立了风蚀深度与作物产量的关系，再根据风蚀方程推算的风蚀量来预测作物产量的变化过程。

4.4.1.5　产生对植物体的“沙割”作用

由风力推动沙粒沿地面的冲击力而引起的磨蚀作用，不仅使土壤表层的薄层结皮被破坏，造成下层土壤暴露出来，使不易蚀的土块和团聚体被冲击破碎而变得可蚀性提高了，同时，磨蚀作用也会直接对植物产生危害，俗称“沙割”，影响苗期的存活率以及后期生长和产量，作物受害程度取决于作物种类、风速、输沙量、磨蚀时间及苗龄。

4.4.2　我国风蚀荒漠化成因及其类型

风蚀荒漠化主要分布在我国的“三北”地区，即西北、华北和东北西部。这里气候干旱、植被稀疏、土质疏松，生态环境极其脆弱，是形成荒漠化的最主要条件。而人为不合理的经济活动为风蚀荒漠化的产生起到了诱导作用，加速了荒漠化的发生和发展。

在我国北方草原地区，常常因扩大耕地面积造成强烈风蚀，随风蚀程度的加深，土壤粗化，肥力降低，土地单位面积生物产量下降，迫使部分被垦殖的农田弃耕；随着人口和牲畜压力增大，促使再度扩大从而导致更强烈的风蚀过程，如此循环往复，使沙质荒漠化土地面积不断扩展。此外，其他如过度放牧、砍伐、樵采、乱挖以及不合理用水等也会造成土地荒漠化的发生和发展。因此，可以说荒漠化的发生与社会经济活动密切相关，特别在我国北方现代荒漠化过程中，94.5% 为人为因素所致。可见，人为不合理经济活动已成为现代荒漠化发生发展的主导因素，并表现为相应的类型（表 4.12）。

表 4.12　我国北方现代沙漠化土地成因类型及比例

成因类型	占北方沙漠化土地百分比 /%
过度农垦形成的沙漠化土地	23.3
过度放牧形成的沙漠化土地	29.3
过度樵采形成的沙漠化土地	32.4
水资源利用不当形成的沙漠化土地	8.6
工矿交通城镇等建设引起的沙漠化土地	0.8
风力作用下沙丘前进入侵	5.5

4.5 沙 尘 暴

4.5.1 沙尘暴及其分布

沙尘暴是指强风扬起地面沙尘，使空气变得混浊，水平能见度低于1000m的恶劣天气现象。在气象学中规定，凡水平方向有效能见度小于1000m的风沙现象，称为沙尘暴。

世界各国对沙尘暴的叫法较多，如风沙尘暴、沙风暴、沙暴、尘暴等。

沙尘暴是风力侵蚀的一种极端形式，它不同于大风天气，也有别于拂尘和扬沙天气。目前，关于沙尘暴天气的标准尚未统一，表4.13为我国西北地区沙尘暴强度划分标准。

表 4.13 沙尘暴天气强度划分标准

强度	瞬间极大风速（f_{max}）	最小能见度（W）
特强	≥ 10级，≥ 25m/s	0级，50m
强	≥ 8级，≥ 20m/s	1级，200m
中	6～8级，≥ 17m/s	2级，200～500m
弱	4～6级，≥ 10m/s	3级，500～1000m

黑风暴是大风天气中的一种特强沙尘暴天气，其标准是大风吹扬起的沙尘使最小水平能见度降到0级（≤ 50m），瞬间风速大于25m/s的一种灾害性天气现象。由于发生强度和特强沙尘暴时天色昏暗，甚至伸手不见五指，所以中国西北地区群众根据沙尘暴出现时天色昏暗的程度，形象地称之为“黄风”“黑风”。

沙尘暴运动时，前锋呈高墙状称其为沙尘壁，沙尘壁移动迅速，呈现上黄、中红、下黑三种颜色的旋转式沙尘团。这种呈现不同颜色的天气现象主要与沙尘暴中悬浮颗粒对太阳光的反射、散射、遮挡等作用有关。

沙尘暴天气按其发生的范围可以分为区域性和局地性。区域性可以进一步分为小范围和大范围。由系统性天气引发邻近地区2站以上的沙尘暴天气，称为区域性沙尘暴天气；由非系统性天气（如局地强对流等）引发的零星1～2站沙尘暴天气，称为局地性沙尘暴天气。

就世界范围而言，沙尘暴共有4个高活动区，即中亚、北美、中非和澳大利亚，同时，这些地区也是荒漠化易发区及荒漠化严重区。我国沙尘暴高活动区在西北，属于中亚沙尘暴区的一部分，也是世界上唯一的中纬度地区发生沙尘暴最多的区域。我国的沙尘暴有3个高频区，即河西走廊及宁夏黄灌区，中心在甘肃民勤；南疆南缘的和田，中心在且末；南疆吐鲁番地区。

沙尘暴是重要的环境问题之一，它污染空气、危害农业、牧业、交通运输、通信、人类健康、动植物生存等，并对气候变化、沙漠化的形成和发展等有着重大影响。给社会经济带来严重损失，越来越引起世界各国政府密切关注。

4.5.2 沙尘暴形成因素

沙尘暴作为一种具有巨大破坏力的自然现象，自古以来就有。由于人类生活和生产活动的发展，使沙尘暴形成的频率和强度有所提高和增强。根据对海底岩心和冰盖沉积物的测定，早在白垩纪末，也就是距今7000万年以前，就有沙尘暴发生。在漫长的地质历史中，沙尘暴显示出周期性变化，这与地质时期气候变化和地面尘沙物质的消长有关。在气候暖湿时期，地面植被生长茂密，对地面沙尘物质起保护作用，而沙尘物质本身结构也较好，即使动力、热力条件相同，也不容易产生沙尘暴；而在气候干燥时期，当风、沙尘、气流条件具备时，则很容易产生沙尘暴。但在远古地质时期，不管沙尘暴的强弱如何、破坏力多大，也只不过是自然力对自然物的破坏，是地球上地质作用的一部分，谈不上灾害；而进入人类历史时期以后，由于沙尘暴的巨大破坏力对人类生产和生活产生极大的影响和危害，它的发生就不仅是一种自然现象，也是一种自然灾害。

沙尘暴形成的基本条件有3个：①大风；②地面上有丰富裸露的沙尘物质；③不稳定的空气，三者同步出现时方能产生沙尘暴。三因素中强风是起沙尘的动力，丰富的沙尘源是形成沙尘暴的物质基础，而不稳定的空气乃是局地热力条件所致，使沙尘卷扬得更高。因此，可以说沙尘暴是特定气象和地理条件相结合的产物。

4.5.2.1 天气因素

干旱少雨，大风频繁，冷热剧变，寒潮过境，不稳定的空气在对流层底部形成强对流天气等，均为沙尘暴的形成提供了有利的天气背景。

大风是沙尘暴产生的动力，大风频繁是干旱地区的重要环境特点，由于具备了此环境特点，才有利于沙尘暴的形成。据报道强沙尘暴风速达30m/s时，地面粗沙通过跃移进入地面以上数厘米高度，细沙可进入地面高度2.0m以上，粉沙可带到1.5km以上，粉粒悬浮于整个对流层中，可搬运到1.2km之遥。显而易见，大风可形成强沙尘暴。

不稳定空气是沙尘暴产生的热力条件，在沙尘暴多发区局地不稳定的大气条件具有触发沙尘暴的作用。如果低层空气稳定，受风吹动的沙尘将不会被卷扬得很高，如果低层空气不稳定，那么风吹动后沙尘将会卷扬得很高。如果两个地方风力、沙源条件相同，那么空气是否稳定对黑风暴发生与否起决定性作用。

4.5.2.2 地形因素

沙尘暴的路径除受高空气压场制约外，地形是不可忽视的因子。我国沙尘暴路径一般分为4条，西路、西北路沙尘暴东移，主要是受秦岭及阴山纬向构造山系的导向作用。沿途所经过的下垫面主要为戈壁、沙漠，不仅为沙尘暴提供丰富沙源，而且由于湍流热交换量的增加，造成强烈热力对流，从而增强了沙尘暴动能，强化了沙尘暴强度。由于秦岭纬向山系及大兴安岭—太行山系斜接，形成沙尘暴的东壁和南界，一般沙尘暴很难逾越这两条地形界线。

北路、东路沙尘暴所以能暴发式南下，主要是内蒙古高原地形坦荡，使源于贝加尔湖的冷空气能长驱直入，肆虐于内蒙古高原、鄂尔多斯高原。但一般很难危害大兴安岭—太行山以东地区。

4.5.2.3 物质因素

沙尘暴的沙尘源可以分为两类，一类是自然的第四纪沉积物，如沙漠风成沙、戈壁沙砾、古近纪—新近纪红色砂砾岩、现代流水冲积物、湖积物、黄土、沙黄土，另一类是人类生产活动的人工堆积物，如尾矿砂、废弃土堆积等。当发生沙尘暴滚滚而来的“黑风墙”过境时，这些物源类型将为其提供大量尘埃。

4.5.2.4 人为因素

沙尘暴是系统性锋面大风天气过程与地形效应、地面沙尘物质相互作用而形成。人为过度垦荒、过度放牧、滥伐森林、不合理利用水资源、土地不合理经营方式、工业废弃物的堆放等，是加强和诱发沙尘暴的重要因素。

人为建设绿洲边缘林带，在降风、固沙、积沙、阻沙方面的作用显著。可见保护地面植被和建设人工植被，对减缓、防御沙尘暴的形成有着重大作用。就目前而论，由于人类对系统性锋面大风天气过程控制能力有限，而加强和诱发沙尘暴的人为不合理活动这一重要因素是可以控制的。所以防治沙尘暴灾害的实质是对人类活动的控制和管理。研究人为因素与沙尘暴的关系，尤为重要。

沙尘暴自古以来就存在，从历史上看16世纪以前发生次数较少，16世纪以后突然增多，到20世纪发展到高峰。这种现象同气候的周期性变化也许有一定联系，但与人类活动影响环境的关系非常密切。这是由于在人类社会中人口的增长，在生产和生活过程中对自然资源的开发利用，打乱和破坏了自然生态系统的正常运行，如森林的大量砍伐、土地的大规模开垦、工矿的开发、交通道路的修筑等，都要大规模地破坏自然植被，使土地失去覆盖物的保护和水源涵养能力，从而产生严重的环境问题，使得大面积土地沦为沙漠化土地，为沙尘暴的形成提供了物质基础。

4.6 风力侵蚀防治

4.6.1 风力侵蚀影响因素分析

风力侵蚀是一个综合的自然地理过程，受多种因子的影响和制约，风蚀作用的大小、强弱除与风力有关外，还受土壤抗蚀性、地形、降水、地表状况等因素影响。

4.6.1.1 土壤抗蚀性

土壤抵抗风蚀的性能主要取决于土粒质量及土壤质地、有机质含量等。

风力作用时，受作用力的单个土壤颗粒（团聚体或土块）的质量（或大小）足够大，不能被风力吹移、搬运；若颗粒质量很小，极易被风吹移。因此，把粗大的颗粒常称为抗蚀性颗粒，把轻细的颗粒称为易蚀性颗粒。抗蚀性颗粒不仅不易被风吹移，还能保护风蚀区内的易蚀性颗粒不被移动。由此可见，土壤中抗蚀性颗粒的含量多少，能够表示土壤抗蚀性强弱。

在持续风力的作用下，任何表面相对平滑的地表都会随风蚀过程而变得粗糙不平。这是因为抗蚀性颗粒不仅难以起动，而且保护下边的颗粒免受风蚀，阻碍了风蚀的发展，只有那些易蚀性颗粒随风搬迁，使风蚀得以继续，从而造成地表细微起伏。

抗蚀性颗粒的机械稳定性，影响风蚀的进一步发展。若抗蚀性颗粒（或团聚体）形状大（或成复粒），在风沙流的冲击和磨蚀作用下，仅被分离成较大的颗粒，或不易分离，表示颗粒稳定性高；相反，易分离的颗粒稳定性差。颗粒稳定性与土壤质地、有机质含量有关。

在不同质地的土壤中，沙土和黏土是最易被风蚀的土壤。因为，质地较粗的沙土中缺少黏粒物质，不能将沙粒胶结成有结构的土壤；黏土易于形成团聚体和土块，但稳定性很差，特别是冻融作用和干湿交替而使其破碎。切皮尔的分析表明，当土壤中黏粒含量约在27%时，最有利于抗风蚀性团聚体或土块的形成；小于15%时，很难形成抗风蚀的团聚结构。极粗沙和砾石很难被风所移动，有助于提高土壤的抗蚀性。

我国干旱区风成沙的粒度成分，多以细沙（0.25～0.10mm）为主，其次为极细沙和中沙，粉沙含量不多，粗沙最少，几乎不含极粗砂（表4.14）。半干旱风沙区，受风沙的侵蚀和埋压，地带性土壤发育很弱，且与风成沙相间分布，从毛乌素沙区各地带性土壤的粒度组成可看出，表层土壤中黏粒含量均在10%以下（表4.15）。这样的土壤质地很难形成抗风蚀的结构单位，因而造成干旱、半干旱风沙区土壤极易被吹蚀的特点。

表4.14 我国干旱区主要沙漠沙的粒度组成

沙漠名称	各粒级百分含量/%					
	>1.0mm	1.0～0.5mm	0.5～0.25mm	0.25～0.1mm	0.1～0.05mm	<0.05mm
塔克拉玛干沙漠	—	0.02	4.54	34.15	41.97	19.32
古尔班通古特沙漠	—	—	8.70	68.20	19.10	4.00
巴丹吉林沙漠	—	3.40	23.40	61.40	9.82	1.98
腾格里沙漠	0.01	1.60	6.61	86.88	4.90	—
乌兰布和沙漠	0.01	0.78	17.31	72.11	9.52	0.27
库布齐沙漠	—	1.10	1.90	85.30	11.70	—
宁夏河东沙区	—	0.16	17.99	75.05	6.16	0.67
平均	微量	1.00	11.49	69.01	14.74	3.75

表4.15 毛乌素沙区地带性土壤的机械组成

土壤名称	表层各粒级百分比/%						质地
	1～0.25mm	0.25～0.05mm	0.05～0.01mm	0.01～0.005mm	0.005～0.001mm	<0.001mm	
普通淡栗钙土	5.44	80.53	2.08	0.90	3.81	7.24	砂壤土
薄层淡栗钙土	13.18	58.41	20.69	1.66	2.87	3.19	紧砂土
碳酸盐淡栗钙土	11.08	61.36	17.64	1.43	6.67	1.81	紧砂土
原始栗钙土	57.68	38.00	1.60	1.04	0.50	0.28	松砂土
碳酸盐棕钙土	5.29	51.86	34.52	2.26	3.93	2.14	紧砂土
原始棕钙土	37.26	55.16	1.29	0.31	0.97	2.98	松砂土

土壤有机质能促进土壤团聚体的形成并提高其稳定性，不利于风蚀发展，因而，在生产中常通过增施有机肥及植物的秸秆来改良土壤结构，提高抗蚀能力。

4.6.1.2 地表土垄

由耕作过程形成的地表土垄，能够通过降低地表风速和拦截运动的泥沙颗粒来减慢土壤风蚀。阿姆斯特（D.V.Armbrust）等研究了不同高低土垄的作用得出：当土垄边坡比为1∶4、高 5 ～ 10cm 时，减缓风蚀的效果最好；低于此高度的土垄，在降低风速和拦截过境土壤物质方面，效果不明显；当土垄高度大于 10cm 时，在其顶部产生较多的旋涡，摩阻流速增大，从而加剧了风蚀的发展。

4.6.1.3 降雨

降雨使表层土壤湿润而不能被风吹蚀。切皮尔在美国大平原地区的研究表明，当地上 15cm 高处风速为 8.9 ～ 14.3m/s、表层土壤实际含水量相当于水分张力在 15 个大气压时土壤含水量的 0.81 ～ 1.16 倍的状态下，风蚀可能发生。比索尔（Bisal，1966）等在加拿大的研究也得出类似的结果。然而，表层土壤湿润持续时间很短，在强风作用下很快干燥，即使下层很湿，风蚀也会发生。

降雨还通过促进植物生长间接地减少风蚀。特别是在干旱地区，这种作用更加明显。由于植物覆盖是控制风蚀最有效的途径之一，作物对降雨的这种反应也就显得特别重要。

降雨还有促进风蚀的一面。原因是雨滴的打击破坏了地表抗蚀性土块和团聚体，并使地面变平坦，从而提高了土壤的可蚀性。一旦表层土壤变干，将会发生更严重的风蚀。

4.6.1.4 土丘坡度

在水平地面及坡度为 1.5% 的缓坡地形上，一般风速梯度和摩阻流速基本不变。但对于短而较陡的坡，坡顶处风的流线密集，风速梯度变大，使高风速层更贴近地面。这就使坡顶部的摩阻流速比其他部位都大，风蚀程度也较严重。表 4.16 为切皮尔计算出的不同坡度土丘顶部及上部相对于平坦地面的风蚀量。

表 4.16 坡面上相对于平坦地面的风蚀量

坡度 /%	相对风蚀量 /%	
	坡顶	坡上部
0 ～ 1.5（平坦）	100	100
3.0	150	130
6.0	320	230
10.0	660	370

4.6.1.5 裸露地块长度

风力侵蚀强度随被侵蚀地块长度而增加，在宽阔无防护的地块上，靠近上风的地块边缘，风开始将土壤颗粒吹起并带入气流中，接着吹过全地块，所携带的吹蚀物质也逐渐增多，直到饱和。把风开始发生吹蚀至风沙流达到饱和需要经过的距离称饱和路径长度。对于一定的风力，它的挟沙能力是一定的。当风沙流达到饱和后，还可能将土壤物质吹起带入气流，但同时也会有大约相等重量的土壤物质从风沙流中沉积下来。

尽管一定的风力所携带的土壤物质的总量是一定的，但饱和路径长度随土壤可蚀性的不同而不同。土壤可蚀性越高（抗蚀性越低），则饱和路径长度越短。切皮尔和伍德拉夫的观测表明，当距地面 10m 高处风速约 18m/s 时，对于无结构的细沙土，饱和路径长度约 50m，而对结构体较多的中壤土，则在 1500m 以上。若风沙流由可侵蚀区域进入受保护的地面时，蠕移质和跃移质会沉积下来，而悬移质仍可能随风飘移；风沙流再进入另一可侵蚀性区域时，又会有风蚀发生。

4.6.1.6 植被覆盖

增加地面植被覆盖（生长的作物或作物残体），是降低风的侵蚀性最有效的途径。

植被的保护作用与植物种类（决定覆盖度和覆盖季节）、植物个体形状和群体结构、行的走向等有关。高而密的作物残茬，其保护作用常与生长的作物相同。

当地面全部为生长的植物覆盖时，地面所受的保护作用最大；单独的植物个体或与风向垂直的作物也能显著地降低风速，减少风蚀。因之，在植物周围和风障前后，常可见土壤物质的堆积现象。

风障及防风林带降低风速的作用与其高度及疏透度有关，这一点有关防护林的书籍中都有详细的论述，此处不再赘述。

4.6.2 风蚀防治技术措施

风力侵蚀作用是由风的动压力及风沙流中沙粒的冲蚀、磨蚀作用，使地表物质被吹蚀和磨蚀，造成土壤养分流失，质地粗化，结构变差，生产力降低，沙丘及劣地形成等土地退化的作用过程。因而风蚀荒漠化的实质就是土地的风蚀退化过程。制定风力侵蚀防治的技术措施主要依据土壤风蚀原因及风沙运动规律，即蚀积原理。产生风蚀必须具备两个条件：一要有强大的风；二要有裸露、松散、干燥的沙质地表或易风化的基岩。根据风蚀产生的条件和风沙流结构特征，所采取的技术措施有多种多样，但就其原理和途径可概括为下述几个方面。

4.6.2.1 增大地表粗糙度

当风流径地表时，对地表土壤颗粒（或沙粒）产生动压力，使沙粒运动，风的作用力大小与风速大小直接相关，作用力与风速的二次方成正比，即有 $P=\frac{1}{2}C\rho V^2A$。所以当风速增大，风对沙粒产生的作用力就增大，反之，作用力就小。同时根据风沙运动规律，输沙率也受风速大小影响，风速越大，其输沙能力就越大，对地表侵蚀力也越强。所以只要降低风速就可以降低风的作用力，也可降低风携带沙子的能量，使沙子下沉堆积。近地层风受地表粗糙度影响，地表粗糙度越大，对风的阻力就越大，风速就被削弱降低。因此，可以通过植树种草或布设障蔽以增大地表粗糙度，降低风速，削弱气流对地面的作用力，以达到固沙阻沙作用。

4.6.2.2 阻止气流对地面直接作用

风及风沙流只有直接作用于裸露地表时，才能对地表土壤颗粒吹蚀和磨蚀，产生风蚀。因而可以通过增大植被覆盖度，使植被覆盖地表，或使用柴草、秸秆、砾石等材料铺盖地表，对沙面形成保护壳，以阻止风及风沙流与地面的直接接触，也可达到固沙作用。

4.6.2.3 提高沙粒起动风速

使沙粒开始运动的最小风速称为起动风速，风速只有超过起动风速才能使沙粒随风运动，形成风沙流产生风蚀。因而只要加大地表颗粒的起动风速，使风速始终小于起动风速，地面就不会产生风蚀作用。起动风速大小与沙粒粒径大小及沙粒之间黏着力有关。粒径越大，或沙粒之间黏着力越强，起动风速就越大，抗风蚀能力就越强。所以，可以通过喷洒化学胶结剂或增施有机肥，改变沙土结构，增加沙粒间的黏着力，提高抗风蚀能力，使得风虽过而沙不起，从而达到固沙作用。

4.6.2.4 改变风沙流蚀积关系

根据风沙运动规律，以风力为动力，通过人为控制，降低地面粗糙度，改变风沙流的蚀积关系，从而拉平沙丘造田或延长饱和路径输导沙害，以达到治理目的。

思考题

1. 近地面层风的特性有哪些？
2. 沙粒的起动机制是什么？
3. 何谓起动风速？
4. 风沙流特征有哪些？
5. 风沙地貌形成机制及沙丘演变规律是什么？
6. 风蚀荒漠化形成机制是什么？
7. 风蚀荒漠化的危害有哪些？
8. 沙尘暴的形成因素有哪些？
9. 风力侵蚀的影响因素及防治措施有哪些？

扩展阅读

海河流域概况

海河流域东临渤海，西倚太行，南界黄河，北接蒙古高原。流域总面积31.82万km^2，占全国总面积的3.3%。西部为山西高原和太行山区，北部为蒙古高原和燕山山区，面积19.09万km^2，占60%；东部和东南部为平原，面积12.73万km^2，占40%。

海河流域包括海河、滦河和徒骇河、马颊河3大水系、7大河系、10条骨干河流。其中，海河水系是主要水系，由北部的蓟运河、潮白河、北运河、永定河和南部的大清河、子牙河、漳卫河组成；滦河水系包括滦河及冀东沿海诸河；徒骇河、马颊河水系位于流域最南部，为单独入海的平原河道。

流域属于温带东亚季风气候区，年平均气温在1.5～14℃，年平均相对湿度50%～70%；年平均降水量539mm，属半湿润半干旱地带；年平均陆面蒸发量470mm，水面蒸发量1100mm。

海河流域人口密集，大中城市众多，在我国政治经济中的地位重要。流域内有首都北京、直辖市天津，以及石家庄、唐山、大同、朔州、濮阳、德州、聊城等25座大中城市。1998年流域总人口1.22亿，占全国的近10%，其中城镇人口3365万，城镇化率28%。流域平均人口密度384人/km^2，其中平原地区608人/km^2。

根据全国第二次遥感调查结果，目前海河流域水土流失面积为10.55万km^2，占流域总面积的33.2%。其中水蚀面积9.872万km^2，风蚀面积0.655万km^2，工程侵蚀面积0.026万km^2。

第5章 重力侵蚀

[本章导言] 重力侵蚀是指在重力作用下，单个落石、碎屑或整块土体、岩体沿坡面由上向下运动的现象。其主要形式包括崩塌、滑坡、错落、蠕动、溜砂坡、崩岗、陷穴与泻溜等。由于不同重力侵蚀形式受到不同因素的影响，其形成和发展表现出不同的过程，这些因素包括地貌形态、大气降水和其他因素等。重力侵蚀的防治措施主要包括排水工程措施，削坡、减重、反压填土、支挡工程、锚固工程、滑动带加固和植物固坡措施等。

5.1 重力侵蚀作用分析

5.1.1 重力侵蚀作用

重力侵蚀是土壤侵蚀类型中的一种，是指地表土石物质等在受到地震、降水、地表径流和地下水、海浪、风、冻融、冰川、人工采掘和爆破等作用时，由于重力作用而失去平衡，进而产生破坏、迁移和堆积的一种侵蚀过程。常见于山地、丘陵、河谷和沟谷坡地上。

斜坡（包括山坡、岸坡、人工边坡）上松散堆积物或风化基岩，由于自重沿坡向运动或发生垂直下落，在块体运动中地表水、地下水以及地震等因素往往起促进和触发作用。块体运动是一种固体或半固体物质的运动，可以是快速运动，也可以是缓慢不易察觉的移动或蠕动。它既是地质作用的动力，又是地质作用的对象，因为当它沿斜坡向下运动时，一方面破坏沿途遇到的基岩，同时运动的物质本身也遭受破坏。

重力是促使坡面物质向下运动的驱动力。当重力克服坡面物质的惯性力和摩擦阻力时，物体便会发生向下移动。在这一过程中，水是一种重要的影响因素，它能促进块体运动的发生。这不仅因为水可以增大物质的重量，更重要的是水还起着润滑作用，从而减少松散物质颗粒之间的黏结力以及整个物体和基底之间的摩擦阻力。此外，地下水在流动中具有渗透力，这种力作用在它所流经的沉积物或岩石颗粒上，且作用方向与水流方向一致，因而能够促进沉积物或岩石的破坏。例如，当洪水退后河岸易发生坍塌，其原因之一便是河流两岸的地下水向河道渗出，其渗流方向与渗透力的方向指向岸坡下方，导致河岸失稳。

另外，块体运动在地震或人工爆炸时也易于发生，这是因为震动产生的冲击力减小摩擦阻力，而触发了块体运动。促进块体运动的其他因素还有斜坡的负荷超过斜坡所能担负的重量、流水或波浪的掏蚀使斜坡过陡、水的冻结和融化交替发生、滥肆开采斜坡下部的岩石等。

重力侵蚀常常是突然发生，给人们带来很大灾害。特别在山区，无论是交通、厂矿、城镇或是大型水利枢纽建设都会遇到这个问题。我国是多山之国，山地丘陵和高原的面积占 2/3，更应注意坡地重力侵蚀的研究。

5.1.2 重力侵蚀应力

使坡面物质发生移动的外营力，除重力作用外，还受水、冰雪、风、生物、地震以及人为等因素的影响。其中最主要的外营力是重力和水的作用。

分析块体运动的力学过程，可将其分为位于坡面上的松散土粒、岩屑和在坡地表层沿一定软弱面发生位移的较大土体、岩体两种情况。

5.1.2.1 土粒岩屑或石块运动

位于坡地表面的土粒岩屑或石块，一方面在重力作用下产生下滑力 T，促使块体趋向运动；另一方面块体与坡地的接触面间由于存在摩擦阻力 τ_p 牵制下滑力，使块体趋向稳定。当下滑力大于摩擦阻力时块体发生位移，反之稳定。如两者相等，则块体处于极限平衡状态（图 5.1）。

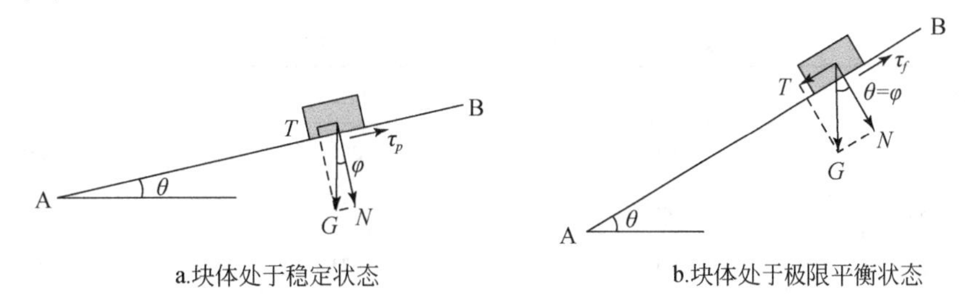

图 5.1 坡面块体运动力学分析

AB. 坡面；θ. 坡角；T. 平行于坡面的下滑力；G. 块体重力；N. 垂直坡面分力；τ_p. 摩擦阻力；τ_f. 最大摩擦阻力；φ. 内摩擦角

坡面上块体的重力 G 可分解为与坡面平行的下滑力 T，以及与垂直坡面的法向力 N，其关系为

$$T=G\sin\theta \tag{5.1}$$

$$N=G\cos\theta \tag{5.2}$$

式中，θ 为坡角度。

由以上分析可知坡面上块体越重，则下滑力 T 越大。同时坡面上坡角越大，则其下滑力也越大。

若坡度不断增大，下滑力与摩擦阻力也相应增大。但 τ 增大存在阈值现象，当其增大到块体与坡面间最大摩擦阻力 τ_f 时，块体处于极限平衡状态（下滑力 T 等于摩擦阻力 τ_f）。极限平衡所对应的坡角为临界坡角，它反映了块体与该坡面间摩擦力的大小和性质。因此，可以将临界坡角称为该块体与该坡面间的内摩擦角，以 φ 来表示。若 τ_f 为松散块体的抗滑强度，则有

$$\tau_f=N\cdot\tan\varphi=G\cos\theta\cdot\tan\varphi \tag{5.3}$$

此时坡面上的土粒、石块等的稳定条件应是：$T\leqslant\tau_f$

$$G\sin\theta\leqslant G\cos\theta\cdot\tan\varphi \tag{5.4}$$

$$\tan\theta \leqslant \tan\varphi \quad \theta \leqslant \varphi \tag{5.5}$$

要使坡面上的碎屑物质稳定，需要下滑力小于抗滑强度。而要下滑力小于抗滑强度，坡角必须小于坡面物质的内摩擦角。若坡面上的岩屑处于极限平衡状态时，则下滑力等于抗滑强度，即坡角和块体的内摩擦角相等。因此内摩擦角 φ 反映了块体沿坡下滑刚好起动的坡角，代表物质的休止角。特别对那些没有黏结力的砂层或松散岩屑堆积层来说，内摩擦角和休止角是一致的。这时，凡坡面的坡角 θ 小于物质内摩擦角 φ 时，坡面上的物质是稳定的。

土、砂和松散岩屑的内摩擦角 φ 值随颗粒大小、形状而异。粗大并呈棱角状而又密实的颗粒的休止角大。一般情况下，风化岩屑离源地越远，其颗粒因磨蚀圆度增加，摩擦力减小，休止角变小。因此越近坡麓，坡度也越缓和。

值得注意的是，土的内摩擦角随含水量而变化。土粒间充满水分将增加润滑性，休止角变小。因此在同样条件下，湿润区的山坡坡度缓，干燥区的山坡坡度陡。一般来说山坡坡顶水分不易积累，显得较干燥，坡麓较湿润。因此，山坡坡度也有从坡顶向坡麓变缓的趋势（表 5.1）。

表 5.1　几种含水程度不同泥沙的休止角

泥沙种类	干	很湿	水分饱和
泥	49°	25°	15°
松软砂质料	40°	27°	20°
洁净细砂	40°	27°	22°
紧密的细砂	45°	30°	25°
紧密的中粒砂	45°	33°	27°
松散的细砂	37°	30°	22°
松散的中粒砂	37°	33°	25°
砾石土	37°	33°	27°

5.1.2.2　块体的整体位移

块体运动并不限于在坡面移动，有时会沿坡面以下一定深度的软弱面发生整体位移。这时会遇到另一种阻力，即土层或岩层的黏结力 C。块体运动一定要克服黏结力 C 和摩擦阻力 τ_f 才能发生位移。

其块体运动的抗滑强度为

$$\tau_f = N \cdot \tan\varphi + C \cdot A \tag{5.6}$$

式中，C 为黏结力（kg/cm^2）；A 为运动块体与坡面的接触面积（cm^2）。

土体的黏结力与组成物质的成分、结构及土体含水量有密切关系。黏土的力学性质受水分影响最大，含水量少、处于干燥状态时，具有极其牢固的性质。随水分含量的增加，黏土可变成可塑状态，其强度大大降低，极易形成软弱面，土体往往沿此破裂面发生块体运动。

坚硬岩体的黏结力 C 值很大，一般不易发生移动。但岩层中常常存在软弱的结构面（层面、软弱夹层、断层面、节理面、劈裂面等）。软弱结构面的内摩擦角 φ 和黏结力 C 都显著减小，因此容易产生破裂面而发生块体运动（图 5.2）。

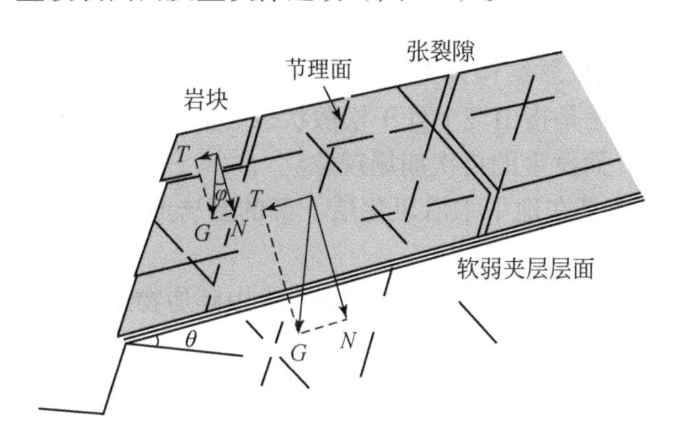

图 5.2　岩体内部因节理和软弱夹层而引起的块体运动分析

T. 平行于坡面的下滑力；G. 块体重力；N. 垂直坡面的分力；θ. 坡角

总之，坡地上的块体运动主要受重力引起的下滑力、岩土块体的内摩擦力及黏结力的相互作用影响。

其稳定系数 K 为

$$K = \text{抗滑阻力} / \text{下滑力} = N \cdot \tan\varphi + G \cdot A/T \tag{5.7}$$

理论上，当 $K = 1$ 时，岩体或土体处于极限平衡状态；当 $K < 1$ 时，岩体或土体处于不稳定状态；当 $K > 1$ 时，岩体或土体是稳定的。工程上一般采用 $K = 2 \sim 3$ 为安全稳定系数。

自然界的山坡大多数的 $K > 1$，所以都是比较稳定的。如果坡麓地带因河流侧蚀或人工切坡，改变了坡地形态使边坡角加大，形成陡坎甚至是临空悬崖，坡面块体突出，不稳定体加大，将促使块体运动发生。

5.2　崩　　塌

5.2.1　崩塌作用方式

斜坡上的岩屑或块体在重力作用下，快速向下坡移动的过程称为崩塌。崩塌按块体的地貌部位和崩塌形式又可分为山崩、塌岸和散落。

山崩是山岳地区常发生的一种大规模崩塌现象，崩塌体能达数十万立方米。山崩常阻塞河流，毁坏森林和村镇。山崩时大块崩落和小颗粒散落是同时进行的。

河岸、湖岸（库岸）或海岸的陡坡，由于河水、湖水或海水的掏蚀，或地下水的潜蚀作用以及冻融作用，使岸坡上部物体失去支持而发生崩塌，称为塌岸。

散落指岩屑沿斜坡向下作滚动和跳跃式地连续运动。其特点是散落的岩屑连续地撞击斜坡坡面，并带有微弱的跳动和向下旋转运动。跳动可以是岩屑从某一高度崩落到坡下继续反跳，也可能是快速滚动的岩屑撞击不平整的坡面而跳起。

5.2.2 崩塌分类

目前崩塌多采用两种方式进行分类：一是基于组成坡地的物质结构分类；二是基于崩塌的移动形式分类。

（1）基于组成坡地的物质结构分类

崩积物崩塌：这类崩塌是指山坡上处于松散状态的上次崩塌堆积物，在外力影响下（如雨水浸湿或地表震动），而发生的再次崩塌现象。

表层风化物崩塌：这是在地下水沿风化层下部的基岩面流动时，引起风化层沿基岩面的崩塌类型。

沉积物崩塌：有些由厚层的冰积物、冲积物或火山碎屑物组成的陡坡，由于结构松散，形成的崩塌。

基岩崩塌：在基岩山坡上常沿节理面、层面或断层面等发生的崩塌。

（2）基于崩塌的移动形式分类

散落型崩塌（图 5.3a）：在节理或断层发育的陡坡，或是软硬岩层相间的陡坡，或是由松散沉积物组成的陡坡，常常形成散落型崩塌。

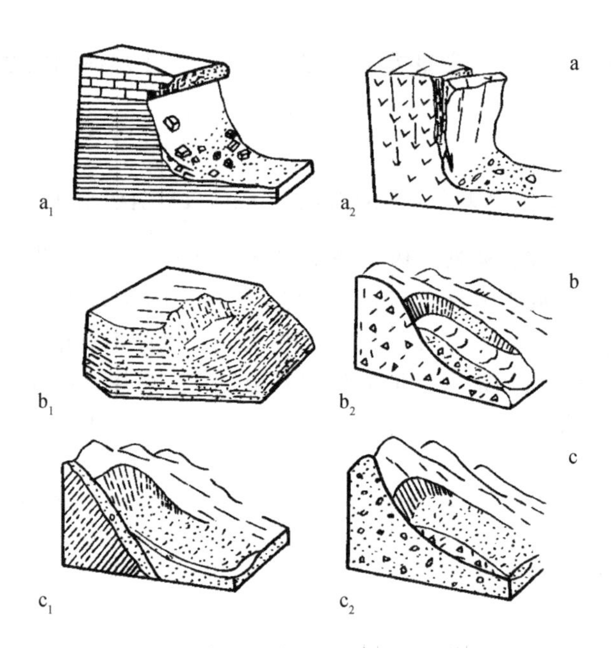

图 5.3 各种不同形式的崩塌

a. 散落型崩塌：a_1. 斜坡上部坚硬岩石呈小块体崩塌；a_2. 沿玄武岩垂直节理呈块体崩塌
b. 滑动型崩塌：b_1. 沿基岩圆弧形滑动面整体滑塌；b_2. 沿松散沉积物中的滑动面整体滑塌
c. 流动型崩塌：c_1. 沿基岩面流动滑塌；c_2. 沿松散沉积物流动滑塌

滑动型崩塌（图 5.3b）：这类崩塌沿一滑动面发生，有时崩塌土体保持了整体形态，这种类型的崩塌和滑坡相似。

流动型崩塌（图 5.3c）：降雨时斜坡上的松散物质，受水浸透后产生流动崩塌。这种类型的崩塌和泥石流相似，属崩塌型泥石流。在北京西山一带称这种崩塌泥石流为“龙扒”。

上述各种类型崩塌并不孤立存在，在一次崩塌过程中，可有多种形式的崩塌同时出现，或由一种崩塌形式转变为另一种崩塌形式。

5.2.3 崩塌形成条件

（1）地形条件

地形条件包括坡度和坡地相对高度。坡度对崩塌的影响最为明显，斜坡上物体的重力切向分力和垂向分力随坡度变化而发生变化。当坡度达到一定角度时，岩屑重力的切向分力能够克服摩擦阻力向下移动，一般大于 33° 的山坡不论岩屑大小都将有可能发生移动。但是不同岩性的山坡，形成崩塌的坡度也不完全相同。在无水情况下，一般岩屑坡的坡度休止角是 30° ～ 35°，干沙的休止角为 35° ～ 40°，黏土的休止角可达 40° 左右。如果为同一种岩性但其结构不同，它们的休止角也不同。例如，原生黄土的结构较致密，超过 50° 的坡地才会发生崩塌，而次生黄土的结构较松散，30° 左右就发生崩塌。坡地的相对高度和崩塌的规模有关，一般当坡地相对高度超过 50m 时，就可能出现大型崩塌。

（2）地质条件

岩石中的节理、断层、地层产状和岩性等都对崩塌有直接影响。在节理和断层发育的山坡岩石破碎，很易发生崩塌。当地层倾向和山坡坡向一致，而地层倾角小于坡角时，常沿地层层面发生崩塌。软硬岩性的地层呈互层时，较软岩层易受风化，形成凹坡，坚硬岩层形成陡壁或突出成悬崖时易发生崩塌。

（3）气候条件

气候可使岩石风化破碎，加速坡地崩塌。在日温差、年温差较大的干旱、半干旱地区，由于物理风化作用较强，较短时间内岩石便被风化破碎。例如，兰新铁路一些新开挖的花岗岩路堑仅在四、五年间便被强烈风化，形成崩塌。

（4）地震及其他

地震是崩塌的触发因素。地震时能形成数量多而规模很大的崩塌体，例如，1920 年宁夏海原 8.5 级地震，有 650 多处发生大规模崩塌（其中有一部分是滑坡），地震形成的崩塌分布在上万平方公里范围内。1970 年秘鲁境内的安第斯山附近发生一次大地震，当时从 5000 ～ 6000m 高山上倾泻下来的岩块和冰块等崩塌体，连抛带滚波及 10km 以外。1974 年 7 月 8 日在昭通地震区的老寨堡附近发生一次巨大崩塌，是在一次 2.6 级小余震的触发作用下发生的。大规模崩塌前山崖上有小石块崩落，随即开始大规模的崩塌，转瞬间巨大石块从山坡上向下倾泻，击毁了山下原有的老崩塌体，新、老崩塌体一起往山下流动，形成长约 1.5km、宽 150 ～ 200m 的崩塌体，自上而下分成崩塌、滑坡和泥石流三个地段。

在山区进行各种工程建设时，如不顾及自然地形条件，任意开挖、常使山坡平衡遭到破坏而发生崩塌。另外，任意砍伐森林和在陡坡上开垦荒地也常引起崩塌。

5.3 滑　　坡

滑坡是指斜坡岩体或土体在重力作用及其他因素的影响下，沿着一定的软弱面产生整体滑动而形成的一种地质地貌现象。

滑坡是山区建设中经常遇到的一种自然灾害。如 1955 年 8 月 18 日在陇海线卧龙寺车站附近傍依渭河河谷阶地上发生了一个大型滑坡，其规模巨大滑动体积为 2000 万 m^3。滑坡舌把陇海铁路向南推出 110m，使之成弧形弯曲。其滑动过程是在 1955 年连续阴雨之后，8 月 18 日清晨大雨倾盆，地面裂缝不断扩大并开始滑动由慢到快，明显地滑动约半小时。

据了解近百年来滑坡体上部曾不断出现过弧形张裂缝（图 5.4）。又如 1967 年位于长江支流的雅砻江峡谷，也发生一个滑动体积为 6800 万 m^3 的大型天然滑坡。滑坡舌堵塞江河，形成一个 175 ～ 355m 高的天然堤坝，堵江 9 天，直到堤坝冲毁后，以 40m 高的洪水水头倾泻而下。

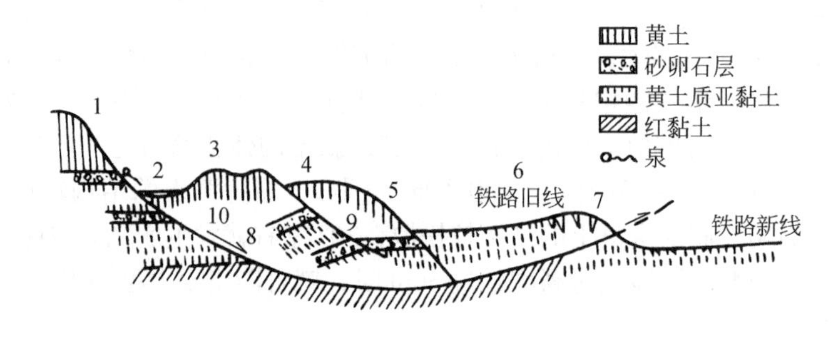

图 5.4　陇海线卧龙寺滑坡剖面图

1. 滑坡壁；2. 滑坡洼地；3. 滑坡台；4. 滑醉林；5. 滑坡坎；6. 滑坡凹地；7. 滑坡鼓张裂缝；8、9. 滑动面；10. 滑坡体

5.3.1　滑坡的地貌特征

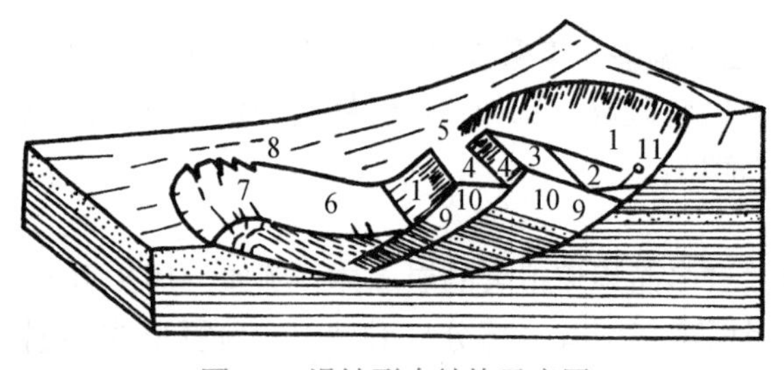

图 5.5　滑坡形态结构示意图

1. 滑坡壁；2. 滑坡湖；3. 第一滑坡台阶；4. 第二滑坡台阶；5. 醉林；6. 滑坡舌凹地；7. 滑坡鼓丘和鼓张裂缝；8. 羽状裂缝；9. 滑动面；10. 滑坡体；11. 滑坡泉

（1）滑坡体

斜坡中向下滑动的那部分土体或岩体称之为滑坡体。由于整体下滑，土体基本还保持着原有结构，它以滑动面与下伏未滑地层分割开来，滑坡体与其周围不动土体在平面上的分界线称之为滑坡周界，它圈定了滑坡作用范围。滑坡体上的树木随土体滑动而东歪西斜称之为“醉林”。滑坡体的规模大小不一，从十几立方米到几亿立方米（图 5.5）。

（2）滑动面或滑动带

滑坡体沿之下滑的面称为滑动面。在均质土体中其剖面为一个近似半圆弧形，通常上陡下缓，中部接近水平，前缘出口处常常形成逆向的反坡。滑动面有时只有一个，有时有几个，故还可以分出主滑动面与分支滑动面。滑动面上可以清晰地看到磨光面和擦痕。有时在滑动面附近的土体有明显的扰动或拖曳褶皱等现象构成滑动带。滑动带的厚薄不一，从数厘米到数米不等。

（3）滑坡后壁与滑坡台阶

滑坡体与坡上方未动土石体之间，由一半圆形的圈椅状陡崖分开，这个陡崖被称为滑坡壁。一般坡度为 60° ～ 80°，高度从数厘米至数米不等。滑坡壁是滑动面露出的部分，它的高度代表滑坡下滑的距离。滑坡后壁上有时留有擦痕，表明滑坡体沿此滑落。如滑坡壁上方坡面出现几条与滑坡壁平行的裂缝，可能孕育着新的滑动带。由于滑坡壁坡度陡峻，也常伴随发生小型崩塌。

滑坡体下滑时，因滑体各段移动速度的差异产生分支滑动面，使滑坡体分裂成为几个错台，称之为滑坡台阶。由于滑体沿弧形滑动面滑动，故滑坡台阶原地面皆向内倾斜呈反坡地形。组成滑坡的地质剖面也都相应内向例转倾斜，且有扰动揉皱现象。

（4）滑坡舌与滑坡鼓丘

滑坡体前缘常呈舌状突出称为滑坡舌。由于滑坡舌是被推动的，故称被动主体。滑体上部则称为主动主体。滑体在滑动过程整个滑坡舌前端常因受阻、挤压而鼓起，形成滑坡鼓丘。如恢复滑动前的原地面线，则滑坡上部下滑的主体土体，基本上相当于滑坡舌部被动土体的体积。

（5）滑坡湖与滑坡洼地

滑坡滑动后，在滑坡壁下部和滑坡台阶的后缘，即滑坡台阶的反坡处，常常形成滑坡洼地。有时因地面积水或地下水出露而形成滑坡湖或湿地。

（6）滑坡裂缝

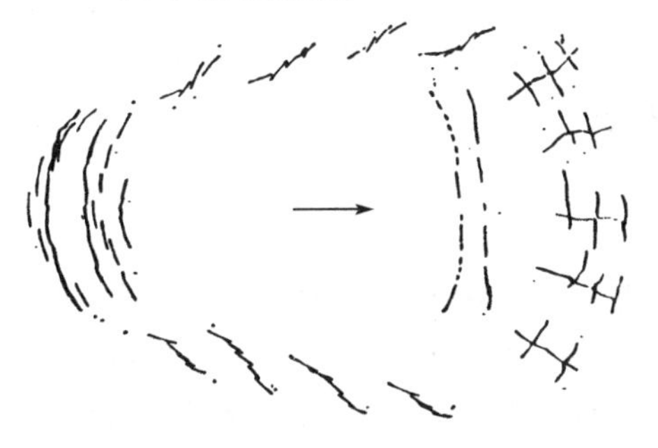

图 5.6 滑坡蠕动阶段的裂隙状况

滑坡地面裂缝纵横交错甚为破碎，按其受力状况可以分为 4 种（图 5.6）。

环状拉张裂缝：分布在滑坡壁的后缘，与滑坡壁方向大致吻合，由滑坡体向下滑动时产生的拉力造成的，属拉张裂缝，一般有几条，与滑坡壁或滑坡周界重合的一条通常称为主裂缝，是主滑动面在地表的直接延续线。

剪切裂缝：主要分布在滑坡体中部及两侧，因滑动土体与相邻不动土体之间相对位移产生剪切力造成。根据滑体两侧的剪切裂缝可圈出滑坡的范围，如两侧割切裂缝逐步贯通，则预示滑坡将发生滑动。

鼓张裂缝：分布在滑体的下部，因滑体下滑受阻，使土体隆起形成的张开裂缝。

扇形张裂缝：在滑坡体最前缘，因滑坡舌向两侧扩散而形成的扇形或放射状张裂缝。

典型的滑坡才具备上述一系列比较完整的形态，一般滑坡可能只具有其中几种主要形态，如滑坡体、滑坡壁、滑动面、滑坡裂缝等。其他如滑坡鼓丘、滑坡湖、醉林等滑坡地貌视具体条件而异，不一定全都具备。

5.3.2 滑坡力学机制及滑坡形成条件

5.3.2.1 滑坡发生的力学机制

斜坡上的土体、岩体是否滑动，依其力学平衡是否遭到破坏而定。通常而言，滑坡的机制是某一滑移面上剪应力超过了该面的抗剪强度所致。由于斜坡土体、岩性特性不同，滑动面的性质也不一样，力学分析和计算方法也不相同（图 5.7）。

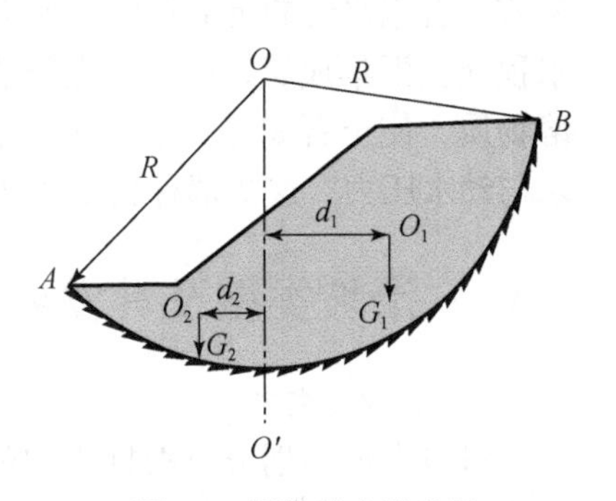

图 5.7 滑坡的力学分析

均质土体滑坡的滑动面，大多是一个半圆弧面。从图 5.7 上 AB 弧为滑动圆弧面，相应的滑动圆心为 O 点，R 为圆弧半径，$OA = OB = R$。过圆心 O 作垂线 OO'，将滑体分为两部分，在 OO' 线右侧的土体，其重心为

O_1，重量为 G_1，它使斜坡土体具有向下滑动的趋势，其滑动力矩为 $G_1 \cdot d_1$；在 OO' 左侧的土体，重心为 O_2，重量为 G_2，具有与滑动力矩方向相反的抗滑力矩 $G_2 \cdot d_2$。要使完整的土体破坏形成滑动面，必须克服滑动面上的抗滑阻力。若滑弧上各点的平均抗滑阻力为 τ_f（以单位面积抗滑阻力表示），则 AB 滑面上的抗滑阻力为 $\tau_f \cdot AB$，其抗滑力矩为 $\tau_f \cdot AB \cdot R$。

于是，土坡的稳定系数 K 为

$$K=\frac{\text{总抗滑力矩}}{\text{滑动力矩}}=\frac{G_2 \cdot d_2+\tau_f \cdot AB \cdot R}{G_1 \cdot d_1} \tag{5.8}$$

对于均质土坡来说，滑动面上各点的抗滑阻力为：$\tau_f=N \cdot \tan\varphi+C$

式中的 C 和 φ 为常数。由于各点的 N 值不一样，使得各点的 τ_f 值也不相同，这样在计算土坡稳定系数时就带来困难。对于滑动圆弧上各点 τ_f 值不同的问题，工程上采用条分法来解决，或根据野外滑坡资料直接求得平均抗滑阻力 τ_f。按公式求得滑坡稳定系数 K，当 $K>1$ 时，抗滑力大于滑动力，斜坡稳定；$K<1$ 时，滑动力大于抗滑力，则发生滑动；$K=1$ 时，滑动力与抗滑力相等，斜坡处于极限平衡状态。

5.3.2.2 滑坡形成条件

斜坡的地貌特征决定了斜坡内部应力分布状态及地表流水特征，特别是斜坡的高度、陡度和外形是决定滑动力大小的主要因素。一般地貌起伏和缓、坡度不大、植被覆盖较好的山坡，大多是比较稳定的。但在高陡的山坡或陡崖，斜坡上部的软弱面形成临空状态，加大了滑动力并减小了抗滑力，使斜坡上部土体或岩体处于不稳定状态，容易产生滑坡。

斜坡的物质组成与地质结构直接影响着滑坡的形成。不同土体、岩体的工程力学特征不同，它们的抗剪强度、抗风化、抗软化、抗冲刷的能力也不同，发生滑坡的频率也不一样。黏土和松散堆积层浸水后，黏聚力骤降，大大增加了其可滑性，沉积岩互层地区如夹有软弱层次的薄层页岩、泥岩、煤系等地层容易发生滑坡。变质岩系中如含有绿泥石、叶蜡石、云母矿物的片岩、千枚岩分布地区，滑坡也常常成群分布。这些地层常称之为易滑地层。岩层的各种结构面，如层面、片理面、断层面、解理面、堆积层内的分界面及其基底面、地下水含水层的顶底面以及岩基风化壳中风化程度不同的分界面等，常常构成滑动带的软弱面。特别当岩层结构面的倾向与坡向一致，岩层的倾角又小于斜坡的坡角时，最易发生滑坡。

地下水的作用是促使滑坡发生的极重要因素，地下水浸湿斜坡上的物质，会显著地降低其抗剪强度。实验证明当黏土的含水量增加至 35% 时，其抗剪强度会降低 60% 以上，泥岩或页岩饱水时的抗剪强度，比天然状态下的抗剪强度降低 30% ～ 40%。如果地下水在隔水顶板上汇集成层，还会对上覆岩层产生浮托力，降低抗滑力。地下水还能溶解土石中易溶物质，使土石成分发生变化，逐渐降低其抗剪强度。地下水位升高，还会产生很大的静水与动水压力，这些都有利于滑坡的产生。

5.3.3 滑坡类型及其发展阶段

（1）滑坡类型

滑坡类型的划分可根据不同的原则进行，常见的有以下几种：根据滑坡的物质，可划分为黄土滑坡、黏土滑坡、碎屑滑坡和基岩滑坡；根据滑坡和岩层产状、岩性和构造等，可划分为顺层面滑坡、构造面滑坡和不整合面滑坡等；根据滑坡体的厚度，可划分为浅层滑坡（数米）、中层滑坡（数米到20m）和深层滑坡（数十米以上）；根据滑坡的触发原因，可划分为人工切坡滑坡、冲刷滑坡、超载滑坡、饱和水滑坡、潜蚀滑坡和地震滑坡等；按滑坡形成年代，可划分为新滑坡、老滑坡和古滑坡；按滑坡运动形式，可划分为牵引滑坡和推动滑坡。

上述各种滑坡类型的划分都是根据某一单项指标来考虑的，实际上自然界的滑坡形成是多因素的，例如由于地震触发的滑坡，可以在同一土层中形成滑坡，也可沿层面或断层面形成滑坡，因而只考虑一种因素来划分滑坡类型往往不能得到较满意的结论。

（2）滑坡发展阶段

通常滑坡过程可以分为3个阶段。

第一阶段为蠕动变形阶段。在斜坡内部某一部分因抗剪强度小于剪切力而首先变形，产生微小的滑动。以后变形逐渐发展，直至坡面上出现断续的拉张裂缝。随拉张裂缝的出现渗水作用加强，使裂缝变形进一步发展，后缘拉张裂缝逐渐加宽加深，继而两侧出现剪切裂隙，坡脚附近的土层被挤压，而且显得比较潮湿，此时滑动面已隐伏潜存。这一阶段长的可达数年，短的仅数月或几天。一般说滑坡规模越大，这个阶段为时越长。如雅砻江大滑坡，1960年时山体开始变形，山坡出现裂缝，直到1967年6月才发生大规模的滑动。

第二阶段为剧烈滑动阶段。在这一阶段中滑动面业已形成，岩体完全破裂，滑体与滑床完全分离，滑带抗剪强度急剧减小，处于极限平衡状态。之后随切应力增大，裂缝亦加大，后缘拉张土裂缝连成整体，两侧出现羽毛状剪切裂缝并逐步贯通。斜坡前缘出现大量放射状鼓张裂缝和挤压鼓丘。位于沿动面出口处常有浑浊泉水渗出，预示滑坡即将滑动。在促使滑动因素诱导下，滑坡发生剧烈滑动。滑坡下滑的速度快慢不等，一般每分钟数米或数十米，但快速的滑动有的可达每秒几十米，这种高速度的滑坡属崩塌性滑坡。

第三阶段为渐趋稳定阶段。经剧烈滑动之后，滑坡体变形重心降低，下滑能量渐渐减小，抗滑阻力增大位移速度越来越慢，并趋向停止。土石体变得松散破碎，透水性加大，含水量增高，原有层理局部受到错开和揉皱，并可出现老地层超覆新地层现象。滑坡停息后，在自重作用下滑坡体松散土石块逐渐压实，地表裂缝逐渐闭合。滑动时东倒西歪的树林又恢复垂直向上生长变成马刀树。滑坡后壁因崩塌逐步变缓，滑坡舌前渗出的泉水变清或消失。滑坡渐趋稳定阶段可能延续数年之久。已停息多年的老滑坡，如果遇到敏感的诱发因素，可能重新活动，如及时采取措施，可预防老滑坡的复活。

5.3.4 滑坡影响因素分析

稳定性评价主要是通过分析影响稳定性的因素和可能破坏的方式，从而给出评价滑坡体稳定状况、所处变形阶段和可能发生失稳的时间，为正确指导滑坡预报工作提供参考。

（1）滑坡体失稳的必要条件

一般来讲，自然现象的发生必定有两方面的因素，即：自身内在原因和外界环境原因，对滑坡这个复杂的系统来说也不例外。滑坡发生的自身内在原因有3点：易滑岩组、软弱结构面和有效临空面。这些内在条件决定了滑坡发生的必然性。滑坡发生的外界环境因子主要有水的作用和外动力的作用。

（2）滑坡发生的内在条件

滑坡变形破坏的内在条件主要是地层性质、结构构造和地形地貌，这些条件对滑坡的变形破坏起着控制作用（表 5.2）。只有当这些条件耦合时，坡体才具备了变形破坏的物质基础。具有相似的结构构造、地层性质和地形地貌条件的滑坡具有可类比性。具体来说，如果地质地貌条件相似，并且具有易滑性，那么在一定的诱发因子作用下将形成类似的滑坡灾害。如果诱发因素不具备时，那么该滑坡灾害将处于潜伏期。

表 5.2 滑坡内在因素对稳定性的影响

一级指标	二级因子	状态评价			
		很稳定	稳定	欠稳定	不稳定
地形地貌情况	坡度	< 20°	20° ～ 40°	40° ～ 60°	> 60°
	倾向于临空面倾向交角	> 45°	25° ～ 45°	< 25°	几乎同向
	切割深度	未切割至滑床		接近滑床	已穿透滑床
	洼地情况	无		半封闭	全封闭
	斜坡高度 /m	< 50	50 ～ 100	100 ～ 200	> 200
地层岩性情况	地层岩性	巨厚坚硬岩体	中等坚硬岩体	软弱层状岩体、中等破碎带、中等风化带	强破碎带、黄土等松散堆积物中等风化带
	岩石强度 /MPa	> 80	30 ～ 80	5 ～ 30	< 5
	岩土体结构	整体性结构	块裂结构	碎裂结构	松散结构
地质情况	褶皱断裂	无	欠发育	较发育	非常发育
	新构造活动性	不活跃	较不活跃	较活跃	活跃
	结构面发育程度	不曾发育	发育不强	发育	发育良好
岸坡情况	结构类型（β 为岩层倾角，α 为坡度角）	横向坡	近水平岸坡或斜交坡	中反倾坡（$\beta>\alpha$，$\beta>20°$）；缓顺倾坡（$\beta<\alpha$，$\beta<20°$）	陡顺倾坡（$\beta<\alpha$，$\beta>75°$）；陡顺倾坡（$\beta<\alpha$，$\beta>20°$）；陡顺倾坡（$\beta>\alpha$，$\beta>75°$）
	软弱岩层	无		夹层	基座
	软弱面控制程度	无		弱	强

（3）滑坡发生的外在因子

滑坡变形破坏的外部环境诱发因子有降雨、地下水及库水位和植被状态等，这些条件对滑坡变形破坏的发生是不可忽视的，当这些条件随机耦合时，滑坡才具备了变形破坏的最大可能性（表 5.3）。

表 5.3 滑坡环境因素稳定性影响

一级指标	二级因子	状态评价			
		很稳定	稳定	欠稳定	不稳定
水的情况	地下水	滑面以下	滑面以下	滑面附近	滑面之上二分之一体厚处
	河流作用	无	轻度冲刷	冲刷淤积	常年冲刷
	地表水作用	都在洪水位上	少部在洪水位下	30% 在洪水位下	近半于洪水位下
	库水位作用	无	很少	少	多
植被情况	植被覆盖度 /%	好（> 30）	较好（15 ～ 30）	差（5 ～ 15）	非常差（< 5）
降雨情况	一次最大降雨量 /mm	< 50	50 ～ 150	150 ～ 250	> 250
	日降雨强度 /mm	< 50	50 ～ 100	100 ～ 200	> 200
	月平均降雨强度 /mm	< 100	100 ～ 300	300 ～ 400	> 400
工程活动	活动程度	基本无	较弱	中等	强烈
	地下采矿采空率 /%	< 25	25 ～ 50	50 ～ 75	> 75
	开挖堆填高度 /m	< 10	10 ～ 30	30 ～ 50	> 50

5.4 错 落

5.4.1 错落特征

错落是指被陡倾的结构面与后山完整岩体分开的风化破碎的岩体，因坡脚受震动、人工开挖或水力冲刷的影响使下部岩体压缩，而引起的坡体以垂直下错为主的变形现象。对这一变形类型，国内除铁道部门而外，其他部门应用不多，多将其定性为滑坡。但据对大量工程点的调查，二者虽有关联，但在形成条件和防治原则上还是有明显区别。主要区别是错落以垂直位移为主，滑坡以水平位移为主。被陡倾的结构面与后山岩体分隔开的部分岩体，因坡脚受冲刷或遭人工开挖，下伏的一定厚度的较软弱岩层在上覆岩体的重压下产生压缩变形，引起上覆岩体沿陡倾结构面整体下错的现象谓之错落。小型错落的外形多呈半个馒头状。错落体上一般无隆起和封闭洼地。错落体的错距一般为数米或十余米或更大一些，但多无新近移动迹象，且很少能看见趾部。错落发展到后期将会转变为滑坡。

国外的斜坡变形分类中没有这一概念，1988年哈钦森（Hutchinson）提出的“山坡陷落（Sagging of mountain slopes）”与错落的概念相近。

错落与滑坡不同，错落与滑坡虽然都有滑动面，但错落以重力作用为主，水的作用较次。错落一般沿高倾角且比较平直的滑动面下做位移，错落体边缘没有反倾斜块体，即不发生反向剪力对滑动力的抗衡。一次错落发生后，坡面将有相当长的稳定时间，在采取整治措施上这是重要的时机，实际上可以把错落列为崩塌与滑坡之间的中间类型。

5.4.2 发生条件和原因

（1）形成条件

地貌条件是影响错落发生的因素之一，错落主要出现在山区峡谷河道两侧受强烈侧蚀的部位。新修水库的库岸、海蚀崖、湖蚀崖等处也常出现。发生错落的地面坡度一般大于35°～40°。错落地点的上部山坡可以相当平缓，不足40°；而崩塌发生的斜坡上部往往为更陡的斜坡，这是错落与崩塌不同的地方。

地质条件是影响错落发生的另一因素，错落主要发生在黏结力较大的地层或坚硬岩层组成的陡崖或陡坡上常有大断层、大节理的地方，特别是两组构造线相交处最容易发生。另外，在以断层相接触的或层理十分发育的岩层中，都易于错落的形成。少数也可以出现在松散物质组成的陡坡上。错落破裂面是高角度的，一般为45°～70°。大量统计结果表明，坡角θ、内摩擦角φ和错落破裂面的角度A的经验关系式为

$$A=(\theta+\varphi)/2 \tag{5.9}$$

错落面的角度还受断层、大节理等构造面所控制。

（2）影响因素

山坡下部减少了支撑力量，如原为接近极限平衡的山坡，当河流下切侧蚀或波浪强烈击撞，或人工开挖路堑，造成隐伏的倾斜软弱面下端处于临空状态，都是引起错落的因素。错动面附近有水流活动，润滑性增加使摩擦阻力减小，地震或大爆破的震动也可引起错落。

5.5 蠕　动

5.5.1 蠕动的特征

蠕动主要是指土体、岩层以及风化碎屑物质在重力作用下，顺坡向下发生的缓慢移动现象。移动的年平均速率由几毫米到几十厘米。由于运动过程十分缓慢，一时不易觉察出来。但经过长期的积累，其变形量也是很可观的。如果不加以重视会给生产和建设带来危害。小则使电线杆倾倒、围墙扭裂，大则使厂房破裂地下管道扭断（图 5.8）。

根据蠕动的规模和性质，可以将蠕动划分为两大类型，即疏松碎屑物的蠕动与岩层蠕动。

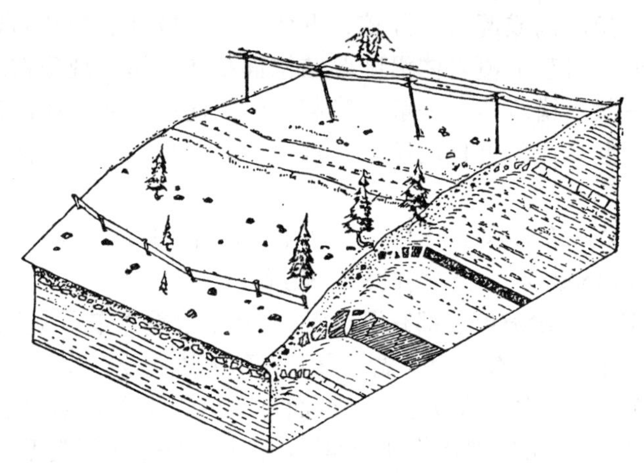

图 5.8　土层和岩体蠕动及其后果示意图（据 W.Keneth Hamblin）

5.5.2 松散层蠕动（土屑或岩屑蠕动）

土层或岩屑蠕动的地面标志主要有树根向坡下弯曲，地表出现醉树、电线杆、篱笆、栅栏或建筑物顺坡倾斜，围墙扭裂。坡地上草皮呈鱼鳞状，坡面岩屑层呈阶梯状或微波状。

引起土层或岩屑蠕动的因素主要是斜坡上松散岩屑或表层土粒，由于冷热、干湿变化而引起体积胀缩，并在重力作用下常常发生缓慢的顺坡向下移动。引起松散土粒或岩屑蠕动的因素是多方面的。

（1）温差和干湿变化

在温湿地区主要是因温差变化（包括冻融过程）或干湿变化引起土粒或岩屑发生胀缩，膨胀时碎屑颗粒垂直于斜坡方向上抬，收缩下落时却是沿重力方向直落而下。每次胀缩都使土粒或岩屑从斜坡上原来位置向下移动一小段距离。日积月累，可以观察到明显的蠕动现象。此外当土粒体积膨胀时，会发生相互挤压，某些颗粒可以被挤出原来位置，当再次收缩下落时，也能发生沿坡向下的蠕动。有时当颗粒体积收缩时，土粒之间如有空隙，使上部土粒失去支撑，也引起向下蠕动（图 5.9）。

在寒冷地区，冻融作用是引起土屑或岩屑蠕动的主要因素。其蠕动过程如图 5.10 所示，*CD* 为地面冻结膨胀的位置，颗粒 *M* 随冻结膨胀抬升到 *M*′，解冻时地面恢复到原来位置 *AB* 面，但碎屑颗粒因受到重力顺坡分力的作用，由 *M*′ 下移到 *M*″ 的位置。经过这样一次冻融作用，颗粒下移一段距离。如此反复进行，土粒将不断顺坡向下蠕动。

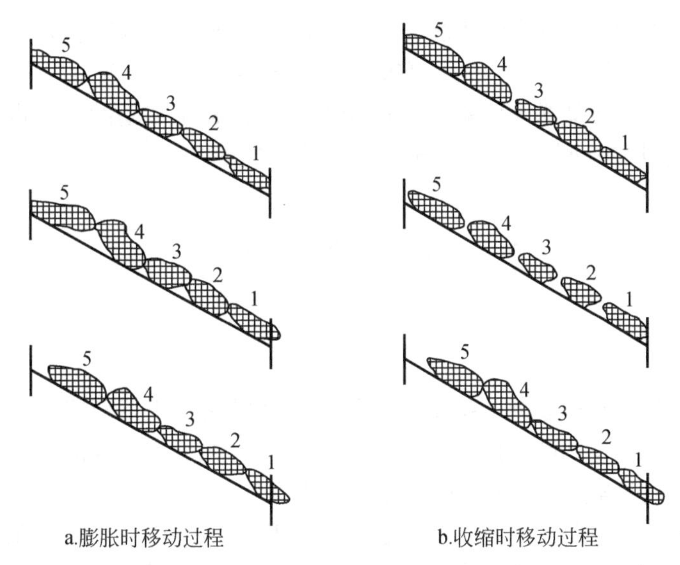

图 5.9 斜坡碎屑热胀冷缩时移动示意图（据 E.B. 桑采尔）

（2）黏土含量

碎屑中黏土含量越多，蠕动现象越明显。干湿变化对岩块碎屑体积胀缩的影响是微小的，而对黏土的影响特别大，如黏土层中含水 50%，则体积膨胀系数可达 4.5%。塑性指数较高的膨润黏土影响则更大。

（3）坡度

蠕动虽然可以出现在各种坡度的坡面上，但以在 25° ～ 30° 左右的坡地上最明显。因为大于 30° 的坡地上黏土和水分不易保存，碎屑物也较少。而小于 25° 的坡地上重力影响又不明显，蠕动现象也就微弱了。

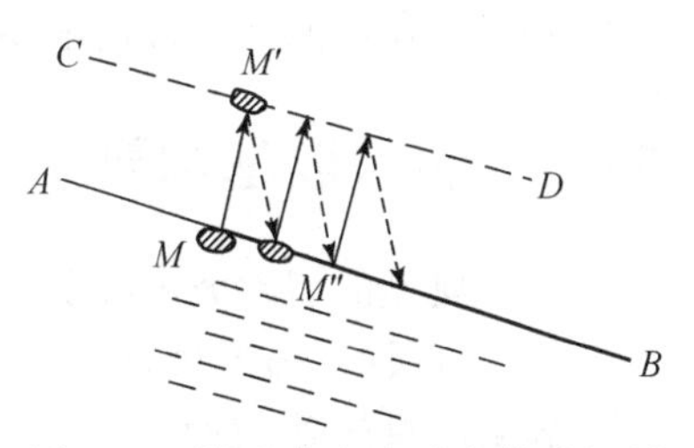

图 5.10 坡地地表冻融交替引起颗粒顺坡移动（据斯帕克斯）

AB. 冻结前地面；*CD*. 冻结膨胀隆起地面；*M*. 冻结前土粒位置；*M'*. 冻胀后土粒位置；*M''*. 冻结后土粒因重力作用下移的位置

除此之外，蠕动还受到植物摇动、动物践踏以及人类活动等因素的影响。

疏松土层或岩屑的蠕动速度，一般来说接近地表处最大，随深度增加而迅速减小。在温带地区地表 20cm 处的蠕动速度就已显得很小了。如黏土含量较大，则影响的深度有时可达到 1 ～ 2m。

5.5.3 基岩岩层蠕动

暴露于地表的岩层在重力作用下也会发生十分缓慢的蠕动。蠕动的结果使岩层上部及其风化碎屑层顺坡向下呈弧形弯曲。岩层虽然发生弯曲，但并不扰乱层序，甚至在蠕动的碎屑层中，层次都依然可见。

引起岩层蠕动的原因，在湿热地区主要由于干湿和温差变化造成，在寒冷地区是由冻融作用所致。岩层蠕动多发生在较陡坡面（35° ～ 45°），由柔性层状岩石，如千枚岩组成的山坡上作用特别显著，在那里可见到岩层露头完整地向下呈弧形弯曲的连续变形现象。有时在刚性岩层，如薄层状石英岩、石英质次生岩等组成的山坡上，也可以见到岩层向下弯曲蠕动现象，不过这时岩层因受节理影响，而形成稍有错开的断续变形。

岩层蠕动的深度，一般小于 3 ～ 5m，有时可达到十几米。在一般情况下，当岩层较薄、岩性较软、坡度很大，岩层呈逆坡倾斜，且倾角较大时，岩层蠕动的深度也较大。在有利的条件下，可以看到岩层蠕动与上覆风化土被蠕动叠加的现象。

5.6 溜 砂 坡

5.6.1 溜砂坡特征

溜砂坡也称山剥皮或土砂溜泻，是指高陡斜坡在强风化作用下形成砂粒和碎屑，并在自重作用下发生溜动，在坡脚堆积形成的锥状斜坡，是斜坡重力侵蚀的一种特殊类型。这种侵蚀形式常对公路、铁路、渠道等线路工程构成严重危害。

与滑坡、崩塌有明显区别，滑坡有滑动面，以滑移运动为特征。崩塌无滑动面，但有破裂壁，以滚动、跳跃式运动为主，大、小混杂堆积。溜砂坡既无滑动面，也无破裂壁，堆积物较均匀，堆积坡度与此种砂粒（碎屑）的天然休止角一致。

溜砂坡分布区的气候特征：从理论上讲，凡是能提供砂、碎屑、碎石的陡坡地形都会有溜砂坡分布。所以从某种意义上说，溜砂坡分布不受气候条件的限制。但据调查，有两个气候区是溜砂坡较集中分布的区域；一是干燥、半干燥的山区河谷两岸，如陕、甘、晋、蒙黄河深切河谷两岸，金沙江、岷江和西藏东南深切河谷两岸；二是高寒山区雪线以上山脊两侧，而在其他气候带则呈零星分布。

5.6.2 溜砂坡基本要素

一个典型的溜砂坡由砂源区、溜动区和堆积区 3 部分组成（图 5.11）。

（1）砂源区与产砂方式

砂源区是产砂、碎屑、碎石的区域。产砂的方式有以下 6 种：裸露岩质陡坡强风化产砂；原地荒漠化产砂；重力滑、崩产砂；风力产砂；流水作用产砂；人类工程活动产砂。

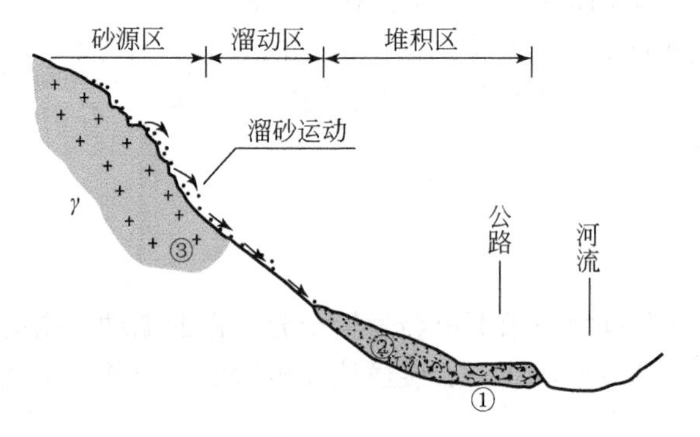

图 5.11 溜砂坡要素示意图（据梁光模等）

①冲洪积块碎石土；②中粗砂夹碎块石；③花岗岩

（2）溜动区、堆积区与砂源区关系

3 个区的划分十分模糊，图 5.11 仅是一个理想化的示意图。若砂源区是岩质陡坡，强风化后产生的砂、碎屑、碎石，在重力作用下即产生溜动，离开原地，此时砂源区和溜动区无法区分；当溜动的砂到稍缓的坡地（例如 <30°）开始堆积，当堆积的砂坡度大于此种砂的天然休止角，则此砂坡又开始溜动。先前的溜砂坡堆积区又成了砂源区和溜动区，所以 3 个区的划分十分模糊。

3 个区具有相互转换的动态变化特征。如先前已经稳定的溜砂坡堆积区，因前缘坡脚修公路或河水冲刷而产生溜动，变化成砂源区和溜动区。

5.6.3 溜砂坡分类

按溜砂坡的组成物质可分为三类：①砂粒、碎屑溜砂坡：砂粒含量 >60%，母岩多为花岗岩，泥质砂岩、冲洪积砂砾石层；②片状碎屑溜砂坡：片状碎屑含量 >60%，母岩多为千枚岩、页岩、泥岩；③块状碎石溜砂坡：碎石含量 >60%，母岩多为玄武岩、凝灰岩、白云岩等。

按溜砂坡活动部分的平面形态，可分为面状溜砂坡、沟槽状溜砂坡、斑状溜砂坡。

按单个溜砂坡的面积可分为四类：①小型溜砂坡，面积 <5000m^2；②中型溜砂坡面积，5000 ～ 10000m^2；③大型溜砂坡面积，10000 ～ 50000m^2；④特大型溜砂坡，面积 >50000m^2。

按溜砂坡的活动性可分为四类：①强活动溜砂坡，砂坡面几乎无植被分布，随时可见砂溜动，砂源区呈强风化状，不断向溜动段供砂；②中强活动溜砂坡，砂坡上有少量植被，常见砂溜动。砂源区呈中等风化状，间断性向溜动段供砂；③弱活动溜砂坡，砂坡上有较多植被，偶见砂溜动，砂源区成弱风化状，并长有小树、草和苔藓，基本不向溜动段供砂，大部斑状溜砂坡属此类；④稳定溜砂坡，砂坡上长满了植被，无溜砂现象，砂源区稳定，地表被植被覆盖，岩体无明显风化产砂现象。

5.6.4 溜砂坡形成过程

（1）溜砂坡形成的必要条件

溜砂坡的形成必须具备砂源条件、溜动条件和堆积条件。

砂源条件：产砂的地形和物质条件。

溜动条件：坡度与产砂区砂坡的天然休止角有关。

堆积条件：与溜动条件相反，小于此种砂坡的天然休止角，即为满足了堆积条件。若大于此种砂坡天然休止角的陡坡直抵河床，即使具备了砂源条件、溜动条件（缺少堆积条件），山坡上溜动下来的砂，也会被河水带走，不能形成溜砂坡。

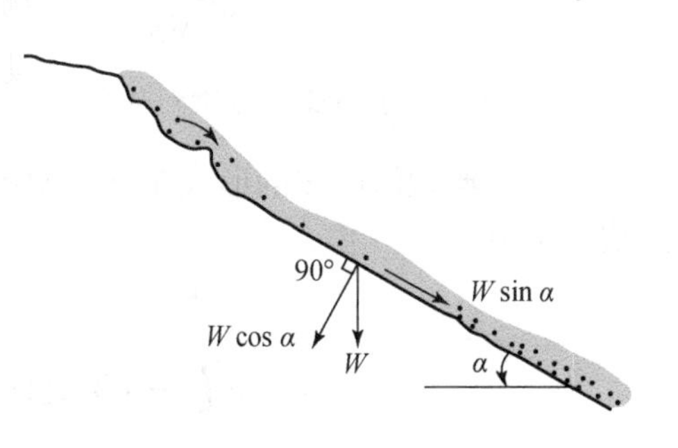

图 5.12 表部砂粒受力示意图（据梁光模等）

（2）溜砂发生的力学机理

溜砂坡表部砂粒静止时，砂粒所产生的下滑力与砂粒所产生的抗滑力必须满足以下条件（图 5.12）。

$$W \cdot \sin\alpha_0 - W \cdot \cos\alpha_0 \cdot \tan\varphi \leqslant 0 \tag{5.10}$$

式中，W 为砂粒的重力（kN）；α_0 为溜砂坡天然休止角；φ 为砂粒间的内摩擦角。

当砂粒所在溜砂坡的坡度 α 大于此种砂坡的天然休止角 α_0 时，砂粒的下滑力将大于砂粒的抗滑力，即

$$W \cdot \sin \alpha_0 - W \cdot \cos \alpha_0 \cdot \tan \varphi > 0 \tag{5.11}$$

此时砂粒开始溜动。

砂粒的下滑力减去抗滑力，得到砂粒的剩余下滑力。此时砂粒的剩余下滑力将全部转化为砂粒的动能。即

$$Wh\left(\sin \alpha - \cos \alpha \cdot \tan \varphi\right) = \frac{1}{2} mV^2 \tag{5.12}$$

化简式（5.12），得到砂粒溜动到落差 h 处的运动速度 V 为

$$V = \sqrt{\frac{2Wh}{m}\left(\sin \alpha - \cos \alpha \cdot \tan \varphi\right)} \tag{5.13}$$

式中，m 为砂粒的质量（kg）。

按砂粒起动瞬间的位置和力学状态可划分成推动式和牵引式两种。

砂粒推动式运动就是在溜砂坡顶上加砂，使靠近溜砂坡顶的砂坡坡度大于此种砂坡的天然休止角。顶部的砂粒首先开始溜动，依次推动它前面的砂粒运动。

砂粒牵引式运动就是发生在溜砂坡前缘，因开挖坡脚或流水冲刷坡脚，使溜砂坡前缘坡度突然变陡，导致前缘的砂粒开始溜动，然后依次牵引后面的砂粒运动（图 5.13）。

图 5.13　砂粒运动示意图（据梁光模等）

（3）砂粒在剖面上的运动特征

溜砂始于坡面，依次带动深层的砂粒向下运动。若将溜砂坡从地表向里平行坡面分成若干砂层（n 层），先取地表 n_1 层中一颗砂粒分析，此砂粒除受到前、后、左、右和底面砂粒的约束外，顶面临空，无砂粒约束，即主应力 α_3 很小，仅为砂粒本身自重；若取地表以下 n_2 层中的一颗砂粒来分析，此砂粒与 n_1 层砂粒相比除受到前、后、左、右相同砂粒的约束外，还多受到顶面砂粒的作用。所以第一层（n_1 层）砂粒不动，n_2 层砂粒更不会动，只有 n_1 层砂粒向下运动，才会依次带动 n_2、n_3、n_4、…层砂粒运动（图 5.13）。

（4）溜砂坡形成过程

一个典型溜砂坡的形成是从砂源区一粒一粒砂粒的形成、运动、堆积开始的。可概化成以下模型

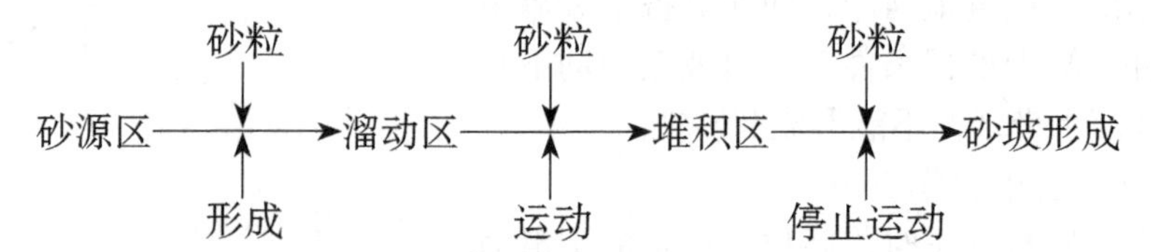

若干砂粒重复上述过程，堆积的砂坡就会越来越大。若砂源区停止产砂，砂坡的发展就会终止，并趋向稳定溜砂坡发展。

5.7 崩　　岗

崩岗，多发于发育于红土丘陵地区，通常是指冲沟沟头因不断的崩塌和陷落作用而形成的一种围椅状侵蚀。崩岗侵蚀是我国南方一种特殊的侵蚀类型，在广东省分布普遍，湘南、赣南及福建、贵州、广西等地也较常见。

5.7.1 崩岗分类及其地貌组合

崩岗按形态可分为瓢形、条形和弧形崩岗；按发育程度可分为活动型、稳定型和半稳定型。崩岗侵蚀地貌划分为崩壁、崩积堆、洪（冲）积扇3部分。

崩壁是崩岗最主要的组成部分，它是风化壳土体在重力与水的作用下发生倾倒、滑塌等失稳变化而产生的近于垂直的陡壁，由于有崩壁的存在才有重力崩塌过程的继续及崩积堆的产生。

崩积堆是崩壁崩塌后所形成的松散堆积体，通常具有较大的休止角，不具有分选性。

洪（冲）积扇是流水作用将崩积堆中较细的物质冲刷、搬运经再沉积后形成的扇状堆积地貌，其顶部物质较粗，整体地势较平缓，具有一定的流水沉积结构。

在崩岗侵蚀地貌中，崩壁、崩积堆、洪（冲）积扇3者自上而下依次排列，它们共同组成崩岗侵蚀地貌系统。

5.7.2 崩岗侵蚀的主要过程

5.7.2.1 崩壁的崩塌后退与临界高度

崩壁是重力侵蚀作用最为明显的部位，在重力作用下，崩壁崩塌后退的主要方式有片状崩落、滑塌和倾倒。

（1）片状崩落

在崩岗发育过程中，当沟谷下切侵蚀加剧，坡顶物质首先达到弹性形变的极限，产生与崩壁平行的张性裂隙，从而引发风化土体发生片状崩落。根据土力学原理可以求出产生片状崩落的临界高度 H_c（图5.14a）。

$$H_c = \frac{2c}{\gamma}\tan\left(45° + \frac{\varphi}{2}\right) \tag{5.14}$$

式中，c 为土体的内聚力（t/m^2）；γ 为土体的容重（t/m^3）；φ 为土体的内摩擦角（°）。

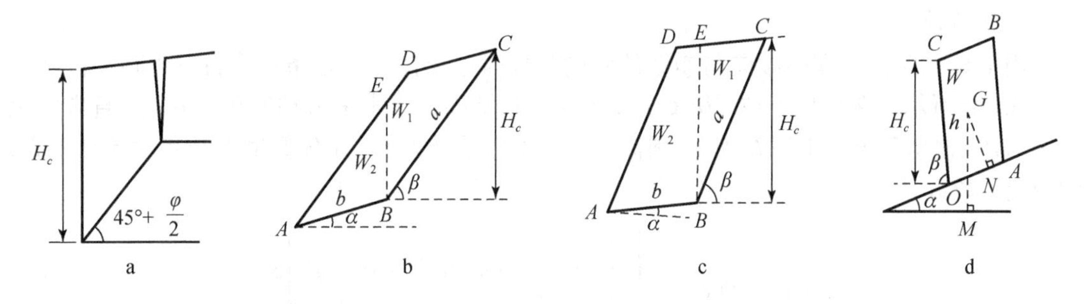

图5.14　崩壁的失稳过程与临界高度分析（据洛内斯和汉迪）

（2）滑塌

崩壁在许多情况下是沿软弱面而发生滑塌的。在图 5.14b 中，土体 $ABCD$ 由倾角分别为 α、β 的两组节理控制，ADC 为坡面，滑塌沿倾向坡面的软弱结构面发生，土体沿 b 组节理的底宽为 b，沿 a 组节理延伸至坡顶的高 H_c，即为崩壁发生滑塌的临界高度。设垂线 BE 将土体 $ABCD$ 分为 W_1、W_2 两部分（如图 5.14b），则 W_1 沿 a 组节理的剩余下滑力 P 为

$$P = W_1 \sin\beta - W_1 \cos\beta \tan\varphi = W_1 (\sin\beta - \cos\beta \tan\varphi) \tag{5.15}$$

当土体处于极限平衡状态时

$$P\cos(\beta-\alpha) + W_2 \sin\alpha = P\sin(\beta-\alpha)\tan\varphi + W_2 \cos\alpha \tan\varphi \tag{5.16}$$

由式（5.15）、式（5.16）得

$$\frac{W_1}{W_2} = \frac{\cos\alpha \tan\varphi - \sin\alpha}{(\sin\beta - \cos\beta\tan\varphi)(\cos\theta - \sin\theta\tan\varphi)} \tag{5.17}$$

$$\because \frac{AE}{\cos\alpha} = \frac{b}{\cos\beta} \tag{5.18}$$

$$\therefore W_2 = \gamma \Delta ABE = \frac{\gamma b^2 \sin\theta \cos\alpha}{2\cos\beta} \tag{5.19}$$

$$W_1 = \gamma ab\sin\theta - W_2 = \gamma ab\sin\theta - \frac{\gamma b^2 \sin\theta \cos\alpha}{2\cos\beta} \tag{5.20}$$

将 W_1、W_2 代入式（5.17）化简即可得崩壁滑塌临界高度 H_c 为

$$H_c = \frac{b(1+\varphi)}{2}\cos\alpha\tan\beta \tag{5.21}$$

$$\varphi = \frac{\cos\alpha\tan\varphi_2 - \sin\alpha}{(\sin\beta - \cos\beta\tan\varphi_1)(\cos\theta - \sin\theta\tan\varphi_2)} \tag{5.22}$$

式中，φ_1、φ_2 分别为节理 a、b 面上的摩擦角（°）；γ 为土体容重（t/m^3）；φ 为土体的综合摩擦系数。

若土体中 $W_1 < W_2$，如图 5.14c 所示，则

$$H_c = b\left(\frac{2\varphi}{1+\varphi}\right)\cos\alpha\tan\beta \tag{5.23}$$

软弱面存在的情况下，崩壁滑塌的临界高度远小于片状崩落的临界高度，崩壁在雨天更容易沿软弱面发生滑塌。

（3）倾倒

当垂直方向上节理的倾向与崩壁的倾向相反时，土体在一定条件下将发生转动倾倒。如图 5.14d 所示，在单位土体 $ABCO$ 中，CO 为临空面，近水平节理倾角为 α，垂直方向上倾角为 β，沿节理方向上底宽为 b、斜高为 h 的土体重量为 W，土体倾倒以 O 点为转动中心，则稳定系数 K 为

$$K = \frac{W\cos\alpha ON}{W\sin\alpha ON} = \frac{\left[\frac{b}{2} + \frac{h}{2}\cos(180° - \alpha - \beta)\right]\cos\alpha}{h\sin(\alpha+\beta)\sin\alpha} \tag{5.24}$$

K=1 时为极限平衡情况。

5.7.2.2　崩积堆的再侵蚀

降雨时，崩岗产砂过程主要发生在崩积堆。崩积堆土体结构疏松且缺乏植被保护，很容易遭受雨滴溅蚀和深切细沟的侵蚀。

5.7.3　崩岗发育的影响因素分析

崩岗是自然环境多种要素及人类不合理活动的综合作用结果，其影响因素也是多方面的。

（1）构造与岩性

构造对崩岗发育的影响，主要表现在岩体的节理和裂隙对风化壳的发育及其稳定性的影响上，这一点在花岗岩区表现尤为明显。花岗岩体的原生节理和风化壳中的次生裂隙的发育促使崩塌作用的产生，有助于崩岗的发育。节理构造多的地方，崩岗分布也多。

岩性对崩岗的影响是通过风化壳厚薄及其机械组分差异来实现的。花岗岩体中富含易风化的长石和云母（含量分别达到 60% ～ 64%，8% ～ 13.3%），节理发达，有利于雨水和空气深入，在湿热气候条件下最易发生化学风化，形成具有最大厚度和最完整剖面的厚层风化壳。以粗砂为胶结物质的砂砾岩、红色砂页岩等，岩层透水性好，热传导快，也易形成厚层风化壳。风化壳的稳定性与其颗粒的机械组分有关。风化壳的稳定性与黏性成分的相对富集位置有关。易滑体和易滑面均受控于黏土矿物在风化壳中所占的比例，当黏土矿物在两层风化层中含量相差悬殊时，其界面常成为易滑面，易滑层则常为黏土矿物含量较低的风化层。松而厚的风化壳最有利于崩岗的发育，这也是崩岗多发生在花岗岩区的重要原因。

（2）气候因素

气候对崩岗的形成发育及分布的影响表现在热带、亚热带气候，有利于厚层风化壳的形成，为崩岗发育奠定物质基础，丰富的降水为崩岗发育提供了动力。降雨形成的地表径流是崩岗发育的重要营力之一。径流对崩岗入侵的直接作用集中表现在下切侵蚀过程中。当地的势高差大，集水面上来水多时，径流切割力量加强，下切速度增快，并把原先崩塌下来的崩积锥带走，从而加大陡壁的高度和不稳定性，为崩岗进一步发展创造了条件，同时径流沿风化物中节理不断渗透和破坏，不断扩大裂隙的宽度和深度，加速了崩塌的发展，部分水体还渗入地下变为潜流，形成滑动面，促使滑塌增多。

（3）地形因素

地形对崩岗发育的影响有两个方面：一是起伏和缓的低矮山丘有利于风化物质的累积，为崩岗发育创造条件；二是通过对水热因子的再分配形成不同的坡地小气候。阳坡相对于阴坡具有辐射平衡大，热力作用强，蒸发量大，湿度低的特点，形成了不利于植被生长的干燥环境和抗蚀力弱的物质特性。小气候差异导致阴阳两坡植被也出现差异，而植被的差异正是崩岗在不同坡向上选择性发育的直接原因。

（4）人为活动

从崩岗的分布和发生的历史来看，人类活动在崩岗发育中也具有极为重要的作用。崩岗多数分布在村庄稠密，人口集中，交通便利的盆（谷）地边缘的低山丘陵中，而在交通闭塞、人烟稀少的边远山区少见，显然这与人类的不合理活动有关。其中，影响最大因素应为植被的大量破坏。在我国南方山区，历来有以柴草为主要生活生产（如烧砖瓦、陶瓷及冶炭等）能源的习惯，近百年来随着人口的剧增，生产的发展，人们对林木的消耗大增，原始的亚热带植被遭到破坏。中华人民共和国成立后，人口大增，特别是“大炼钢铁”“农业学大寨”几次运动中森林遭到了毁灭性的破坏，植被的逆演替至极。许多地方出现大面积的童山秃岭，水土流失急剧变重，崩岗侵蚀也迅速发展。如在福建安溪县官桥地区，20世纪初该区莲美村只有5个数米规模的小崩岗，五六十年代由于植被遭到大量破坏，到1965年已发育成宽70m、深25m的大崩岗，岗头平均每年前进2.8m，目前，崩岗面积已占坡地总面积的50%以上。此外，人类对土地资源的不合理开发，如开山采石、露天采矿、劈山修路等也可导致崩岗的发生。从崩岗发生的历史来看，多数崩岗是现代形成的，历史短，长的只有70～80年，短的只有30～40年，基本上与近百年来自然植被遭到严重破坏的历史吻合。

5.8 陷穴与泻溜

陷穴是指由于地表水汇集在节理裂隙中进行潜蚀作用而成的洞穴。谷坡上的物质在流水和块体运动作用下，由于土层表面受湿干、热冷、冻融等的变化而引起的涨缩作用，造成表土的剥裂，在重力作用下顺坡泻溜。雨水或片流沿黄土的垂直节理下渗，通过潜蚀作用，使裂隙逐渐扩大，形成陷穴等重力侵蚀形式。陷穴主要分布在地表水容易汇集的沟间地边缘地带和谷坡的上部，特别是冲沟的沟头附近，所以陷穴是沟谷扩展的重要方式之一。

5.8.1 陷穴形成机制、分布与类型

陷穴是黄土地区特有的一种陷落现象。地表水沿黄土中的裂隙或孔隙下渗，对黄土产生溶蚀和侵蚀，并把可溶性盐类带走，致使土壤下部掏空，当上部土体失去顶托时，引起黄土的陷落，形成陷穴。

陷穴多分布在地表水容易汇集的沟间地边缘地带和谷坡的上部，特别是冲沟的沟头附近最为发育。根据陷穴的形态一般可将陷穴划分为几种类型：漏斗状陷穴，呈漏斗状深度不超过10m，主要分布在谷坡上部和梁峁的边缘地带；竖井状陷穴，呈井状口径小而深度大，深度可达20m以上，主要分布在塬边地带；串珠状陷穴，几个陷穴连续分布成串珠状，陷穴的底部常有孔道相通，常见于切沟沟床上或坡面长、坡度大的梁峁斜坡上。串珠状陷穴的穴间孔道孔径扩大，可使陷穴最后遭到破坏，使沟床深切而伸长。所以串珠状陷穴的形成和发展，是黄土地区切沟沟床发展过程的特殊形式。

两个或几个陷穴不断扩大，下部由地下水流串通不断扩大孔道，则在陷穴之间未崩塌的残留土体形成黄土桥。

5.8.2 泻溜及其形成过程

在石质山区的土质沟道、红土或黄土地区，土体表面受干湿、冷热和冻融等变化影响而引起物体的胀缩，造成碎土和岩屑的疏松破碎，在重力作用下顺坡而下滚落或滑落下来，形成陡峭的锥体，这种现象称为泻溜。

黄土地区，当农耕地坡度超过35°时，会发生泻溜，并留下明显的溜土痕迹。

第四纪红色黏土的陡坡岩体，由于冬、春冻融变化中的胀缩以及物理风化作用，常引起泻溜的发生。且多出现在沟道上游陡峭（45°～70°）的阴坡、河流的凹岸。促进泻溜发展的因素主要是水分或温度变化引起的膨胀与收缩、植被缺乏、沟道发育的阶段性以及人为活动的影响。剖析红土泻溜的形成过程，可划分为以下3个阶段。

风化裂隙的形成阶段：红土层中的裂隙，有纵向裂隙与交错裂隙。前者指岩体缓慢失水而收缩，产生垂直于岩体表面的裂纹，一般深15～20cm、宽0.6～0.7cm，其分布密度较小，后者由于外界气候、湿热骤变，使岩体中水分及温度随之急剧变化而产生的平行或斜交于岩体表面的裂纹，一般宽1mm左右，致使表层呈鳞片状分离。

疏松层形成阶段：产生裂隙的岩体表层，由于干湿冷热的交替变化，促使细小的块状岩体不断分裂成更细小的岩屑，形成厚达10～15cm的地面疏松层。

泻溜发生阶段：处于不稳定状态的疏松层一旦遭到破坏，大量岩屑不断地沿坡面向下滚动、滑落产生泻溜。泻溜物质与下部岩屑撞击，使下部疏松层亦同时发生泻溜，直到坡角小于该类物质的休止角时，才逐渐减缓或停止。

此外，在过陡山坡上放牧，矿山开采时废渣、废石堆放不合理，以及交通线路、水利工程建设施工过程中都可能引起泻溜的产生。

5.9 重力侵蚀防治

重力侵蚀的危害非常严重，因此，它的防治受到人们的普遍重视。目前，国内外对重力侵蚀的防治都是遵循“以防为主”的原则。在施工或建筑时，对于巨型、大型滑坡、崩塌场应当绕避，对中小型或个别大型的重力侵蚀，在综合效应评价具有必要性和可能性时，可针对主次因素及时采取综合有效防治措施。

重力侵蚀的治理难度大，多以预防为主，在工程建筑中为了防止和抑制重力侵蚀，经常采取以下措施进行防治。

5.9.1 排水工程措施

排水工程可减少地表水和地下水对坡体稳定性的不利影响，一方面提高现有条件下坡体的稳定性，另一方面允许坡度增加而不降低坡体稳定性。排水工程包括排除地表水工程和排除地下水工程。

（1）地表水排除工程

排除地表水工程的作用，一是拦截已发生重力侵蚀斜坡以外的地表水；二是防止已发生重力侵蚀斜坡内的地表水大量渗入，并尽快汇集排走。它包括防渗工程和水沟工程。

防渗工程包括整平夯实和铺盖阻水，可以防止雨水、泉水和池水的渗透。当斜坡上有松散的土体分布时，应填平坑洼和裂缝并整平夯实。铺盖阻水是一种大面积防止地表水渗入坡体的措施，铺盖材料有黏土、混凝土和水泥砂浆，黏土一般用于较缓的坡。

排水沟布置在已发生重力侵蚀斜坡，一般呈树枝状，充分利用自然沟谷。在斜坡的湿地和泉水出露处，可设置明沟和渗沟等引水工程将水排走。当坡面较平整，或治理标准较高时，需要开挖集水沟和排水沟，构成排水沟系统。水沟工程可采用砌石、沥青铺面、半圆形钢筋混凝土槽、半圆形波纹管等形式，有时采用不铺砌的沟渠，其渗透和冲刷较强。

（2）地下水排除工程

排除地下水工程的作用是排除和截断渗透水。它包括渗沟、明暗沟、排水孔、排水洞和截水墙等。

渗沟的作用是排除土壤水和支撑局部土体，例如可在滑坡体前布设渗沟。有泉眼的斜坡上，渗沟应布置在泉眼附近和潮湿的地方。渗沟深度一般大于2m，以便充分疏干土壤水。沟底应置于潮湿带以下较稳定的土层内，并应铺砌防渗。

排除浅层（约3m以上）的地下水可用暗沟和明暗沟。暗沟分为集水暗沟和排水暗沟。集水暗沟用来汇集浅层地下水，排水暗沟连接集水暗沟，把汇集的地下水作为地表水排走。明暗沟即在暗沟上同时修明沟，可以排除滑坡区的浅层地下水和地表水。

排水洞的作用是拦截储备疏导深层地下水。排水洞分截水隧洞和排水隧洞。截水隧洞修筑在已发生重力侵蚀斜坡外围，用来拦截旁引补给水；排水隧洞布置在已发生重力侵蚀斜坡内，用于排泄地下水。滑坡的截水隧洞洞底应低于隔水层顶板，或在滑坡后部滑动面之下，开挖顶线必须切穿含水层，其衬砌拱顶又必须低于滑动面，截水隧洞的轴线应大致垂直于水流方向。排水隧洞洞底应布置在含水层以下，在滑坡区应位于滑动面以下，平行于滑动方向布置在滑坡前部，根据实际情况选择渗井、渗管、分支隧洞和仰斜排水孔等措施进行配合。排水隧洞边墙及拱圈应留泄水孔和填反滤层。

如果地下水含水层向滑坡区大量流入，可在滑坡区外布设截水墙，将地下水截断，再用仰斜孔排出。

5.9.2 削坡、减重和反压填土措施

削坡是将陡倾的边坡上部的岩体挖除一部分使边坡变缓，同时也可使滑体重量减轻（有时主要是为了减轻滑体重量），以达到稳定的目的。削减下来的土石，可填在坡脚，起反压作用，更有利于稳定。采用这种方法时，要注意滑动面的位置，否则不仅效果不显著，甚至会促使岩土体不稳定，削坡的对象是主滑部分，如果对阻滑部分进行削坡反而有利于滑坡，当高而陡的岩质斜坡受节理缝隙切割，比较破碎，有可能崩塌坠石时，可剥除危岩，削缓坡顶部。

削坡主要用于防止中小规模的土质滑坡和岩质斜坡崩塌。当斜坡高度较大时，削坡常分级留出平台。反压填土是在滑坡体前面的阻滑部分堆土加载，以增加抗滑力。填土可筑成抗滑土堤，土要分层夯实，外露坡面应干砌片石或种植草皮，堤内侧要修渗沟，土堤和老土间修隔渗层，填土时不能堵住原来的地下水出口，要先做好地下水引排工程。

5.9.3 支挡工程措施

支挡建筑主要是在不稳定岩体的下部修建挡土墙或支撑墙（或墩）。用混凝土、钢筋混凝土或砌石均可，支挡建筑物的基础要砌置在滑动面以下。若在挡土墙后增加排水措施，效果更好。

（1）挡土墙

挡墙又称挡土墙，可防止崩塌、小规模滑坡及大规模滑坡前缘的再次滑动。用于防止滑坡的又称抗滑挡墙。

挡墙的构造主要有重力式、半重力式、倒T形或L形、扶壁式、支垛式、棚架扶壁式和框架式等种类。

重力式挡墙可以防止滑坡和崩塌，适用于坡脚较坚固，允许承载力较大，抗滑稳定较好的情况。根据建筑材料和形式，重力式挡墙又分为片石垛、浆砌石挡墙、混凝土或钢筋混凝土挡墙和空心挡墙（明洞）等。片石垛可就地取材，施工简单，而且透水性较好，适用于滑动面在坡脚以下不深的中小型滑坡，不适用于地震区的滑坡。

若滑动面出露在斜坡上较高位置，而坡脚基底较坚固，这时可采用空心挡墙，即明洞。明洞顶及外侧可回填土石，允许小部分滑坡体从洞顶滑过。

防治浅层中小型滑坡的重力式挡墙宜修在滑坡前，若滑动面有几个且滑坡体较薄，可分级支档。

其他几种类型的挡墙多用于防止斜坡崩塌，一般用钢筋混凝土修建。倒T形因材料少，自重轻，还要利用坡体的重量，适用于4～6m的高度；扶壁式和支垛式因有支挡，适用于5m以上的高度；棚架扶壁式只用于特殊情况。框架式也称垛式，是重力式的一个特例，由木材、混凝土构件、钢筋混凝土构件或中空管装配成框架，框架内填片石，它又分叠合式、单倾斜式和双倾斜式。框架式结构较柔韧，排水性好，滑坡地区采用较多。

（2）抗滑桩

抗滑桩是穿过滑坡体将其固定在滑床的桩柱。使用抗滑桩，土方量小，省工省料，施工方便，工期短，是广泛采用的一种抗滑措施。

根据滑坡体厚度、推力大小、防水要求和施工条件等，选用木桩、钢桩、混凝土桩或钢筋(钢轨)混凝土桩等。木桩可用于浅层小型土质滑坡或对土体临时拦挡，木桩很容易打入，但其强度低，抗水性差，所以滑坡防止中常用钢桩和钢筋混凝土桩。

抗滑桩的材料、规格和布置要能满足抗剪断、抗弯、抗倾斜、阻止土体从桩间或桩顶滑出的要求，这就要求抗滑桩有一定的强度和锚固深度。桩的设计和内力计算可参考有关文献。

5.9.4 锚固措施

这是利用预应力钢索或钢杆锚固不稳定岩体的办法，适用于加固岩体滑坡和不稳定岩块，在有裂隙的坚硬的岩质斜坡上，为了增大抗滑力或固定危岩，可用锚固法，所用材料为锚栓或顶应力钢筋。在危岩土钻孔直达基岩一定深度，将锚栓插入，打入楔子并浇入水泥混砂浆固定其末端，地面用螺母固定。采用顶应力钢筋，将钢筋末端固定后要施加顶应力，为了不把滑面以下的稳定岩体拉裂，事先要进行抗拔试验，使锚固末端达滑面以下一定深度，并且相邻锚固孔的深度不同。根据坡体稳定计算的所需克服的剩余下滑力来确定预应力大小和锚孔数量。

5.9.5 护坡工程措施

为防止崩塌，可在坡面修筑护坡工程进行加固，这比削坡节省投工，速度快。常见的护坡工程有：干砌片石和混凝土砌块护坡、浆砌片石和混凝土护坡、格状框条护坡、喷浆和混凝土护坡、锚固法护坡等。

干砌片石和混凝土砌块护坡用于坡面有涌水，边坡小于1∶1，高度小于3m的情况，涌水较大时应设反滤层，涌水很大时最好采用盲沟。

防止没有涌水的软质岩石和密实土斜坡的岩石风化、可用浆砌片石和混凝土护坡。边坡小于 1∶1 的用混凝土，边坡 1∶0.5 ～ 1∶1 的用钢筋混凝土。浆砌片石护坡可以防止岩石风化和水流冲刷，适用于较缓的坡，格状条护坡是用预制构件在现场直接浇制混凝土和钢筋混凝土，修成格式建筑物，格内可进行植被防护。有涌水的地方干砌片石。为防止滑动，应固定框格交叉点或深埋横向框条。

在基岩裂隙小，没有大崩塌发生的地方，为防止基岩风化剥落，进行喷浆或喷混凝土护坡。若能就地取材，用可塑胶泥喷涂则较为经济，可塑胶泥也可作喷浆的垫层。注意不要在有涌水和冻胀严重的坡面喷浆或喷混凝土。

5.9.6 滑动带加固措施

防治沿软弱夹层的滑坡，加固滑功带是一项有效措施。即采用机械的或物理化学的方法，提高滑动带强度，防止软弱加层进一步恶化，加固方法有普通灌浆法、化学灌浆法和石灰加固法等。

普通灌浆法采用由水泥、黏土等普通材料制成的浆液，用机械方法灌浆。为较好地填充固结滑动带，对出露的软弱滑动带，可以撬挖掏空，并用高压气水冲洗清除，也可钻孔至滑动面，在孔内用炸药爆破，以增大滑动带和滑床岩土体的裂隙度，然后填入混凝土。或借助一定的压力把浆液灌入裂缝。这种方法可以增大坡体的抗滑能力，又可防渗阻水。

由于普通灌浆法需要爆破或开挖清除软弱滑动带，所以化学灌浆法比较省工。化学灌浆法采用由各种高分子化学材料配制的浆液，借助一定的压力把浆液灌入钻孔。浆液充满裂隙后不仅可增加滑动带强度，还可以防渗阻水。我国常采用的化学灌浆材料有水玻璃、铬木素、丙凝、氰凝、脲醛树脂等。

石灰加固法是根据阳离子的扩散效应，由溶液中的阳离子交换出土体中阴离子而使土体稳定。具体方法是在滑坡地区均匀布置一些钻孔，钻孔要达到滑动面一定深度，将孔内水抽干，加入生石灰小块达滑动带以上，填实后加水，然后用土填满钻孔。

5.9.7 落石防护措施

悬崖和陡坡上的危石对坡下的交通设施、房屋建筑及人身安全生产会有很大威胁，而落石预测很困难，所以要及早进行防护。常用的落石防治工程有：防落石棚、挡墙加拦石栅、囊式栅栏、利用树木的落石网和金属网覆盖等。

修建落石棚，将铁路和公路遮盖起来是最可靠的办法之一，防落石棚可用混凝土和钢材制成。

在挡土墙上设置拦石栅是经常采用的一种方法。囊式栅栏即防止落石坠入线路的金属网。在距落石发生源不远处，如果落石能量不大，可利用树木设置铁丝网，其效果很好，可将左右的岩石块拦住。

在特殊需要的地方，可将坡面覆盖上金属网或合成纤维网，以防石块崩落。

斜坡上很大的孤石有可能滚下时，应立即清除，如果清除有困难，可用混凝土固定或用粗螺栓锚固。

5.9.8 植物固坡措施

植物能防止径流对坡面的冲刷，在坡度不很大（< 50°）的坡上，能在一定程度上防止崩塌和小规模滑坡。

植树造林种草可以减缓地表径流、调节土壤水分等，从而减轻地表侵蚀，保护坡脚，控制土壤水压力。植物根系还可增加岩土体抗剪强度，增加斜坡稳定性。

植物固坡措施包括坡面防护林、坡面种草和坡面生物—工程综合措施。

坡面防护林对控制坡面面蚀、细沟状侵蚀及浅层块体运动起着重要作用。深根性和浅根性树种结合的乔灌木混交林，对防止浅层块体运动有一定效果。

坡面生物—工程综合措施，即在布置的拦挡工程的坡面或工程措施间隙种植植被，例如，在挡土石墙、木框墙、石笼墙、铁丝链墙、格栅和格式护墙上加上植物措施，可以增加这些挡墙的强度。

防治各种块体运动要采取不同的措施。首先要判明块体运动的类型，否则治理不会切中要害，达不到预期的效果，有时反而还有促进块体运动的可能。

思 考 题

1. 重力侵蚀发生的力学机制是什么？
2. 土的休止角与其内摩擦角相同吗？
3. 重力侵蚀的主要形式及特征？
4. 崩塌的分类及形成条件是什么？
5. 滑坡的地貌特征主要是什么？
6. 滑坡的力学机制、形成条件及影响因素是什么？
7. 崩岗主要发生在哪些地区？
8. 影响崩岗发生的自然条件主要有哪些？
9. 陷穴发生发展的主要过程是什么？
10. 通常陷穴发生会导致何种土壤侵蚀形式？
11. 重力侵蚀的主要防治措施有哪些？

珠江流域概况

珠江是我国南方的一条大河，是我国七大江河之一。珠江包括珠江流域、韩江流域、海南、广东、广西沿海诸河及云南、广西国际河流，跨越云南、贵州、广西、广东、湖南、江西、福建、海南8省（自治区），总面积为79.63万km^2，其中珠江流域在我国境内面积44.21万km^2。珠江的主流是西江，发源于云南省境内的马雄山，在广东省珠海市的磨刀门注入南海，全长2214km。全流域面积45.37万km^2，其中中国境内面积44.21万km^2。

珠江流域年平均径流总量为3360亿m^3，流域人均水资源量为4700m^3，相当于全国人均占有水资源量的1.7倍。珠江是我国各大河流中含沙量最小的河流，多年平均含沙量为0.126～0.334kg/m^3。

珠江流域地处亚热带，北回归线横贯珠江流域的中部，属于湿热多雨的热带、亚热带气候，气候温和多雨。四季的特点是：春季阴雨连绵，雨日特多；夏季高温湿热，暴雨集中；秋季台风入侵频繁；冬季很少严寒，雨量稀少。大部分地区年平均温度在14～22℃，多年平均降雨量1200～2200mm。

据全国第二次遥感调查统计，珠江流域片（西江、北江、东江、韩江及沿海诸河）水土流失面积10.40万km^2，其中珠江流域（西江、北江、东江）水土流失面积6.27万km^2，占流域土地总面积的14.2%。珠江流域片水土流失以水力侵蚀为主，还有崩岗、滑坡、泥石流等重力侵蚀。

第6章

混合侵蚀

[本章导言] 系统分析了泥石流的形成、分布、分类及主要特征。阐述了地貌、地质、气候水文、土壤植被和人为活动等对泥石流的综合影响。泥石流能量巨大，具有极强的破坏性，常发生在山丘区的坡面或沟谷中，并形成堆积扇和堆积锥等地貌类型。泥石流的防治措施主要有生物措施与工程措施，二者结合，构成综合防治体系。

混合侵蚀是指水力侵蚀和重力侵蚀共同参与而产生的一种特殊侵蚀类型，它的主要表现形式为泥石流。

泥石流也称作土石流，是一种富含泥沙、石块等物质的固液二相流体，呈黏性层流或稀性紊流运动特征，具有极大的破坏性。泥石流是水体和土体及土体中部分空气（极少量，可忽略不计）相互充分作用后，在沟谷内或坡地上沿坡面（含自然坡面和压力坡）运动的流体。泥石流是一种具有独特性质的流体，既具有流体的性质，又具有土体的性质。

6.1 泥石流和泥石流流域

泥石流是山地环境演化或山地环境演化与人类不合理的活动共同作用的产物，具有极大的侵蚀、输移和堆积能力。它携带巨量的松散碎屑物质，能摧毁前进道路上的一切建筑物，如桥涵、路基、灌渠和村镇等，也能淤埋大片农田、道路、水塘、水库，甚至堵塞主河道，造成巨大灾害。

6.1.1 泥石流性质

泥石流的流体性质主要表现为泥石流具有流速梯度 dv_c/dy（v_c 为离沟底 y 处的流速），这说明泥石流体与沟底之间有一流速逐渐变化的梯度层，而不存在破裂面，并以此与具有破裂面的崩塌、滑坡相区别。

泥石流的流体性质，主要表现为具有起始静切力 τ_0。当土体起动后形成过渡性（亚黏性）泥石流时，其 τ_0 一般为 0.50 ～ 2.55Pa（即 N/m^2）。当形成黏性泥石流时，其 τ_0 一般为 2.5 ～ 20.0 Pa。但是，当形成稀性泥石流时，由于土体在流体中密度小，尤其是细粒物质含量少，在运动中因其结构容易遭到破坏而导致 τ_0 值很小，甚至趋近于零。由于流体中的土体含量，尤其是细颗粒含量总是大于挟沙水流中的细颗粒含量，细粒间的结构在遭到破坏后也可重建，从而总是保持 $\tau_0 > 0$，并以此与挟沙水流（含高含沙水流）相区别。

6.1.2 泥石流流域

凡是发生过泥石流的流域或具备了形成泥石流形成条件的流域，都可称为泥石流流域。一个（条）典型的泥石流流域（沟谷），通常可划分为 4 个区，即清水汇集区、形成区、流通区和堆积区。

清水汇集区位于流域上游，因靠近分水岭，一般植被较好，人类活动轻微，地表状况完整，在暴雨作用下，通常仅形成清水汇流。

形成区一般位于流域上游或中上游部位，该段沟道和山坡陡峻，崩塌、滑坡和坡面泥石流十分发育，土壤侵蚀特别严重，物质十分丰富，这些物质一旦与清水区及本区形成的沟谷洪流相遭遇，极易起动并形成泥石流。

流通区位于流域的下游或中下游，这一区段的沟道已达到泥石流运动的均衡纵坡，泥石流以通过为主，总体呈不冲不淤状态。

堆积区一般位于流域下游，多位于山口以外，由于这部分地区地势开阔平缓，泥石流运动的阻力增大而逐渐淤积，并最终停止运动（图 6.1）。

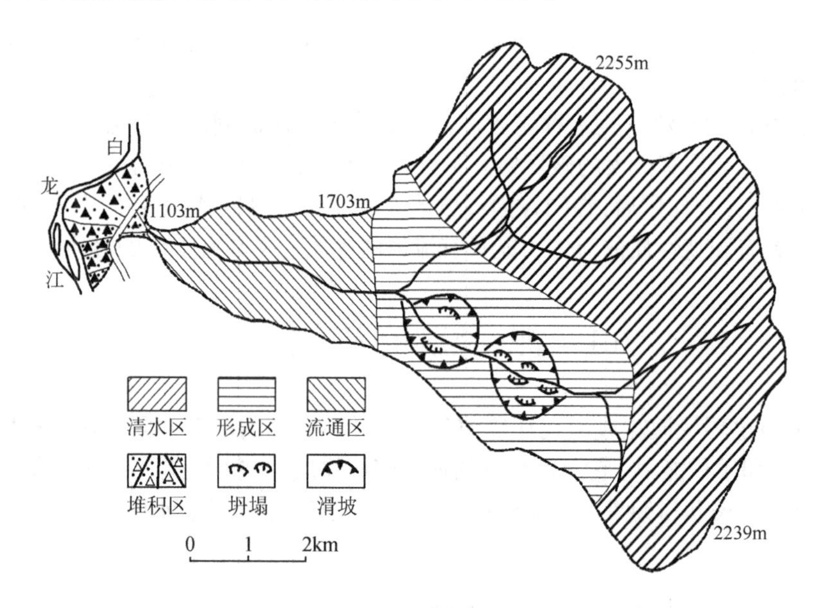

图 6.1 典型泥石流流域（武都甘家沟）分区示意图

要识别一个流域（沟或坡）是否是泥石流流域，只要判别它是否发生过泥石流或是否具备发生泥石流的条件。在自然界中，要判别一个流域是否是泥石流流域是很困难的。沈寿长和谭炳炎等综合分析了影响泥石流发生的条件，提出了一条沟谷发生泥石流可能性大小的数量化评价方法。即采用地貌因素、河沟因素、地质因素 3 个一级因素。流域面积、相对高差、山坡坡度、植被、河沟扇形地貌、产沙区主沟横断面特征、纵断面特征、沟内冲淤变化、堵塞情况、泥沙补给段长度比、岩石类型、构造特征、不良地质现象、产沙区覆盖平均厚度、松散物储量等 15 个二级因素，27 个三级因素和 30 个四级因素。对人类经济活动特别强烈的沟谷施加附加分的方法，对沟谷可能发生泥石流的严重程度进行评判（表 6.1）。评判结果分为四级：严重、中等、轻度、无。评判中的轻度和无的界限，就是泥石流沟和非泥石流沟之间的界限。

表 6.1 泥石流发生判别因素及其分析

<table>
<tr><th rowspan="2">因素</th><th rowspan="2" colspan="3">特征指标</th><th colspan="6">泥石流沟</th><th colspan="2">非泥石流沟</th></tr>
<tr><th>限界值</th><th>评分</th><th>限界值</th><th>评分</th><th>限界值</th><th>评分</th><th>限界值</th><th>评分</th></tr>
<tr><td rowspan="10">地貌因素</td><td colspan="3">流域面积</td><td>0.2 ～ 20km^2</td><td>4</td><td>2 ～ 5km^2</td><td>3</td><td>＜ 0.2km^2</td><td>2</td><td>＞ 100km^2</td><td>1</td></tr>
<tr><td colspan="3">相对高差</td><td>＞ 550m</td><td>4</td><td>300 ～ 500 m</td><td>3</td><td>100 ～ 300 m</td><td>2</td><td>＜ 100 m</td><td>1</td></tr>
<tr><td colspan="3">坡面坡度</td><td>＞ 32°</td><td>5</td><td>25° ～ 32°</td><td>4</td><td>15° ～ 25°</td><td>3</td><td>＜ 15°</td><td>1</td></tr>
<tr><td colspan="2" rowspan="2">植被</td><td>覆盖率</td><td>＜ 10%</td><td rowspan="2">8</td><td>10% ～ 30%</td><td rowspan="2">6</td><td>30% ～ 60%</td><td rowspan="2">4</td><td>＞ 60%</td><td rowspan="2">1</td></tr>
<tr><td>类型</td><td>裸山</td><td>草地</td><td>幼林</td><td>中龄林、成熟林</td></tr>
<tr><td rowspan="5">河沟扇形地貌</td><td rowspan="3">扇形发育状况</td><td>完整</td><td>扇形完整，有舌状堆积，前缘被大河切割，扇形不完整</td><td rowspan="5">12</td><td>扇形完整，舌状堆积明显，大河切割，前缘不突出</td><td rowspan="5">9</td><td>扇形地保存不完整，无舌状堆积</td><td rowspan="5">6</td><td>无沟口扇形地，仅有一般河道边滩心滩</td><td rowspan="5">1</td></tr>
<tr><td>扇面坡度</td><td>＞ 6°</td><td>3° ～ 6°</td><td>＜ 3°</td><td>0°</td></tr>
<tr><td>发育程度</td><td>扇形地发育，新老扇形地清晰可辨，规模大</td><td>有扇形地，新老扇形规模不大</td><td>扇形地不发育，间或发生</td><td>无</td></tr>
<tr><td rowspan="2">挤压大河程度</td><td>大河河型</td><td>河型受扇形地控制，发生弯曲和堵塞断流</td><td>河型无较大变化</td><td>河型无变化</td><td>河型无变化</td></tr>
<tr><td>大河主流</td><td>主流明显受扇形地挤压偏移</td><td>主沟受迫偏移</td><td>主流大水不偏</td><td>主流不偏</td></tr>
<tr><td rowspan="6">河沟因素</td><td colspan="2" rowspan="2">产沙区主沟横断面</td><td>断面形态</td><td>“V”形谷或下切“U”形谷、谷中谷</td><td rowspan="2">4</td><td>拓宽 U 形谷</td><td rowspan="2">3</td><td>平坦形</td><td rowspan="2">2</td><td>平坦形</td><td rowspan="2">1</td></tr>
<tr><td>泥沙堆积</td><td>沟岸多为不稳定松散物，沟内有厚层冲积洪积物</td><td>河岸不稳定，沟内有冲积洪积物</td><td>沟岸基本稳定，沟内为冲积洪积物</td><td>河岸稳定，沟内为洪积物</td></tr>
<tr><td colspan="2" rowspan="2">纵断面</td><td>纵断面形态</td><td>沟内有乱石堆、跌水等</td><td rowspan="2">8</td><td>沟内有少量乱石堆、跌水等</td><td rowspan="2">6</td><td>沟内无跌水、纵剖面陡缓相间</td><td rowspan="2">4</td><td>纵剖面平滑</td><td rowspan="2">1</td></tr>
<tr><td>主沟坡度</td><td>＞ 12°</td><td>6° ～ 12°</td><td>3° ～ 6°</td><td>＜ 3°</td></tr>
<tr><td colspan="2" rowspan="2">沟内冲淤</td><td>冲淤特点</td><td>沟岸、沟床均不稳定，纵横向均有明显冲淤</td><td rowspan="2">5</td><td>河岸沟床均不稳定，纵向冲淤较小，多横向扩展</td><td rowspan="2">4</td><td>冲淤变幅均较小</td><td rowspan="2">3</td><td>沟床略有冲淤变化</td><td rowspan="2">1</td></tr>
<tr><td>冲淤变幅</td><td>＞ 2m</td><td>1 ～ 2m</td><td>0.2 ～ 1m</td><td>＜ 0.2m</td></tr>
</table>

续表

因素	特征指标		泥石流沟						非泥石流沟	
			限界值	评分	限界值	评分	限界值	评分	限界值	评分
河沟因素	堵塞情况	堵塞长与沟长比	＞10%	4	2%～10%	3	＜2%	2	0	1
		堵塞程度	严重		中度		轻度		无	
	泥沙补给段长度比	泥沙补给河段长度与主沟长度比	＞60%	12	30%～60%	9	10%～30%	6	＜10%	1
地质因素	岩石类型		黄土软岩、风化严重的花岗岩	5	软硬岩相间风化严重的花岗岩	4	节理发育的硬岩	3	硬岩	1
	构造特征	抬升沉降	强抬升区	8	抬升区	6	相对稳定区	4	沉降区	1
		构造特征	构造复合部、大构造带、地震活跃带、6级以上地震区		构造带、地震带、4～6级地震区		构造边缘地带、地震影响场，4级以下地震区		构造影响无或很小	
		断层节理	断层破碎带、主干断裂带，风化节理严重发育区		顺沟断裂、中小支断层风化节理发育		过沟断裂、小断裂或无断裂、风化节理一般		无断裂	
	不良地质现象	崩坍滑坡	崩坍滑坡等重力侵蚀严重，多深层滑坡和和大型崩坍	12	崩坍滑坡发育、多浅层滑坡和中小型崩坍	9	存在零星崩坍滑坡	6	无崩坍滑坡	1
		沟槽侵蚀	沟槽侵蚀严重		沟槽侵蚀中等		沟槽侵蚀轻微		一般泥沙搬运	
		人类不合理活动	严重		中度		轻度		无	
	产沙区覆盖层平均厚度		＞10m	4	5～10m	3	1～5m	2	＜1m	1
	松散物储量	一次可能来量	＞5000 m^3/km^2	4	2000～5000 m^3/km^2	3	1000～2000 m^3/km^2	2	＜1000m^3/km^2	1
		单位面积蓄量	＞10万 m^3/km^2		5万～10万 m^3/km^2		1万～5万 m^3/km^2		＜1.0万 m^3/km^2	
		侵蚀模数	＞1.5万 $t/(km^2·a)$		0.5万～1.5万 $t/(km^2·a)$		1000～5000 $t/(km^2·a)$		＜1000 t/ km^2	

随着遥感技术的发展，应用遥感技术判识泥石流沟谷的方法也获得迅速的发展，无论是采用航片还是应用卫星图像解译泥石流沟，都取得了一定的进展。泥石流在高分辨率的遥感图像上影像清晰，特别是新发生的泥石流，非常容易辨认。对于影像上形迹不完备的泥石流沟的判别要困难一点，往往以堆积扇为最主要的判据，有明显堆积扇形迹的流域，一般是泥石流流域。目前，应用遥感技术进行泥石流沟调查和判别较为普遍。

6.2 泥石流形成

6.2.1 形成因素

泥石流的发育和发展主要受地貌、地质、气候、水文、植被、土壤等自然因素与人为因素共同作用的影响。根据这些因素在泥石流形成过程中的作用，可把泥石流的形成因素分为基本因素和激发因素。

6.2.1.1 泥石流形成的基本因素

泥石流形成的基本因素包括地貌、地质（如地层、岩性、构造和新构造运动等）、气候、水文、土壤和植被等。

（1）地貌因素

地貌为泥石流活动提供势能向动能转化的条件。一般说来，相对高差越大，坡面和沟床越陡，越有利于泥石流的形成和发展。但地貌自身的发展和演化十分缓慢，对泥石流形成的影响是长期的，相对稳定的。地貌条件对泥石流形成的影响，主要体现在区域尺度和流域尺度两个方面。区域尺度主要的影响因素为海拔高程、地势起伏和河流切割程度等。地势起伏程度越大，山体越高大，河流切割越强烈，地形越陡峻，松散碎屑物质越丰富，具有强大的位能和位能转化为动能的有利条件，有利于泥石流的形成。一般而言，泥石流发育和区域地貌因素的量值成正相关关系。

在流域尺度，主要影响因素为沟床比降、主沟长度、相对高度和流域面积等。较大的沟床比降导致流域内重力侵蚀强烈，而且提供了位能迅速转化为动能的良好条件。泥石流主要分布在沟床比降为 50% ～ 500% 的流域。流域的相对高度为流域最高点与最低点的差值，它也反映了流域的位能条件。一般说来，相对高度越大，能为泥石流形成提供的能量也越大。泥石流主要分布在相对高度为 300 ～ 3000m 的流域。主沟长度是一个流域最长的那一条沟道的长度。在流域面积相等的情况下，主沟越长流域就显得越狭窄，导致洪水汇流时间越长，洪峰流量也会变得越小，对泥石流形成有削弱作用。泥石流主要分布在主沟长度为 0.5 ～ 15.0km、面积小于 100km^2 的流域。其中低山丘陵区集中分布在 5km^2 以内的流域内，约占全部泥石流沟的 90%；中山低山区集中分布在 10km^2 以内的流域，约占全部泥石流沟的 90%；高山中山区集中分布在 35km^2 以内的流域，占泥石流沟总数的 90% 以上，极高山区集中分布在 1 ～ 100km^2 的流域内，占泥石流沟总数的 90% 以上。

（2）地质因素

地质因素主要通过地层、岩性和构造对泥石流的形成过程产生影响，是泥石流的物质基础。一般说来，地层、岩性和构造直接影响到泥石流形成的松散碎屑物质量。地层越古老，其所经历的构造活动越多，破坏越严重，风化程度越高，泥石流的物质来源就越丰富，泥石流发育程度有随地层由老至新不断减小的趋势。岩石的软、硬程度决定了其抗风化能力的强弱。软弱岩石抗风化能力差，能生成更多的松散碎屑物质，利于泥石流形成。构造活动往往给岩层造成严重破坏，利于泥石流的形成。不同的构造活动所造成的影响程度各不相同，构造对泥石流形成的影响在构造复合部位影响最大，断层及邻近区域其次，褶曲轴部居第三位，褶曲翼部居第四位，受构造影响小的区域居末位。地质因素和地貌因素一样，其自身的发展演化是十分缓慢的，对泥石流发生发展的影响也是长期的、相对稳定的，在短期内不会有大的变化。

（3）气候水文因素

气候水文因素主要是通过风化作用，加速岩体的风化和崩解，使完整的岩体破碎，增加松散碎屑物质；同时，风力和降水形成的动力（主要是流水动力）又能把风化产物由高处搬运到低处，使之由分散状态变为集中状态，还能起到削平高地（山峰）和填平洼地（凹地和谷地）的作用。气候水文条件对泥石流固相、液相物质的形成均有较大影响，而且还是泥石流暴发的激发因素；既有长期稳定作用的一面，又有短期急剧作用的一面。

与泥石流发育关系密切的气候条件，主要为热量和水分两大要素。气温主要影响岩体的风化速度和状态，地温对岩石的风化作用比气温更直接，因而泥石流多发育在气温年较差和气温日较差较大的地区，以及地面温度年较差和地面温度极端较差较大的地区。另外，季节性冻土区的岩（土）体长期遭受冻融作用的反复破坏，构结强度降低，产生大量松散碎屑物质，容易形成泥石流。

制约泥石流形成的水文条件，主要由下垫面和降水决定的径流深、汇流速度、洪水暴涨暴落程度和洪水与枯水的变化状态等。随着径流深由小至大，汇流速度由慢至快，暴雨洪水暴涨暴落状态由弱至强，洪枯比由小至大的变化趋势，就是有利于泥石流形成的条件。

为泥石流活动提供水分条件的水文因素主要是大气降水、冰雪融水、溃决水和地下水。除青藏高原有较发育的冰雪融水外，其余广大地区的泥石流主要由降水引发。因此，把降水作为泥石流形成的激发因素将在下节专题论述。

（4）土壤和植被因素

土壤是泥石流固相物质来源之一，尤其是面蚀量较大的流域，土壤在泥石流活动中的作用更为显著；植被具有拦截降水、减小地表径流，延长汇流时间和固结土壤等多重功效，对于减少形成泥石流的松散碎屑物质数量和削弱水动力条件有重要作用。

泥石流分布和植被的关系较为显著。总体来看，泥石流形成发育与植被的好坏成负相关关系，即植被条件越好，越不利于泥石流形成，反之亦然。还应指出，植被对泥石流活动的抑制作用是有限的，且易受各种自然因素和人类经济活动因素的影响和干扰；在长历时降雨过程中，植被调节降雨产流和固土的作用会明显降低，甚至会促使泥石流形成，这种泥石流较相近地质地貌和气象水文条件下植被较差地区的泥石流规模更大、危害作用更强，必须给予高度重视。

6.2.1.2 泥石流形成的激发因素

泥石流形成的激发因素多样，就多数泥石流形成的激发因素来看，以大气降水形成的地表径流为主，其中又以暴雨形成的地表径流居首。

（1）暴雨对泥石流形成的影响

不同量级的暴雨对泥石流形成的影响是不同的。若暴雨覆盖范围相等，那么量级低的暴雨，可能零星地激发流域面积小而沟坡陡急的泥石流沟谷暴发规模和危害都小的泥石流；量级高的暴雨，不仅可以成片、成带地激发流域面积小、沟坡陡急的沟谷暴发泥石流，而且还可成片、成带地激发流域面积较大的泥石流沟谷暴发规模巨大、危害严重的泥石流；反之，如暴雨量级相同而覆盖范围不等时，覆盖面积越大，暴发泥石流的沟道数量越多，危害越大。

（2）暴雨强度对泥石流形成的影响

在地形提供的能量足够和地质储备的松散碎屑物质丰富的地区，I10（最大10分钟降雨强度）对分析泥石流的形成是十分有用的；但在地形提供的能量虽然充足，而当松散碎屑物不很丰富的石质山区，I10强度的降水往往难于起动泥石流，多采用I60（最大1小时降水强度）进行分析。在暴雨总量相同的情况下，暴雨强度越大，泥石流暴发规模和危害也越大。

6.2.2 泥石流形成机理

土体（松散碎屑物质）在雨水、流水或其他外力作用下，可产生两种不同的状态：一种是以颗粒形式脱离母体，不断进入流体；另一种是其整体结构发生改变，强度降低，失稳下滑。这两种状态的发生发展过程，均可视为土体的起动过程。一个流域内，泥沙或土体起动的数量或面积足够大，便可汇集或演变成泥石流，前一种状态为水力类泥石流，后者为土力类泥石流。

（1）水力类泥石流

水力类泥石流是坡面、沟道中的松散碎屑物质受坡面和沟道水流的冲刷和各种侵蚀作用，不断地进入流体，随着侵蚀的加剧，流体内的泥沙、石块不断增加，并且在运动中不断搅拌，当固相物质含量达到某一极限值时，流体性质发生变化，成为具有区别于一般水流力学性质和流态的流体，即泥石流。上述过程实际上是一种水动力过程，泥石流的形成是水力侵蚀的结果，由径流量和坡度的大小决定了径流的动力，从而决定能启动的固体物质的多少。所以，以水力为主要动力所形成的泥石流多为固相物质含量相对较少的稀性泥石流。

（2）土力类泥石流

土力类泥石流是坡面上和沟道中的松散碎屑物质在重力作用下形成的。这些松散碎屑物质受降水、径流的浸润、渗透和浸泡，含水量逐渐增加，导致松散碎屑堆积物的内摩擦角和内聚力不断减小，并出现渗透水流和动水压力而液化，导致其稳定性遭破坏而沿坡面滑动或流动。经过一段时间和一段距离的混合搅拌，固液充分掺混形成具有特定结构的泥石流体。这是一种水和固体物质在本身重力作用下而产生运动的，泥石流的形成必须满足为固体碎屑的应力 τ 大于为固体碎屑极限（或临界）剪应力 τ_0。这种主要因土体充水使其平衡条件遭到破坏而引起运动，会形成固相物质含量相对较多的黏性泥石流。

6.3 泥石流分布及其活动特征

泥石流的分布和分区，与泥石流发生发展的环境条件（地貌、地质、气候、水文、土壤、植被和人类活动）有密切的关系。

6.3.1 泥石流分布

根据资料和泥石流形成条件分析，除南极洲外，其余六大洲均有泥石流分布。

6.3.1.1 世界泥石流分布

亚洲山区面积占总面积的3/4，地表起伏巨大，为泥石流形成提供了巨大的能量和良好的能量转化条件，储备了丰富的松散碎屑物质，而且降水丰富、冰川发育，泥石流分布最密集。全亚洲有30多个国家有泥石流分布，泥石流分布密集或较密集的国家有中国、哈萨克斯坦、日本、印度尼西亚、菲律宾、格鲁吉亚、印度、尼泊尔、巴基斯坦等近20个国家。

欧洲地貌虽以平原为主，丘陵、山地只占40%，而≥2000m的山地仅占2%，但这些山地集中于南部，高耸、陡峭，多火山、地震，降水丰富，冰雪储量大，泥石流分布广泛。全欧洲20多个国家有泥石流分布，其中意大利、瑞士、奥地利、法国、斯洛伐克、罗马尼亚、保加尼亚、南斯拉夫、俄罗斯等10多个国家有泥石流密集或较密集分布。

北美洲西部为高原和山地，属高耸、陡峭的科迪勒拉山脉的北段，地震强烈、火山活动频繁，降水丰富，泥石流分布广泛。北美洲有10多个国家或地区有泥石流分布，其中美国、墨西哥、加拿大、危地马拉等国有泥石流密集或较密集分布。

南美洲西部为陡峭、高耸的科迪勒拉山脉南段，火山活动频繁，地震强烈，有足够的降水和冰雪融水，泥石流分布广泛，危害严重，其分布密度和活动强度仅次于亚洲。南美洲各国（地区）都有泥石流分布，其中委内瑞拉、哥伦比亚、秘鲁、厄瓜多尔、圭亚那、玻利维亚、阿根廷等国有泥石流密集或较密集分布。

非洲为高原型大陆，较高大的山脉矗立在高原的沿海地带；受地应力强烈作用，在东非地区形成了世界上最大的裂谷；在东非和中非火山活动活跃、地震频繁；降水由赤道沿南北两侧逐渐减少，因此泥石流也由赤道（尤其在沿海地带）向两侧减少，但活动强度较低，报道也较少。根据泥石流形成的具体条件分析，非洲近30个国家有泥石流分布，其中尼日利亚、喀麦隆、中非、加蓬、刚果（金）、刚果（布）、马达加斯加等近20个国家有泥石流集中或较集中分布。

大洋洲，由1万多个大小不同的岛屿组成，除澳大利亚面积较大外，其余岛屿面积较小，泥石流活动强度较低。根据统计和泥石流形成条件分析，大洋洲仅新西兰、巴布亚新几内亚、印度尼西亚（大洋洲部分）、澳大利亚、胡瓦岛等国家和地区有泥石流分布，其中在新西兰分布较密集。

6.3.1.2 我国泥石流分布

我国泥石流分布十分广泛，北起黑龙江省和内蒙古自治区北部，南至海南省中南部，东起黑龙江省东部和台湾省，西到新疆维吾尔自治区西部，广袤的国土上有31个省（市、区）分布有几万条泥石流沟。大致以大兴安岭—燕山—太行山—巫山一线为界分为两部分，西部的高原、高山、极高山是泥石流最发育、分布最集中、灾害频繁、危害严重的地区；东部除台湾省中部高中山区、辽宁省东南部低山丘陵区和吉林省东南部中低山区有泥石流密集分布外，其余广大地区仅有零星分布，灾害也相对较轻。

6.3.2 我国泥石流危险性分区

根据泥石流发育的自然环境、灾害程度、沟谷的基本特征、发展趋势的相对一致性和区域范围的完整性，把全国划分为西南印度洋流域极大危险泥石流大区，东南太平洋流域最大危险泥石流大区，东北太平洋流域危险泥石流大区和内流及北冰洋流域一般危险或无危险泥石流大区 4 个大区 15 个小区（表 6.2）。

表 6.2 中国泥石流危险分区

大 区	亚 区	大 区	亚 区
Ⅰ西南印度洋流域极大危险的泥石流区	Ⅰ$_{1A}$怒江最危险区 Ⅰ$_{2B}$雅鲁藏布江中等危险区	Ⅲ东北太平洋流域危险的泥石流区	Ⅲ$_{9B}$泾河、洛河中等危险区 Ⅲ$_{10B}$黄河上游中等危险区 Ⅲ$_{11A}$黄河中游最危险区 Ⅲ$_{12B}$黄、淮、海中等危险区 Ⅲ$_{13C}$松花江、辽河较危险区
Ⅱ东南太平洋流域最危险的泥石流区	Ⅱ$_{3A}$金沙江、澜沧江最危险区 Ⅱ$_{4A}$岷江最危险区 Ⅱ$_{5A}$嘉陵江最危险区 Ⅱ$_{6A}$雅砻江最危险区 Ⅱ$_{7B}$长江中等危险区 Ⅱ$_{8C}$珠江较危险区	Ⅳ内流及北冰洋流域一般或无危险的泥石流区	Ⅳ$_{14D}$新藏、西藏、内蒙古内流微弱或无危险区 Ⅳ$_{15D}$额尔齐斯河微弱危险区

6.3.3 泥石流分布规律

泥石流的分布，主要受泥石流形成的自然因素以及与人为因素共同作用的影响，具有明显的规律性。

（1）沿断裂构造带密集分布

在断裂带及其附近，应力集中，岩体受强烈挤压而破坏，岩层破碎，河流强烈下切，引发规模不等的崩塌滑坡，为泥石流活动提供了丰富的松散固体物质来源。因此，泥石流分布与构造活动有密切关系，表现为泥石流沿着断裂构造带密集分布。例如，我国的波密易贡断裂带、安宁河断裂带、白龙江断裂带、小江断裂带等，均发育了大量的泥石流，成为我国泥石流最为发育的地区，其泥石流数量之多、活动之强、灾害之重，为我国之冠，而且规模大小不一。其他沿怒江断裂带、澜沧江断裂带、金沙江断裂带等都发育了较多的泥石流。位于波密易贡断裂带的帕隆藏布流域公路两侧分布有灾害性泥石流 104 处，其中规模特大的就有米堆沟冰湖溃决泥石流、古乡沟冰川泥石流、加马其美沟暴雨泥石流等。

（2）在地震活动带成群分布

地震是现代地壳活动最明显的反映。在强地震作用下，岩体的强度和完整性降低、土体孔隙水压力增加，土体的稳定性遭到破坏，崩塌滑坡发育，为泥石流的形成提供了丰富固体物质来源，而且还能直接激发泥石流，因此在多山的地震带大多数是泥石流活动带。我国是多地震国家之一，泥石流主要集中在烈度为Ⅶ级以上的地震区，1973 年四川炉霍地震（7.9 级），1976 年四川平武—松潘地震（7.2 级）破坏山体，产生了大量的崩塌、滑坡从而促进了众多泥石流的暴发。

2008 年 5 月 12 日 14 时 28 分 04 秒，四川汶川、北川发生里氏 8.0 级地震，造成 6 万多人遇难，此次地震为中华人民共和国成立以来国内破坏性最强、波及范围最广的一次地震，被称为“汶川大地震”。地震发生时，同时也导致震区多处发生不同形式的重力侵蚀和混合侵蚀。

（3）在软弱岩石和软硬相间岩石区成片分布

岩性的软、硬程度决定了岩石的易风化程度和分布区松散碎屑物的多寡，与泥石流分布的关系十分密切。一般说来，软弱岩石抗风化能力差，风化速度快，能为泥石流形成提供更多的松散屑物质；坚硬岩石抗风化能力强，风化速度慢，为泥石流形成提供的松散碎屑物质少。因此，在坚硬岩石分布区泥石流分布密度小，在软弱岩石和软硬相间岩石分布区泥石流沟密度大，成片状集中分布。

（4）沿深切割的高山峡谷区成带状分布

山区人口主要集中在峡谷区活动，人类活动对自然的影响也主要在峡谷区内体现出来。大量的人类活动，对泥石流活动起着诱发作用。高山峡谷区本身由于山高坡陡，在地质构造、寒冻风化、地震等的作用下，山体破碎为滑坡泥石流的活动提供良好条件。高山峡谷区由于下垫面作用，常常是局地性暴雨最为活跃的地方。山体破碎、降雨丰富以及强烈的人类活动等综合作用，使得泥石流在峡谷区成群分布。川藏公路横穿著名的横断山高山峡谷区，沿线泥石流非常发育，成为影响交通的主要因素。

（5）与暴雨和长历时高强度降水分布区域一致

在降雨泥石流区内，降水是激发泥石流的主要因素。与泥石流分布关系密切的降水量，包括年平均降水量、6～9月降水量、最大24小时降水量和最大1小时降水量等。据资料分析，泥石流分布密度随分布区年平均降水量增多、6～9月降水量增多、最大24小时降水量增大和最大1小时降水量增大而增大；泥石流分布密度随分布区降水量≥0.1mm、≥50mm、≥100mm、≥150mm和≥200mm的日数增多而增大；泥石流分布密度随降水年内变差系数和年际变差系数增大而增大。一般而言，泥石流分布与暴雨和长历时高强度降水的分布区域基本一致。

（6）海拔高度不同泥石流类型不同

随着海拔变化，高山高原堵断了暖湿气流的运移，相应降雨量呈现东南多、西北少的格局；同时地势起伏、气候水文、土壤植被等泥石流形成的自然因素都发生了地带性变化。按照海拔的高低，泥石流活动也呈现不同的类型。低海拔（2100m以下）为暴雨型泥石流，海拔升高（2100～3500m）发展为冰雪融水—暴雨型泥石流，海拔再升高（3500～4000m）多发生冰川型泥石流，海拔再升高（＞4000m）则会暴发冰湖溃决型泥石流。

（7）泥石流分布具非地带性特征

泥石流的形成因素，有地带性因素，也有非地带性因素。那么泥石流分布是否具有地带性？回答是否定的。虽然泥石流受地带性因素强烈影响，但也受非地带性因素强烈影响，是二者综合作用的结果，所以表现出一个流域只要具有形成泥石流的基本条件，不管处于什么纬度，也不管处于什么海拔高度都可以暴发泥石流。从纬度看，我国最南端的海南岛有泥石流分布，最北端黑龙江大小兴安岭和新疆阿勒泰等地区也有泥石流分布；从垂直高度看，辽宁岫岩海拔不足100m的丘陵地带有泥石流分布，海拔5000m以上的青藏高原也有泥石流分布。由上述分析可见，无论从水平地带性来考察，还是从垂直地带性来考察，泥石流分布都具有非地带性特征。

6.3.4 泥石流活动特征

受地质地貌环境、气候条件和人类活动的影响，泥石流活动具有下列特征。

（1）突发性

一般的泥石流活动暴发突然，历时短暂。一场泥石流过程从发生到结束仅几分钟到几十分钟。在流通区的流速可高达20m/s。泥石流的突发性使得其难于准确预报，灾害发生时撤离可用时间短。因而，泥石流暴发的突发性常给山区造成突变性灾害，以其强烈的侵蚀、搬运和冲击能力冲毁房屋、道路、桥梁，堵塞河湖、淤埋农田、破坏森林。

（2）准周期性

由于受固体物质来源和降雨的影响，泥石流活动具有波动性和（准）周期性。泥石流活动的波动性主要受固体物质补给的影响，在泥石流把沟道内主要松散物质搬运出集水区之外后，该沟就难以形成泥石流或泥石流的规模变小，松散固体物质累积到一定程度后，又会形成较大规模泥石流，这表现为泥石流活动强弱的波动。泥石流活动的周期性还受到降雨的影响。由于同时也受到地震和固体物质补给的影响，泥石流暴发与强降雨周期不完全一致。例如，青藏高原泥石流活动有大周期与小周期，1902 年扎木弄巴发生的特大规模滑坡型泥石流堵断易贡藏布江形成易贡湖，2000 年 4 月扎木弄巴再次发生特大规模滑坡型泥石流堵断易贡藏布江代表了泥石流活动大周期的特征；根据调查和文献资料统计，古乡沟 1953 年暴发了特大型泥石流，中间经过了 3 个相对活跃期和 3 个相对平静期。

（3）群发性

由于在同一区域内形成泥石流的环境背景条件差别不大，地质构造作用、水文气象因子、地震活动作用等对泥石流的影响呈面状特性，导致泥石流的群发性特征。泥石流多沿断裂带和地震带发育，在断裂和地震活跃的地区，泥石流活动特别集中和强烈，在长历时降雨或强降雨天气过程影响下，会成群出现。如 1979 年云南怒江傈僳族自治州的六库、泸水、福贡、贡山和碧江 5 个县 40 余条沟暴发了泥石流，1981 年长江上游长历时高强度降雨导致四川省有 1000 多条沟发生泥石流，1986 年云南省祥云县鹿鸣山的“九十九条破箐”几乎同时暴发了泥石流，2004 年 7 月云南德宏傣族景颇族自治州先后两次普降暴雨，暴发了大面积群发性泥石流、滑坡和山洪，酿成了巨大灾害。我国泥石流暴发非常强烈的地区有云南省小江流域、甘肃省武都地区、四川省攀西地区和西藏自治区东南部等。

（4）低频性和猛烈性

一般而言，经过长期的松散固体物质积累后，泥石流首次暴发（或间隙较长时间再度暴发）时规模大，危害严重。在长时间不发生泥石流的情况下，人们对泥石流危害的警惕性和防范意识会逐渐降低，当遇到强烈的激发作用（如特大暴雨、地震活动等）时，会激发泥石流，而这种泥石流往往为大规模或特大规模泥石流，来势猛烈，在人们放松警惕情况下，常常造成特大灾害。例如，2002 年 8 月 15 日云南省新平县特大暴雨激发的泥石流、2004 年 7 月 5 日和 22 日云南省盈江－陇川两次特大暴雨激发的特大泥石流均造成了严重灾害。因此，应该特别注意防范低频性泥石流。

（5）季节性和夜发性

泥石流活动的具有季节性，由于受降雨过程的影响，泥石流发生时间主要在雨季（6～9月），集中在 7～8 月，其他季节暴发较少，而且规模也较小；在高山地区 4～6 月常常暴发冰雪融水泥石流。泥石流暴发还主要集中在傍晚和夜间，具有明显的夜发性，这增大了灾害的危害性。从历年来中国科学院东川泥石流观测研究站对蒋家沟泥石流活动的观测来看，在夜间暴发的泥石流占泥石流发生总次数的 70% 以上。正由于泥石流暴发的时间多在夜间，这增加了灾害的危害性，加大了对灾害警报、灾后转移人员和财产的难度。

（6）气候变化对泥石流的影响

综合分析波密气象站近40年的观测资料和该地区泥石流活动情况后表明，1993年以来，气候有逐渐转为湿热气候，导致近年泥石流活动的加强，同时发现高温多雨年代和低温多雨年代（即湿热或湿冷年代）有利于泥石流的发生。近年来，二氧化碳等温室气体诱发的全球增暖问题引起了国际科学界的广泛注意，基于“温室效应”，全球地表温度将升高1.75℃，全球平均降水约增加2.5%，但区域和季节差异很大。平均而言，东亚季风区降水增多，暴雨的频率增加，这将直接导致水土流失和土壤侵蚀的加剧，从而增加泥石流的发生频率和强度。受全球气候变化趋势的影响，未来泥石流活动会呈现逐渐增强的趋势。

6.4 泥石流分类

泥石流是一种形成过程复杂，由泥沙石块、水体和少量空气组成的具有多种流态和运动形式的多相流。不同条件下发生的泥石流，其流体结构、力学性质、活动特征都存在着一定的差异性。

根据泥石流分类依据，结合泥石流研究中所确定的特性相同或不同的界线，将泥石流划分为9类和30型（表6.3）。

表6.3 泥石流分类依据、指标与类型

分类依据	主要分类指标	泥石流类型
泥石流规模	百年一遇泥石流可能冲出的固体物质总量≥50万 m^3	特大规模
	百年一遇泥石流可能冲出的固体物质总量10万～50万 m^3	大规模
	百年一遇泥石流可能冲出的固体物质总量1万～10万 m^3	中等规模
	百年一遇泥石流可能冲出的固体物质总量＜1万 m^3	小规模
形成和激发泥石流水源	以大气降水（暴雨、大雨、绵雨）为主的水源	雨水类
	以冰雪融水为主的水源	冰雪融水类
	以溃决水为主的水源	溃决水类
	以地下水为主的水源	地下水类
泥石流发育部位的地貌形态	流域面积较大（一般≥10km^3），主沟泥石流一般由支沟泥石流引起，泥石流沟谷底较宽，沟床纵坡较缓	河谷型
	流域面积较小（0.3～10 km^3），固体物质主要来自于沟床和坡面，谷底较窄，沟床纵坡较陡	沟谷型
	流域面积小（＜0.3 km^3），沟床陡急，谷底狭窄，有的为流域界线不明显的山坡	山坡型
泥石流活动频率	每两年发生泥石流一次或以上	高频率
	3～30年发生一次泥石流	中频率
	30年以上发生一次泥石流	低频率

续表

分类依据	主要分类指标	泥石流类型
泥石流发育阶段	泥石流活动流域的面积多＜ $1km^2$，流域相对切割程度 * ≥ 150‰	发展期
	泥石流活动流域的面积多在 1 ～ 10 km^2，流域相对切割程度 60‰ ～ 150‰	旺盛期
	泥石流活动流域的面积多≥ $10km^2$，流域相对切割程度＜ 60‰	衰退期
泥石流危害程度	对城镇或村庄、矿山、旅游设施、主干公路、水电工程等有严重的直接危害或威胁	严重
	对乡镇或村庄、矿山、旅游设施、主干公路、水电工程等有较严重的直接危害或威胁	较严重
	对部分房屋或乡村公路、旅游设备、农田、水利设施有较大危害或威胁	中等
	对农田、果园、林地、旅游设施、水利设施等有一定危害或威胁	轻微
泥石流固相物质组成	固相物质组成以黏粒和粉粒为主（含量≥ 75%）	泥质
	固相物质组成以粉粒和砂粒为主（含量达 70% ～ 95%，砂粒含量≥ 45%），加上黏粒（含量＜ 3%）和石块	泥沙质
	固相物质组成以各类土体较均匀分布	泥石质
	固相物质组成以沙粒和石块为主，黏粒＜ 1%，粉粒＜ 5%	沙石质
泥石流流体性质	密度≥ $2.0g/cm^3$	黏性
	密度为 1.6 ～ 2.0 g/cm^3	过渡性
	密度＜ 1.6 g/cm^3	稀性泥石流
泥石流形成与人类活动关系	泥石流形成与发展主要受自然条件控制，与人类活动关系不密切	自然泥石流
	泥石流形成与发展与人类经济活动关系密切，如采矿、采石弃渣等大量增加了形成泥石流的松散固体物质等	人为泥石流

* 相对切割程度为流域最大高差 / 流域周界长度，以 ‰ 表示。

6.5 泥石流的力学特征

泥石流的力学特征，包括泥石流的静力学特征、动力学特征，以及由这些力学特征决定泥石流的侵蚀、输移、堆积和冲淤变化等特征。

6.5.1 泥石流的静力学特征

泥石流的静力学特征，主要有泥石流固相物质的颗粒组成、密度和流变特性等。

6.5.1.1 泥石流的粒度组成

泥石流流体中固体颗粒粒度范围很宽，从几微米到几米。但由于取样困难，目前在泥石流体运动中实时取样样品的粒度组成局限在 80 ～ 100mm 以下，实测到的最小粒径为 0.0013mm，占固体颗粒总重的 3% ～ 14%。

一般挟沙洪水和稀性泥石流的粒度组成较均一，粒度范围窄，颗粒离散度小（离散度为 d_{84} 与 d_{16} 的颗粒累积百分含量之比 d_{84}/d_{16}）。99% 以上是小于 2mm 的泥沙，其中粗沙占 14% ～ 37%、粉沙和黏粒占 82% ～ 62%。而黏性泥石流粒度组成范围较宽，离散度大。其中大于 2mm 的石块占固体物质重量的 65% 以上，砂粒占 18% 左右，粉黏粒占 18% 左右（图 6.2）。

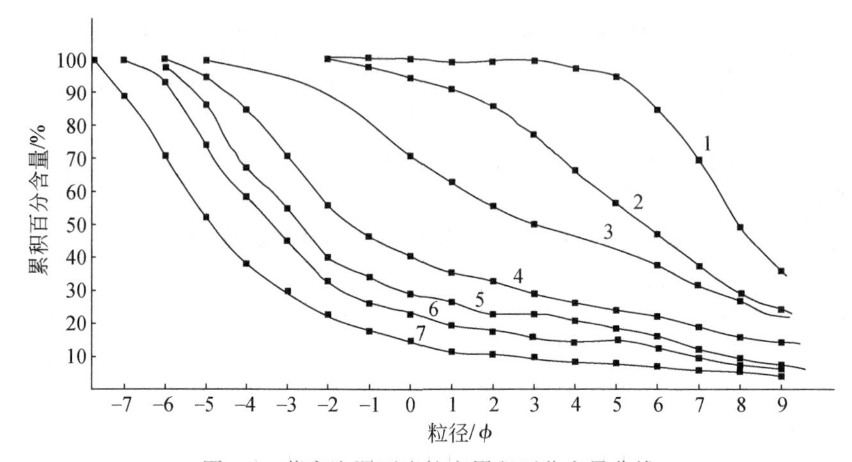

图 6.2　蒋家沟泥石流粒度累积百分含量曲线

1. 挟沙洪水；2. 稀性泥石流；3. 过渡性泥石流；
4 ～ 6 分别为低、中、高浓度黏性泥石流；7. 形成区样品

应当指出，黏土矿物（< 0.005mm）在泥石流固相成分中所占比例不大，但其作用却十分显著。

由于黏土矿物的亲水特性、比表面积、大和扁平的晶型特征等，造成泥石流性质各异。一般黏粒含量小于 3% 时，为稀性泥石流；大于 5% 时为黏性泥石流，介于 3% ～ 5% 的为过渡性泥石流。

6.5.1.2 泥石流密度

泥石流的密度指单位体积泥石流流体的质量（g/cm^3），许多研究者习惯用“容重”的概念，即单位体积泥石流体的重量。泥石流密度的大小，反映了泥石流体的结构，并对泥石流的物理力学性质产生强烈影响。一般说来，稀性泥石流密度为 1.3 ～ 1.6g/cm^3，黏性泥石流密度≥ 2.0g/cm^3，过渡性泥石流密度在 1.6 ～ 2.0 g/cm^3。不同密度的流体含沙量不同，一般含沙量在 1000kg/m^3 以上，最高可达 2180.3kg/m^3。

泥石流密度受固液二相的组成、固体物质特性及土体特性影响。通常固体物质、大颗粒含量高和密度大的颗粒多者，泥石流的密度大；反之，泥石流密度则小。泥石流密度在同一阵次中随时空不同而变化。一般从上游到下游，密度随固体颗粒的加入而增大；同一流域不同时间发生的泥石流，因降水不同和固体物质供给的差异，表现不同的密度；对同一阵泥石流而言，通常“龙头”密度较高，此后逐渐降低。

6.5.1.3 泥石流流变参数

泥石流的静力学特征与动力学特征有紧密联系，并对动力学特征产生强烈的影响。泥石流的流变参数，主要有静切力 τ_o，屈服应力 τ_B 和刚度系数（黏度）η。

静切力可分为起始静切力 τ_o 和终极静切力 τ_c。通常说的静切力往往是指起始静切力 τ_o，起始静切力 τ_o 是表征静止流体结构强度的一个重要参数，是泥石流体或其浆体运动或搅拌后立即测定的值。起始静切力 τ_o 是由结构内部的联接力 τ_c 和静摩擦力 τ_φ 联合作用形成的，即

$$\tau_o=\tau_c+\tau_\varphi \tag{6.1}$$

静切力 τ_o 可通过静切力仪测试获得，也可通过有关公式计算获得。

屈服应力 τ_B 是宾汉体的一个重要参数，它也反映了泥石流体和浆体的结构强度。泥石流浆体的屈服应力，可用旋转型黏度计测定，也可通过有关公式计算获得。

刚性系数（黏度）又称塑性黏度或宾汉黏度，是体现流体内摩擦作用的一个特征值，与流体的运动状态和流速分布密切相关。泥石流浆体的刚性系数可用旋转型黏度计测定，泥石流体（$d < 20$mm）的刚性系数可用泥浆混凝土仪测定，亦均可采用有关公式通过计算获取。

6.5.2 泥石流的动力学特征

泥石流的动力学参数主要有流速、流量、冲击力、冲起高度和弯道超高高度等，它们对泥石流的破坏作用有强烈影响，是泥石流防治中重要的设计参数。

6.5.2.1 泥石流流速

泥石流流速的计算方法，目前多半都是根据野外观测资料并配合实验或简易现场实验而建立起来的，因此往往为一些经验或半经验公式。

（1）稀性泥石流流速计算公式

稀性泥石流的流速计算公式有很多类型，下面介绍几种主要的形式。

铁道部第一设计院计算公式

$$V_c=(15.5/a)\,H_c^{2/3}\,I_c^{\ 3/8} \tag{6.2}$$

式中，V_c 为泥石流计算断面平均流速（m/s）；H_c 为计算断面平均泥深（m）；I_c 为泥石流水（泥）力坡度，一般可用沟床纵坡代替

$$a=(1+\varphi_c r_s)^{1/2},\ \varphi_c=(\rho_c-\rho_w)/(\rho_s-\rho_c)$$

式中，ρ_c 为泥石流密度；ρ_w 为水的密度；ρ_s 为固相物质实体密度，一般取 2.65 ～ 2.75。

铁道部第三设计院公式

$$V_c=(15.5/a)\,H_c^{2/3}\,I_c^{\ 1/2} \tag{6.3}$$

符号意义同前。

北京市政设计院公式

$$V_c=(m_w/a)\,R^{2/3}\,I_c^{\ 1/10} \tag{6.4}$$

式中，m_w 为山区大比降沟床糙率系数；R 为沟床计算断面水（泥）力半径（m），其余符号意义同前。

西南地区现行（东川泥石流流速改进）公式

$$V_c=(m_c/a)\,R^{2/3}\,I_c^{1/2} \tag{6.5}$$

式中，R 为泥石流水（泥）力半径，在天然河床一般可用平均水（泥）深代替；m_c 为泥石流的糙率系数，其余符号意义同前。

（2）黏性泥石流流速计算方法

黏性泥石流流速计算公式也是类型多样，一般为地区性经验或半经验公式，下面介绍几种主要计算公式。

东川蒋家沟泥石流流速计算公式

$$V_c=(1/n_c)\ H_c^{2/3}\ I_c^{1/2} \tag{6.6}$$

式中，$1/n_c=28.5H_c^{-0.34}$， 其余符号意义同前。

云南东川大白泥沟、蒋家沟泥石流流速计算公式

$$V_c=KH_c^{2/3}\ I_c^{\ 1/5} \tag{6.7}$$

式中，K 为黏性泥石流流速系数，其余符号意义同前。

甘肃武都地区泥石流流速计算公式

$$V_c=m_cH_c^{2/3}I_c^{1/2} \tag{6.8}$$

式中，m_c 为沟床糙率系数，用内插法查表求得，其余符号意义同前。

西藏古乡沟泥石流流速计算公式

$$V_c=(K/n_c)\ H_c^{3/4}I_c^{1/2} \tag{6.9}$$

式中，n_c 为泥石流沟床糙率，一般黏性泥石流取 0.45，稀性泥石流取 0.25；

K 为流速系数，一般取 0.45，其余符号意义同前。

云南大盈江浑水沟泥石流流速计算公式

$$V_c=(\rho_w/\rho_c)^{0.4}(\eta_w/\eta_m)^{0.1}V_w \tag{6.10}$$

式中，η_w 为清水有效黏度（一般取 1cp·s）；η_m 为泥石流浆体有效黏度（cp·s）由实验测定，浆体中土体粒粒径最大为 1mm；V_w 为清水流速，按谢才公式计算；其余符号意义同前。

6.5.2.2 泥石流流量

泥石流流量是受泥石流流速、密度、暴雨径流和流域下垫面状态等因素共同影响的一个复合性物理量，是泥石流动力学特征的重要参数之一，它对泥石流破坏作用的形成起着关键性的作用。泥石流流量计算方法一般分为两种。

（1）直接观测或形态调查法

直接观测法是首先设立观测断面（包括测出河床断面），等待泥石流暴发。然后泥石流暴发时对泥位和流速进行观测，获得平均泥深 H_c 和平均流速 V_c，并根据泥深和河床断面求出泥石流过流断面面积。最后计算泥石流流量，即

$$Q_c=V_c\cdot W_c \tag{6.11}$$

式中，Q_c 为泥石流流量；W_c 为观测断面泥石流过流面积，其余符号意义同前。

形态调查法是在泥石流发生后，为了解这场泥石流的最大流量而采用的野外调查方法。首先是在泥石流通段选择比较顺的河段，设置一个具有控制意义的断面，调查该断面以上泥石流的水（泥）力坡度 I_c（可用沟床坡度代替）和泥深 H_c，同时根据泥深和选择的断面求出过流断面面积 W_c。然后，确定泥石流的密度 ρ_c， 并根据地质条件或根据实测值，求出

泥沙石块的实体密度 ρ_s。最后，根据泥石流性质，选择前述的或其他适合当地的流速公式，计算出泥石流流速 V_c。再根据式（6.11）计算泥石流量。

（2）配方法推算泥石流流量

假定泥石流与暴雨洪水同频率并同步发生，计算断面的暴雨洪水设计流量全部转化为泥石流流量，根据这种假定建立的泥石流流量计算方法，称之为配方法。

这种方法的计算步骤是，首先按小流域水文计算方法（如推理公式法，三单位法，地方或部门的经验公式法等）计算出小流域设计断面的洪峰流量，再按情况计算相应频率的泥石流峰值流量。

不考虑形成泥石流土体的天然含水量时，其计算公式为

$$Q_c=(1+\varphi_c)Q_w \tag{6.12}$$

式中，Q_w 为某一频率的暴雨洪水设计流量（m^3/s）；Q_c 为与 Q_w 同频率的泥石流流量（m^3/s）；φ_c 为泥沙修正系数，$\varphi_c=(\rho_c-\rho_w)/(\rho_s-\rho_c)$；其余符号意义同前。

考虑形成泥石流的天然土体的含水量时，其计算公式为

$$Q_c=(1+\varphi_c')Q_w \tag{6.13}$$

式中，φ_c' 为考虑形成泥石流土体的无然含水量的泥沙修下系数，$\varphi_c'=(\rho_c-1)/[\rho_s(1+C_w)-\rho_c(1+\rho_s C_w)]$；$C_w$ 为形成泥石流的土体的天然含水量（%），该值最好在野外测定，必要时也可参考有关文献查表获取；其余符号意义同前。

考虑堵塞情况时，其流量计算式为

$$Q_c=(1+\varphi_c)Q_w\cdot D_c \tag{6.14}$$

$$Q_c=(1+\varphi_c')Q_w\cdot D_c \tag{6.15}$$

式中，D_c 为泥石流堵塞系数，既可根据 $D_c=87t^{0.24}$ 或 $D=5.8/Q_c^{0.21}$（t 为堵塞时间）公式进行计算，也可参考有关文献查表获取。

6.5.2.3　泥石流冲击力

泥石流的冲击力是其作用在物体（主要考虑建筑物）上的荷载，包括流体的整体动压力和流体中个别大石块的集中撞击力荷载。

（1）流体动压力的计算

目前，通常采用下列方法计算泥石流体的动压力

$$\sigma_d=g\rho_c V_c^2 \tag{6.16}$$

式中，σ_d 为单位面积上的流体动压强；ρ_c 为泥石流体密度；V_c 为泥石流平均流速。

式（6.16）适合于均匀流体，而泥石流为极不均匀的流体，一般都要进行修正。根据蒋家沟观测结果，其计算公式修正为

$$\sigma_d=Kg\rho_c V_c^2 \tag{6.17}$$

式中，K 为泥石流体不均匀系数，一般取 2.5 ～ 4.0。

有时也可采用式（6.18）计算泥石流冲击力

$$\sigma_d=\lambda g\rho_c V_c^2\sin\alpha \tag{6.18}$$

式中，α 为被冲压物体受力面与泥石流冲压方向间的夹角；λ 为桥墩形状系数，方形墩

λ=1.47，矩形墩 λ=1.33，圆形、尖端、圆端形墩 λ=1.00。

（2）巨石撞击力的计算

泥石流对工程建筑物的破坏，往往是在流体动压力的持续作用下，由巨大石块的撞击作用完成的。根据材料力学中冲击荷载对结构作用的计算理论，计算泥石流中大石块对建筑物的冲击力。为计算方便，通常把泥石流防治工程建筑物概化为两类：一类是悬臂梁形式，如墩、台、柱、直立跌水井等，其冲击力的计算公式为

$$P_d=\sqrt{3EJV_c^2W/gL^3} \tag{6.19}$$

式中，P_d 为大石块产生的冲击力（kN）；E 为构件弹性模量（kN/m^2）；J 为惯性力矩（m^4）；L 为构件长度（m）；W 为大石块的重量（kg）。

另一类是把建筑物概化为简支梁形成，如软地基上两岸较坚实的坝、闸、栏栅等，其计算公式为

$$P_d=\sqrt{48EIV_c^2W/gL^3} \tag{6.20}$$

符号意义同前。

6.5.2.4 泥石流弯道超高和冲起高度

泥石流在弯曲河道中流动时，会受到弯道凹岸岸壁的阻挡而形成涌堵，而产生超高，即弯道超高。若泥石流突然受到陡壁阻挡，便会产生冲起抛高，这个抛起的高度称为冲起高度。

泥石流弯道超高的计算方法如式（6.21）和式（6.22）所示

$$H_\Delta=(\rho_c/\rho_w)\,B_cV_c^2/R_cg \tag{6.21}$$

或

$$H_\Delta=2B_cV_c^2/R_cg \tag{6.22}$$

式中，H_Δ 为弯道超高；B_c 为河床泥石流表面宽度；R_c 为河流中线的曲率半径；V_c 为泥石流流速。

泥石流冲起高度的计算方法如下

$$H_\Delta=V_c^2/2g \tag{6.23}$$

式中，H_Δ 为泥石流冲起高度。

6.5.3 泥石流的发生发展特征

6.5.3.1 泥石流侵蚀作用

泥石流侵蚀作用，主要表现在侵蚀方式和侵蚀特征两个方面。

泥石流的侵蚀方式十分复杂，除泥石流形成过程中有强大的水力侵蚀和重力侵蚀外，在其形成以后，还有强烈的沟床下切侵蚀、沟岸（坡脚）侧向侵蚀和沟道溯源侵蚀。这种侵蚀不仅在短期内急剧改变沟道地形，而且不断为泥石流提供松散固体物质，加大泥石流的规模。

泥石流的侵蚀作用与水流的侵蚀作用相比较，主要具有以下特征。

泥石流的侵蚀强度和规模巨大，主要表现在3个方面：①下蚀深度大，一次下蚀深度

可达 13 ～ 17m；②侵蚀模数大，一条沟谷的一场泥石流可在数分钟至数小时内，将数万、数十万，乃至上百万立方米固相物质输出沟口，其侵蚀强度可达一天内每平方公里数万吨；③泥石流活动区侵蚀模数大，一般 ≥ 15000 t/（km^2·a）。

泥石流侵蚀具有突发性和快速性，由于泥石流暴发具有突发性和快速性，因此泥石流的侵蚀作用也具有突发性和快速性，往往能在数小时乃至数分钟内形成巨大的侵蚀量。

泥石流侵蚀在空间分布上具有不连续性，由于泥石流运动的动力主要来自松散碎屑物质的重力，水的动力作用相对较小，一般只有沟坡陡峻的小流域才能提供泥石流运动的动力条件，而且一出小流域山口，就因地形变缓而失去运动能力而转化成堆积物。可见泥石流主要在小流域活动，其侵蚀作用一般是分散孤立的，在地域上是不连续的。

泥石流侵蚀在时间分布上具有短暂性，泥石流是一种特殊流体，只有在运动中才能称为泥石流，一旦停止，便成为堆积物，失去了运动中的一切功效和作用，也失去了侵蚀能力。同时泥石流的暴发频率是较低的，一般以数百年、百年、数十年、数年和一年为周期，当然也有一年暴发数次乃至数十次的泥石流，但每次泥石流活动只有几分钟至几个小时，其活动时间短暂。

6.5.3.2 泥石流输移作用

（1）泥石流体的结构和悬浮承载能力

泥石流体内的砂粒形成具有网粒（粒膜）结构的粗粒浆体。石块与粗粒浆体结合构成格架结构。这种特独的结构体，使其具有强大的悬浮和承载力。泥石流体的悬浮和承载力是十分巨大的，尤其是黏性泥石流，在含沙量极高的情况下大石块也能悬浮而不析出。

稀性泥石流的含沙量为 447 ～ 1271kg/m^3，其中黏性颗粒 188 ～ 377kg/m^3。这样网格结构松弛，当泥石流静止时，石块、粗沙可像在水体中那样分选下沉。通常沉速非常缓慢，仅为水体中的 1/10 ～ 1/50。黏性颗粒因形成网格，不能单粒沉降，而是以结构体的形式缓慢“压缩”与水分离。

黏性泥石流含沙量达 1588 ～ 2064 kg /m^3，其中黏性颗粒 283 ～ 410 kg /m^3。网格和网粒结构强而紧，石块不能单独下沉，呈整个浆体“压缩”沉降。

过渡性泥石流其性质介于上述两者之间，大石块可以低速沉降，粗粒一般呈悬着状态。

（2）泥石流的输移形态

泥石流的输移形态丰富多样，主要有紊动输移形态、蠕动输移形态、层动输移形态、滑动输移形态和波动输移形态。

紊动输移形态是指泥石流浆体较稀，或沟道比降大而导致流动湍急，呈现紊动输移状态。它表现为浆体中石块相撞击、摩擦，发出轰鸣。

蠕动输移形态是指泥石流暴发时在粗糙的沟床上“铺床”前进，或上游供给不足似蛇身匍伏缓慢前进，流速一般小于 0.5m/s，有的小于 1 ～ 2m/min，为蠕动输移。当沟床开阔纵坡平缓时，泥石流龙头也会呈现蠕动输移。

层动输移形态是指泥石流在沟道平直、坡度不太大的情况下，高浓度的泥石流呈整体运动，体内无物质的上下交换过程，流速变化从 5 ～ 15m/s，具有极大浮托力，使巨石像游船一样漂浮。

滑动输移形态是指泥石流近似层流的整体运动，在高黏度泥石流“铺床”后，依靠惯性力作用在铺床后的沟床上滑动前进，表现为滑动输移。

波动输移形态是指当沟道泥石流残留层较厚时，在纵坡影响下，较厚浆体在重力作用下，向下形成一个波状流动体，并迅速下泄，形成波动输移。它与因堵塞形成的阵性流十分相似。

（3）泥石流体的输移方式和输移能力

泥石流体中颗粒输移可分为单粒输移和整体输移两种形式，其中单粒输移又分为悬移和推移两类。泥石流体的特有结构使得它具有巨大的输移能力，其输移能力和输移形式随泥石流性质和输移条件而变化。

在稀性泥石流体中，黏性颗粒构成浆体成为搬运介质，呈整体输移，而 0.02 ～ 2.00mm 的沙粒呈悬移质，大于 2.00mm 粒径的石块以推移质前进。稀性泥石流总输移能力 S_c（又称挟沙能力）由悬着质、悬移质和推移质三部分组成。

悬着质的输移能力 S_1 与泥石流的拖曳力和紊动强度有关，只要沟床有足够比降能使泥石流运动，则悬着质可全部输移到下游。因之 S_1 等于上游部分的来沙量。

悬移质的输移能力 S_2 与泥石流密度和紊动有关，可用修正的水流挟沙公式计算

$$S_2=K'\left(\rho_c^3 g^2/hw\right)^m \cdot \rho_m/(\rho_H-\rho_m)=K(\rho_c^3 g^2/hw)^m \tag{6.24}$$

式中，K'、K 为系数，其中 $K=K'\cdot\rho_m/(\rho_H-\rho_m)$；$\rho_m$ 为泥石流浆体密度，稀性泥石流采用小于 0.02mm 的细粒浆体密度，黏性泥石流用小于 2.0mm 粗粒浆体密度；m 为指数，一般等于 1；w 为泥石流总量，其余符号意义同前。

推移质的输移能力 S_3 取决于拖曳力和浆体密度。钱宁用输沙强度参数和水流强度参数的函数关系表示挟沙水流的推移质输沙能力，泥石流研究中尚未找到二者的关系，通常用稀性泥石流中推移质含沙量 ρ_3 求得，即

$$S_3=\rho_3=\rho_s C_{VD} \tag{6.25}$$

式中，ρ_s 为推移质密度；C_{VD} 为推移质平均体积比浓度，用实测资料点绘得出。

黏性泥石流由于具有上述独特的结构特征，细粒和粗粒共同组成网格结构体，静止时颗粒不上浮也不下沉，只要有比降，拖曳力（$\tau=\rho_c ghj$）大于河床摩阻力（$\tau_f=\rho_c ghf$），则流体不断向前运动。

过渡性泥石流的输移方式和输移能力介于稀性泥石流和黏性泥石流之间。它既可以悬着质、悬移质和推移质输移，也可以整体形式输移；它的输移量一般大于稀性泥石流而小于黏性泥石流。

（4）泥石流输移特征

泥石流的输移特征，主要表现在输移能力巨大、泥石流输移规模不等、输移形态多样和输移距离短等几个方面。

6.5.3.3 泥石流的堆积作用

泥石流的堆积作用是指泥石流体由运动状态转变为停积状态的过程。泥石流的堆积过程十分复杂，使得其堆积形态多种多样。泥石流堆积物一般能分出若干层次，层间常存在一个很薄的粗化层或表泥层，这反映了两种不同沉积间歇期的环境特征。前者说明，间歇期内降雨或洪水把泥石流堆积物表面的细粒物质带走，剩下一层较粗物质，第二场泥石流到来时覆盖在这层较粗物质之上；而后者则是第一次泥石流末尾的细粒物质在堆积扇表面形成表泥层后，第二次泥石流堆积物直接覆盖在表泥层之上。在每层内部泥、沙、砾粗细混杂，粒径差异很大，颗粒大者，粒径在 10m 以上，颗粒细小者，粒径在 0.005mm 以下，

无分选性。黏性泥石流的砾石有微弱定向排列，稀性泥石流的多数砾石有明显的定向排列，但猛然一看，在外观上仍给人以无定向排列的感觉，似为杂乱无章的堆积物。

泥石流的侵蚀、输移和堆积过程，实际上是泥石流完整的侵蚀过程，即是泥石流将固相物质由流域内搬到流域外，或由一地搬到另一地的过程。在这个过程中，泥石流不仅能给人类辛勤劳动的成果，以及人类赖以生存的耕地、房屋、环境和人类自身的生命安全带来严重危害，而且也留下许多泥石流活动的痕迹，如泥石流活动留下的堆积物、侵蚀地貌、堆积地貌和侵蚀－堆积地貌等，这些也成为人类识别泥石流的重要标志，为防治泥石流提供依据。

6.5.3.4 泥石流冲淤变化特性

泥石流运动的剪切力和剪切阻力之间的消长关系决定了泥石流的冲淤变化，若运动剪力大于剪切阻力，运动中发生侵蚀；相反，则发生淤积。

（1）泥石流冲淤变化的力学模型

泥石流体在重力作用下沿坡面运动，设坡面与水平面的夹角为 θ，流体深度为 H_c，这里以坡面建立坐标系，坡面为 X 轴，法向为 Z 轴，若取一距坡面为 Z 以上流体对下层做相对运动（图 6.3），取 1 单位长、宽、高泥石流体，其质量 $d_m=[1]^3\rho_c$，其重心相对于剪切面沿 X 方向的相对运动速度 $\delta V_{xz}=[1]/2 \cdot dV_{XZ}/dz$，即重心距离与剪切速率的乘积，则该单位流体沿 Z 面的剪切力

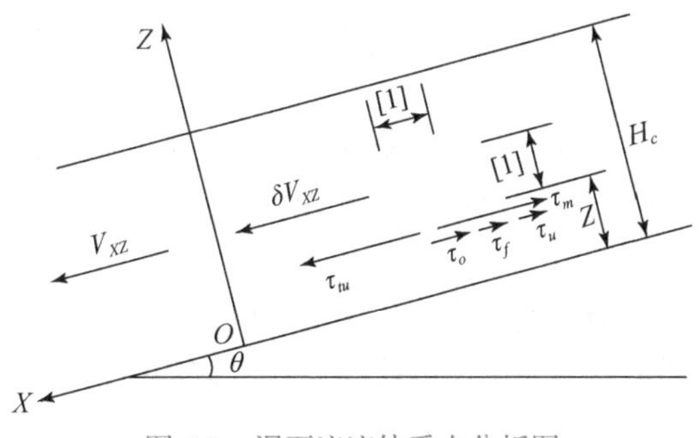

图 6.3 泥石流流体受力分析图

$$\tau=[1]^3\rho_c（d\delta V_{XZ}/dt）=\tau_m-\tau_c \qquad (6.26)$$

式中，ρ_c 为泥石流密度；$d\delta V_{XZ}/dt$ 为流体在 Z 面积 X 方向的相对加速度；τ 为剪切合力；τ_m 为作用在该单位流体底部的运动剪切力，$\tau_m=[1]^2(H_c-Z)\cdot\rho_c g\sin\theta$；$\tau_c$ 为作用在该单位流体底部的运动剪切阻力。

$$\tau_c=\text{底面内摩擦力}+\text{流体内聚力}+\text{运动阻力}$$
$$=[1]^2(H_c-Z)\ \rho_c g\cos\theta\tan\varphi_m+[1]^2\tau_0+[1]^4 a\rho_c(dV_{XZ}/dz)^2 \qquad (6.27)$$

式中，a 为运动阻力系数，$a=(\sin\gamma\cos\gamma\tan\varphi_m+\cos^2\gamma)/2$；$\gamma$ 为流体运动方向与碰撞面法线方向的夹角。

（2）影响泥石流冲淤变化的因素

影响泥石流冲淤变化的因素有泥石流性质及粒度组成、比降、泥深和流量、侵蚀基准、沟谷形态和物质的可搬运性等方面。

一般而言，对于稀性泥石流，流体密度越大，则挟沙能力越大，冲刷就会越剧烈；而黏性泥石流，流体密度大，黏度高，泥深大时则冲刷概率大，泥深小时淤积可能性增加。

沟床比降大小，直接影响泥石流的挟沙能力，比降越大，无论何种泥石流，冲刷能力均增大。一般沟床比降大于 10% 时，以冲刷为主；而小于 5% 时，以淤积为主；而不冲不淤的稳定比降可由下式求得。

$$J=0.17（d_{50}/F）^{0.2} \qquad (6.28)$$

式中，d_{50} 为沟床组成物的中值粒径；F 为流域面积。

一般当泥深小于 0.2m 时，多发生淤积，泥深大于 0.5m 时，多发生侵蚀。

侵蚀基准的影响是坡降调整，有人工侵蚀基准和自然侵蚀基准。在泥石流冲刷、淤积的过程中，可能由于堆积形成临时基准或临时基准被侵蚀而消失。在狭窄的“V”形谷上游沟段，沟床窄，下切侵蚀快。蒋家沟的支沟门前沟年下切可达约 3.0m；蒋家沟中游呈“U”形，沟床相对宽，一般在规模大且流速大时冲刷，流速小且规模小时淤积；沟口附近及以下，以淤积为主，形成了大规模泥石流堆积扇。

泥石流的冲淤变化还受沟道弯曲、支沟汇入及沟谷宽度变化的影响，形成局部的特殊冲淤现象。在沟道弯曲处，泥面升高，增大其泥面比降，冲刷剧烈，黏性泥石流尤其明显，可形成 20m 深的侵蚀槽。通常弯道下游、主流顶冲段、束窄沟段、裂点下游、支流交汇口多出现冲刷，相应在弯道凸岩、沟谷宽段、束窄段上游多出现堆积。

泥石流从上游到下游的冲淤变化，通称沿程变化。一般从上游到下游，泥石流规模由小到大，沟床条件由窄陡到宽浅。泥石流冲淤表现为上游为冲刷段，中游为冲淤交替段，下游为堆积段。

流域林草覆盖率高，冲淤变化不明显且微弱。若裸露面积扩大则冲淤变化明显且加剧。一般在一年中规模大的泥石流冲刷，小规模泥石流多淤积，有的泥石流处于冲淤交替的动态平衡中。

稀性泥石流每一次开始以冲刷为主，黏性泥石流多以“铺床”形成淤积，若规模很大，则可转为冲刷。过渡性泥石流初期以冲刷为主，中期冲淤交替出现，后期以淤积为主。

6.6 泥石流防治

山区泥石流分布广泛，危害严重，泥石流防治是国家减灾的需求。泥石流防治主要包括泥石流沟的判识，灾害发生的敏感性分析，灾害危险区的确定，灾情评估，监测预报，临灾预案，灾害治理等。

6.6.1 防治原则

一般说来，泥石流防治应遵循下列原则：泥石流防治与发展当地经济相结合的原则；以防为主，防治结合的原则；因地制宜，因害设防的原则；统筹兼顾、突出重点，分期分批进行防治的原则；生物措施为主，紧密结合其他措施的原则；先治山、再治沟、后治河的原则；土建工程防治中，以拦、排为主，与稳、调、蓄相结合的原则。

6.6.2 防治措施

6.6.2.1 生物措施

泥石流防治的生物措施由林业、农业和牧业措施等构成，是防治泥石流的重要措施之一。在生物防治措施中，不仅应注意加强森林生态系统的建设和保护，还应充分考虑泥石流流域内人口、社会、经济与生态的协调发展，尽量使每一块土地都能得到充分利用。

（1）林业措施

森林植被保育是泥石流防治中生态措施的主要内容，主要包含以下内容：

保护现有林，天然林是在自然条件下植被经长期发展形成的稳定群落，具有较人工林更为完备和强大的生态功能，在抑制泥石流形成和保持水土、防病虫害、防森林火灾、土壤养分及水分利用等方面的作用十分显著；其次，要做好护林防火与病虫害防治工作；第三，进行封山育林，保护现有森林植被，促进比较湿润地区的宜林荒山荒坡自然修复。

对宜林荒山荒坡和退耕还林地要尽快植树造林，尽快形成植被覆盖。对生态效益低的林型，如纯林、疏林等，应进行改造使之形成具有较高生态功能的复层异龄混交林。在泥石流流域造林或林型改造时，必须根据泥石流流域的分区及各区的环境背景特征，合理配置林种。水源涵养林应建成复层、异龄、针阔混交的高效林地。

泥石流形成区是坡面或沟床松散堆积物被起动形成泥石流的区段，除具有沟床和山坡陡峻的地形特征外，往往山坡和沟岸的稳定性都较差，坡面侵蚀强烈，崩塌滑坡时有发生，沟床和山坡松散堆积物丰富，是为泥石流形成提供松散固体物质的主要源地。该区宜配置水源涵养和水土保持林，利用植被保持山坡坡面和沟道岸坡的稳定，减少补给泥石流的松散碎屑物质量。该地段造林的立地条件往往较差，受其影响，直接造林一般难以成活，需在山坡下部或沟道中配合一定的工程措施（如谷坊、拦沙坝和护坡堤等），先使造林的立地条件得到改善，然后再造林。

泥石流流通区山坡相对稳定，沟床达到均衡纵坡阶段，泥石流总体上以通过为主，也有冲刷和淤积。该段一般处于流域的中下游或下游，沟道较为狭窄，泥石流能量集中，冲击破坏能力极强，其林型要根据地形条件和坡面侵蚀的实际情况，配置沟岸防护林、水土保持林和薪炭林，兼顾用材林。

泥石流堆积区位于沟谷下游或与主河（沟）交汇口附近，地形比较平缓、开阔，泥石流逐渐停止运动，产生堆积。在这一区段，村庄、农田和人类活动十分集中，泥石流的危害集中在这里。这一区段的林业措施除考虑防治泥石流危害外，还应注重解决与当地群众生活直接相关的一些问题，林型配置宜以经济林、薪炭林、沟道防护和护滩林为主。

（2）农业措施

山区自然条件复杂多样，农业措施变化较大，为了减轻和防治泥石流灾害，农业措施必须与防治泥石流的生物措施相匹配，建立与防灾减灾相适应的农业生态系统，最大限度地提高山区土地资源的生产力，充分发挥农业措施的生态效益、经济效益和防灾效益。

对坡耕地进行改造，推行坡改梯、等高耕作、条带状耕作或垄作、植物篱等水土保持农业耕作措施；≥ 25° 的陡坡坡耕地，应退耕还林，对那些坡度较陡（15° ～ 25°）坡耕地，应视当地耕地的具体状况，可部分或全部退耕，代之以生态效益和经济效益好的经济林或饲草。

河（沟）滩地退耕还河（沟），河滩是泥石流或山洪的通道，在过去的围滩造田中，不少河（沟）滩地被改造成了农田，这虽然扩大了耕地面积，却挤占了河（沟）谷的行洪断面。这不仅可能导致泥石流因受阻而泛滥成灾，而且也可能将耕地土层卷入泥石流而规模扩大，导致下游灾害的加重。因此必须将河（沟）滩地还河（沟），恢复河（沟）的泄洪断面，并修筑河（沟）堤，保护两岸滩地以上农田和居民点等的安全。

闸沟垫地地埂改造，北方山区在许多小泥石流沟内实施过闸沟垫地工程，获得了很多耕地，对农业增产增收起到了一定的作用。但其地埂往往为干砌石，强度极低，在暴雨形成的巨大沟谷洪流作用下，地埂往往溃决，形成泥石流或增大其规模。因此，必须对干砌块石地埂进行改造，关键部位的地埂应改建成浆砌石谷坊，以保证其有足够的抗冲强度，确保闸沟地安全，以减少或阻止泥石流的发生。

实施生态移民，对于土地资源缺少，生产、生活条件差，受泥石流危害和威胁严重地区的居民，可实施生态移民，移民后实行封山育林和退耕还林等生态措施，尽快修复生态环境。

建立高效农业生产基地，应选择条件好的地方，建设稳产高产农田和高效农业生产基地，推广优良品种，提倡精耕细作，增施农家肥，提高单位面积净收益，满足人民群众的需求。并以此保证生物措施的顺利实施和生态环境的改善。

（3）牧业措施

牧业措施是防治泥石流生物措施的重要组成部分，在高山区和农业产业结构调整时期尤为重要。主要包括：改良草场，有选择地发展人工草地，调整牧业结构，改变牧业养殖方式，控制草场载畜量和发展相关产业等几个方面。

6.6.2.2 工程措施

泥石流防治的工程措施是在泥石流流域内采用工程构筑物，如拦砂坝、排导槽、谷坊和护坝等，消除、控制和减轻泥石流灾害的工程技术措施。

（1）工程设计标准

泥石流防治工程的设计标准是指泥石流防治工程应具备的防御能力，一般可用防御与某一泥石流规模相应的重现期或出现频率表示。泥石流防治工程标准分为设计标准和校核标准两种。根据拟定工程的重要程度、规模、性质和范围，泥石流危害的严重程度及国民经济的发展水平等，准确、合理地选定某一频率作为计算峰值流量的标准，称为设计标准。在大于设计标准的某一标准状态下工程仍能发挥其原有作用，这一标准称为校核标准。

泥石流的设计标准可参考我国城镇防洪和防治泥石流的《城市防洪工程设计规范》（CJJ50-92）规定的防洪标准选用。但由于泥石流具有突发性和毁灭性，在参考上述标准的同时，还可根据实际情况，合理地适当提高设计标准。

（2）工程类型

跨越工程是指修建桥梁、涵洞，从泥石流沟的上方跨越通过，让泥石流在其下方排泄，用以避防泥石流。这是铁道和公路交通部门为了保障交通安全常用的措施。

穿过工程是指修隧道、明硐或渡槽，从泥石流的下方通过，而让泥石流从其上方排泄。这也是铁路和公路通过泥石流地区的又一主要工程形式。

防护工程是指对泥石流地区的桥梁、隧道、路基及泥石流集中的山区变迁型河流的沿河线路或其他主要工程措施，做一定的防护建筑物，用以抵御或消除泥石流对主体建筑物的冲刷、冲击、侧蚀和淤埋等的危害。防护工程主要有：护坡、挡墙、顺坝和丁坝等。

排导工程的作用是改善泥石流流势，增强桥梁等建筑物的排泄能力，使泥石流按设计意图顺利排泄。排导工程，包括导流堤、急流槽、束流堤等。

拦挡工程是用以控制泥石流的固体物质和暴雨、洪水径流，削弱泥石流的流量、下泄量和能量，以减少泥石流对下游建筑工程的冲刷、撞击和淤埋等危害的工程措施。拦挡措施有：拦渣坝、储淤场、支挡工程、截洪工程等。

思考题

1. 泥石流及泥石流流域分别是什么?
2. 泥石流的性质主要有哪些?
3. 一般情况下，发生泥石流的沟道（或者小流域）可以划分为几个区域?
4. 泥石流形成的影响因素主要有哪些?
5. 泥石流分布规律及我国泥石流分布特征是什么?
6. 泥石流类型有哪些?
7. 泥石流的动力学特征主要表现有哪些?
8. 泥石流的侵蚀特征是什么?
9. 泥石流的输移过程有哪些特征?
10. 泥石流的防治措施有哪些?

扩展阅读

松辽流域概况

松辽流域泛指东北地区，行政区划包括辽宁、吉林、黑龙江三省和内蒙古自治区东部的四盟（市）及河北省承德市的一部分。

松辽流域总面积 123.80 万 km^2。西、北、东三面环山，南部濒临渤海和黄海，中、南部形成宽阔的辽河平原、松嫩平原，东北部为三江平原。

松辽流域处于北纬高空盛行西风带，具有较多的西风带天气和气候特色，东北地区有明显的大陆性气候特点，为温带大陆性季风气候区。冬季严寒漫长，夏季温湿而多雨，部分地区属寒温带气候。

松辽流域主要河流有辽河、松花江、黑龙江、乌苏里江、绥芬河、图们江、鸭绿江以及独流入海河流等。其中黑龙江、乌苏里江、绥芬河、图们江、鸭绿江为国际河流。

松辽流域水资源总量 1888.21 亿 m^3，其中，地表水 1612.04 亿 m^3，地下水 625.53 亿 m^3，地表水与地下水重复量 349.36 亿 m^3。地表水与地下水可开采总量 1837.45 亿 m^3，其中，地表水 1612.04 亿 m^3，地下水可开采量 225.41 亿 m^3。

流域内现有水土流失面积已达 43.53 万 km^2，占东北总土地面积的 35.16%。其中松花江流域水土流失面积 16.03 万 km^2，占流域总面积的 28.79%；辽河流域水土流失面积 12.13 万 km^2，占流域总面积的 55.24%；其他流域水土流失面积 15.37 万 km^2，占流域总面积 33.3%。而且流域内的绝大部分水土流失情况发生在黑土区。

第7章

冻融侵蚀与冰川侵蚀

[本章导言] 冻融侵蚀是土壤在冻融作用下发生的一种土壤侵蚀现象，冰川侵蚀则是由于冰川运动对地表所产生的机械破坏作用。根据被侵蚀物质和侵蚀过程不同而分为冻融侵蚀和冰川侵蚀。冻融侵蚀与冻土层中地下冰和地下水含量、冻土地表类型以及热融作用有密切关系，冻土厚度受岩性分布、岩性坡向与坡度、植被与覆盖等多种因素影响。冰川的侵蚀方式主要为拔蚀作用和磨蚀作用两种，都是冰川对基岩的机械破坏作用。对于冻融侵蚀，采用生物措施、工程措施和封育措施相结合的方式防治，对于冰川侵蚀，多在下游受害区采用工程措施进行拦截和输导。

冻融侵蚀与冰川侵蚀是土壤在冻融作用下发生的一种土壤侵蚀现象。根据侵蚀物质不同而分为冻融侵蚀和冰川侵蚀。

7.1 冻融侵蚀

冻融侵蚀（freeze-thaw erosion）是指由于土壤及其母质孔隙中或岩石裂缝中的水分在冻结时体积膨胀，使裂隙随之加大、增多所导致整块土体或岩石发生碎裂，并顺坡向下方产生位移的现象。

7.1.1 冻土作用机制

由于温度和地表物质的差异，冻融侵蚀引起冻土反复融化与冻结，从而导致土体或岩体的破坏、扰动、变形甚至移动。冻融是高寒冻土区塑造地形的主要营力。冻融作用表现形式主要为冰冻风化和融冻泥流。冰冻风化是冻土区最普遍的一种特殊物理风化作用。渗透到基岩裂隙中的水冻结时不仅可把岩石胀裂（冰劈作用），而且由于膨胀所产生的压力还可以向外传递，把裂隙附近的坚硬岩层压碎形成石块和更细的物质，为其他外力作用创造了有利条件。融冻泥流是在冻土区平缓至中等坡度（17° ～ 27°）的斜坡地形下，夏季融化的上部土层沿着下伏冰冻层表面或基岩面向坡下缓慢滑动的现象。在寒冷气候条件下，土壤或岩层中冻结的冰在白天融化，晚上冻结，或者夏季融化，冬季冻结。这种融化、冻结的过程称为冻融作用。它主要出现在冰川作用区、高山区和冻土区。

7.1.1.1 冻土基本特征

冻土是指温度在摄氏零度以下，含有冰的土（岩）层。处在大陆性气候条件下的高纬度极地或亚极地地区，以及高山高原地区，降水量极少、温度低，由于缺少冰雪覆盖，土层直接暴露于地表，从而导致土层中热量不断散失（年平均吸热量<放热量），引起地温的逐步下降，因此在土层下部形成了多年不化的冻结层。冻土的主要外力作用是冻融作用。有些土层的温度很低，但没有冰的存在则不能称为冻土，只能叫低温寒土。

冻土一般分为两层，上层为夏融冬冻的活动层，下层才是常年（多年）不化的永冻层。活动层在夏季融化后称为季融层，而在冬季再冻结后称为季冻层。因此，季融层和季冻层实际上是活动层的两种状态。如果某年冬季气温较高，冻结深度小于夏季融化厚度时，那么在季冻层下面就会出现一个未冻结的融区；反之，如果冬季较冷而夏季较凉，则夏季的融化深度可能小于冬季冻结层的厚度，结果便在季融层的下面留下一层未融化的隔年冻结层。隔年层很薄，在来年夏季气温转暖时就可能消失（图 7.1）。

活动层每年冻结时均由上层开始，上层土的冻结膨胀，就会对下面还未冻结的含水土层（融区）施加压力，使未冻结层在刚性的永冻层上面发生塑性流动而产生揉皱变形（图 7.2），这种现象称为冻融扰动构造。

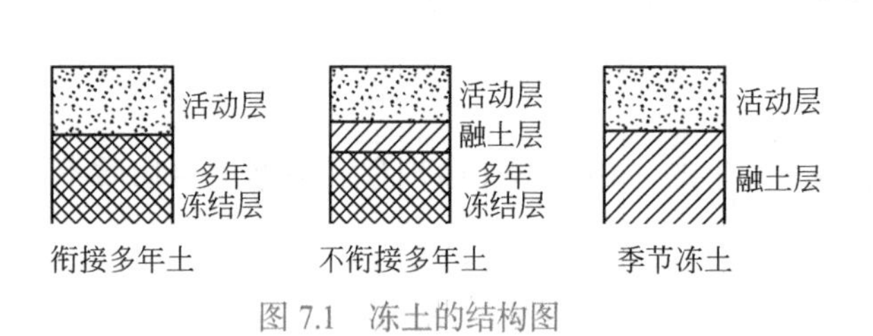

图 7.1　冻土的结构图

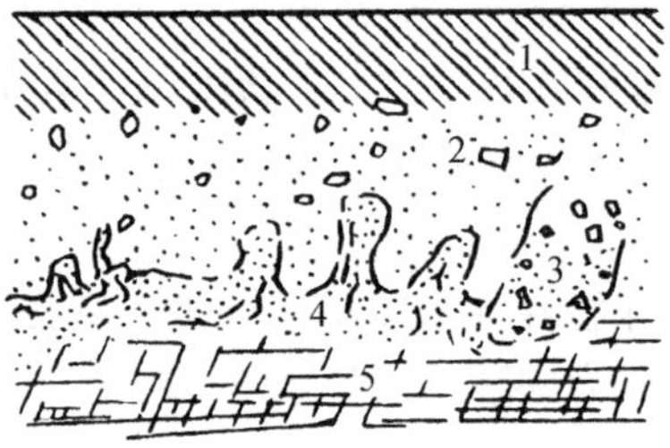

图 7.2　冻融扰动构造示意图（据 R.W. 格诺维）

1. 表面冻结层；2. 粗砂砾层因聚冰作用而脱水；3. 袋形沙砾脱水；4. 被扰动的含水层；5. 永久冻层

世界上冻土总面积约为 3500 万 km^2，占地球大陆面积的 25%。俄罗斯和加拿大是冻土分布最广的国家，俄罗斯领土的一半有冻土分布。我国冻土主要分布在东北北部山区、西北高山区及青藏高原地区。冻土面积约 215 万 km^2，占国土总面积的 22.3% 左右。中国的青藏高原以及某些高寒山地和高山雪线附近，冻融侵蚀非常明显。

7.1.1.2　冻土厚度

多年冻土的厚度从高纬度到低纬度地区逐渐减薄，以至完全消失。例如，北极的多年冻土厚达 1000m 以上，年平均地温为 −15℃，永冻层的顶面接近地面。向南到连续冻土的南界，多年冻土厚度减到 100m 以下，地温 −5 ～ −3℃，永冻层的顶面埋藏加深。大致在北纬 48° 附近是多年冻土的南界，这里年平均地温接近 0℃，冻土厚度仅 1 ～ 2m。

多年冻土从高纬度向低纬度方向延伸，不仅厚度变薄，而且由连续的冻土带过渡到不连续的冻土带。多年冻土不连续带是由许多分散的冻土块体组成，有人把这些分散的冻土块体称为岛状冻土。

中、低纬度的高山高原地区，多年冻土的厚度主要受海拔的影响。一般来说，海拔越高冻土层越厚，地温也越低，永冻层顶面埋藏深度较小。海拔每升高 100 ～ 150m，年平均地温约降低 1℃，永冻层顶面埋藏深度减小 0.2 ～ 0.3m，冻土层的厚度增加 30m。

多年冻土的厚度虽然受纬度和海拔高度的影响，但在同一纬度和同一海拔高度处的冻土厚度还有一定差别，这和其他自然地理条件有关。

（1）海陆分布影响

大陆性半干旱气候较有利于冻土的形成，而温暖湿润的海洋性气候不利于冻土的发育。因此，在地处欧亚大陆内部的半干旱气候区的冻土南界（北纬 47°），比受海洋性气候影响较大的北美冻土南界（北纬 52°）要更南一些。另外，在纬度和海拔高度相同条件下，大陆性半干旱气候区的冻土比海洋性气候区的冻土要厚一些。

（2）岩性影响

砂土导热率较高，且易透水，不利于冻土的形成；黏土导热率低，且不易透水，有利于冻土的形成；泥炭的导热率最低，最有利于冻土的发育。在连续冻土带，往往在潮湿黏土区的永冻层顶面埋深比砂砾石区的要浅，厚度比砂砾石区的要大。在不连续冻土带，泥炭黏土组成的地区往往发育许多岛状冻土。

（3）坡向和坡度影响

坡向和坡度直接影响地表接受太阳辐射的热量。阳坡日照时间长，受热多于阴坡，因而在同一高度不同坡向的冻土，其深度、分布高度和地温状况都不同，冻土的厚度也不同。据观测，昆仑山西大滩不同坡向的山坡，在同一高度和同一深度的阴坡地温比阳坡地温要低 2 ～ 3℃，阴坡冻土的厚度要大一些，分布高度较阳坡低 100m。坡向对冻土的影响还随坡度减小而减弱，如大兴安岭当坡度为 20° ～ 30° 时，南北坡同一高度处的地温相差 2 ～ 3℃。随着坡度减小，不同坡向的同一高度地温相差减小。

（4）植被和覆雪影响

冬季，植被和覆雪阻碍土壤热量散失；夏季，植被和覆雪减少地面受热。因此，地面年温差减小，使永冻层顶面深度变浅。例如，大兴安岭落叶松、桦木林和青藏高原的高山草甸，能使地表年温差降低 4 ～ 5℃。

7.1.2　冻土层中地下冰和地下水

7.1.2.1　地下冰

冻土内所含的冰称为地下冰。按照成因及埋藏方式，地下冰可分为构造冰、洞穴冰和埋藏冰等 3 种类型。构造冰又分为胶结冰、分凝冰、侵入冰及裂隙冰等。不同类型的构造冰可以形成不同类型的冻土构造。

（1）构造冰

构造冰具有明显的垂直分带性，它反映出在土层的不同深度上冻结条件、水分补给条件及土层本身的岩性和构造的差异。

胶结冰一般分布于土层的上部，由土层颗粒间的孔隙水直接冻结而成。这种冰可以把松散颗粒胶结起来形成坚硬的冰体，故称胶结冰。胶结冰的表现形式有：在水分充足的细粒土中，冰粒将土粒均匀地胶结起来，形成整体状构造冻土；在水分不充足的碎石亚砂土中，冰晶不均匀地散布在土层中，形成团粒状构造冻土；在透水性极强的残积碎屑物中，只有在接近永久冻土层的地方，岩石碎块才可能被冰所包围胶结，称作砾岩状构造冻土。

分凝冰是通过聚冰作用在土层中形成的冰体。发生聚冰作用是由土层的不均匀冻结作用所引起。当土层中同时存在已冻结的冰和未冻结的水时，一般来说，在已冻结的冰的周围温度较低，饱和蒸汽压也较小，而未冻结的水周围则温度较高，饱和蒸汽压也较大。在这种条件下，液态水中升华出的水分子就要向蒸汽压小的冰体上凝结起来，从而不断加大固态冰的体积。这种通过汽态水分子的移动不断加大冰体的作用称为聚冰作用。通过聚冰作用形成的冰叫分凝冰。分凝冰一般分布在土层下部或胶结冰的下部，大部分呈水平层状或透镜状产生，组成水平层状构造冻土。冰层的厚薄不等，上部薄（1 ～ 10mm），呈微层状到薄层状，向下逐渐加厚，出现十几厘米到 2 ～ 3m 厚的厚层状到巨厚层冰层，再向下冰层又逐渐变薄。造成这种变化的原因与冻结面移动速度和水分供应的强弱有关。当土层由上向下逐渐冻结时，由于土层上部温度梯度大，冻结面向下移动迅速（停顿时间很短），因此聚冰作用进行的时间也很短，所以冰层薄，冰层间距也小。往深处，温度梯度变小，冻结面停留时间长，聚冰作用进行充分，因此冰层较厚。再往下，由于水分的转移减弱，冰层又变薄了。在上述的分凝冰层中，中部的巨厚冰层具有极大的意义。它是一种含有亚黏土、石块和大量水的冰层。这种冰层是永冻层的一个组成部分，其顶面往往就是永冻层的上界面，所以在野外常根据其埋深来确定最大季节融化深度。

裂隙冰可分为冰脉和冰楔两种。充填于岩土裂隙中的冰叫冰脉。冰脉对基岩的破坏力极大，当水渗透到基岩裂隙中后，因冻结而膨胀，其膨胀率一般可达 9.07%，因此冰就会对裂隙壁产生巨大压力，把围岩胀裂开来称其为冰劈作用。

疏松潮湿土层的冻结与基岩略有不同，它在冻结之初，首先是整个土体发生膨胀；当完全冻透以后，如果土层进一步冷却，那么土体就开始收缩；在收缩应力作用下，土层常破裂为多边形裂隙网（或称裂隙多边形体），这是冻土区常见的地面结构形式。组成裂隙网的裂隙称为寒冻裂隙。当水充填冻结于寒冻裂隙中时，就形成冰脉。冰脉的形成使寒冻裂隙进一步加宽加深，有的甚至可以贯穿到冰冻层的深处。当来年融化时，只有冰脉的上部融化，而永冻层中的那一部分则得以保存；当寒冷气候再次到来时，又在原来的位置上产生下伸的寒冻裂隙，它重新把永冻层中的早期冰脉劈开，形成新的冰脉。如此年复一年，每年冰脉都要经历依次劈开—充水—冻结的过程，这种被多次充填的冰脉称为冰楔（图 7.3）。随着新冰脉的不断贯入，冰楔就逐渐向两侧张开，致使两侧围岩受挤压而向上弯曲，形成冰揉皱。如果冰楔是在多边形寒冻裂隙网基础上发展起来的，它就会形成冰楔多边形网，而且在地形上也有所表现（图 7.4）。如果该地区气候总趋势向着温暖的方向转化，脉体就会完全融化，并在冰楔中充填土状堆积。这种被土充填的冰楔又可以被更新的沉积所掩藏成古冰楔。这种古冰楔在地层中的存在是研究古气候的重要标志，它至少代表了当时的年平均温度低于 –6℃，属严寒的冰冻气候。

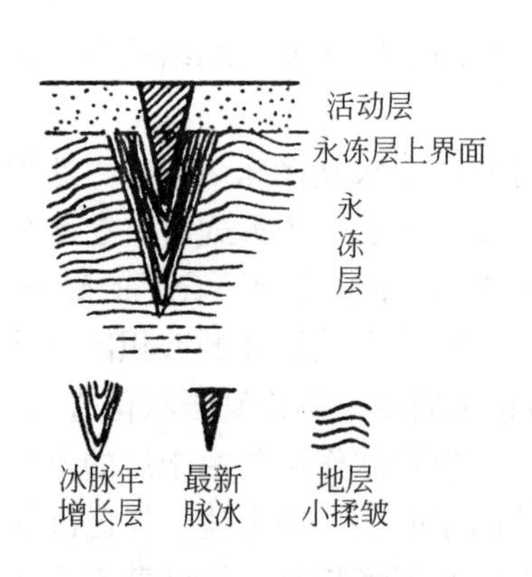

图 7.3　冰楔形成过程

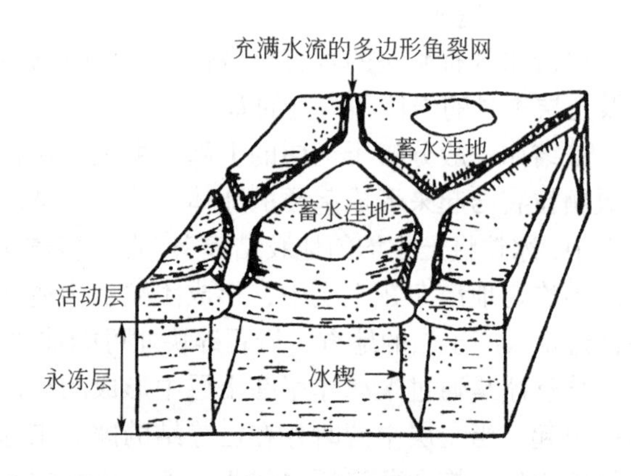

图 7.4　具有隆起边缘的冰楔多边形网

侵入冰是承压的地下水侵入到冻土中凝固而形成的冰，如冰丘冰等。

（2）洞穴冰

在永冻土分布的地区，存在着一些地下洞穴，这些洞穴可以是岩溶洞穴，也可以是埋藏冰融解以后产生的“热岩溶”洞穴，充填在这些洞穴中的冰叫洞穴冰。

（3）埋藏冰

埋藏冰主要是分布在冰川前缘地区，它是冰川融化后残留下来的“死冰”，后来又被新的沉积物所覆盖而形成的。

7.1.2.2　冻土区地下水

在冻土区内，冰和水是不可分割的整体，它们按一定条件相互制约、相互转化，形成各种结构的冻土，各种形式的地下冰及各种地貌形态。

冻土区地下水按其与永冻层的关系分为 3 种。

（1）层上水

分布在活动层中的地下水，它以永冻层为隔水底板，每年都发生一次溶化和冻结。层上水的另一特性是具有季节承压性。当秋季冻结时，冻结作用从上层开始，因此首先在上层形成一个隔水顶板，从而使下层未冻结的水失去自由水面，并且缩小了活动空间，在一定条件下，下层水就会产生承压性。例如，在低地中，这种承压性就表现得特别明显（图 7.5）。在来年解冻以后，承压性就消失了。

（2）层间水

永冻层中个别融层和融道中的地下水，它在永冻层中的连续运动是使其保持液态的主要原因。层间水可以看作是层上水与层下水的联系纽带（图 7.6）。

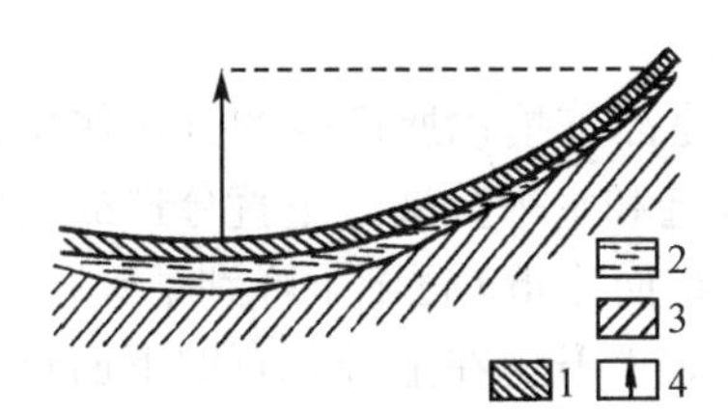

图 7.5　层上水在低地中的承压性（据高尔什科夫）

1. 季冻层；2. 季融层；3. 冰冻层；4. 层上水的承压力

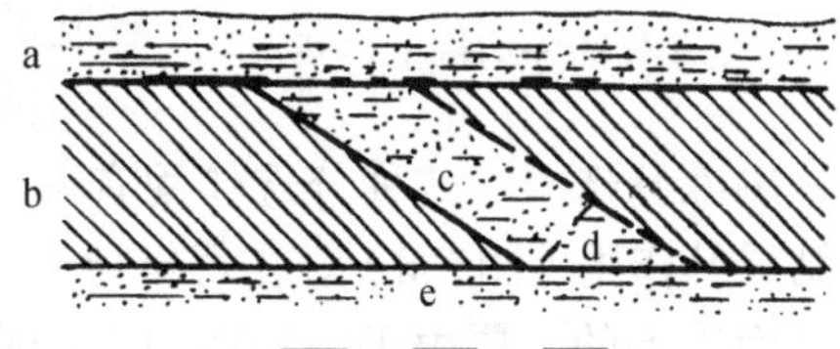

图 7.6　层上水、层下水和层间水的相互关系（据特尔斯奇亨）

a. 层上水；b. 向层间水过渡；c. 层间水；d. 向层下水过渡；e. 层下水

1. 砂；2. 含水砂；3. 冰冻层

（3）层下水

层下水是位于永冻层以下不冻层中的地下水，它们大多数都具有一定的承压性。由于温度周期性地发生正负变化，冻土层中的地下冰和地下水不断发生相变和位移，使土层产生冻胀、融沉、流变等一系列应力变形，这一复杂过程称为冻融作用。冻融作用是寒冷气候条件下特有的外营力作用。它使岩石遭受破坏，松散沉积物受到分选和干扰，冻土层发生变形，从而塑造出各种类型的冻土地表类型。

7.1.3　冻土地表类型

冻土地表类型的形成与融冻作用有密切联系。所谓融冻作用是由于气温的周期性变化引起冻土反复的融化与冻结，从而导致土体或岩体的破坏、扰动、变形甚至移动的一种作用。融冻是高寒冻土区塑造地形的主要营力。融冻作用主要表现为3种形式：冰冻风化、冰冻扰动和融冻泥流。

冰冻风化是冻土区最普遍的一种特殊物理风化作用。渗透到基岩裂隙中的水冻结时不仅可以把岩石胀裂（冰劈作用），而且由于膨胀所产生的压力还可以向外传递，把裂隙附近的坚硬岩层压碎成石块和更细的物质，从而为其他外力作用的进行创造了有利条件。

7.1.3.1 石海与石川

石海是冰冻风化作用的直接结果。在平坦而排水较好的山顶或山坡上，经冰冻风化形成的大小石块，宜覆盖在基岩面上。这种平坦山顶上布满石块的地形称为石海。

石川是在不太陡的山坡和凹地中，大量的风化产物——巨砾块在重力作用下沿着下伏的湿润细粒土层表面整体地或部分地向下滑动，这移动着的石块群体称为石川和石河。石川的运动主要发生在春季以后，因为这时下伏细粒土层开始解冻变为湿润的土体。这种土体为石块的移动提供了极好的滑动面。

7.1.3.2 冰冻结构土

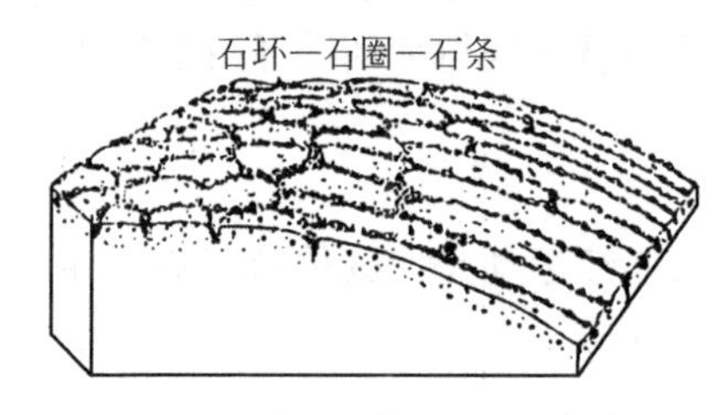

图7.7 小型冰冻结构土类型

在冻土层表面，常出现碎石按几何图案作规则排列的现象（图7.7），具有这种现象的冻土称为冰冻结构土。按照碎石排列形态，冰冻结构土还可进一步划分为石环、石圈、石多边形、石条等类型。一般来说，在水平地面上发育石多边形或石环；在平缓的凸坡上发育石圈；在较陡的斜坡上发育石条。

冰冻结构土的形成是冰冻搅动所产生的分选作用的结果（融冻分选）。这种分选作用有两种形式：即垂直分选和水平分选。垂直分选的实质是冻结提升作用（图7.8）。在每年秋季冻结开始以后，冻结面（ab）逐渐下降到某砾石处，当冻结面以上的土层由于冻结而向上膨胀时，砾石也就随之上升，在上升砾石的下面自然就留下一个空隙，这个空隙马上就会被周围未冻结的土所填满。因此，在下一次解冻时砾石就不能回到原位，而被抬高了。当这种作用长期地进行下去时，活动层下部的砾石就会被抬升（分选）到地表。

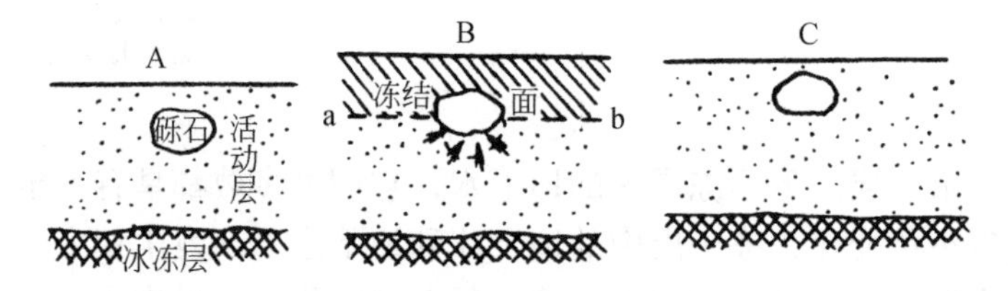

图7.8 垂直融冻分选示意图

水平分选的发生是由于土体中物质粗细和含水量的差异所引起（图7.9）。含水量较多的细粒土，在冻结时膨胀比含水少的地方厉害，成为一个膨胀中心（图7.9a）。分布在膨胀中心中的两块砾石A、B，也随着土体在水平方向上的膨胀从A移动到A′；B移动到B′（图7.9b）。当土层融化时只有细粒土松散开来，而大块的砾石则因本身的堕性而不能回到原来的位置上去（图 7.9c）。当冻结与融解反复进行时，则膨胀中心中部的砾石就逐渐被推到土体的边缘集中起来，而膨胀中心地带就成为无砾石或少砾石的地带。在垂直分选和水平分选联合作用下，不断把活动层深部的砾石抬举到上部，然后又推到土体边缘集中起来（图 7.10），形成一个被砾石所环绕的无砾石（或很少）的细粒土带（分选殆尽带）。这种细粒土带的外围砾石，在地表上常排列呈多边形，称为石多边形。石多边形还可以向下延伸到一定深度，在三度空间上成为以粗砾碎屑为外缘的石多边形柱体。当许多石多边形体结合在一起时，在地表上就形成了石多边形网。在水平地面上，当各多边形体之间互不接触时，则多边形体的石边就会加宽，最后趋向于圆形形成石环（图 7.11）。石环直径一般为 1 ～ 2m 或更小，向下延伸几十厘米后就逐渐变得不清楚了。在坡度为 2° 或更缓的斜坡上，融冻分选伴有沿坡下滑的泥流作用，使石环或石多边形拉长呈椭圆形称石圈；当坡度在 6° 以上时，融冻泥流的下滑作用加强，并导致环圈散开，成为碎石与细粒土带相间的、并顺山坡延伸的石带（图 7.7）。当坡度为 15° 左右时，融冻泥流逐渐使石带瓦解。在 25° 以上的斜坡上，石带甚至可以完全不存在。所以冰冻结构土一般发育在 0° ～ 15° 的坡度范围内。

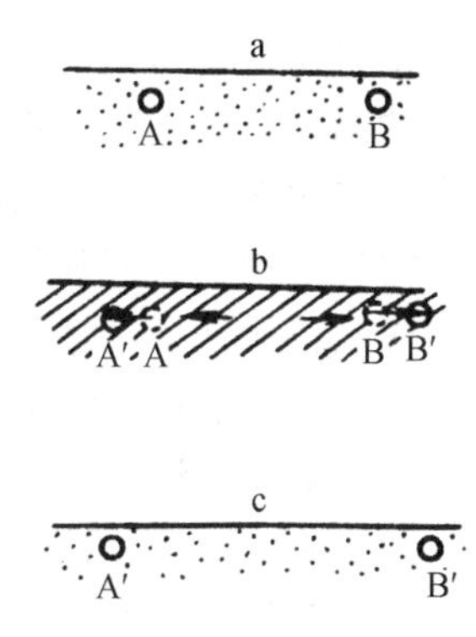

图 7.9 水平融冻分选示意图

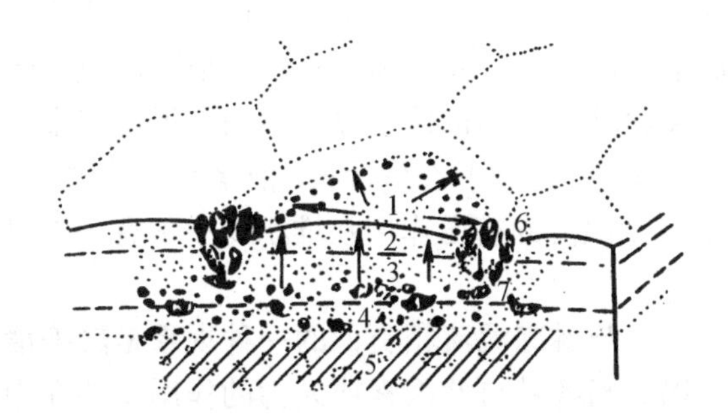

图 7.10 典型的石多边形分选图示（据恩格曼）

1. 侧向移动和表面水平分选；2. 分选殆尽带；3. 垂直分选带；4. 未分选带；5. 不透水的冻土层（未分选）；6. 石多边形；7. 地表下

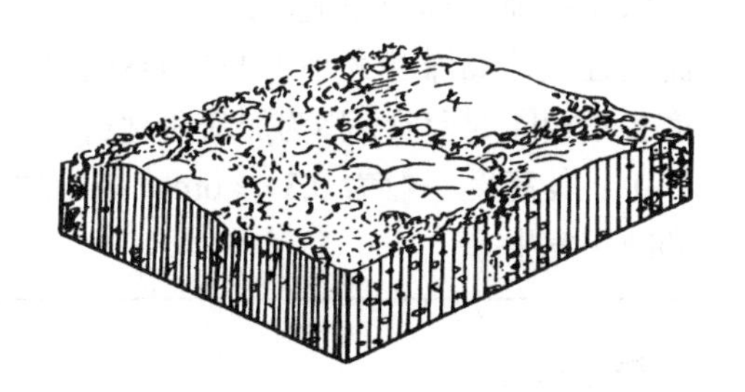
图 7.11 石环（据博奇）

7.1.3.3 融冻泥流

在冻土区内产生融冻泥流作用的条件为：地形上是一个平缓至中等（17° ～ 27°）坡度的斜坡；在斜坡上覆盖着含水量很高的细粒土或含碎石的细粒土。在这种条件下，当每年夏季冻土层上部溶化时，就使上部土层充满了过饱和的水，这种水使土体变成一种具有可塑性的软泥，在重力作用下，这些软泥沿着下伏的冰冻层表面或基岩面向坡下缓慢地滑动。把这样的滑动过程称为融冻泥流作用，而把缓慢滑动着的土体称为融冻泥流。根据具体条件的不同，融冻泥流的移动速度每年都可能有所变化。另外，不同地点的融冻泥流移动速度也是不一样的，甚至同一条融冻泥流的不同部位在同一时间里的运动速度也可以是不同的。一般变化在几十厘米到几十米之间。

融冻泥流的移动主要发生在融水丰富的夏季；到冬季冻结后，移动停止，到来年夏季解冻后移动又重新发生。因此，融冻泥流总是随着土层的融冻交替而有节奏地、间歇性地向坡下运动着。但是在平缓的斜坡上（3° ～ 4° 或更缓），泥流移动主要发生在春秋两季而不是夏季。这是因为在坡度太缓的条件下，土层沿斜坡向下的滑动力太小，不足以引起土层的明显滑动。只有在春秋两季，由于温度经常波动在0℃左右，使上部土层发生往复多次的冻融交替，从而引起土层体积频繁的胀缩变化，再加上土层的重力作用才能引起土层的明显滑动。融冻泥流在大于27°或30°的陡坡上很少见，因为在这样的斜坡上，面状洗刷作用较强烈，易把细粒物质冲走，而没有细粒物质存在是不能发生融冻泥流的。总之，融冻泥流作用是发生在冻土区平缓至中等斜坡上一种最主要的外力作用。

在融冻泥流作用下，形成的堆积物称为融冻泥流堆积。它的厚度一般是1.5～4m。融冻泥流堆积物的一般特征是没有层理和分选性差。

堆积物成分与上部坡地的组成物质相同。有时泥流堆积物可以由几个泥流层组成，这种现象是由于多次泥流作用重叠堆积的结果。在泥流层之间往往分布着平行斜坡排列的小碎石层、细粒土层、泥炭土和埋藏土壤层。这些夹层似乎又使无层理的泥流堆积物显现出一定的“成层性”。由于泥流的不均衡运动和挤压，又往往使这些夹层发生柔皱和断裂（图7.12）。

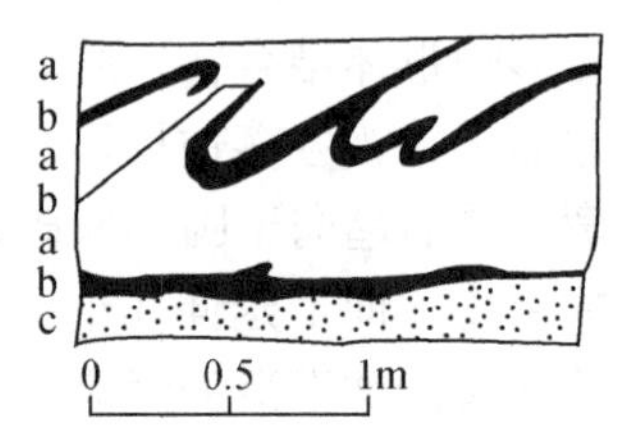

图7.12　泥流褶皱

a. 土壤层；b. 腐殖质夹层；c. 风化层

融冻泥流作用可以形成多种地貌形态，最典型的是泥流阶地。泥流阶地发育在5°～10°甚至更陡的斜坡上。当土体在泥流作用下向下滑动的过程中遇到阻挡，如基底地形的凸起等，就会停滞不前，积累成为台阶状小高地可称为泥流阶地。另外，由于斜坡上不同部位的泥流体流经的地形不同或由于流动性能（黏滞性大小）的差异就会使泥流体在斜坡的不同部位上停留下来，形成很多高度各不相同的台阶，称为泥流阶地群（图7.13）。单个阶地的形态呈舌状，前缘有一坡坎（阶梯），其高度一般为0.3～6m。在阶坎前缘常由于泥流的挤压作用在堆积物中常有小褶皱和断裂发生。

图7.13　泥流阶地群

与融冻泥流相类似的一种现象是融冻滑塌。当各种自然因素或人为的作用（如在山坡上进行工程建筑等）使山坡下部形成陡坎以后，山坡上部解冻的土体就会失去平衡，沿着永久冻土层表面向坡下迅速顺层滑动，称为融冻滑塌。滑塌体以很快的速度（一年内即可达几十米到几百米），冲向公路或铁路，对交通安全危害极大。因此，在高原冻土区进行工程建筑时，要特别注意这个问题。

7.1.3.4　冻胀丘与冰丘

在冻土地区，由于冻结膨胀作用使土层产生局部隆起常形成丘状地形。这是由于水分在土层中分布不均所致，在水分多的地方冻结速度快，冻结深度大，由于冻结而产生向下的膨胀压力也大；在水分少的地方则出现相反的现象（图7.14）。因此，下部未冻结的岩土和地下水就会从冻结压力大的地方向压力小的地方集中，结果就会在冻结深度小的地方把地面鼓起来形成丘状地形称为冻胀丘。如果冻胀丘内形成冰透镜体，它对地表也起着巨大的冻胀作用，这样的冻胀丘称为冰核丘，冰核丘顶面常因冻胀而产生裂隙，沿着裂隙常有地下水喷出地表。冰核丘的规模不等，大者其高度约10～20m，基部长150～200m，它们可以存在几十年或几百年，但是一旦其中冰核融化，丘体就会消失，甚至在地表出现洼地。在冻胀丘内，由于土层的流动挤压产生融冻搅动形成搅动构造——小型的揉皱和断裂。在冻土区内，由于地面的这种不均匀冻胀常引起路面变形（路面翻浆）等不良现象。

冰丘是溢出到河湖冰面、雪面、地面的地表水或地下水经冻结而成的丘状冰体。溢出的原因可以是由于河流的冻结，使过水断面收缩，不能使所有的水流通过该断面，从而产生很大的水压力。在这种压力作用下，水流可以冲破表面冰层，或从河床两侧穿过尚未冻结的河流冲积物而冒出地表经冻结而成冰丘。也可以是由于冰核丘内的承压水沿顶部裂隙喷出地表冻结而成等。

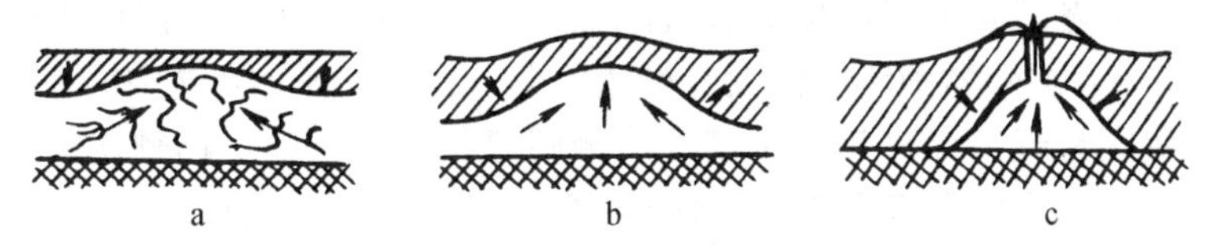

图 7.14 冻胀丘的生成（据善采尔）

a. 活动层中的含水土层从压力大的地方向压力小的地方移动，逐渐集中；
b. 由于土层的集中，从而对地表产生鼓胀作用冻丘开始形成；
c. 鼓胀作用过大时，冻丘顶部可能破裂，地下的含水泥土沿裂隙冲出地表堆积在裂隙两侧

上面介绍了各种各样的冻土地表形态，如果按照它们产生的地貌位置或垂直分带性，可以用图 7.15 来加以概括。

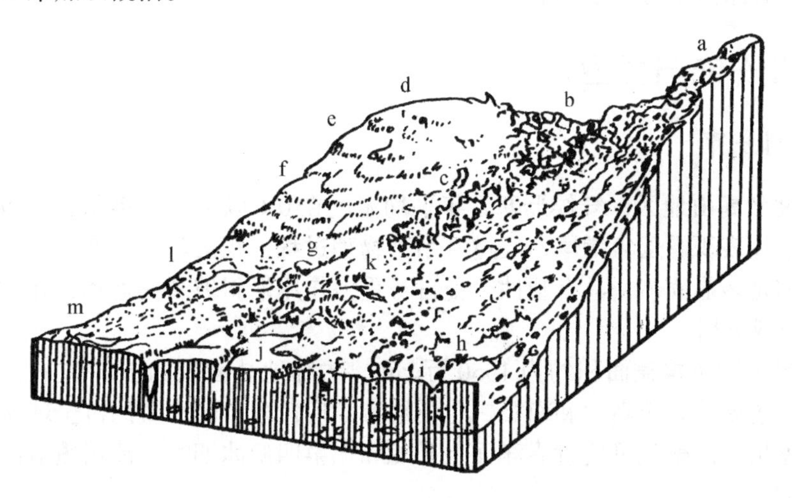

图 7.15 冻土区地貌组合（据博奇）

a. 冻蚀台地；b. 石川源；c. 石川（石河）；d. 石圈；e. 土溜阶地（泥流阶地）；f. 土溜堤；
g. 石块沿湿润土层滑动；h. 石带；i. 石多边形网状土；j. 冰楔；k. 大冻丘；l. 小冻丘；m. 网状土

7.1.4 热融作用

7.1.4.1 冻融界面热融机理

由于自然因素（如气候转暖、温度差增大）或人为的作用（如砍伐森林、开辟荒地、修水库蓄水、挖水沟、铲除草皮进行工程建筑等），破坏了地面上原有的保温层，使土层中温度升高而致使地下冰融化，土体在重力作用下沿冻融界面移动或产生各种负地貌过程，

称为热融作用。

热融作用可分为热融滑塌和热融沉陷两种。由于斜坡上的地下冰融化，土体在重力作用下沿冻融面移动就形成热融滑塌。热融滑塌开始时呈新月形，以后逐渐向上方溯源发展，形成长条形、分叉形等。大型的热融滑塌体长达200余米，宽数十米，后壁高度1.55～2.5m。

7.1.4.2 热融作用负地貌过程

平坦地表因地下冰的融化而产生各种负地貌，称为热融沉陷。随着冰冻层的融化，冰冻层以上的土层也要随之而产生沉陷。这种沉陷作用所形成的地形称为热溶地形。热融地形以负地形为主，由热融沉陷形成的地貌有沉陷漏斗（直径数米）、浅洼地（深数十厘米至数米、径长数百米）、沉陷盆地（规模大者可达数平方公里）等。当这些负地貌积水时，就形成热融湖塘。我国青藏高原多年冻土区，热融湖塘分布很广泛。热融现象还可以引起路基沉陷、路面松软、水渠垮塌等不良工程地质现象，是一个必须认真对待的问题。

7.2 冰川侵蚀

冰川侵蚀是冰川运动对地表作用的一种方式，指冰川及其挟带的岩石碎块对冰川基岩的破坏作用。冰川的侵蚀方式主要分为拔蚀和磨蚀作用两种，都是冰川对基岩的机械破坏作用，另外还有冰楔作用和撞击作用。

7.2.1 冰川分布与类型

7.2.1.1 冰川分布

在高纬度和高山地区，气候严寒，年平均温度在0℃以下，常年积雪。当降雪的积累大于消融时，地表积雪逐年增厚，经过一系列物理过程，积雪就逐渐变成微蓝色透明的冰川冰。冰川冰是多晶固体，具有塑性，受自身重力作用沿斜坡缓慢运动或在冰层压力下缓慢流动，就形成冰川。

现在世界上冰川覆盖面积约为1550万km^2，占陆地总面积的10%左右，总体积约为2600万km^3，主要分布于高山和南极、北极地带。现代冰川的水量约占全球淡水的85%。据估计，如冰川全部融化可使世界洋面上升66m。第四纪冰期时，冰川覆盖面积可达世界陆地面积的1/3。

我国现代冰川覆盖面积约为5.7万km^2，主要集中分布在青藏高原及西北高山地带，如喜马拉雅山、天山、昆仑山、祁连山和川西诸山地等。青藏高原是我国现代冰川分布最多的地区，整个青藏高原及边缘山地的现代冰川为94554 km^2，其中我国境内现代冰川占49%（表7.1）。

7.2.1.2 冰川类型

在雪线以上的积雪，积累到一定厚度并转化成冰川冰后，如地面或冰面有一坡度，冰川冰就能沿坡向下移动，形成各种冰川。现按冰川的形态、规模和所处的地形条件，把冰川划分为以下4种类型。

表 7.1　青藏高原现代冰川面积统计表

地区	冰川面积 /km²	中国境内		雪线高度 /m	资料来源
		面积 /km²	所占百分比 /%		
喜马拉雅山	29685	11055	37	4300 ～ 6200	卫片
冈底斯山	2188	2188	100	5800 ～ 6000	卫片、航测图
念青唐古拉山	5898	5898	100	4200 ～ 5700	航测图
岗日嘎布	1638	1638	100	4300 ～ 5000	卫片、测量图
横断山脉	1456	1456	100	4600 ～ 5600	航测图
唐古拉山	2082	2082	100	5400 ～ 5700	航测图
羌塘高原	3566	3188	100	5600 ～ 6000	航测图
昆仑山	11639	11639	100	4700 ～ 5800	航测图
祁连山	2063	1973	100	4500 ～ 5250	冰川目录
喀喇昆仑山	17835	3265	18	5100 ～ 5400	航测图
帕米尔高原	10304	2258	22	5500 ～ 5700	卫片
兴都库什山	6200	0	0	4000 ～ 5100	Eva Horvath
总计	94554	46640	49	4000 ～ 6200	

（1）山岳冰川

山岳冰川是发育在高山上的冰川，主要分布在中纬和低纬地区。山岳冰川形态和所在的地形条件有很大的关系，根据冰川的形态和部位可分为冰斗冰川、悬冰川和山谷冰川 3 种。冰斗冰川是分布在雪线附近或雪线以上的一种冰川。这种冰川的规模大的可达数平方公里，小的不及 1km²。冰斗冰川的三面围壁较陡峭，在一方有一短小的冰川舌流出冰斗，冰斗内常发生频繁的雪崩，这是冰雪补给的一个重要途径。悬冰川是发育在山坡上的一种短小的冰川，或当冰斗冰川的补给量增大，冰雪开始向冰斗以外的山坡溢出，形成短小的冰舌悬挂在山坡上，称为悬冰川。这种冰川的规模很小，面积往往不到 1km²。悬冰川的存在取决于供给冰量，所以悬冰川随气候变化而消长。山谷冰川是当有大量冰雪补给时，不到冰川迅速扩大，大量冰体从冰斗中溢出，并进入山谷形成的。山谷冰川以雪线为界，有明显的冰雪积累区和消融区。山谷冰川长可达数公里至数十公里，厚度达数百米。如单独存在的一条冰川，叫单式山谷冰川；由几条冰川汇合的叫复式山谷冰川。

（2）大陆冰川

大陆冰川是在两极地区发育，面积广、厚度大的一种冰川。它不受下伏地形影响。如冰川表面中心形状凸起似盾状，叫冰盾。还有一种规模更大的、表面有起伏的大陆冰体，叫冰盖。格陵兰冰盖和南极冰盖是目前世界上最大的两个冰盖。南极洲东部冰层最厚达 4267m，冰面平均海拔为 2610m，下伏陆地平均高度为 500m。南极洲西部冰面平均海拔 1300m，但下伏地面大部分在海面以下，平均为 −280m。由于大陆冰川有很厚的冰体，在强大的压力下，从冰川中心向四周呈放射状流动。

（3）高原冰川

高原冰川是大陆冰川和山谷冰川的一种过渡类型，由于它发育在起伏和缓的高地上，所以叫高原冰川，又称冰帽。有时，在高原冰川的周围伸出许多冰舌。斯堪的纳维亚半岛的约斯特达尔冰帽，长 90km，宽 10 ～ 12km，面积达 1076km²，在冰帽的东西两侧伸出许多冰舌。冰岛东南部的伐特纳冰帽规模更大，面积达 8410 km²。我国西部高山地区，常在古夷平面发育一种平顶冰川，和高原冰川属同一种类型，祁连山西南部最大的平顶冰川面积达 50 km²。

（4）山麓冰川

当山谷冰川从山地流出，在山麓带扩展或汇合成一片广阔的冰原，叫山麓冰川。阿拉斯加在太平洋沿岸就有许多山麓冰川，最著名的是马拉斯平冰川，它由 12 条冰川汇合而成，面积达 2682 km^2，冰川最厚处达 615m，冰川覆盖在一个封闭的低洼地上，这个洼地的地面比海面低 300m。马拉斯平冰川目前处于退缩阶段，冰面多冰碛，生长着云杉和白桦，有些树木已有 100 年左右。

各种不同类型的冰川可以相互转化。当雪线降低，山岳冰川逐渐扩大并向山麓地带延伸，就成为山麓冰川。如果气候不断变冷变湿，积雪厚度加大，范围扩展，山麓冰川则不断向平原扩大，同时由于冰雪加厚而掩埋山地，就成了大陆冰川。当气候变暖时，则向相反的方向发展。但是，并不是所有冰川都按上述模式发展。例如，北美第四纪大陆冰川的古劳伦冰盖中心在哈得逊湾西部，周围没有高地可作为古冰川的最初发源地，因而认为劳伦冰盖的发育主要是受西风低压槽的控制，冰期时这里南北气流交换频繁，降雪量大增，在平原上首先形成常年不化的雪盖，然后逐年增厚形成广阔的大陆冰流。

7.2.2 冰川运动

冰川运动速度比河流水流流速要小得多，一年只前进数十米至数百米。即使有一些突然性的快速运动冰川，运动速度也不及河流水流速度。例如，喀喇昆仑山的哈拉莫希峰，南坡有几条小冰川流入库西亚谷地，1953 年 3 月 21 日，几条小冰川突然前进，汇成一条大冰川向前流动，直到 6 月 11 日冰川才停止前进，总共向前移动了 12km，平均每天也才前进 150m。

冰川运动主要通过冰川内部塑性变形和块体滑动来实现（图 7.16）。冰川塑变的力源主要来自冰川本身的重力。一般规模大的冰川，常可分为上部脆性带和下部塑性带，冰川表层裂隙深度多小于 30 ～ 50m，在此深度下，冰处于可塑状态。但对小冰川而言，塑性流动常不明显，冰川运动主要依靠基底滑动。冰川运动方式还取决于温度的变化，冰川的温度越高，虽然有利于塑性变形，但因冰雪融水的积极参与，增加了冰川底部的润滑作用，导致基底滑动的比例提高；而当冰川温度越低时，冰与冰床的冻结强度超过冰自身的剪切强度，则往往发生冰内剪切滑动。

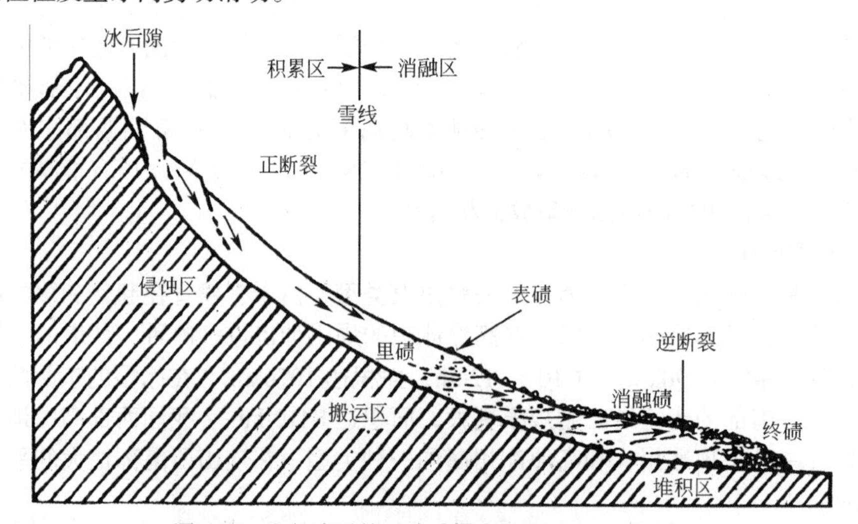

图 7.16 山谷冰川的运动（据 A.L.Bloom，1978）

冰川运动是由冰川的厚度、冰川下伏地形坡度和冰川表面坡度等因素控制的，因而在冰川的不同部位将产生不同形式的运动。总的来说，冰川运动有内部流动和底部滑动两部分组成。一条坡度均一和断面相同的山谷冰川，其表面最大流速在粒雪线附近，从粒雪线以下，冰川流速递减。实际上，冰川谷的横断面和纵向坡度不可能是相同的，这将影响到冰川纵向流速变化。在冰川谷的坡度变缓的段落，冰层挤压而加厚，形成压缩流；反之，冰层发生拉张，形成伸张流。奥斯特达冰川冰瀑布的上段沿着冰瀑布冰川伸张流的流速为2000m/a，在冰瀑布的下端由于坡度变缓，形成压缩流，流速下降到 20 ～ 100m/a。

冰川横剖面的运动速度以中央部分最快，向两边运动速度减小。在萨喀彻斯万冰川表面测量到的速度是：在冰川边缘 50m 以内的速度比中央部分小 4 ～ 5 倍。此外，冰川运动的速度在垂直向上也不一样。大多数是从表面向底部运动速度逐渐降低。但由于某些特殊原因，在底部也可达到很高的流速。

冰川运动速度随季节有变化。在消融区冰川运动的趋势是夏天快，冬天慢，一般夏季速度要大于年平均流速的 20% ～ 80%，冬季则小于年平均流速的 20% ～ 50%；白天快，夜间慢，但其变化幅度小。产生这种现象的原因是夏季冰川表面消融，融水在润滑冰川上起着重大作用，这样就加强了滑动过程。但在粒雪区没有这种现象。

冰川运动速度还与冰川冰的补给量和消融量的多少有关。补给量大于消融量，冰川厚度增加，流速加快，冰川尾端向前推进；补给量小于消融量，冰川厚度减薄，流速减慢，冰川尾端往后退缩；补给量等于消融量，冰川就出现稳定状态。不管冰川处于上述何种状态，冰川始终向前运动。

7.2.3　冰川侵蚀过程

7.2.3.1　冰川侵蚀作用

冰川具有很强的侵蚀力，大部分为机械的侵蚀作用。根据冰岛河流含砂量的分析，冰源河流含砂量超过非冰源河流的 5 倍，说明冰川的侵蚀作用很强。从理论上讲，冰的硬度小（0℃时，硬度为 1 ～ 2；−15℃时，硬度为 2 ～ 3；−40℃时，硬度为 4；−50℃时，硬度为 6），抗压强度低（0℃时为 $2kg/cm^2$），纯粹的冰侵蚀力非常有限。而实际上冰川极强的侵蚀力主要依赖于所夹的坚硬岩块，与冰川一起运动，在强大的挤压下而表现出巨大的侵蚀作用。冰川的侵蚀方式可分为拔蚀和磨蚀作用两种。

冰川的拔蚀作用主要由于冰川自身重量和冰体的运动，导致冰床底部或冰斗后背的基岩沿节理反复冻融而松动、破碎，冰雪融水渗入节理裂隙，时冻时融，从而使裂隙扩大，岩块不断松动和破碎，如这些松动的基岩和破碎的岩块再与冰川冻结在一起时，冰川向前运动就把岩块拔起带走。在冰川的拔蚀作用下可以拔起很大岩块，因而所形成的冰碛物比较粗大。大陆冰川作用区的大量漂砾，多半是冰川拔蚀作用产物。

冰川的磨蚀作用是有冰川对冰床产生巨大压力所引起的。如冰川厚度为 100m 时，每平方米的冰床上将受到 90t 左右的压力。冰川运动时，冻结在冰川底部的碎石突出冰外，像锉刀一样，不断地对冰川底床进行消磨和刻蚀。当冰川运动受阻或遇到冰阶时，磨蚀作用表现更为突出，可在基岩或砾石上形成带有擦痕的磨光面。在磨光面上常常有冰川擦痕、磨蚀沟和新月形裂隙，这些擦痕一般只有数毫米。

除了拔蚀和磨蚀作用之外，另外还有冰楔作用和撞击作用。冰楔作用指的是在岩石裂缝内所含的冰融水，经反复冻融作用，体积时涨时缩，而造成岩层破碎，成为碎块，或从两侧山坡坠落到冰川中向前移动。撞击作用是指当融冰水进入河流，常常夹有大体积冰块，产生强大撞击力破坏下游的两岸岩石。在冰川活动区，由于寒冻分化作用极为强烈，加之雪、冰的积累，常常发生雪崩、冰崩以及山坡上的块体运动，既给冰川带来大量的碎屑物质，也大大加剧了冰川侵蚀的强度和范围。

7.2.3.2 冰川搬运作用

冰川在运动过程中，不仅具有强大的侵蚀力，而且还能携带冰蚀作用产生的许多岩屑物质，接受周围山地因冻融风化、雪崩、泥石流等作用所造成的坠落堆积物。它们不加分选地随着冰川的运动而位移，这些大小不等的碎屑物质，统称为冰碛物。冰碛物中的巨大石块叫做漂砾。

冰川搬运能力极强，成千上万吨的巨大漂砾能随冰流而运移，但搬运距离差别很大。一般冰川的堆积物，尤其是底碛搬运距离小，往往是就地附近的石块；而规模巨大的冰川，则可将抗蚀力强的漂砾搬运得很远。例如，欧洲第四纪大陆冰川曾把斯堪的纳维亚半岛上的巨砾搬运到千里之外的英国东部、德国、波兰北部和东欧部分地区；我国喜马拉雅山冰川夹带的漂砾直径可达 28m，重量为万吨以上。同时，冰川还有逆坡搬运的能力，把冰碛物从低处搬到高处，我国西藏东南部一大型山谷冰川，曾把花岗岩漂砾抬举到 200m 的高度。苏格兰的冰碛物曾被抬举到 500m 高度，而在美国有些冰碛物甚至被抬举到 1500m 的高度。在大陆冰川作用区，冰川运动不受下伏地貌的控制，冰碛物的逆坡运移现象更为普遍。

7.2.3.3 冰川堆积作用

在冰川运动的后期，冰的消融占据主导地位，冰川所携带的冰碛物就相应地被堆积下来。当冰川的冰雪积累与消融处于相对平衡阶段时，冰川边缘比较稳定，冰川源源不断地将上游的表碛、中碛、内碛等各类冰碛物，向下游运送，直至冰川末端堆积，部分底碛还沿着冰川前沿剪切滑动面上移，它暴露冰面，当冰体消融后，也堆积于冰川边缘地带；若冰川迅速消退，冰体大量融化后，表碛、中碛、内碛等各类冰碛物就地坠落，即运动冰碛物转化为消融堆积冰碛，从而形成各种冰碛地貌类型。

冰川堆积物的粒度悬殊，大漂砾的直径可达数 10m，粒级很小的黏土粒径仅有 0.005mm。这些颗粒大小不一的冰碛物，它们的比例在不同地区和不同时代的冰碛物中是不同的。在同一时代不同地区的冰碛物粒度变化与基岩有密切关系，结晶岩区的冰碛物中砂含量比较大，沉积岩区的冰碛物中黏土占优势；在不同时代冰碛物的粒度可能不同，这与冰川流路变化或后期风化有关；山岳冰川因搬运距离近，冻融风化和拔蚀作用明显，因而岩块或岩屑所占的比例大，细颗粒和黏粒的比例小。例如，珠穆朗玛峰地区的冰碛物中，无论时代是新或老，其中黏粒所占的比例均不到 2%；而大陆冰川因远距离搬运而磨蚀作用较强，能形成较多的细粒物质，大陆冰川的底碛多为泥碛。

7.3 冻融侵蚀及冰川侵蚀防治

7.3.1 防治原则

防治冻害、保护和改善冻融环境的基本原则是：统筹兼顾、分类处理。

7.3.1.1 统筹兼顾

冻融侵蚀地区的防治是一项牵涉面甚广的巨大系统工程。在决定其防治措施、确定各项工程布局时，都不能只顾一时、一地、一事的利益而不考虑全局的得失，必须全面考虑，照顾到方方面面，考虑到该地区防治工程的建设所带来的效益和后果，从而确定最佳方案力争整体最优。如果部署某项工程、选定某项措施，只对该局部有利，但对整体说来是不利的，这个方案也不可取。反之，如果对整体来说是最优的而对局部并不是最佳的，也应选取这个方案并采取措施以消除对局部的不良影响。要选定最佳方案，就应统筹全局，从多方案比选中选出对全局最为有利的方案。

7.3.1.2 分类处理

土的冻胀性、融沉性以及各类不良工程地质现象都是取决于土质、水分条件、温度状况，取决于工程的性质及其对地质环境的影响。应该按照不同的情况加以处理，控制地基土的冻胀性和融沉性，防止发生不良的工程地质问题。

不同地区、不同坡向和地貌部位，接受太阳辐射能多少、积雪厚度、冻土深度和解冻速度不同。保护和恢复斜坡上的植被，增强根系固土能力，延缓融雪速度，分散调节地表径流，是控制冻融侵蚀的主要途径。冻融侵蚀防治措施依据不同建筑和要求有所不同。对于较大建筑基地，采用设置排水，防止冻融措施，如路基和坡面建筑物；对于局部冻融侵蚀，可以采用换填基土，或采用化学措施，降低冰点，使其不产生冻融；对于坡面，如路堑路堤坡、建筑物周围边坡，可以采用围栏、挡土墙、排导工程防治灾害发生，或减轻灾害程度。在影响冻融侵蚀的因素中，温度、土壤、地形与坡向因子为不可变因子，而可变的只有植被与人为活动两个因子，所以冻融侵蚀的治理也要从以下 3 个方面进行突破：①要选择适应性广、抗寒能力强、根系发达、经济价值高的树种及草种。根据多年试验研究，建议树种选择中国沙棘，草种选择沙打旺、紫花苜蓿等。对冻融侵蚀易发生的路坡、沟壁、渠坡、河床等处进行植被恢复工作。②选择适宜的工程措施防治以延缓冻融侵蚀发生，对植物措施起到一定的辅助作用。在东北冻融侵蚀区选择的工程措施有水平阶、截流沟、竹节壕、削坡等措施，其他一些措施还需要进一步研究。③采取封育措施，减少人为活动对冻融侵蚀地区的影响，同时也能加快植被的恢复速度，是防治冻融侵蚀的有效措施之一。

对于冰川危害，多在下游受害区采用各种工程措施，拦截、排导，变水害为水利，固定冰碛物不使其流失迁移。

7.3.2 防治措施

7.3.2.1 冻胀危害防治

（1）基土换填

对位于强冻胀性土上的桥梁、路基、房屋、渠道及其他水工建筑物，常用换填法，去掉强冻胀性土，填入非冻胀性土。换填方法包括基底换填和基侧换填，换填料应为含粉黏粒不超过 12% 的粗颗粒土，根据当地的冻结深度和建筑物的特点决定换填深度和换填率。换填法适用于砂砾料较丰富、单价较低，运输距离较短的地方。换填法已被广泛采用，取得良好效果，但也有为数不少的失败案例。换填失败的主要原因是换填料中细颗粒含量较多，换填深度不够以及没有注意基土排水等。

（2）基土强夯

用强夯法处理冻胀性土，是近年发展起来的一种新技术。主要应用于工业民用建筑、大型油（气）贮堵、高级道路、大型运动场等。主要是将夯击能作用在土表层上，并以波的形式将能量传给土体，在瞬间可将土体压缩数厘米至数十厘米。用这种办法处理黏土、亚黏土、淤泥质黏土及填土与其他强冻胀、严重翻浆的软弱地基土，可使其性质有很大的改善：使其密实度大为提高，干容重由 1.13 ～ 1.62g/m^3 提高至 1.55 ～ 1.89 g/m^3。隙比由 1.42 ～ 0.55 降至 0.75 ～ 0.40；使其含水量大为降低，由饱和状态降至 16% ～ 23%，使其渗透能力降低了 10 ～ 1000 倍，成为地下隔水板；使地下水埋藏深度由 0.5 ～ 1.5m 增至 4 ～ 6m；使土的承载力增大 2 ～ 4 倍，冻胀基本消除。强夯法实践效果良好，但消耗能量较多，应从理论上探明其作用机理，进一步提高其效率，降低成本。

（3）防渗隔水与排水

在产生冻胀的 3 个基本因素中，水分条件是决定性的因素。必须控制水分条件，以达到削减和消除基土冻胀的目的。控制水分条件的措施可归结为降低地下水位及降低季节冻结层范围内土体的含水量，隔断外来的补给水源等。

在工业民用建筑中，应有良好的排水系统，以排除积水，降低地下水位。在水工建筑物之下，必须有良好的隔水薄膜或隔水心土。膜料防渗已被证明是有效的，一些膜料在暴晒下易于老化，应在其上铺以衬砌或垫土。在路基上方设立截水沟已证明是有效的措施，截水沟在冻结时可起到隔水作用。在穿行于灌区的公路和铁路两侧及下方设置排水沟是十分重要的，因为西北地区有冬漫灌的习惯，往往使路基饱水并在冬天发生严重冻胀和翌年春融时发生翻浆，这样的情况在兰新公路上时有所见，必须予以改变。还可在路基下垫加砂砾层以隔断毛细水上升，在南疆铁路焉耆段采用砂砾垫层以隔断毛细水，既阻止水分和盐分上升，又阻止了含盐基土降温和盐胀，在治理冻胀和盐胀方面取得了很好的效果。

（4）保温

在地基表面设置保温层是防止冻胀的重要措施之一，其物理本质在于增添保温层后，可推迟地基土冻结，提高土的温度，减少冻结深度，从而抑制冻胀。草皮、树皮、炉渣、陶块、泡沫混凝土、聚苯乙烯泡沫等都可以作为保温材料。多数保温材料的保温效果随着吸湿而下降，且抗压强度较低，应作进一步的改进。试验表明，用塑膜软包装防止保温材料潮湿，效果良好。

（5）选择基础埋置深度和形式

基础埋置深度和形式的选择，既要满足建筑物对地基强度和稳定性的要求，也要满足抗冻胀的需要。大量研究试验和观测资料表明，在封闭式冻结的条件下，整个冻结深度的上部 2/3 是主冻胀带，主冻胀带之下土的冻胀性极小。因而，一般房屋基础埋置深度只要超出主冻胀带就可避免冻胀危害。但是，在发生开放性冻胀的地方，往往整个季节冻结层都是强冻胀带，而在融化时，又容易发生不均匀变形。在这条件下，为了防止冻胀危害，就要加大基础埋置深度、采取有利于抗冻胀的基础形式和其他的防冻胀办法（如排水、使用抗冻胀剂等）。

通常使用的是扩大式基础，即下大上小的基础，包括：斜面式扩大基础、阶梯式扩大基础和爆扩式基础。观测试验表明，斜面式扩大基础比阶梯式扩大基础更能抗御冻胀和融沉。这些基础形式的特点是通过自锚作用来抵消切向冻胀力，从而阻止基础冻胀变形。

桩基是一种最有应用前途的基础形式，它不仅可以最大限度地减少土方工程，实行机械化施工，而且可以延长施工季节，又能阻止基础冻胀。桩基的深度和形式、材料等要经过冻胀力和承载力检算以后加以确定。

另外，还可以使用化学防冻剂（如盐类等）以抑制土的冻胀，在基础与土之间加入防冻胀套筒或润滑剂，都有一定效果。

7.3.2.2　冰椎与冻胀丘的整治

整治冻胀丘与冰椎的主要方法是改变整个冰椎或冻胀丘场的水文地质条件，切断补给水源，加强其排水能力。主要措施如下。

开挖冻结沟，在冰椎场或冻胀丘场的上游开挖与地下水流向垂直的天沟。在冻结季节前是排水沟，在冻结季节时，沟下土层首先冻结，便形成了一道冻结“墙”，也起到栏截地下水的作用。实践表明，这种方法适合于含水层较薄、隔水底板埋藏不深的地段。

修建截水墙，可以单独使用，也可以和冻结沟联合配置，在东北白阿铁路上已取得成功。

修建保温排水渗沟，保温排水渗沟将冰椎场或冻胀丘场的地下水排到河谷或远离建筑群的洼地，是较为有效的措施。

抽水形成降位漏斗，如果含水层较厚，用前面几种措施未能奏效，则要设开采孔以抽取地下水，形成降位漏斗，这是整治冰椎—冻胀丘场的比较彻底的办法。如在古莲煤矿生活区，经过 3 个月的抽水形成一个南北宽 300 m，东西长 100m 的降位漏斗，中心处水位下降 25m，有了这样一口生活供水井，就根治了冰椎危害。

7.3.2.3　输水及排水管道防冻

水能否输运到一个长的距离而不冻结，取决于环境温度、水的起始温度、水的流量以及管路的保温性能。环境温度低、水的起始温度低、输水管的热阻低、水的流速流量小，则水在输运过程中降温迅速，可输运的距离也短；反之，环境温度高、水的起始湿度高、输水管的热胆大，水的流速流量大，则水在陆运过程中降温缓慢，可输运的距离也长。因此，要使水在输运过程中不冻结，使水输运距离增长，可有如下措施。

改架空管道为浅埋管道，正如大庆地区的观测那样，当气温已降至 –20 ～ –30℃时，地下 1m 左右的土温仅为 –2 ～ –5℃，浅埋水管将起始水温为 7℃、流量为 3000kg /h 的水输送 2km 后，水温只降至 2.72℃。

提高水的起始温度，如果输送距离较长，则在水接近 0℃以前中途加热。采用热阻大的保温材料，增大按水管的保温性能。特别要加强出水口的保温。加大流速和流量，在停水时及时把管道放空。

在设计保温输水管道的时候，必须正确地进行热工计算，并留有余地，这是防冻输水成功与否的关键。

7.3.2.4　热融危害防治

防治热融危害的各类措施，其基本出发点是尽量避免扰动厚层地下冰和融沉性较强的多年冻土。如果难以避免扰动，就预先融化或换填之。在不同的工程地质条件下，对不同的工程，有以下一些措施。

填方：对各类非采暖建筑物，如铁路和公路路基，应尽量用填方而避免挖方，应尽量使路堤高度高于临界高度。影响路堤临界高度的因素包括：地表热条件、路基土及路堤填土的成分和热物理性质、地基土中多年冻土上限埋置深度和含冰量、冻土的温度状况和以挖方通过（加上换填、保温等措施）还是外移改填，或者将线路更靠向山坡方向使挖方能设在较稳定的基岩上，从各方面加以对比，以选定在经济上更为合理，技术上更为可行的方案。

在有地表水下渗和地下水活动的情况下，单靠加高路堤高度也未能完全解决融沉危害问题。大兴安岭牙林线 323km 处路基高度达 1.8 ～ 2.7m，在水的作用下，路基下沉了近 1m，而路堤下多年冻土上限下降了 1.75m。只是在距线路中心 15m 处修了排水沟并在路基侧方修了保温护道以后，路堤下的融化槽消失了，基底下多年冻土上限上升了 1.4 ～ 1.8m，才彻底消除了融化下沉危害。排水是保护冻土防治融沉的重要一环。

程国栋和童伯良指出，在年平均地温不高于 –0. 5℃的多冰地段，即使在不利的气候长期波动影响下，也可采用保护冻土原则修筑路堤，但必须加强冻土的保护，严格做好排水措施以及采用高效保温材料等，才能取得较好效果。

采暖房屋的架空通风基础，为避免采暖房屋下的厚层地下冰或含土冰层、饱冰冻土融化而导致破坏性下沉，通常采用架空通风措施。如在青藏高原风火山地区，曾在厚度为 2m 左右的含土冰层及厚度为 4.8m 的饱冰冻土之上，建造桩基架空通风基础及平铺式钢筋混凝土梁架空通风基础的试验采暖房屋，经过多年观测，未发现明显的融化下沉。这几种通风基础中，桩基架空通风基础适用于热源较大的房屋，如浴室、厨房和锅炉房，其余适用于热源不大的房屋。

在天山地区，有的房屋虽然安装了通风管，但管径过细，且管口没有对向主导风向并有一例对向山坡。通风不良使其冷却效果甚差，使用不到一年即因不均匀热融沉降而多处开裂。因此，在一些重要的热源较大的房屋和建筑群，应通过热工方法另选通风方式做出正确设计。

热桩：热桩技术是 20 世纪 60 年代发展起来的一门新技术，它利用制冷工质在密闭容器中的气液两相转换循环，将高温端热量迁移至低温端从而使高温端冷却。

例如，可将采暖房屋基础或热输油管所散发的热量自动带往地表并向空气散发，从而冷却地基，保护冻土不致融化，其用途十分广泛，国外已将它应用于房屋、桥梁、道路、输油管线工程、电台发射塔等。在我国东北亦已开始应用。实践证明，它在防止冻土热融下沉和提高冻土强度方面是有效的，尤其是在地气温差、日夜气温差和年温差和风速都比较大的地方效果更好。应用热桩，要注意防止工质对容器的腐蚀并导致工质变质，要保证容器密封良好并易于检查和维修。

热融滑坍的防治，在厚层地下冰地段成饱冰冻土地段开挖路堑，如不加特殊处理或处理不当，会产生严重的热融滑坍。防治人工开挖或其他原因造成的热融滑坍，其原则和主要措施是基本相同的，在满足工程建筑物及边坡稳定的条件下尽可能减少对冻土的扰动；对边坡及坡脚进行清理，将难以保持稳定的部分地下冰或富饱冰冻土予以清除，换填其他土料（加砂砾石、动性土、草皮等）和保温材料；放缓边坡或在坡脚加文档，以建立新的稳定的热平衡和力平衡；加强排水措施，堑顶设挡水墙和坡后排水沟，坡脚设浅宽侧沟，以防止在水的作用下重新加剧融滑坍。

7.3.2.5 冰川湖溃决洪水防治

冰川溃决洪水的主要防治措施有：加强河道工程建设。如加强坡岸的防护、提高河道的设计标准等水利工程措施；进行水位的观测和预警；加强水库调节能力；加强居民区、交通设施等基础设施的防护措施。如护村坝、护场坝等等。

7.3.2.6　冰川泥石流防治

冰川泥石流多分布在人烟稀少、交通不便和经济落后的边远山区；目前除在个别有居民点和有公路通过的冰川泥石流分布地区采取及时清淤和一些防护措施外，总体来说，防治冰川泥石流的工作还做得较少。

通过多年观察，发现由冰湖溃决而引起的冰川泥石流破坏力极大，危害最严重，加之它们分布在人烟稀少的高山高寒地区，人类经济活动较少涉及。所以，在目前技术和财力有限的条件下，应以“避”为主。对于处于危险状态的冰湖，则应采取加强监测和及时报警的办法，并提前疏浚堵塞口，不断以小流量逐步排泄冰湖中的蓄水，从而避免其突发溃决成灾。对于跨越冰川泥石流地区的公路桥梁，应该布设在沟道顺直和外淤变化不大的地段。在桥梁设计中，应坚持深基础、大跨度、抗力强、单桥孔的原则。

在川藏公路通过冰川泥石流的某些路段，交通部门曾就地取材，利用当地丰富的木材资源修建了木结构的防泥石流走廊（类似于明硐），使得冰川泥石流从走廊上部流过并排入旁边的大河中，而车辆与行人可在其下安然通过。在西藏比通沟口曾修建大跨度（主孔 30 m）和净空高（18m）的桥梁，并加固基础，使冰川泥石流从桥下顺畅流过，多年来屡受冰川泥石流外淤，该桥依然完好。西藏工布江达的群众在沟口修筑干砌块石和铅丝笼石坝以及导流堤，拦挡和排导冰川泥石流，还在出现冰馈阻塞湖溃决危险前选择有利地点炸坝，适当放走湖中积水，对防止冰湖溃决泥石流的发生起到了积极作用。

7.3.2.7　雪崩工程治理

雪崩工程治理必须符合经济、合理、有效的方案。对已建成的交通线路和厂矿区，在雪崩发生频繁且规模较大，同时道路等级又高时，应以工程治理为主，机械清雪为辅，逐步扩大植树造林、个别地段采取人工引发雪崩等综合治理措施。而对雪崩发生次数少、规模小，且道路使用率不高时，则主要采取机械清雪的措施。在选择工程措施时，应注意就地取材，尽可能采取土石型工程（如土丘、水平台阶、土石型导雪堤等），以节省水泥、钢材和木材等材料，如采用土石型措施有困难时，可采用其他工程类型（如水泥柱铁丝网栅栏、浆砌石楔等），只有个别地段才选用巡蔽建筑物（如防雪崩走廊等）。

根据上述原则，我国公路工程技术人员和科研工作者，近 20 年来在新疆、西藏，尤其是在天山地区，通过中、小型工程试验，积累了许多宝贵的经验。这些工程充分利用了当地土石材料；少数山坡陡峻，土层瘠薄，土石工程施工困难地段，则设轻型钢木结构；在公路紧靠“U”形坡，且雪崩频繁、其他工程又难以奏效的地段，则采用人工建筑（如防雪崩走廊、防雪崩渡槽等）。在工程布设上，根据地形条件合理配置工程种类和类型，最大限度地发挥各种类型工程的最佳效应，使其防治的社会经济效益得以充分体现，并开创出一条适合我国经济发展情况的治理雪崩道路。适合我国雪崩防治的工程类型可分为防、稳、导、缓、阻等主要类型。

防止雪崩源头风吹雪措施，一般设置于平缓分水岭及迎风山口或山坡处。目的在于阻止大量风吹雪，避免在积雪盆堆雪过厚和形成雪檐。主要工程类型有防雪栅栏、防雪土墙和石墙等。

稳定山坡积雪措施，一般从雪崩构槽顶端或山坡源头开始，沿等高线在相邻一定距离内逐级排列修建台阶或栅栏，分段撑托山坡积雪，改变积雪层的力学性质，将积雪稳定于山坡上，不使其移动或滑动。同时，亦可阻挡较短距离的被面滑雪。它主要适用于相对高度较小、雪崩源头面积不大的雪崩区。属于这种工程类型的措施很多，包括稳雪地、水平台阶、水平沟、地桩障、篱笆障、各种结构和材料的稳雪栅栏、防雪网、防雪桥和防雪塔等。

导雪工程措施，导雪工程是设在构槽一侧与雪崩运动主流线斜交（交角一般不大于30°）的一种治理雪崩的措施，其作用是改变雪崩体的运动方向，将雪崩引导到预定的堆雪场地，使雪崩体不致直接危害道路通行，或防止雪崩体破坏厂房、电杆或电网设施等。属于这类工程措施类型的有导雪堤、破雪堤、渡雪槽和遮蔽建筑物等。

缓冲阻止雪崩措施，这是设在雪崩运动区的一种工程，目的在于肢解雪崩体。当其运动时，可使雪的块体互撞，以减缓雪崩速度，缩短雪崩抛程，消耗雪崩体运动的能量。此外，还可阻挡滞留部分雪崩雪在其上方堆积。

思 考 题

1. 冻融侵蚀及冰川侵蚀的异同点主要有哪些？
2. 冻土作用的机制的主要过程是什么？
3. 冻土作用的主要影响因素有哪些？
4. 冻土地表类型有哪几种？
5. 冰川分布特点是什么？
6. 冰川类型主要有哪些？
7. 冰川的运动过程是什么？
8. 冰川侵蚀过程主要可分为几个阶段？
9. 防治冻融侵蚀与冰川侵蚀有哪些措施？

扩展阅读

太湖流域概况

太湖流域面积369005km²，行政区划包括江苏省苏南地区，浙江省的嘉兴、湖州两市及杭州市的一部分，上海市的大部分。太湖流域河网密布，湖泊众多，水域面积6134km²，水面率达17%，河道和湖泊各占一半。面积在0.5km²以上的湖泊189个。河道总长度12万km，平原地区河道密度达3.2km/km²，纵横交错，湖泊星罗棋布，为典型"江南水网"。

太湖流域多年平均水资源总量为162亿m³，其中地表水资源量为137亿m³，流域人均水资源量450m³。

太湖流域位于中纬度地区，属湿润的北亚热带气候区。气候具有明显的季风特征，四季分明。冬季有冷空气入侵，多偏北风，寒冷干燥；春夏之交，暖湿气流北上，冷暖气流遭遇形成持续阴雨，称为"梅雨"，易引起洪涝灾害；盛夏受副热带高压控制，天气晴热，此时常受热带风暴和台风影响，形成暴雨狂风的灾害天气。流域年平均气温15～17℃，自北向南递增。多年平均降雨量为1181mm，其中60%的降雨集中在5～9月。由于地表植被覆盖较好，太湖流域多为轻度水力侵蚀。

太湖流域人口3600万人，占全国人口的2.9%，其中农业人口1915万，非农业人口1698万，人口密度为978人/km²，为全国平均的7倍，是我国人口最集中的地区之一。

第8章 化学侵蚀

[本章导言] 化学侵蚀主要分为岩溶侵蚀、淋溶侵蚀和土壤盐渍化等，其外营力主要是水的化学溶解作用。岩溶侵蚀又可分为地表岩溶侵蚀和地下岩溶侵蚀，其影响因素包括水的溶蚀力、岩石的可溶性和岩石的透水性。淋溶侵蚀影响因素包括水中溶解物质的多少、溶质分子的极性、水的溶解能力，以及土壤的透水性等。土壤盐渍化包括土壤次生盐渍化、土壤潜在盐渍化、土壤碱化和土壤钙积层等类型，土壤盐渍化的形成受多种因素综合作用的影响，主要包括气候、地形和地貌、土壤、地下水位、地下水的矿化度和其化学性质等。

化学侵蚀是以水的化学溶解作用为主的土壤侵蚀类型，表现为岩溶现象的发育及土壤中盐分和有机质的流失。

在地表水和地下水的物理过程和化学过程共同作用下，对可溶性岩石的破坏和改造，导致岩溶侵蚀过程的发生，所形成的地貌景观，称为岩溶地貌或称喀斯特地貌。它多发育于气候湿热和可溶性岩石分布的地区，世界陆地面积中约34%是岩溶分布区。在我国，碳酸盐岩分布面积约125万km^2，著名的云南石林和以“山水甲天下”著称的桂林景观都是典型的岩溶侵蚀现象。岩溶侵蚀常常造成岩溶地区的土层变薄、土地退化、基岩裸露，形成奇特的喀斯特石漠化。

气候干旱、地下水位高而排水不畅地区，地表附近蒸发量大，土壤中的毛管水垂向运动强烈，将下部盐分带至土壤表层沉积，从而导致土壤盐碱化，也称盐渍化，包括土壤的盐化和碱化，盐渍化后的土壤叫盐渍土。盐渍化对农业生产危害极大，并导致区域内物种多样性退化，生态环境恶化。土壤盐渍化分布区域多为地势平坦、低洼易涝、排水不畅的盆地和内陆冲积平原。我国盐渍化土地面积约30万km^2，广泛分布于长江以北的广大内陆地区和北起辽宁、南至广西的滨海地带，台湾、海南的海岸地带也有盐渍化土地呈带状分布。黄淮海地区是我国内陆土壤盐渍化最严重的地区。

土壤化学侵蚀还通过淋溶造成土层中孔隙增多，促进水分运动和机械潜蚀，导致土壤养分通过水分和细颗粒土的大量流失，降低土地生产力。淋溶侵蚀主要分布于年降水量超过600mm的地区，土壤特性、水文气象条件以及土地利用状况都会影响淋溶侵蚀强度的大小。

8.1 岩溶侵蚀

8.1.1 岩溶侵蚀特征

岩溶侵蚀是指可溶性岩层在水的作用下发生以化学溶蚀作用为主，伴随有塌陷、沉积等物理过程而形成独特地貌景观的过程及结果。依据发育的位置可分为地表岩溶侵蚀和地下岩溶侵蚀两类，如果地下岩溶由于长期侵蚀出露于地面，则又进入新一轮的地表岩溶侵蚀过程。

8.1.1.1 地表岩溶侵蚀

地表岩溶侵蚀包括溶沟、石芽、漏斗、落水洞、溶蚀洼地、溶蚀盆地和溶蚀平原、峰丛、峰林和孤峰等侵蚀形态（图 8.1）。

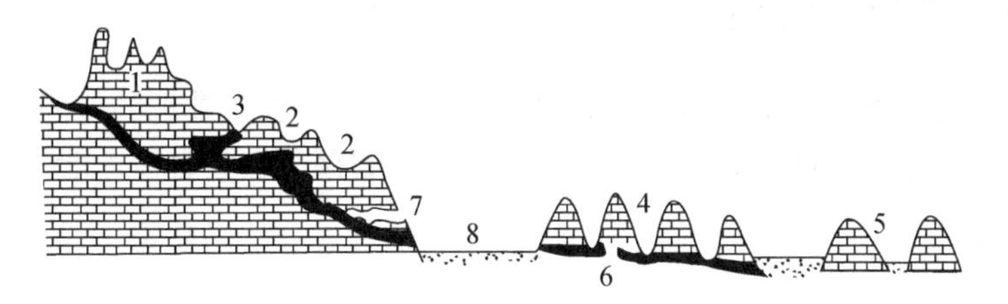

图 8.1 地表岩溶侵蚀简图

1. 峰丛；2. 溶蚀洼地；3. 漏斗；4. 峰林；5. 孤峰；6. 地下河；7. 溶洞；8. 溶蚀平原

溶沟和石芽是指可溶性岩石表面沟槽状溶蚀部分和沟间突起部分。溶沟是地表水沿岩石裂隙溶解、侵蚀而成，宽 0.1 ～ 2m，深 0.2 ～ 3m，底部常充填泥土或碎屑。石芽为蚀余产物，热带厚层纯石灰岩上发育形体高大的石芽常达数十米，称为石林。

岩溶漏斗由流水沿裂隙溶蚀而成，呈碟形或倒锥形洼地，宽数十米，深数米至十余米，底部有垂直裂隙或落水洞。落水洞多分布于较陡的坡地两侧面和盆地、洼地底部，也是流水沿裂隙侵蚀的产物。宽度很少超过 2m，深可达数十至数百米。重庆及川南地区称之为“天坑”，有的地方称竖井。

溶蚀洼地通常由岩溶漏斗扩大或合并而成，面积小于 $10km^2$，具封闭性。

岩溶盆地又名坡立谷，是一种大型岩溶洼地，面积 10 ～ $100km^2$ 以上，边缘略陡并有峰林发育，底部平坦且覆盖残留红土。多分布于地壳相对稳定地区。云南砚山、罗平及贵州安顺等地均为岩溶盆地。岩溶盆地继续扩大即形成溶蚀平原，地表覆盖红土并发育孤峰残丘。广西黎塘、贵县均为典型溶蚀平原。

峰丛是同一基座而峰顶分离的碳酸盐岩山峰，常与洼地组合成峰丛 - 洼地地貌。峰林为分散碳酸盐山峰，通常由峰丛发展而成，但因受地质构造影响而形态多变，在水平岩层上多呈圆柱形或锥形，在大倾角岩层上多呈单斜式。气候条件也对峰林形态有影响。藏南古峰林遭寒冬冻融风化破坏，峰林仅 30 ～ 50m 高，云贵高原峰林也因遭受破坏而较浑圆矮小，黔桂交界地带气候炎热，地下水垂直运动强烈，峰林高达 300 ～ 400m。

孤峰是峰林发育晚期残存的孤立山峰，多分布于岩溶盆地底部或溶蚀平原上。

8.1.1.2 地下岩溶侵蚀

地下岩溶侵蚀主要包括溶洞、地下河和暗湖，溶洞是由于溶蚀形成的无水地下洞室，若有流水则称为地下河，还有与地下河相通的地下湖。

地下水沿岩石裂隙或落水洞向下运动时发生溶蚀，形成各种形态的管道和洞穴，并相互沟通或合并，形成统一的地下水位。地壳上升，地下水位将随河流下切而降低，洞穴转变为干溶洞。其顶部裂隙渗出的地下水中所含 $CaCO_3$，可因温度升高，压力减小与水分蒸发而沉淀，形成自洞顶向下增长的石钟乳，自石钟乳上滴落到洞底的水中所含 $CaCO_3$ 沉淀又形成自上而下增长的石笋。石钟乳与石笋相接则形成石柱。石钟乳与石笋形态极富多样性，人们常依据神话传说、历史典故予以命名。

水平溶洞的发育大多数与当地侵蚀基准面相对应，因此这类溶洞与阶地和河面对比，可反映构造运动的上升量。垂直溶洞深度可达数百米至数千米，可视为地壳上升的标志之一。

暗湖是与地下河相通的地下湖，可储存和调节地下水。

8.1.2 岩溶侵蚀影响因素

可溶性岩石在地表水和地下水的溶蚀作用下生成各类岩溶景观的过程要受到岩石本身的性质和水的溶蚀力两方面的影响。即透水可溶岩石的存在，具有侵蚀能力的流动的水。

8.1.2.1 水的溶蚀力

近年来的研究表明，碳酸盐的溶解是涉及气、液、固三相体系化学平衡的复杂过程，仅以 $CaCO_3$ 为例来看，其溶解要受到水中 CO_2 含量、温度、压力及水的 pH 影响。

（1）CO_2 气体对水溶蚀力的影响

水中含 CO_2 时，水对碳酸盐的溶解能力很强，CO_2 与水化合形成碳酸，后者电解析出氢离子，与碳酸盐中的 CO_3^{2-} 作用形成离子状态的溶解物质 Ca^{2+} 和 HCO_3^- 并随水流失，其反应式如下

$$CO_2 + H_2O \rightleftharpoons H_2CO_3 \rightleftharpoons H^+ + HCO_3^-$$

$$H_2CO_3 + CaCO_3 \rightleftharpoons Ca^{2+} + 2HCO_3^-$$

上述反应是可逆的，当水与空气中 CO_2 减少，碳酸含量亦减少，$CaCO_3$ 将发生沉淀。湿热气候条件下土壤中 CO_2 含量比空气中高数十倍，且反应速度很快，因而岩溶作用强。

因此，水对碳酸盐岩的溶蚀力，主要取决于其所含的 CO_2。$CaCO_3$ 在含有不同 CO_2 水中的溶解度是极不相同。水中 CO_2 含量越高，$CaCO_3$ 的溶解度越大。

除了水中溶解 CO_2 生成的碳酸，其他酸类同样解离 H^+ 而提高水中 $CaCO_3$ 的溶解度。天然条件下，对提高水的溶蚀能力有重要意义的是植物腐殖质产生的有机酸。

（2）温度和压力对水溶蚀力的影响

温度和压力对碳酸盐类被水溶蚀的能力大小的影响主要是间接的，是通过对 CO_2 在不同温度压力下溶解于水中特性的变化起作用。

表 8.1 地下水中 CO_2 溶解量与水温的关系

水温/℃	0	10	20	30	40	50	60
CO_2 溶解量/（g/L）	3.346	2.318	1.683	1.257	0.973	0.761	0.576

一般来说，CO_2 的溶解量与水温成反比（表 8.1），温度升高虽会减少水中 CO_2 的溶解量，从而减弱溶蚀作用，但在自然界，湿热的气候极有利于溶蚀作用，其原因有 3 个：①温度升高可促使 $CaCO_3$ 的溶解反应速度加快，温度每升高 10℃，化学反应速度就可加快 1 倍；②温度高，水的电离度大，水中 H^+ 和 OH^- 增多，溶蚀力增强；③湿热地区植物繁盛，

可促成土壤母质成土过程，生成大量腐殖质和有机酸，产生大量的 CO_2。所以，气候湿热的我国南方，岩溶远较干燥寒冷的北方发育。

在温度不变的条件下，压力与水中 CO_2 的含量成正比。

由于气体溶解于水中将伴随着较大的体积减小，所以当压力较大时，气体将更多地溶解于水中以抵消或者说顺应这种外界作用。

当温度相同时 P_{CO_2} 越高，CO_2 在水中的溶解量就越大，同时，也会有更多的 $CaCO_3$ 溶解于水中。

（3）pH 对水溶蚀能力的影响

许多化合物的溶解度都与溶剂的 pH 有关，即使一些非常难溶的物质，也会在 pH 变动时改变其溶解特性。

$CaCO_3$ 在水中的溶解度受水的 pH 的重大影响，反应式如下

$$CaCO_3 \rightleftharpoons Ca^{2+}+CO_3^{2-}$$

上述反应中，由于 CO_3^{2-} 的浓度受 pH 控制，即当 pH 增大时，CO_3^{2-} 浓度将增高，从而方解石的溶解度将降低，即酸性水对碳酸盐类岩石将具有更大的溶蚀力。

8.1.2.2 水的流动性

地表水或地下水沿着碳酸盐岩的裂隙和孔隙运动，如果水量得不到补充或流动受阻，很有可能部分或全部被 $CaCO_3$ 所饱和，从而丧失对可溶性岩石的溶蚀力。但如果水一直处于流动状态之中，各处的水量能得到不断的补充，溶蚀下来的物质能源源不断地被输送走，水就能始终具备对岩石的溶蚀力，保持这种化学侵蚀作用连续不断地进行。

依据 $CaCO_3$ 与 CO_2 的平衡曲线（图 8.2），曲线以上的区域为溶解区，以下为饱和区，即沉淀区。若将两种不同溶解度的 $CaCO_3$ 饱和溶液 W_1 和 W_2 相混合，例如，W_1 含 73.9mg/L 的 $CaCO_3$，1.2mg/L 的平衡 CO_2；W_2 含 272.7mg/L 的 $CaCO_3$，47.0mg/L 的平衡 CO_2；W_1 和 W_2 混合的比例为 1∶1，则 1 升混合溶液中可获得 173.3mg 的 $CaCO_3$ 和 24.1mg 的 CO_2。但查平衡曲线可知，溶解 173.3mg 的 $CaCO_3$ 只需 9.9mg 的平衡 CO_2 就够了，由此，多余的 CO_2 将处于游离状态，使混合后的水又重新获得了溶蚀力。

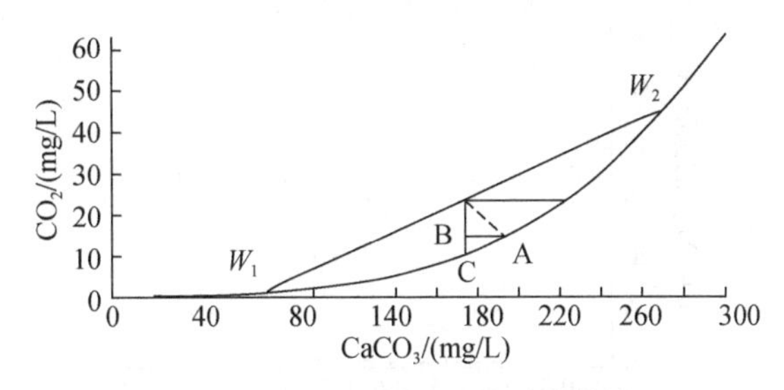

图 8.2 $CaCO_3$ 和 CO_2 的平衡曲线

上例说明两种饱和的 $CaCO_3$ 水溶液混合后就可以使水重新具有对可溶岩的溶蚀力，如果在岩溶化的岩体中，水总是处于不断的流动中，即使各处的水都处于 $CaCO_3$ 饱和状态，也依然会因为不断的混合而具有溶蚀力。一旦这种混合是在饱和溶液和非饱和溶液或是纯水之间进行，那么这种溶蚀力的恢复就变得更为显著。

岩溶化岩体中，水具有持久的溶蚀能力，原因就在于水是流动的。水的流动性一方面

取决于岩石的透水性，另一方面也受到补充水量（主要是降水量）的控制。补充水量往往与气候有关，所以在湿热地区，由于雨量丰富，地表水补给充分，而地表水渗入地下，又使地下水得到经常的补充，这都使得水溶液不易饱和，或饱和之后很快又被稀释，因而能够保持较高的溶蚀力。在干旱地区，降水量较小，地表水和地下水的补给不足，尤其是地下水流动缓慢，岩溶水溶液都趋于饱和几乎丧失了溶蚀力。在高寒地区，降水多以固体为主，土层长期冻结阻碍了地下水的流动，所以也就更少有岩溶发育。

8.1.2.3 岩石可溶性

可溶性岩层是发生溶蚀作用的必要前提，一般质纯、层厚的石灰岩，岩溶十分发育。

岩石的可溶性是指构成岩石的所有矿物或部分矿物的可溶性。岩浆岩主要由硅酸盐矿物组成，难溶于水。变质岩除大理岩外，也难以被水溶解。这就决定了地表水、地下水在岩浆岩和绝大多数变质岩分布地区难以进行化学溶蚀作用。而化学沉积或生物沉积的碳酸盐类岩石、硫酸盐类岩石便成为溶蚀作用的主要对象。

依据岩石的化学成分，可溶岩分为三大类：①碳酸盐类岩石，如石灰岩、白云岩、硅质灰岩、泥灰岩等；②硫酸盐类岩石，如石膏、硬石膏和芒硝等；③卤盐类岩石，如石盐和钾盐。

虽然卤盐类和硫酸盐类岩石溶解度很高，但它们溶蚀速度过快，分布不广。而在碳酸盐类岩石中发育得最好，岩溶类型也最齐全。

构成石灰岩的矿物以方解石（$CaCO_3$）为主。白云岩以白云石 [$CaMg(CO_3)_2$] 为主。硅质灰岩是含有燧石结核或条带的石灰岩，燧石矿物主要是石髓和石英或蛋白石（成分均为 SiO_2）。泥灰岩是黏土岩与碳酸盐岩之间的过渡岩石，泥灰岩中的黏土矿物常呈现胶体状态。一般来说，其溶蚀顺序依次为石灰岩、白云岩，硅质灰岩及泥灰岩。在含有 CO_2 的水溶液中，若令纯方解石的溶解度为 1，随着 CaO/MgO 的增加，相对溶解度也增加（图 8.3）。当 CaO/MgO 值在 1.2 ～ 2.2（相当于白云岩）时，相对溶解度变化最大，为 0.35 ～ 0.82；当 CaO/MgO 值在 2.2 ～ 10.0（相当于白云质岩）时，相对溶解度介于 0.80 ～ 0.99；当 CaO/MgO 值大于 10.0（相当于石灰岩）时，相对溶解度趋近于 1。

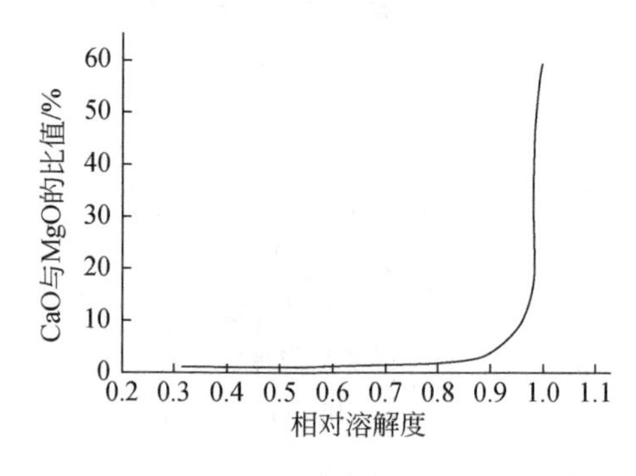

图 8.3 CaO/MgO 与相对溶解度关系（据张寿越等）

岩石的结构与岩石的可溶蚀性也有密切的关系。结晶质碳酸盐岩的颗粒越小，相对溶解速度越大。而结晶质灰岩中又以致密结构的岩石相对溶解度值最大。此外，不同结构类型对岩石的相对溶解速度有一定影响，如鲕状结构的石灰岩相对溶解速度很快，与隐晶质—

结晶质结构的石灰岩相似，而不等粒结构的石灰岩比等粒结构的石灰岩相对溶解度要大（表8.2）。

表 8.2 广西不同结构碳酸盐岩的相对溶解度（据金玉璋）

石灰岩（$CaCO_3$）类型			白云岩（$MgCaCO_3$）类型		
结构特征	CaO/MgO	相对溶解度	结构特征	CaO/MgO	相对溶解度
隐晶质微粒结构	18.99	1.12	细晶质生物微粒结构	2.13	1.09
细晶质微粒结构	27.03	1.06	隐晶质间镶嵌结构过渡	1.44	0.88
鲕状结构	21.04	1.04	细晶及隐晶质镶嵌结构	1.65	0.85
细粒及中粒结构	21.43	0.99	中晶及细晶质镶嵌结构	1.53	0.71
中晶质镶嵌结构	25.01	0.56	中晶质镶嵌结构	1.36	0.66
中、粗粒结构	14.97	0.32	中粗粒镶嵌结构具	1.73	0.65

8.1.2.4 岩石透水性

水要在岩石中运动，就要受到岩石透水性的限制。可溶性岩石的透水性，主要取决于岩石的孔隙度和裂隙发育及连通情况。岩石中的孔隙及裂隙的存在，一方面可以为水流提供通路，另一方面也增大了岩石与水的接触面积，使溶蚀作用更快和更容易发生。

碳酸盐类岩石中有许多原生孔隙，如颗粒之间的孔隙，或生物骨架间、生物体腔间的孔隙，还有晶粒之间的孔隙。测量岩石的比重和容重，可以得到该岩石的孔隙度。石灰岩的孔隙度一般在 0.2% ～ 34%，变化非常大。碳酸盐岩的初始透水性取决于原生孔隙，但这些孔隙比较细小，连通性不好，所以对岩石透水性起的作用不如裂隙大的岩石强。具溶蚀能力的水，首先沿裂隙进入岩石内部，在不断进行溶蚀循环的情况下，裂隙逐步扩大。裂隙越发育，水循环条件越好，溶蚀条件也越好。因而裂隙密集带和未胶结的断层破碎带都是岩溶发育的有利地段。

岩溶发育之前，可溶岩中可能分布着张开性与密度不等的裂隙。具有侵蚀性的水在裂隙中流动，溶解隙壁上的 $CaCO_3$，使裂隙逐步扩大。细小的裂隙阻力大，水流缓慢，溶蚀扩展速度也就慢。宽大的裂隙水流畅通，溶蚀扩宽迅速，反过来又促使水流更加迅速，为宽大裂隙的进一步扩宽创造条件，最终发展成为溶蚀管道（图 8.4）。这些管道本身是岩溶的一部分，同时也为更大规模的岩溶发育提供了可能。

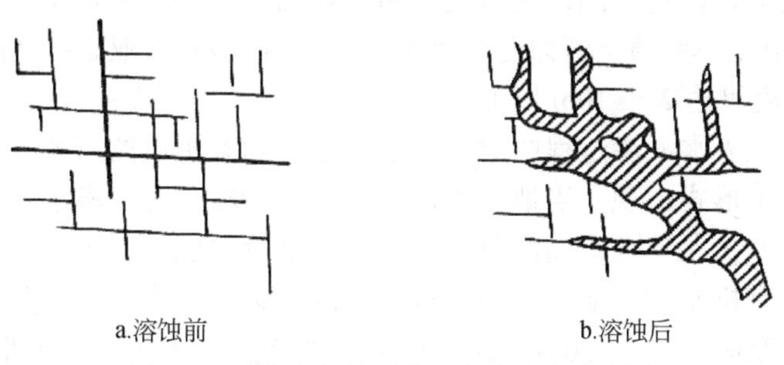

图 8.4 可溶岩中的裂隙经溶蚀改造示意图

岩石的褶皱轴部，尤其是背斜轴部，岩层比较破碎，裂隙发育，岩石的透水性非常好，所以岩溶的发育较两翼岩层强烈，如风光秀丽的桂林漓江及其两岸岩溶景观，就发育在一个轴向近南北的背斜轴部。

在断层发育的地方，特别是张性断裂发育的部位，岩石结构松散，孔隙大，透水性佳，有利于溶蚀作用的发育，所以在断裂带两侧常见到成串分布的溶洞。

节理是碳酸盐岩中主要的流水通道，节理越多，延伸越远，张开性越好，岩石的透水性越好，岩溶也就越容易发育，没有节理的致密石灰岩内部很少有岩溶侵蚀发生。

岩层界面往往具有比岩层内部更好的透水性，尤其是在可溶岩与下伏隔水层的接触面上，往往集中发育成呈层的溶洞，这主要是因为水流下方受阻，流水密集于接触界面上所致（图 8.5）。

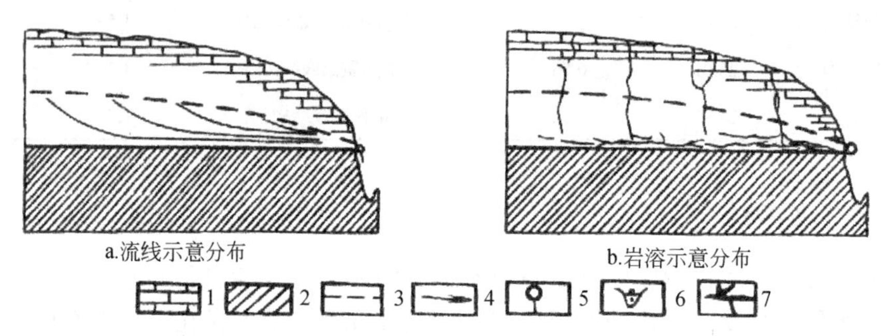

图 8.5 石灰岩与下伏隔水层界面上岩溶发育示意图

1. 石灰岩；2. 隔水层；3. 地下水位；4. 流线；5 泉；6 河流局部侵蚀基准面；7. 溶蚀管及裂隙

8.2 淋溶侵蚀

8.2.1 淋溶侵蚀特征

淋溶侵蚀是指降水或灌溉水进入土壤，土壤水分受重力作用沿土壤孔隙向下层运动，将溶解的物质和未溶解的细小土壤颗粒带到深层土壤，产生有机质等土壤养分向土壤剖面深层的迁移聚集甚至流失进入地下水体中的过程。

一般土层越薄、土壤沙性越大、土壤易溶盐分含量越多，淋溶侵蚀越严重。富含腐殖质和黏粒的土壤，吸收性能强，水稳性团粒结构好，保水保肥能力高，淋溶侵蚀较弱。雨量充沛，排水不畅的地区淋溶作用较强，灌水量和化肥使用量过大的农田，淋失量也较大。植物养分淋失量还与这些物质的特性有关，磷酸盐活动性差，多被土壤黏粒表面吸附，淋失量和淋溶深度有限，主要随土壤物理淋溶而损失。呈硝酸盐或亚硝酸盐的氮素，可溶性强，淋失容易，淋溶深度可达 2 ～ 10m 以上。

淋溶侵蚀源于地表水入渗过程中对土壤上层盐分和有机质的溶解和迁移，水分在这一过程中主要以重力水形式出现。当地下水位低、降水量较少时，淋溶强度较小；当地下水位高，或降水较多时，尤其在有灌溉条件的地区，淋溶深度大，不仅造成土壤肥力下降，更会使土壤盐分和有机质进入地下水中，构成新的污染源。我国西北黄土区因土质以粗粉砂为主，土壤孔隙度达 45% ～ 50%，且具有大孔隙和垂直节理，十分利于降水和地表水的下渗，因此淋溶侵蚀比较严重，不仅造成土壤肥力下降，而且破坏土壤结构，促进机械潜蚀作用发生，造成黄土塌陷。

淋溶侵蚀一般不易被人们察觉，但其危害不可忽视。它不仅使土壤肥力减退，作物产量降低，导致区域内物种多样性退化，恶化生态环境，而且还会污染水源，恶化水质，直接影响人畜饮水。同时，被植物养分污染的河流或湖泊，由于藻类大量繁殖生长，水中有效氧含量下降，鱼类和其他水生生物也会受到影响。

对淋溶侵蚀的控制，迄今尚无特别经济有效的方法。普通的水土保持措施和土壤管理措施，能减少地表径流，增加土壤水分渗透量，但渗透量的增加就意味着土壤淋溶的增强。一般来说，应调节肥料的使用量，尽量使肥料中的养分多为植物生长利用，以免有过剩养分遭受淋失。在淋溶侵蚀比较严重的地区，除要改进施肥方法和灌溉技术之外，还应增加土壤黏性和有机质含量，改善土壤理化性质，增强土壤保水保肥能力，减少淋溶侵蚀。

8.2.2 淋溶侵蚀影响因素

8.2.2.1 水分子结构与极性

水的元素构成是氢和氧，其化学分子式用 H_2O 表示，是一个键能很强的偶极分子，这是 H 与 O 原子的电子层结构决定的。在 H—O 键中共价键成分很高，其形式是等腰三角形，两个 H—O 键角为 105°（图 8.6）。

此外，水分子间的分子键强大，使水具有较高的溶点和沸点。这一特性使得自然界的水多数条件下以液态形态存在。离子健化合物在水中极易溶解。水中的各种溶质极易发生相互之间及其与水之间的各种化学反应，具有良好的对自然界物质的迁移、转化能力。即具有很强的溶解力。

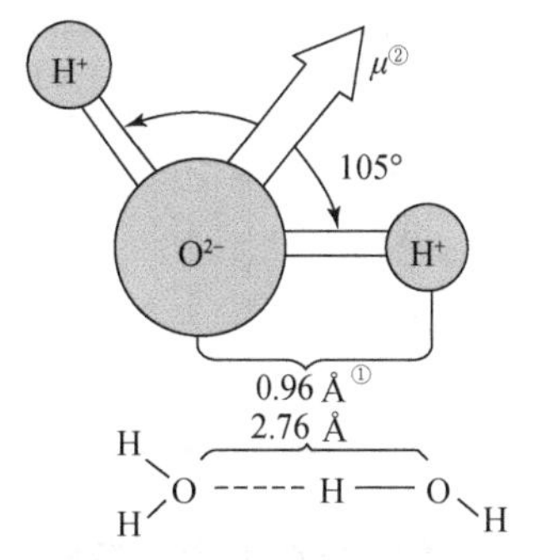

①1Å=10^{-10}mm；②偶极矩(μ=1.84德拜)

图 8.6 水分子结构图

8.2.2.2 水中溶解物质

在水循环过程中，大气中的 N_2、O_2、CO_2、Ar、He 等气体都可能以不同的量溶于水中，在一些有机物富集的水体中，还常有 CH_4、H_2、H_2S 等还原剂气体存在。

水循环过程中水与岩土不断发生接触，从而溶解岩土中的可溶盐成分，如 NaCl（盐岩）、$CaCO_3$（方解石）、Na_2SO_4（石膏）等，这些可溶盐类在水中可呈中性分子及离子状态存在。例如，方解石在水中溶解后极少量呈 $CaCO_3$，大多数由于水的介电常数很大而呈 Ca^{2+} 及 CO_3^{2-} 离子状态。

$$CaCO_3（晶）\rightleftharpoons CaCO_3$$

$$CaCO_3（晶）\rightleftharpoons Ca^{2+}+CO_3^{2-}$$

随着盐类化合物组成元素的电价增高，或化学键中共价键性增强，化合物的解离程度迅速减小，例如 $Fe(OH)_3 \rightleftharpoons Fe^{3+}+3OH^-$ 的解离程度就很小，所以当 $Fe(OH)_3$ 溶于水中后，$Fe(OH)_3$ 分子就是主要的存在形式。

岩土中的一些难溶物质进入水中后，会以胶体形式存在。胶体质点具有特别大的比表面积，特殊的表面电荷及强烈的吸附作用等特性，使胶体溶液对难溶化合物 [$Fe(OH)_3$，$Al(OH)_3$] 迁移具有重要意义。胶体具有强大的吸附能力，所以胶体溶液的形成，不仅会造成岩土中一些难溶物质的淋失，更会通过吸附作用而使岩土体中的一些微量元素如 Cu、Co、Zn、Mo、V、P、Ba 等发生流失。

8.2.2.3 溶质分子极性

水分子是偶极性分子，如果某一物质的分子也是极性分子，当它作为溶质进入水中时，必然会与水分子形成某一种形式的化学键而产生水合离子，由此导致这种物质在水中有较大的溶解度。这就是所谓“相似相溶”的规律。

8.2.2.4 水的溶解能力

水的溶解能力受温度、压力和水的 pH 等因素的共同影响。

气体的溶解度随温度的升高而减小（表 8.3）。其原因在于当温度升高时，大部分溶解的气体会因获取了能量而导致动能增加，于是挣脱溶剂分子束缚向溶液外逸出。

表 8.3　某些气体在不同温度下的溶解度（$L/L_{水}$，101325Pa）

气体	温度			
	0℃	20℃	60℃	100℃
H_2	0.02148	0.01819	0.0160	0.0160
O_2	0.04889	0.03103	0.0195	0.0172
CO_2	1.713	0.878	0.359	—
NH_3	1176	702	—	—

固体物质在水中的溶解度随温度的升高却能发生两个方向的变化，一些物质的溶解度（如 $CaCO_3$、SiO_2 等）增加，另一些则会减小。但大部分固体物质在水中的溶解度会随温度的升高而增大。原因在于固体物质溶解需要吸收大量的热以便将溶质分子拉开，而升温正好提供了所需的条件。

不同类型物质在水中的溶解度受压力影响的程度不同，固体物质受影响小，而气体受的影响则十分显著。但总体而言，压力越大，物质在水中的溶解越大。

气体在水中的溶解度随压力的升高而增大，其原因在于当与液体相接触的气体压力增大时，气体分子与液体表面的碰撞次数增加，气体分子被液体存获的速度加快，因此溶解于水中的气体量也就增加了。

水溶液的酸碱度对物质在水中的溶解度有重大影响。常温常压下，纯水的 pH 为 7，天然水的 pH 一般在 4 ～ 9 变动。

许多化合物的溶解度都与溶液的 pH 有关系。一般来说，酸性氧化物，例如 SiO_2，随溶液碱性度的增加而溶解度增大。

$$SiO_2+2H_2O \longrightarrow 4H^{+}+SiO_4^{4-}$$

H^+ 浓度的减小，将有利于反应向右进行。中性（两性）氧化物，如 Al_2O_3 则是在强酸与强碱条件下溶解度增高，若水溶液偏中性（pH ＝ 7），则溶解极少。

弱酸根或弱碱离子的化合物在水中的溶解度则受到 pH 的重大影响，最具代表性的是 $CaCO_3$，由于 CO_3^{2-} 溶度受 pH 控制，pH 增大时，CO_3^{2-} 浓度将增高，从而 $CaCO_3$ 溶解度下降。

金属氢氧化物的溶解度对 pH 的变化反应更为敏感。绝大多数金属氢氧化物需要强酸条件才能溶解，pH 稍有升高就会发生沉淀（表 8.4）。

表 8.4 一些金属氢氧化物开始沉淀时的 pH

氢氧化物	$Fe(OH)_3$	$Cu(OH)_2$	$Fe(OH)_2$	$Sn(OH)_4$	$Hg(OH)_2$	$Zn(OH)_2$
沉淀时的 pH	2.5	5.4	5.5	2.0	7.0	5.2

8.2.2.5 土壤透水性

水分能否在土壤中运动及运动速率的大小取决于土壤的透水性。其代表性指标是渗透系数。土壤的渗透系数或透水性主要受土壤的孔隙度及孔隙连通性、土壤质地、结构、有机质含量以及土壤湿度控制。

（1）土壤孔隙度及其连通性

孔隙度是指单位土体中孔隙体积占总体积的百分数。一般来说，当其他条件类似时，土壤的孔隙度越大，其透水性就越好。但如果仅以孔隙度大小来判定某些土壤透水性能的好坏是片面的，实际上，有些黏土的孔隙度高达 40% ~ 50%，但却是不透水的土壤，而有些土壤（如砂土）孔隙虽小，但透水性却极强。

这是因为土壤透水性还取决于孔隙的类型和孔隙的连通性，所以透水性更大程度上是取决于土壤中非毛管孔隙的多少，而其连通性决定了土壤水分是否可以运动及运动速度的快慢，对土壤的透水能力也起着重要的作用。

（2）土壤质地

土壤质地主要指其颗粒构成以及颗粒级配情况。土壤孔隙的大小实际是由土壤颗粒的大小决定的。颗粒大则粒间孔隙也就大。但对那些大小颗粒混杂的土壤来说，由于细小颗粒填塞了粗大颗粒的孔隙，故孔隙度较小，颗粒级配不良的土壤孔隙度就大，相应的透水性就可能大一些。

土壤孔隙度的大小还受颗粒排列（堆积紧密程度）的控制。理论研究表明，等大圆球作四面体紧密堆积时，其孔隙度仅 29.5%，而当其作八面体紧密堆积时（图 8.7），空隙度可达 47.6%，上述两种理论最大孔隙度平均约为 37%，与自然界许多松散土的实际孔隙度接近。实际上，自然界并不存在由完全等同的颗粒构成的土壤，其实际孔隙度都不等于理论值。自然界也很少有完全球形粒，其形态越不规则，棱角之间的架空越多，孔隙度可能越大。而由许多扁平颗粒相互叠置（如黏土），其孔隙度则可能变得较小。

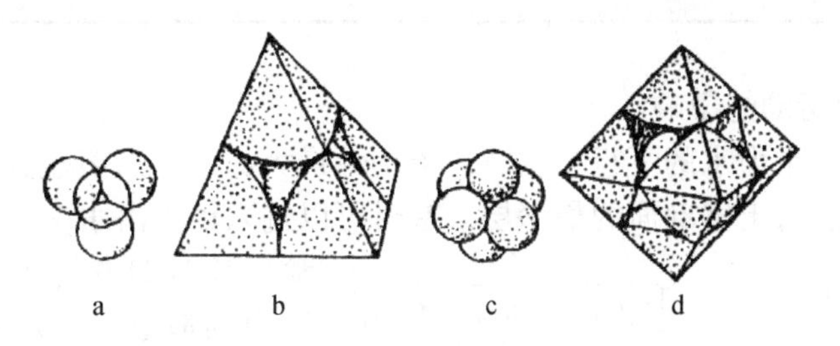

图 8.7 四面体（a、b）堆积与八面体（c、d）堆积的孔隙

（3）土壤结构

土壤结构，尤其是土壤团聚体的存在，可使细小的单颗粒黏结成较大的球形土粒。这将使土壤的孔隙性质得到极大的改善，增加了土壤中的大孔隙，增强土壤的透水性能。研究表明，黄土地区黑垆土团粒含量在 40% 时的渗透能力，比松散无结构的耕作层（其团粒

含量一般< 5%）要高 2 ～ 4 倍。生长林木的黄土，含团粒结构 60% 以上，透水能力比一般耕地高出十几倍。但如果由单粒黏合成的团聚体直径仍小于 0.05mm（称微团聚体），那么所增加的粒间孔隙大多数将仍属于毛管孔隙，对增加重力水的透过能力产生不了多大作用。所以，团聚体本身也应该有较大的直径（0.05 ～ 10mm），这样才能增加粒间的非毛管孔隙，从而增大土壤的透水性（表 8.5）。

表 8.5　土壤团聚体大小与孔隙性质的关系

项目	团聚体直径 /mm				
	< 0.5	0.5 ～ 1.0	1.0 ～ 2.0	2.0 ～ 3.0	3.0 ～ 4.0
总孔隙度 /%	47.5	50.0	54.7	59.6	62.6
非毛管孔隙 /%	2.7	24.5	29.6	35.1	37.8
毛管孔隙 /%	44.8	25.5	25.1	24.5	23.9

我国东北的黑土，由于具有良好的团粒结构，表土总孔隙度在 60% 左右，其中非毛管孔隙达 16% ～ 20%，因此具有较好的透水性。

（4）有机质含量及土壤原有含水量

土壤有机质因本身多孔，而且又可成为团聚体的胶结物，所以对土壤孔隙状况的影响也较大。一般来说，有机质含量的适当增加可以增大土壤的孔隙度，增强土壤透水性，但含量过多，由于其本身及黏结后的土壤孔隙连通性变差，反而会使土壤透水性能下降。

土壤原有含水量对土壤的透水性也有一定影响，一般来说。原有含水量较高，透水性也就越差，这主要表现在渗透速率的变化上（表 8.6）。原因在于土壤颗粒在湿润情况下会吸水膨胀，使孔隙缩小。黏土含量高的土壤这种现象尤为突出。

表 8.6　土壤含水量与透水性的关系

土壤含水量 /%	前 30 分钟平均渗透速率 /（mm/min）	稳定渗透速率 /（mm/min）
12.46	32.4	13.0
16.33	28.2	12.5
19.13	19.4	8.5

（5）水分垂直运动的影响

当水分的运动以重力水的下行为主时，流动性最大的一些易溶盐类（包括硝酸盐、氯化物、硫酸盐）将进入土壤剖面的最深层，有时可以进入地下潜水中，在重力水的下行运动较长时期占优势的情况下，在土壤剖面的最上层，残余黏土、铝和铁的氧化物、氢氧化物以及石英、碳酸钙和石膏将在土壤淀积层中聚集，而硫酸钠和氯化钠则被淋滤至土壤剖面的最深层甚至地下水中（图 8.8）。当然，土壤类型不同，这种迁移分布的具体特征也略有不同。发育于深厚残积风

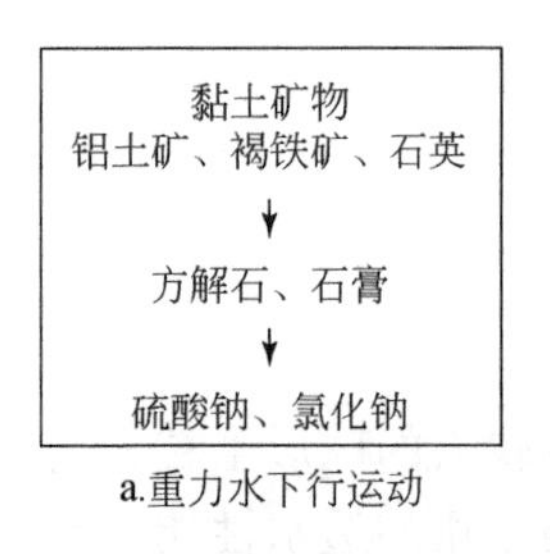

a.重力水下行运动

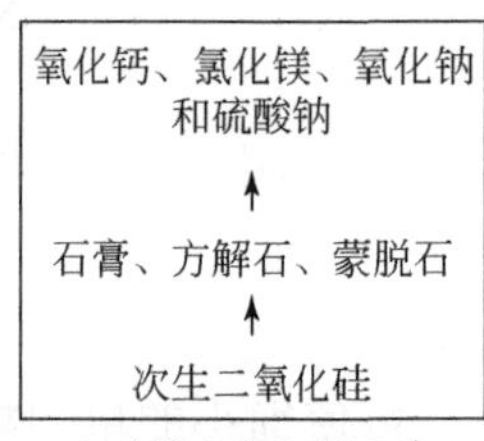

b.毛管水分上升运动

图 8.8　不同水分运动条件下土壤易溶物质的分异

化壳上的氯化物、硫酸盐以及碳酸盐类都会被淋滤到土壤剖面以外，而对一些较薄的黏壤土来说，各类易溶盐类在重力水作用下发生的分异则非常不明显。

重力水下行运动强烈和长期进行，会使表层土壤肥力下降，土地生产力由此受到削弱。但由于淋滤侵蚀具有隐蔽性，其危害性至今还未引起广泛的重视。

在土壤中毛管水上升运动占优势的情况下，各类土壤易溶物质的迁移分布表现出与各类化合物的溶解度和水迁移能力有关的规律性。特别在地下潜水位较高和气候炎热干燥的条件下，毛管水的上升运动和溶解盐类的上行聚积最为显著。当潜水埋深仅2～3m时，上升的毛管水主要消耗在蒸腾和蒸发作用上。土壤易溶盐类以溶解形式进入潜水和土壤水中，通过毛管水流向土壤表面迁移，并随其蒸发和蒸腾在土壤剖面的上层产生溶解物质的沉淀分异。

8.3 土壤盐渍化

在干燥炎热和过度蒸发条件下，土壤毛管水上升运动强烈，致使地下水及土中盐分向地表迁移并在地表附近发生积盐的过程及结果就称为土壤盐渍化或土壤盐碱化。

盐渍化是盐化和碱化的总称。在发生盐渍化的土壤中，包括了各种可溶盐离子，主要的阳离子有Na^+、K^+、Ca^{2+}、Mg^{2+}，阴离子有Cl^-、SO_4^{2-}、CO_3^{2-}和HCO_3^-，阳离子与前两种阴离形成的盐为中性盐，而与后两种阴离子则形成碱性盐。

盐渍化对农业生产构成严重的危害，高浓度的盐分会引起植物的生理干旱，干扰作物对养分的正常摄取和代谢，降低养分的有效性和导致表层土壤板结。

8.3.1 土壤盐渍化形成条件

8.3.1.1 干旱气候

我国主要的盐渍化发生区，如华北和东北，年降水量只有400～800mm，年蒸发量则超过1000mm，内蒙古、宁夏等地年降水量仅100～350mm，而年蒸发量却达2000～3000mm，为降水量的10～15倍。在这种气候条件下，成土母质中的可溶盐类无法淋滤下移，而蒸发作用又将地下水、土壤盐分提升上来聚积于表层土壤内，导致土地盐渍化。

8.3.1.2 地下水位高矿化度大

盐渍土中的盐分，是通过水分运动带来的，而且主要是地下带来的。所以，干旱地区地下水位的埋深和地下水含盐量（矿化度）大小，密切地影响着土壤盐渍化的程度，地下水位越高，矿化度越大，土壤表层积盐就越严重（表8.7）。

表8.7 地下水埋深及矿化度对土壤盐渍化程度的影响

盐渍化程度	地形	地下水埋深/m	地下水矿化度/(g/L)	土壤及地下水盐分组成
非盐渍化土地	缓岗	＞3	0.5～1	Cl^-、HCO_3^-、SO_4^{2-}、CO_3^{2-}
轻盐渍化土地	微斜平地 交接洼地边缘	2～3	1～2 2～5	HCO_3^-、SO_4^{2-}、HCO_3^-、Cl^-
重盐渍化土地	洼地边缘	0.5～2	2～5 5～10	Cl^-、SO_4^{2-}、SO_4^{2-}、Cl^-

在干旱季节，不致引起表土积盐的最小地下水埋深，称为地下水临界埋深，它是设计排水沟深度的重要依据。地下水临界深度受土壤毛管性能影响较大，一般毛管水上升高度大，速度快的土壤都易于发生盐渍化。因此壤质土、粉砂质土较砂质土或黏质土要求更深的临界深度（表 8.8）。

表 8.8 土壤质地与地下水临界深度的关系

土壤质地	砂土	砂壤土—轻壤土	中壤土	重壤土—黏土
临界深度 /m	1.5	1.8 ～ 2.1	1.6 ～ 1.9	1.4 ～ 2

8.3.1.3 地势低洼排水不畅

在干旱地区，盐渍土多分布于地势较低的河流冲积平原和低平盆地，洼地边缘，河流沿岸，湖滨及部分低平灌区，而在地势较高的岗地及坡地则很少发生盐渍化。

在低洼的冲积平原和封闭盆地，地下水径流坡降小，流速缓，排水不畅，地下水位较高，土壤水分运动以上升为主，因此易发生盐渍化。从小地形来看，在低洼地区的局部高处，由于蒸发快，盐分聚积就更强烈一些。

8.3.1.4 土壤母质的影响

母质本身的含盐量和土壤质地也对盐渍化的发生产生影响，如滨海盐渍土就是滨海或盐湖的含盐沉积物受海水和盐水浸渍而形成的。

在同样气候、地下水位和矿化度条件下，壤质、粉砂质的母质较砂质、黏质母质更易于盐渍化，因为前者更利于水盐的毛管运动。

8.3.1.5 生物的影响

有些植物耐盐能力很强，能从深层土壤或地下水中吸取大量的可溶盐类。植物死亡后，就把盐分保留在岩土中或地面上，从而加速土壤的盐渍化。

8.3.1.6 土壤水分运动

在含水层及其上覆的土层中，铁、锰的化合物以及氧化铝和二氧化硅相互作用的产物，呈次生黏土矿物形式沉淀下来。再往上沉淀碳酸钙，然后是溶解度比较大的石膏。溶解度最高的硫酸盐和氯化物沿剖面上升到接近土壤表层的高度，而钠、钙和镁的氯化物则上升到土壤表面。若潜水位的埋深更小一些，仅 1.0 ～ 1.5m，则潜水中所有溶解的成分都会上升迁移到土壤表面，发生土壤表层积盐，形成钙、铁、石膏和盐类硬壳，即发生土壤的盐渍化。

土壤中各类易溶盐类在土壤剖面中的分异还取决于潜水和土壤水的化学成分。当某一区域的土壤水为钙质硬水时，形成碳酸钙的下行或上升聚积。而当土壤水中含盐分较高时，剖面中则主要形成易溶盐类的聚积。

8.3.2 土壤次生盐渍化

如果由于灌溉不当等人类活动原因引起一些非盐渍化的土地发生盐渍化，则称为次生盐渍化。利用含盐量较高（矿化度一般为 1 ～ 5g/L）的咸水进行灌溉可解决一些缺乏淡水资源地区的农田灌溉问题，但如果不注意排水，没有相应的农业措施（如土地平整，增施有机肥等）和不采取有效的灌溉方式（如咸淡混灌，适时淡水冲洗等），咸水灌溉就会引发盐分在土壤表层的快速积累，形成土地的次生盐渍化。不当灌溉引发地下水位的升高是导致土壤次生盐渍化的主要原因。

土地次生盐渍化过程中引发地下水位升高的主要原因有：①灌溉系统不配套，排水不畅，只灌不排或重灌轻排，使大量灌溉水补给了地下水；②大水漫灌，灌水量不加节制，造成过度灌溉而提高了地下水位；③渠道渗漏严重，长期引水后，渠道两则地下水位即升高；④水库蓄水不当，平原水库水位一般都高于地面，若库周截水设施运作不力，势必导致水库周围地下水位升高；⑤水旱田相邻分布，水田周围无截渗设施，使旱田区地下水位升高引发土地盐渍化。另外，耕作粗放，种植和施肥不合理，例如，不注意平整土地、增施有机肥和适时种植，也会造成土壤返盐。

8.3.3 土壤潜在盐渍化

土壤潜在盐渍化，主要是指那些地下水位高或在临界水位上下，地下水矿化度高，土体中含有一定盐分（一般在 0.2% 以下），一旦水盐状况失去平衡，将可能发生土壤次生盐渍化的现象。潜在盐渍化实际上是次生盐渍化的前期反映，在潜在盐渍化阶段，土壤耕层尚无盐化和碱化现象，而耕层下面已隐藏含盐土层或高矿化度地下水层。另外，由于人类活动，如灌溉、排水不当，农业措施跟不上，土壤生态环境遭到破坏等原因，使土壤水盐平衡发生改变，导致非盐渍化土壤向盐渍化土壤转化。确定一个区域是否有潜在盐渍化的可能，主要看该区域的土壤水盐运动状况、条件以及人类因素等。

8.3.3.1 盐渍化向潜在盐渍化的演化

潜在盐渍化是盐渍化土壤改良过程中出现的一个阶段和现象。在土壤盐渍化改良初期，土壤盐分处于上层减少和下移阶段，它具有持续向改良方向发展和退化为盐渍土的双重性。一般情况下，盐渍化土壤在自然条件影响下，土壤盐分表聚性强，表层或耕层土壤盐分含量大于底土几十倍至几百倍。在治理初期，土壤盐分由表层向深层土体移动，使表层土壤脱盐而深层土壤盐分增加。从这种现象看出，盐渍化土壤得到改良，作物能够正常生长，但这只是土壤盐分在土壤垂直剖面上的再分配，土壤盐分处于潜在状态，如果不继续完善和加强改良治理措施，土壤盐渍化有可能再度出现。因此，土壤盐渍化的治理是一项长期的工作，要警惕土壤次生盐渍化的潜在性，防止盐渍化土壤改良中出现反复。

8.3.3.2 盐渍化改良后向潜在盐渍化的转化

盐渍化土壤改良后，在特定的自然条件和不合理的人为因素影响下，仍存在潜在盐渍化威胁。如我国土壤盐渍化最严重的黄淮海平原，属半湿润半干旱季风气候区，土层深厚，多为轻壤质潮土，地势平坦，排水不畅，旱、涝时有发生。这种自然条件决定了农业生态系统的脆弱性和不稳定性。在盐碱地得到改良后的开发利用过程中，稍有不慎，仍有发生次生盐渍化的潜在威胁。如山东省禹城在 20 世纪 90 年代，干旱少雨，引黄水量增加，一些地方弃井兴渠，排水沟兼作灌溉水沟，使排水沟淤积不畅，地下水位抬高，致使部分区域存在潜在盐渍化威胁。据近几年的资料分析，全县 70% 的乡（镇）地下水位升高，50% 的乡镇年均地下水埋深小于 2.0m，加之浅层地下水质为微碱水，在长期受地下水位顶托的情况下，土壤盐分增加。其中 100 ～ 200cm 土层含盐量增加的测点占 74%，存在潜在盐渍化现象和次生盐渍化的威胁。

8.3.3.3 水盐平衡状况恶化使土壤产生潜在盐渍化

区域水盐平衡状况恶化产生的土壤潜在盐渍化问题，如鲁西北地区，地势平缓，地面坡降 1/7000 左右，区域径流量小，排水排盐能力差。据多年观测资料，从河道排走的盐分只占总来盐量的 70% 上下。在 1970 ～ 1980 年，普遍开采利用浅层地下水，潜水埋深相应降低，加之耕作、栽培、施肥等农业措施的加强与提高，流域内盐碱地面积明显减少。但从徒骇河、马颊河流域水盐平衡状况看，1980 ～ 1990 年气候偏旱，大量引黄灌溉，平均每年流入盐量 113 万 t，由于管理上重工业蓄水灌溉，骨干排水河道普遍建闸蓄水，造成地下水位的阶梯形分布，以致来盐量大于去盐量，平均每年积留盐分 39 万 t。据“鲁北河道建闸蓄水作用及对环境的影响”研究报告，一些观测点耕层脱盐，底土盐分增加，2.0m 土体内盐分增加 0.044% ～ 0.066%，潜水矿化度升高 0.25 ～ 0.35g/L，明显存在土壤次生盐渍化发展的可能性。

8.3.3.4 土体下层含盐土壤易形成潜在盐渍化

这些土壤在我国西北干旱地区分布较多，主要包括新疆、青海西部、甘肃河西走廊和内蒙古西北部等干旱半干旱地区。在土壤形成过程中，有较明显的生物累积过程和钙化过程。由于风化作用和易溶盐迁移的地球化学特征，可溶性盐在土壤的中、深层积聚；土壤中、深层的成土母质富含可溶性盐类，形成潜在盐渍土。如干旱半干旱地区的荒漠土，易溶盐类的累积位置通常是在石膏层以下或者与石膏层相结合，盐分含水量可由 1% ～ 2% 到 20% ～ 30%，甚至形成硬的盐磐；栗钙土、棕钙土、棕漠土等剖面中下部含有盐分，少者也超过 1%，甚至形成盐磐。

8.3.3.5 地下水或潜水对潜在盐渍化的影响

浅层地下水水质低劣或潜水为矿化水，而潜在埋深暂且在临界深度以下。一方面缺乏优质地表水灌溉冲洗土壤中的盐分，另一方面采用咸水灌溉，土壤耕作层含盐量较低，而土壤的心底土常有盐分累积，形成潜在盐渍土。如河北平原的黑龙港及运河东部地区分布有浅层咸水区，虽经过十余年的治理，但仍存在土壤潜在盐渍化的威胁。在这类地区，即使是非盐渍土或已改良的盐渍土，耕层 0 ～ 20cm 土壤含盐量在 0.15% 以下，但由于缺乏地表水灌溉，土壤盐分得不到淋洗，心土、底土仍含盐较多，如任丘市、深州市后营村燕河以北改造好的盐渍土，心底土含盐量仍在 0.2% 以上。在地下咸水区，由于地下水开采量少，地下水埋深一般降到 2 ～ 3m 便不再下降，一旦遇到丰水年或以后发展引江引黄灌溉，致使地下水位抬高，土壤次生盐渍化便会加重和发展。

8.3.4 土壤碱化

随着人们对土壤盐渍化危害的认识的提高，盐渍化的防治力度逐渐加大，在我国土壤盐渍化最严重的黄淮海地区，土壤盐渍化对农业的危害正在逐渐减少。为了防止土壤盐渍化，有的地方采用碱性低矿化水进行灌溉，然而，如果农业措施或化学改良措施跟不上，土壤碱化问题就会越来越突出。土壤碱化后，土壤中碳酸钠含量增加，pH 升高，表层土壤板结，土壤物理性能下降，危害农业生产。

8.3.4.1 土壤碱化程度判别指标

目前，国际上惯用钠碱化度 ESP（即代换性钠占阳离子代换量的百分率）、电导率（EC）和 pH 作为土壤碱化的指标。美国盐土实验室把土壤饱和浸提液电导率小于 4ms/cm（25℃），碱化度大于 15% 的土壤称为碱土，而把碱化度为 5% ～ 15% 的土壤称为碱化土壤。苏联则把碱化层的碱化度大于 20% 作为划分碱土的指标。俞仁培等根据我国黄淮海平原碱化土壤的研究，发现上述标准均不符合我国的实际情况，无论采用美国标准还是采用苏联标准，都将夸大我国的碱土面积。为此，他提出了符合我国碱化土壤的分级指标（表 8.9）。

表 8.9 黄淮海平原碱化土壤分级指标

碱化级别	分级模型
Ⅰ 极度碱化	$Y_1=-549.78+107.81X_1+21.33X_2+1.32X_3-1.35X_4$
Ⅱ 重度碱化	$Y_2=-482.62+102.47X_1+16.44X_2+1.01X_3-1.62X_4$
Ⅲ 中度碱化	$Y_3=-476.35+102.86X_1+12.26X_2+0.82X_3-2.42X_4$
Ⅳ 轻度碱化	$Y_4=-442.37+99.34X_1+12.26X_2+0.70X_3-2.69X_4$
Ⅴ 非碱化	$Y_5=-416.67+96.62X_1+10.38X_2+0.58X_3-3.14X_4$

表 8.9 中 X_1、X_2、X_3、X_4 分别代表 pH、总碱度（$CO_3^{2-}+HCO_3^-$）、钠碱化度、钠吸附比。根据公式把分析所得的特征值分别带入上述五个判别公式中计算，Y 值最大的级别即为土样所属的碱化程度。

8.3.4.2 土壤碱化发生条件

（1）碱性低矿化水灌溉与土壤碱化

土壤碳酸钠含量增加，导致土壤盐分离子组成发生变化。利用碱性水灌溉时，水中的碱性钠盐被直接带入土壤，使土壤中累积碳酸钠。随着碳酸钠的累积，土壤可溶性盐类离子组成会发生改变。当灌溉水中含有残余碳酸钠时，它将与土壤溶液中钙、镁离子作用而形成碳酸钙、碳酸镁沉淀，使土壤中的 Ca^{2+}、Mg^{2+} 含量减少，从而改变土壤溶液中钠、钙、镁的比值，增加了钠含量，钠吸附比，钠、钙、镁比等，促使土壤发生碱化。

中国科学院南京土壤研究所的试验表明，用碱性低矿化水灌溉，导致土壤累积碳酸钠，其累积数量取决于灌溉水中的残余碳酸钠含量，且随着灌溉次数的增加，碳酸钠累积量增加，累积层中厚。随着碳酸钠的累积，土壤中钙、镁离子含量明显降低，钠百分率、钠吸附比、钠钙镁比等相应增加，并都受到灌溉水质和灌溉年限的影响（表 8.10 ～表 8.12）。

表 8.10 试验土壤化学性质

土样	pH	全盐 /%	离子组合 /（mmol/100g 土）							离子交换量 /（mmol/100g 土）	交换性钠	碱化度
			CO_3^{2-}	HCO_3^-	Cl^-	SO_4^{2-}	Ca^{2+}	Mg^{2+}	Na^+			
轻壤	8.14	0.03	0	0.32	0	0.02	0.18	0.10	0.14	5.90	0	0
黏土	8.02	0.03	0	0.32	0.02	0.09	0.28	0.10	0.14	16.64	0	0

表 8.11 试验水样化学性质

pH	矿化度 /（g/L）	离子组合 /（mmol/L）							残余碳酸钠 /（mmol/L）	钠吸附比	可溶性钠百分比 /%
		CO_3^{2-}	HCO_3^-	Cl^-	SO_4^{2-}	Ca^{2+}	Mg^{2+}	Na^+			
8.69	1.16	0.62	9.33	3.62	6.02	0.57	1.10	18.53	8.28	20.36	91.73

表 8.12 不同质地土壤用碱性水灌溉后土壤的化学性质

土壤质地	时间	深度 /cm	pH	全盐 /%	可溶性离子组合 /（mmol/100g 土）							离子交换量 /（mmol/100g 土）	交换性钠	碱化度
					CO_3^{2-}	HCO_3^-	Cl^-	SO_4^{2-}	Ca^{2+}	Mg^{2+}	Na^+			
轻壤土	灌溉1年	0～5	9.86	0.31	0.93	1.08	1.00	1.80	0.12	0.06	4.04	5.88	3.61	61.4
		5～15	8.55	0.07	0	0.39	0.23	0.24	0.12	0.02	0.83	5.92	0.24	4.1
		15～32	8.14	0.04	0	0.33	0.11	0.12	0.29	0.12	0.22	5.92	0.06	1.0
	灌溉3年	0～5	9.99	0.58	1.30	1.77	2.46	3.91	0.05	0.03	8.78	5.68	4.97	87.5
		5～15	9.80	0.23	0.45	0.75	0.79	1.29	0.08	0.06	3.22	6.01	2.18	36.3
		15～32	8.78	0.11	0	0.22	0.54	0.59	0.41	0.37	0.83	5.87	0	0
黏性土	灌溉1年	0～5	8.85	0.23	0.20	0.86	1.02	1.39	0.06	0.06	2.87	16.45	3.78	22.9
		5～15	8.33	0.09	0	0.39	0.38	0.58	0.46	0.11	0.65	16.50	0.35	2.1
		15～32	8.00	0.06	0	0.35	0.21	0.09	0.48	0.08	0.13	16.50	0	0
	灌溉3年	0～5	7.80	1.35	0	0.29	1.98	16.1	7.55	0.49	11.0	16.54	0.90	5.4
		5～15	8.00	0.33	0	0.35	0.63	3.72	1.17	0.20	2.17	16.64	1.29	7.8
		15～32	7.99	0.22	0	0.33	0.39	1.98	1.63	0.31	1.12	16.58	0.23	1.4

由于土壤碳酸氢钠和碳酸钠的累积，造成土壤 pH 升高。土壤中的 pH 与灌溉水中残余碳酸钠含量的对数成正相关。但灌溉水本身的 pH 不是主要的，主要是水中是否残存碳酸钠。例如，用 pH 为 8.69、残余碳酸钠为 8.28mmol/L 的灌溉水灌溉后，第一年土壤表层的 pH 由 8.14 上升到 9.86，而同样 pH 的不含碳酸钠的水灌溉，土壤 pH 无明显变化。

由于碳酸钠在表土层积累导致出现显著数量的交换性钠。致使土壤具有高的碱化度，其数值的高低与灌溉水残余碳酸钠含量成正比。例如，用残余碳酸钠含量分别为 6.78、2.57、0 的碱性水灌溉，一年后土壤碱化度分别上升 42.3%，12.7% 和 3.6%。

（2）土壤质地与土壤碱化

由于黏性土壤的阳离子代换量较沙质土高，因此在土壤胶体吸附等量钠离子的情况下，黏质土壤的碱化度要比沙质土小得多。从表 8.12 可以看出，如用残余碳酸钠含量为 8.28mmol/L 的灌溉水灌溉两种质地的土壤，第一年 0 ～ 50cm 土层，沙质土壤的碱化度为 61.4%，而黏质土为 22.9%。因此，沙质土比黏质土易碱化，而且速度快，强度大。

（3）土壤脱盐过程中的碱化

黄淮海平原无论是滨海还是内陆地区，盐碱类型大部分分为钠质盐土，都含有交换性钠离子，当土壤中存在过量的中性盐类时，土壤溶液浓度较高，土壤中的钠离子不易水解，所以土壤不会产生高的碱度，土壤 pH 一般不会超过 8。而当土壤环境条件发生变化，或在盐渍土改良过程中，土壤的积盐过程变为以脱盐为主，土壤中可溶性盐不断被淋洗，土壤溶液浓度逐渐下降，代换性钠随之解离，造成土壤胶体表面吸附的离子与土壤溶液中的离子相互交换，土壤胶体从土壤溶液中吸附一定数量的钠离子，造成土壤溶液碱度增加，土壤物理和化学性质恶化，土壤脱盐而发生碱化。例如，河南某地自开始采用井灌改良盐渍化后，土壤发生次生碱化，原来是重度盐渍化的地块，表土开始板结，颜色变为灰白。

8.3.4.3 碱化土壤物理性质

碱化土壤的直观表现为土壤板结，影响作物出苗，其物理性质极坏，容重一般在1.4～1.5g/cm^3，甚至可达1.7g/cm^3，总孔隙度仅为30%～40%，最低只有10%。由于碱化土壤结构性差，在灌溉后土粒很容易自动分散，并形成结皮，阻止水分入渗和降低土壤贮水能力。随着ESP的上升，土壤导水率迅速降低，其关系近似逆指数关系。因此，在碱土分布区，雨水和灌溉水的入渗受阻，冲洗改良较困难，这就决定了碱化土的灌溉相对于非碱化土壤来说，要次多量少。

8.3.5 土壤钙积层

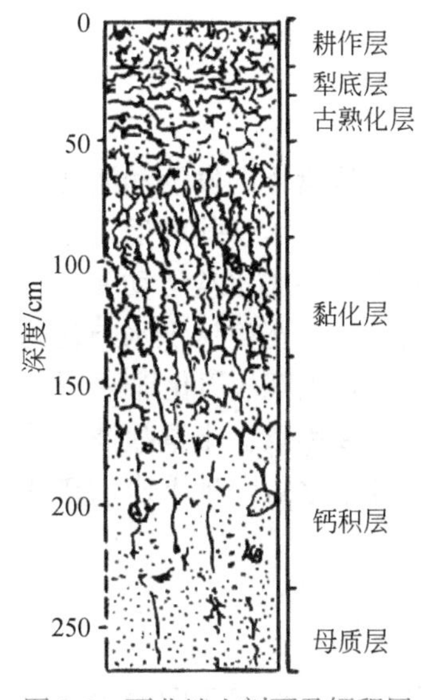

图8.9 西北塿土剖面及钙积层

钙积层是指在土壤剖面的某一层位上碳酸钙、碳酸氢钙的淀积，形成具有特殊结构和特征的土壤层。钙积层在我国华北，西北地区的褐土、黄绵土、塿土以及棕钙土中广泛存在，是土壤剖面的重要构成部分（图8.9）。

8.3.5.1 钙积层的形成

钙积层的形成是碳酸钙的淋溶与聚积过程。在适宜的温度和湿度条件下，土壤内某一深度的原生矿物进行强烈的分解，表现出“土内风化”，强烈的土内风化作用会使一些原生矿物释放出较多的金属元素，在半干旱条件下，土壤内的淋溶作用不是很强，但在雨季，重力水下行占优势，多余的水分就往深层渗漏，这种弱度的淋溶可以将溶解度大的金属如K^+、Na^+带至土壤下层或地下水中，而作为碱土金属的钙只能被带到一定部位淀积下来，淀积下来的钙一般以碳酸钙和重碳酸钙的形式存在。钙质成分具有较强的胶结性能，可以将土壤颗粒黏合起来，形成特殊的网状结构或结核状结构。

土壤水分的强烈上升蒸发是土壤钙积层形成的另一机理。在干旱季节中，土壤水分蒸发强烈，地下水通过毛管上升不断进入土壤剖面中，或直接到达土壤表面。土壤溶液在上升和蒸发过程中浓缩，土壤溶液中首先达到饱和的是碳酸钙和碳酸镁，水中重碳酸钙也会随水上升过程中温度的变化，转化成溶解度较低的碳酸钙，饱和析出的$CaCO_3$和新形成的$CaCO_3$会在土壤的某一层位形成碳酸钙的淀积层。

在我国西北地区的黄土中广泛存在钙积层，其成因既有淋溶淀积的，也有蒸发浓缩淀积的。

8.3.5.2 钙积层对土地生产力的影响

土壤剖面中钙积层的存在对土地生产力的影响既有有利的一面，也有其不利的一面。

钙质成分是土壤中常见的胶结成分，它可以促进土壤颗粒之间的相互黏结，形成土壤团粒结构。土壤剖面中钙积层的存在一方面增加了其所在层位中土壤团粒的数量，另一方面，也成为土壤中钙质成分的稳定来源。

厚度较大，延展范围较广的钙积层是土壤中较好的隔水层。这是因为钙积层有比土壤剖面中其他层位更小的孔隙度，当钙质成分淀积较多时，钙积层的透水性将大为降低。研究表明，西北地区的黄土中古土壤层的透水性小于黄土的透水性，钙积层的透水性又是古土壤层中最小的。因此，钙积层往往成为黄土区良好的隔水层，可以防止水分的深层渗漏和为农业生产储备地下水源。

但是，钙积层的存在，对土地生产力也会造成损害。首先，钙积层中的土壤可能因钙质的胶结作用发生团粒之间的黏结形成块状结构，土块与土块间相互架空使土壤中较大孔隙增多，造成土壤透风跑墒，不利于农田蓄水抗旱。而且土块间的架空也会使作物新出的幼苗根系悬空不能扎到土壤中吸取养料与水分，直接影响到作物的出苗。其次，钙积层的存在可增大局部土壤的黏重程度，使土壤透水性降低，作物根系因此不能吸取到足够的水分，也妨碍作物根系的生长和作物本身的发育。

8.3.6 土壤水盐运动的影响因素

在土壤盐渍化过程中，水作为盐分的溶剂和运输介质，对土壤盐渍化的发生和演变起着极其重要的作用。土壤质地、剖面构造、耕层土壤结构和肥力对土壤水、盐的运动也有重要影响。土壤中可溶性盐分借助水的运动而迁移和变化。区域内的土壤水盐运动变化，取决于该区域内水、盐均衡状况，同时也受到自然和人为因素的影响。正确认识水与盐的相互关系及其运动规律是调控土壤水盐运动的关键所在。一般来说，在土壤盐渍化地区，旱、涝、盐、碱的交错发生和危害，是影响这些地区土壤生态系统的主要因素。土壤盐渍化受多种因素综合作用的影响，主要包括气候、地形和地貌、土壤、地下水位、地下水的矿化度和化学性质等。

8.3.6.1 气候条件

气候是影响土壤水盐运动的重要环境因素，在不同的气候条件下，形成不同的水盐运动规律。如黄淮海地区，地处北纬 32° ～ 40°，位于我国东部，为西北高东南低的大平原，属暖温带半湿润季风气候，年平均气温 10 ～ 15℃多年平均降水量 500 ～ 1000mm，干燥度 0.9 ～ 4.0。因受纬度和海洋的影响，降雨量由北向南、由内陆向沿海逐渐增加，干燥度逐渐降低，降水量等值线呈东北—西南方向倾斜。降雨季节分配不均，冬春两季降水量只占全年降水量的 15% 左右，约 80 ～ 90mm，降雨主要集中在夏季，6 ～ 8 月降雨量占全年降水量的 55% ～ 72%。降雨的这种季节性分配特点，造成春旱严重，土壤蒸发强烈，夏季雨涝，地下水位抬高，是促使土壤盐渍化的重要原因。

降雨年际变化较大，年相对变率 20% ～ 34%，据近 30 ～ 100 年间降雨资料统计，黄淮海地区丰水年与枯水年相差可达 5 ～ 10 倍之多。这种年际和年内以及季节性的降雨量差异是造成旱、涝、盐、碱的重要气候原因。

黄淮海平原水均衡类型属降水蒸发型，水的支出形式主要是蒸散，约占全区水量支出的 70%，土壤盐分随水分蒸发而积累。一年之中仅有 7、8 月的降雨量大于或接近蒸发量，其余 10 个月都是蒸发量大于降水量的 1 ～ 2 倍以上，特别是春季，蒸发量大于降水量的 5 ～ 6 倍。研究结果表明，当潜水埋深小于毛管水上升高度时，土壤潜水蒸发过程与气温、水面蒸发过程密切相关，土壤盐分变化与潜水蒸发基本一致，都受降水和大气蒸发控制。而当潜水埋深大于土壤毛管水上升高度时，其潜水蒸发量与上述气象要素之间则无明显相关。

8.3.6.2 地形地貌

黄淮海地区，海滨平原和冲积平原是土壤盐渍化发生的主要地区，而山麓洪积冲积平原一般土壤盐渍化不严重。

（1）冲积平原

冲积平原地貌组合类型多样，主要有冲积扇地貌组合类型、沉积地貌组合和河间平原地貌组合。

冲积扇地貌组合类型，地面排水条件较好，土壤偏砂。由于古河道发育，地下径流条件较好，多为全淡水富水区，地下埋深 2.5 ～ 4.0m，以褐土化潮土和潮土为主，但有的部分区域地下径流滞缓，有咸水层分布，存在土壤盐渍化问题。在冲积扇扇缘地带多为浅平洼地，地势低平，地下水埋深 2.0m 左右，多为浅层淡水区，土壤多为沼泽土、潮土和盐化潮土。

沉积地貌组合类型，主要是江河两岸大堤以外的背河浸润洼地，因地势低洼，排水不畅，又受河水浸润，地下水埋深一般 1 ～ 2m，属淡水富水区。土壤多为沙质和沙壤质潮土，土壤盐渍化较重。在背河洼涝区，地下水位高，一般 1 ～ 2m，水质差，矿化度 3 ～ 10g/L，土壤盐渍化最重。

河间平原地貌组合类型，主要是微斜平原和低平原。地面坡降低缓，为 1/3000 ～ 1/5000 或更低，地面排水条件差，潜水埋深 2 ～ 3m，地下水多为微咸水，矿化度 1 ～ 3g/L。有盐渍化潮土和盐渍土广泛分布。

（2）海滨平原

地面海拔 10m 以下，地面坡降极缓，排水不畅，并受海水顶托。地下潜水水位较高，一般 1 ～ 2m，矿化度多在 10g/L 以上，高者可达 30g/L 以上，土壤普遍盐渍化，以海滨盐土为主。

因此，就大区地形而言，盐碱土多分布在地势低平的内陆盆地、山间洼地和排水不畅的平原地区。但从小区地形而言，由于地面水集中于洼地，洼地积水补给坡地的地下水，因而缓坡地上的土壤盐渍化较重。此外，在微小起伏的地形上，当降雨或灌水时，低处受水多，淋溶作用强；高处受水少，而且蒸发作用强，水分由低处向高处不断补给，盐分在高处积聚形成盐斑。而在土壤透水性不良的情况下，含一定盐分的水从高处流向低洼处，由于水分蒸发盐分便在低洼处积累，使土壤发生盐渍化。

（3）山麓洪积冲积平原区

该区由于地势相对较高，地面倾斜，坡降多大于 1/1500，地表和地下径流条件较好，为全淡水富水区，地下水埋深多大于 5m，土壤类型以褐土为主，没有土壤盐渍化现象。

8.3.6.3 土壤质地与土体结构

（1）土壤质地对毛管水运动的影响

不同的土壤质地，有着不同的毛管水性状，因而土壤质地决定了土壤毛管水上升高度和上升速度，以及水的入渗性能，从而直接影响潜水蒸发的速率和水盐动态特征。在土壤水分不断蒸发损失的条件下，地下水中的盐分将随毛管水源源不断地补给表层土壤，随着水分的蒸发，盐分逐渐积存。

按照毛管理论，毛管水上升高度与毛管半径成反比。但实际上，由于土粒间的孔隙不规则，孔隙中还常有封闭的气泡干扰，因此，毛管水实际上升高度，往往与理论计算的数据不相符合，尤其是土壤中极细孔隙中的水分，为相当强的吸附力所影响，黏滞度高，很难移动。事实上，只有沙质土和沙壤土及轻壤土才符合这个规律，而从中、重壤土到黏土，反而是质地越黏，毛管水上升高度越低。在鲁西北地区不同地下水埋深和不同土质情况下，土壤潜水蒸发值变化很大（表 8.13），在潜水埋深为 1.5m 时，轻壤、中壤和重壤的潜水蒸发量的比值约为 10 ：2 ：1，即轻壤土为重壤土潜水蒸发量的 10 倍。但随着潜水埋深的增加，潜水补给蒸发量减少，而且不同土壤质地下潜水补给蒸发量的差距逐渐缩小，在潜水埋深为 3.0m 时，上述三种土质下潜水补给蒸发量的比值变化为 2.5 ：1.6 ：1.0。

表 8.13 不同土壤质地的年潜水蒸发量

潜水埋藏深度 /m	土壤质地 /mm		
	轻壤	中壤	重壤
1.0	451.35	134.87	42.03
1.5	303.92	57.84	28.30
2.0	148.86	44.86	22.52
2.5	105.57	36.86	21.19
3.0	50.50	27.20	20.69

不同土壤质地其表层土壤（0 ～ 5cm）盐渍化与潜水埋深的关系研究结果表明，在几种不同地下水位情况下，轻壤土的表土积盐量均高于中壤土和重壤土，说明土壤质地对土壤水盐运动的影响很大，从轻壤土到黏土，质地越黏重，土壤盐渍化越轻。

（2）土体构型对毛管水运动的影响

除上述均质土外，土体构型对土壤水盐运动也有重要影响。研究表明，毛管水在有黏土夹层土壤中的上升速度（任意厚度或层位）均比沙质土和黏壤质土低，毛管水在有黏土夹层的土壤剖面中，其上升速度随黏土夹层厚度的增加而减慢；相同厚度时，毛管水上升速度随黏土层位的升高而减慢。从表土积盐情况看，若黏土夹层厚度相同，层位越高，即距地下水面越远，离地表越近，其隔盐作用越大；若黏土层位相同，厚度越大，隔盐效果越明显，而且黏土夹层的厚薄对土壤水盐运动影响超过了黏土层位的影响。

8.3.6.4 地下水位

在黄淮海平原，土壤的形成过程和土壤盐渍化的发生与演变，均受地下水位的重要影响和控制。地下水位又是一个在气候、地形、特别是灌溉和排水活动影响下，反应非常灵敏的因素，是人工调控水盐运动的主要方面，是水盐均衡的重要指标。

地下水埋深与潜水补给蒸发，在不同地下水埋深条件下，潜水近地面的地下水补给蒸发的形式与蒸发量是不同的。一般来说，地下水埋深越大，潜水补给蒸发量越小。有研究结果表明，轻壤土在地下水埋深 1 ～ 1.5m 时，其潜水补给蒸发量约为潜水埋深 2.5 ～ 3.0m 时的 3 ～ 9 倍。

同一种土质，地下水位越高，潜水补给蒸发量越大，盐分在土壤中积累的数量也越多。地下水埋深为 1m 时，一个月之内，耕层土壤含盐量增加 10 倍多，地下水埋深为 1.5m 和 2.0m

时，耕层土壤含盐量分别增加2倍和1倍多。

地下水位的变化主要受降水量和蒸发量（包括蒸腾作用）、灌水量（包括引水量）和排水量的影响，地下水位的升降和水的平衡状况是一致的。在一个地区，如果来水量（灌溉引水和降水）大于去水量（排水和蒸散）时，地下水位就要抬高；反之如来水量小于去水量则地下水位下降。在一年之间也是如此，雨季和灌溉期为高地下水位期，旱季和灌溉期为低地下水位期。在来水量与去水量处于相对平衡的条件下，地下水位也处在一种动态平衡之中。地下水位的这种动态变化与土壤盐分的变化密切相关，却又并非同步升降。当降雨或灌溉时，地下水位被抬高，但土壤盐分却又被淋溶，此后随着排水和蒸发，地下水位开始回降，土壤因蒸发而开始积盐，即土壤因蒸发的积盐过程发生在地下水位从高到低的回降过程中，直至水位降至临界深度以下。水位回降越慢，土壤积盐越多。因多次灌溉或降雨也可造成盐分含量循环变化。因此，在降雨或灌溉之后，迅速降低地下水位，缩短回落时间和减轻土壤蒸发的措施，是减少土壤积盐的关键。

8.3.6.5 地下水矿化度与化学性质

（1）矿化度对毛管水上升高度的影响

地下水位中的易溶盐分是强电解质，对水分子有较强的亲和力，因此，在气、液界面发生负吸附，吸附后的盐离子属表面非活性物质，可使水表面张力增大。地下水矿化度升高时，溶液浓度增大，水的表面张力增加，因而溶液的密度也随之增大，但溶液密度的增加率远远超过了毛管表面张力的增加率。在毛管半径相同的条件下，地下水矿化度的增加会使毛管水上升高度降低，从而减少潜水蒸发量。但潜在蒸发减少的速率常常小于因水溶液浓度增加而使土壤盐分增加的速率。在同一潜水埋深情况下，高矿化地下水的土壤积盐量大于低矿化土壤的积盐量。

（2）地下水矿化度对土壤含盐量的影响

地下水中的可溶盐是土壤盐分的重要来源，地下水矿化度的高低，直接影响土壤的含盐量。据土壤调查资料，在地下水位和土壤质地基本相同的条件下，地下水矿化度越高，土壤积盐就越多。当地下水埋深在2.0～2.5m，地下水矿化度小于2g/L时，土壤含盐量小于0.3%，属于轻度盐渍土；地下水矿化度在2～4g/L时，土壤含盐量在0.4%左右，属于中度盐渍土；地下水矿化度大于4g/L时，土壤含盐量在0.6%以上，属于重度盐渍土。

（3）地下水化学组成与土壤盐分组成的一致性

地下水中的盐分组成往往随其矿化度的增高而改变，当地下矿化度小于2g/L时，阴离子中HCO_3^-占有相当大的比例；矿化度为2～4g/L时，硫酸盐与氯离子比例增加；矿化度超过4g/L时，氯离子在阴离子中占绝对优势。

地下水中盐分的化学组成与土壤中盐分的化学组成有着密切关系，两者基本上是一致的。如以氯化物为主的“油碱”，土壤及地下水中Cl^-及Na^+占优势，以硫酸盐为主的“面碱”，土壤及地下水中SO_4^{2-}、Cl^-以及Na^+、Mg^{2+}占优势；以重碳酸盐和氯化物为主的“牛皮碱”，土壤及地下水中则以HCO_3^-、Cl^-及Na^+占优势。

但在地下水矿化度较低的情况下，地下水和土壤中的阴离子组成比例有差异。如潜水矿化度低于2g/L时，水中阴离子以HCO_3^-或$HCO_3^- + SO_4^{2-}$为主，而土壤中却以Cl^-或$Cl^- + HCO_3^-$为主，说明在低矿化度时土壤中的阴离子发生了分异。

8.3.6.6 土壤有机质

土壤有机质含量是评价土壤肥力的重要指标，由于土壤有机质中的胡敏酸及富里酸都是表面活性物质，在土壤中既增加了水的密度，又减小了水的表面张力。有机质能够使土壤毛管水上升高度降低。而蔗糖是非表面活性物质，但在土壤中，水密度的增加率远远大于水的表面张力的增加率，因此，蔗糖也会降低毛管水上升高度。据试验表明，毛管水的上升速度随着有机质含量的增加而减慢，潜水蒸发量和表土积盐量则随之降低。

一般来说，有机质的抑盐作用与其含量高低有密切关系，有机质含量越高、其抑制水盐上移的作用越强。

增施有机肥料具有促进土壤脱盐的明显效果。据试验，连续 5 年施有机肥地块，土壤有机质含量由 0.5% ～ 0.6% 增加到 1% 左右，0 ～ 30cm 和 0 ～ 100cm 土层的脱盐率分别为 12% ～ 23% 和 8% ～ 13%。

8.4 化学侵蚀防治措施

8.4.1 岩溶侵蚀防治措施

岩溶侵蚀在造就奇峰、异石、怪洞等壮丽美景的同时，石灰岩由于长期受雨水冲刷，土壤稀缺，岩石裸露，保水能力极差，石灰岩地区大面积分布着这些冲刷完土壤后仅剩石灰岩母岩的光板地即石漠化土地。在我国岩溶侵蚀地区，石漠化面积逐年在增加，目前平均每年扩展面积约 2500km^2，大片的石漠化土地生产力水平极低，已威胁到人们的生存，成为我国南方山区的心腹之患。

（1）防治原则

岩溶侵蚀的防治原则为立足自然条件，兴利防灾并举；系统决策，科学规划；综合措施体系，密切联合协作。

（2）防治措施

立足自然条件、保护与开发利用结合。岩溶侵蚀地区，分布有典型的地上和地下岩溶地貌，有很高的科学研究价值，也有发展旅游业的潜在优势，开发石灰岩产业和保护典型岩溶地貌是在遵从自然规律前提下发展经济的有效手段。

石漠化形成的主观原因是人类不合理的经营活动，破坏了生态环境。因此治理石漠化，要从解决当地人民群众的生活问题入手，科学规划，长远利益与近期利益结合，生态效益和经济效益结合，调整产业结构，改进生产方式，使人口、资源、环境协调发展。

石漠化防治要采用法律、政策、生态和工程等多种手段和措施。一是强化水土保持法律意识，严禁陡坡开荒和石缝、石窝点播粮食作物，不允许乱砍滥伐，坚决制止过度放牧；二是加强植被建设，封山育林、荒山造林、退耕还林，种植特色林果，改善生态环境；三是改变能源利用结构，开发利用煤、电、沼气、风能、太阳能等能源，减少森林资源消耗和对植被的破坏；四是兴修梯田、等高耕作等实施小流域综合治理，改善生产条件。

8.4.2 淋溶侵蚀防治措施

对淋溶侵蚀的控制，迄今尚无特别经济有效的方法。普通的水土保持措施和土壤管理措施，能减少地表径流，增加土壤水分渗透量，但渗透量的增加就意味着土壤淋溶的增强。一般来说，应调节肥料的使用量，尽量使肥料中的养分多为植物生长利用，以免有过剩养分遭受淋失。在淋溶侵蚀比较严重的地区，除要改进施肥方法和灌溉技术之外，还应增加土壤黏性和有机质含量，改善土壤理化性质，增强土壤保水保肥能力，减少淋溶侵蚀。

8.4.3 土壤盐渍化防治措施

8.4.3.1 防治原则

（1）因地制宜

我国盐渍化土地的分布范围很广，因各地气候、水文、地质、地貌等条件差异很大，土壤盐渍化的原因、过程及特征也多种多样，因此土壤盐渍化的防治也应因地制宜，采取各自适宜的措施进行防治。

（2）综合防治

土壤盐渍化的成因复杂，治理难度大，单一措施很难奏效，因此各种防治措施之间应紧密结合，相互补充，构成一个完整的防护措施体系，通过发挥系统的综合作用，取得综合性的防治效果。

利用和改良相结合，盐渍化土壤改良的目的就是利用，因此在改良的过程中，要合理安排农牧业生产，达到利用、改良相得益彰的目的。

排盐和提高土壤肥力结合，应用水利工程措施，排除土壤中过多的盐分及其在地表的积累，为植物创造正常生长的土壤环境，同时运用农业生物措施以改善土壤物理、化学条件，提高土壤肥力，并抑制土壤返盐。

灌溉和排水结合，综合防治土壤盐渍化，必须具备配套齐全而有实效灌排水利工程措施，重灌轻排甚至只灌不排，必将导致地下水位的迅猛上升，加重土壤盐渍化程度。

近期目标和长远规划相结合，综合防治土壤盐渍化和旱、涝、洪等危害，必须首先要制定统一规划，不仅要有切实可行的近期内容，还要有远期可预见的方向和目标，只有这样，才能达到长期防治土壤盐渍化的目的。

8.4.3.2 防治措施

盐渍化的防治主要依据土壤盐渍化的原因和水盐运动规律来制定土壤改良措施。

一是控制盐源措施，充分的盐分来源是形成盐渍化的物质基础。因此，通过控制盐分进入土壤的上层，使土壤中不致有过多盐分，是防治土壤盐渍化的有效途径之一；二是消减盐量措施，对已经发生盐渍化或垦殖盐荒地时，通过冲洗、排水、覆盖客土等措施消减土壤中过多的盐量，以达到改良盐渍土的目的；三是调控盐量措施，采用适宜的滴灌、喷灌等灌溉技术，使土壤保持适宜的水分、控制盐分的浓度，或者采用生物排水、深翻晒垡、培肥改土等技术改变水盐运动规律，以达到减少盐分积累的目的；四是实施转化盐类措施，通过施用一定的化学物质，将盐分转化为毒害作用较小的盐分；五是适应性种植措施，利用盐生植物、耐盐植物，控制地面蒸发、减少积盐过程。

思 考 题

1. 化学侵蚀的概念是什么？

2. 一般情况下化学侵蚀有哪几种表现形式？
3. 水的溶蚀力主要取决于哪些因素？
4. 淋溶侵蚀受哪些因素影响？
5. 哪些岩石具有一定的可溶蚀性？
6. 土壤盐渍化的形成条件是什么？
7. 何谓土壤的次生盐渍化？
8. 钙积层形成的原因是什么？
9. 岩溶侵蚀的防治原则主要有哪些？
10. 土壤盐渍化的防治措施主要是什么？

扩展阅读

钱塘江流域概况

钱塘江发源于安徽省休宁县怀玉山主峰六股尖东坡，自西向东北、东南蜿蜒曲折，流经安徽屯溪、歙县，至浙江建德梅城，接纳来自西南的兰江后，向东北流至海盐县澉浦附近注入杭州湾，全长668km，流域面积5.56万km^2。

钱塘江在安徽省境内迂回曲折，滩多水急，河谷多呈“V”字形，属山溪性河流。自安徽省歙县浦口至浙江省建德梅城镇的新安江，过去曾被误为钱塘江的支流，后经全面考察，确定新安江应为钱塘江的正源。

钱塘江下游富春江段河流两侧，山岭多为古生代沉积岩，河谷沿着东北—西南向褶皱断裂带发育，谷地开阔，江面展宽，河道比降变小，水流平缓，沙洲、边滩发育。沿岸河漫滩平原断续延伸，其自然景色千变万化，是全国闻名的风景区。

杭州以下，钱塘江江面突然扩大成喇叭状的三角江，这就是杭州湾。钱塘江口所以不成为三角洲，而成为三角江，主要是因为江水含沙量很少所致。钱塘江的含沙量只有水量的万分之一，若与黄河相比，每年入海的水量约为黄河的3/4，而每年入海的泥沙量只及黄河的1/184。此外，钱塘江的潮汐冲击力很大，上游冲积下来的泥沙也往往被潮浪卷走，这也是它不淤积成三角洲的另一原因。

第9章

我国土壤侵蚀类型及其分区

[本章导言] 土壤侵蚀类型分区目的是为不同区域制定水土保持规划与措施设计、防治土壤侵蚀提供依据。按导致土壤侵蚀发生的外营力种类，我国土壤侵蚀类型区可分为以水力侵蚀为主的类型区、以风力侵蚀为主的类型区和以冻融及冰川侵蚀为主的三大一级类型区。在一级类型区之内，又根据发生土壤侵蚀的地形地质等因素，划分出若干二级类型区。

我国是一个幅员辽阔、自然环境复杂的国家。地形、气候、地质、土壤和植被因素直接或间接地影响土壤侵蚀的类型及其分布规律，认识这些因素组合的地理环境对土壤侵蚀的影响，对于掌握侵蚀的产生和加剧的原因具有十分重要的意义，可以为有关部门在合理利用土地资源，保护水土，全面治理和利用水土资源提供有效的科学依据。

我国土壤侵蚀类型分布基本遵循地带性分布规律。干旱区（北纬 38° 以北）是以风力侵蚀为主的地区，包括新疆、青海、甘肃、内蒙古等省份，侵蚀方式是吹蚀，其地表形态表现为风蚀沙化或沙漠、戈壁等。半干旱区（北纬 35° ～ 38°）风力水力侵蚀并存，为风蚀水蚀类型区，主要侵蚀类型是水蚀，侵蚀方式为面蚀和沟蚀，形态表现为沟谷纵横，地面破碎，包括甘肃、内蒙古、陕西、山西等省份，风蚀以吹蚀为主，反映在形态上是局部风蚀沙化或鳞片状的沙堆。这一区域是我国的强烈侵蚀带。湿润地区（北纬 35° 以南）为水蚀类型区，主要侵蚀方式是面蚀，其次是沟蚀（景可和陈永宗，1990）。

土壤侵蚀类型受到年降水量、植被类型、植被盖度和活动构造带等因素控制。年降水量 400mm 等值线以北的地区多为风蚀类型区，该区内降水量少，起风日数多风速大，其植被为干草原和荒漠草原。年降水量在 400 ～ 600mm 的区域多为风蚀水蚀交错区。该区虽具大陆性气候特征，冬春风沙频繁，但仍受季风影响，夏季降水集中多暴雨。因而既有风蚀类型，又有水蚀类型。大于 600mm 降水等值线以南的地区为水蚀类型区。在高山、极高山区以及寒温带地区以冻融侵蚀类型为主。以上侵蚀类型受地带性因素控制。重力侵蚀类型主要分布在我国西部地区地震活动带或断裂构造的地区，受非地带性因素控制。

我国自然条件因素复杂，因而各地区侵蚀强度差异极为显著，最大与最小可相差数倍。半干旱地区的侵蚀强度最大，干旱地区和高寒地区强度较小，湿润地区介于两者之间。这种地域分异是由自然因素和人为因素共同作用的结果，半干旱地区是我国的环境脆弱带。决定水蚀侵蚀力的年降水量一般都大于 400mm，降水集中在 7 ～ 9 月，占年水量的 60% 以上，且常集中在几场短历时的高强度暴雨。起抗蚀作用的植被稀少，一般为草原和森林草原，覆盖度为 30% ～ 50%（黄土地区＜ 30%）。地表组成物质受强烈风化影响，结构松散。半干旱地区同时存在的两个有利于侵蚀的因素，这在干旱地区或湿润地区都不可能同时存在（局部地区例外）。干旱地区虽然地表物质风化更强，结构更松散，植被覆盖度差，但降雨量少，缺乏侵蚀营力。湿润地区年降水总量虽然较大，但季节分配均匀，地表物质风化较轻，植被覆盖度大，因其抗蚀力能力较强而不太可能形成较强的侵蚀（景可和陈永宗，1990）。

9.1　土壤侵蚀类型分区

9.1.1　分区目的与任务

土壤侵蚀类型分区是根据土壤侵蚀成因及影响土壤侵蚀发生发展的主导因素的相似性和其差异性，对地理单元所进行的区域划分。土壤侵蚀类型区的划分主要目的是在不同区域制定水土保持规划时，为治理土壤侵蚀提供依据，并为因地制宜拟定土壤侵蚀综合防治措施奠定基础。它是研究各分区内土壤侵蚀特征和控制土壤侵蚀的重要基础工作。

土壤侵蚀类型区划分的任务是在详细了解土壤侵蚀发生营力的前提下，全面认识土壤侵蚀的发生、发展特征和规律，并考虑影响土壤侵蚀的主导因素，根据土壤侵蚀和其防治的区域差异性，划分出不同的土壤侵蚀类型区。

9.1.2　分区原则

土壤侵蚀分区要反映不同区域土壤侵蚀特征及其差异性，要求同一类型区的自然条件、土壤侵蚀类型和防治措施基本相同，而不同类型区之间则有较大差别。因此分区原则首先是考虑同一区内的土壤侵蚀类型和侵蚀强度基本一致；其次同一区域内影响土壤侵蚀的主要因素（自然条件和社会经济条件）基本一致，同一区域内的治理方向、措施和土地利用方向基本相似；最后土壤侵蚀类型分区以自然地理界线为主要参照依据，适当照顾行政区域的完整性和地域的连续性。

9.1.3　分区的主要依据、指标

土壤侵蚀类型区划分的依据和指标主要考虑其地貌特征、土壤侵蚀类型和土壤侵蚀强度等，兼顾农业发展方向与土壤侵蚀防治对策等。

（1）地貌特征

地貌是控制土壤侵蚀区域差异的主要下垫面因素，考虑地貌特征时，应采用海拔高度、相对高差和沟壑密度等数量指标（表 9.1）。

表 9.1　地貌类型区划指标

阶 梯	地貌类型区	海拔 /m	相对高差 /m
极高原面（海拔＞4000m）	极高山区	＞6000	＞1500
	高山区	5500～6000	1000～1500
	中山区	5000～5500	500～1000
	低山区	4500～5000	200～500
	丘陵区	＜4500	＜200
	盆地区	可低于 4000	可成负地形
	极高原区	4000	＜50

续表

阶梯	地貌类型区	海拔 /m	相对高差 /m
高原面（1000m＜海拔≤ 4000m）	高山区 中山区 低山区 丘陵区 盆地区 极高原区	＞2500 2000～2500 1500～2000 ＜1500 可低于1000 1000	＞1000 500～1000 200～ 500 ＜200 可成负地形 ＜50
平原面（0＜海拔≤ 1000m）	中山区 低山区 丘陵区 洼地区 平原区	＞1000 500～1000 ＜500 可低于海平面 ＜200	＞500 200～500 ＜200 可成负地形 ＜50

（2）土壤侵蚀类型

土壤侵蚀类型主要根据导致土壤侵蚀的外营力的种类来划分，区域侵蚀的差异主要是由引起侵蚀的主要外营力的不同而造成的（表 9.2）。

表 9.2　土壤侵蚀类型及其形式、形态

侵蚀类型	侵蚀形式	侵蚀形态
水力侵蚀	溅蚀 面蚀 沟蚀	层状、点状、穴状 层状、砂砾状、细沟状、鳞片状 浅沟、切沟、冲沟、河沟
风力侵蚀	吹蚀 磨蚀	沙垄、沙波、沙丘、沙山、风蚀洼地、戈壁、雅丹 风蚀蘑菇、风蚀柱、风蚀穴
冻融侵蚀	冻裂 融解	冻缩、冻裂 融涨、融滑

（3）土壤侵蚀强度

地壳表层土壤在自然营力（水力、风力及冻融等）和人类活动综合作用下，单位面积和单位时段内被剥蚀并发生位移的土壤侵蚀量，通常以土壤侵蚀模数表示（强度分级见表 9.3）。

表 9.3　水力侵蚀强度分级

级别	土壤侵蚀模数 /[t/（km²·a）]	平均流失厚度 /（mm/a）
微度	＜200、＜500、＜1000	＜0.15、＜0.37、＜0.47
轻度	200、500、1000～2500	0.15、0.37、0.74～1.9
中度	2500～5000	1.9～3.7
强烈	5000～8000	3.7～5.9
极强烈	8000～15000	5.9～11.1
剧烈	＞15000	＞11.1

注：流失厚度系按土的干密度 1.35g/cm³ 折算，各地可按当地土壤干密度计算。

日平均风速不小于 5m/s、全年累计 30 天以上，且多年平均降水量小于 300mm（但南方及沿海风蚀区，如江西鄱阳湖滨湖地区、滨海地区、福建东山等，则不在此限值之内）的沙质土壤地区，应定为风力侵蚀区（表 9.4）。

表 9.4　风力侵蚀的强度分级

级别	地表形态	植被覆盖度 /%（非流沙面积）	风蚀厚度 /（mm/a）	侵蚀模数 /[t/（km^2·a）]
微度	固定沙丘、沙地和滩地	> 70	< 2	< 200
轻度	固定沙丘、半固定沙丘、沙地	50 ~ 70	2 ~ 10	200 ~ 2500
中度	半固定沙丘、沙地	30 ~ 50	10 ~ 25	2500 ~ 5000
强烈	半固定沙丘、流动沙丘、沙地	10 ~ 30	25 ~ 50	5000 ~ 8000
极强烈	流动沙丘、沙地	< 10	50 ~ 100	8000 ~ 15000
剧烈	大片流动沙丘	< 10	> 100	> 15000

9.1.4　土壤侵蚀类型分区命名

土壤侵蚀类型分区的命名原则主要为表明该区域导致土壤侵蚀的外营力种类、地理位置、地貌以及植被等特征。

9.1.5　土壤侵蚀类型分区系统

土壤侵蚀类型分区系统是依据土壤侵蚀的外营力、类型和发展趋势及治理方向、措施在一定区域内的相似性和区域间的差异性，一般采用两级分区，即一级侵蚀类型区和二级侵蚀类型区，对于某些范围较大的侵蚀区，因侵蚀情况出现某些较明显的区域差异，则再根据侵蚀类型的组合不同，在二级侵蚀类型之下再划分第三级侵蚀类型区（表 9.5）。

由于不同的地形、地貌及其气候等特点，构成了各类型土壤侵蚀发生的基本条件。由于各地自然条件和人为活动不同，形成了许多具有不同特点的土壤侵蚀类型区域。根据我国地貌特点和自然界某一外营力（如水力、风力等）在较大区域起主导作用的原则，将全国分为 3 个一级土壤侵蚀类型区，即水力侵蚀为主的类型区、风力侵蚀为主的类型区和冻融及冰川侵蚀为主的类型区。

表 9.5　土壤侵蚀类型分区方案

一级类型区	二级类型区	三级类型区
水力侵蚀为主的类型区 I	西北黄土高原区 I_1	黄土高原北部风蚀水蚀区 I_{11} 黄土高原南部水蚀区 I_{12}
	东北低山丘陵和漫岗丘陵区 I_2	大兴安岭区 I_{21} 小兴安岭区 I_{22} 低山丘陵区 I_{23} 漫岗丘陵区 I_{24}
	北方山地丘陵区 I_3	黄土覆盖的低山丘陵区 I_{31} 石质和土石山地丘陵区 I_{32}

续表

一级类型区	二级类型区	三级类型区
水力侵蚀为主的类型区Ⅰ	南方山地丘陵区$Ⅰ_4$	大别山山地丘陵区$Ⅰ_{41}$ 湘赣丘陵区$Ⅰ_{42}$ 赣南山地丘陵地区$Ⅰ_{43}$ 福建、广东东部山地丘陵区$Ⅰ_{44}$ 台湾山地丘陵区$Ⅰ_{45}$
	四川盆地及周围山地丘陵区$Ⅰ_5$	川东褶皱低山丘陵强度侵蚀区$Ⅰ_{51}$ 川中山地丘陵中度侵蚀区$Ⅰ_{52}$ 盆地中部丘陵极强度侵蚀区$Ⅰ_{53}$
	云贵高原及其山地丘陵区$Ⅰ_6$	金沙江峡谷地带极强度侵蚀区$Ⅰ_{61}$ 黔中山原中度侵蚀区$Ⅰ_{62}$ 滇东高原川西南山地强度侵蚀区$Ⅰ_{63}$
风力侵蚀为主的类型区Ⅱ	西北干旱绿洲外围沙漠化地区$Ⅱ_1$	—
	内蒙古及长城沿线半干旱草原沙漠化地区$Ⅱ_2$	呼伦贝尔草原区$Ⅱ_{21}$ 科尔沁草原区$Ⅱ_{22}$ 锡林郭勒草原沙化土地区$Ⅱ_{23}$ 内蒙古东南部旱作农垦沙化区$Ⅱ_{24}$ 鄂尔多斯高原沙漠化地区$Ⅱ_{25}$
冻融及冰川侵蚀为主的类型区Ⅲ	冰川侵蚀区$Ⅲ_1$	—
	冻土侵蚀区$Ⅲ_2$	强烈发育区$Ⅲ_{21}$ 中等发育区$Ⅲ_{22}$ 微弱发育区$Ⅲ_{23}$

9.2 以水力侵蚀为主的类型区

水力侵蚀类型区大体分布在我国大兴安岭—阴山—贺兰山—青藏高原东缘一线以东的地区，包括西北黄土高原、东北低山丘陵和漫岗丘陵、北方山地丘陵、南方山地丘陵、四川盆地及周围山地丘陵、云贵高原及其山地丘陵6个二级土壤侵蚀类型区。

9.2.1 西北黄土高原区

黄土高原位于北纬32°～41°，东经107°～114°之间。从地质、地貌学来说，是指东起太行山，西到青海日月山，南接秦岭，北抵鄂尔多斯高原的区域。按县域行政区界线计算，黄土高原地区总面积64.87万km^2，占全国土地总面积6.76%，其中水力侵蚀面积约为33万km^2，包括山西、内蒙古、河南、陕西、甘肃、宁夏、青海共7个省份341个市（县）。

黄土高原地区总的地势是西北高，东南低。六盘山以西地区海拔2000～3000m；六盘山以东、吕梁山以西的陇东、陕北、晋西地区海拔1000～2000m；吕梁山以东的晋中地区海拔500～1000m，由一系列的山岭和盆地构成。该区宏观地貌类型有丘陵、高原、阶地、平原、沙漠、干旱草原、高地草原、土石山地等，其中山区、丘陵区、高原区占2/3以上。西部主要为黄土高原沟壑区，中部主要为黄土丘陵沟壑区，东南主要为土石山区，北部主要为风沙、干旱草原和高地草原区。银川平原、河套平原、汾渭平原地形相对平缓。

黄土高原地区属大陆性季风气候，冬春季受极地干冷气团影响，寒冷干燥多风沙；夏秋季受西太平洋副热带高压和印度洋低压影响，炎热多暴雨。黄土高原地区位于我国东西部之间半湿润区向半干旱区过渡地带，降水地区分布很不平衡，降水量总的趋势是由东南向西北、由山地向平地递减。东南部自沁河与汾河的分水岭沿渭河干流，到洮河、大夏河，过积石山至吉迈一线以南，年降水量在600mm以上，属半湿润气候；中部广大黄土丘陵沟壑地区，年降水量400～600mm，属于半湿润易旱气候；西北部地区，年降水量150～250mm，属半干旱地区。其次，降水量年际变化很大，丰水年和干旱年降水量相差2～5倍，降水变率过大，干旱发生概率高，对农业生产威胁大。此外，降水年内分布很不均匀，且以暴雨形式为主。夏秋降雨多以暴雨形式出现，雨量及强度大，是黄土高原严重土壤侵蚀的重要原因之一。全区年均气温6.6～14℃，由南向北自东向西降低。该区热量丰富，太阳总辐射量具有东南低西北高的特点。黄土高原干旱多风，月均风速为1.1～2.9m/s，4～8月平均3m/s以上。大风主要出现在春季，3～4月≥17.2m/s的大风，晋西河曲达123天，绥德108天。强劲风力使沙性土壤发生明显的吹蚀和土地沙化。根据地理及土壤侵蚀特点，该二级土壤侵蚀类型区可划分出2个三级土壤侵蚀类型区。

9.2.1.1 黄土高原北部风蚀水蚀区

该区大致位于神池、灵武、兴县、绥德、庆阳、固原、定西、东乡一线以北，长城沿线以南的地区，主要为黄土梁峁丘陵沟壑地貌类型。坡陡沟深，地形破碎，长城沿线附近有片沙覆盖。该区属半干旱草原地带，植被稀疏覆盖度低，草地面积不少但不成片，多与农田镶嵌分布，加之撂荒轮垦，草地多被破坏，面积缩小。目前植被覆盖度30%～35%，草层低矮草场退化。

其气候干旱，年雨量在250～450mm，降雨集中且多暴雨。春秋多风，全年≥8级大风日数平均在5～20天，局部地区可达27天，沙暴日数年均4天以上，有些地方可达15天左右。自然植被破坏严重，水蚀强烈，风蚀亦很明显，是黄土高原生态环境最为脆弱、土壤侵蚀最为严重的地区。根据地貌特点及土壤侵蚀，该三级土壤侵蚀类型区可划分为7个土壤侵蚀片区。

（1）晋北盆地轻度风蚀轻度水蚀区

该区包括大同盆地、阳高天镇盆地，面积10296.0km^2，占总面积的1.65%。盆地中部属冲积洪积平原，地势低平，水蚀轻微。盆地边缘为高阶地及缓坡丘陵，坡耕地及牧荒地水蚀较为明显，除坡面面蚀、细沟、浅沟侵蚀和鳞片状侵蚀外，亦有切沟侵蚀。年降水量370～400mm，干旱多风，≥8级的大风每年达30～40天，加之土壤质地较粗，结构松散，无论丘陵及平川旱地，均有轻度风蚀现象。

（2）青东山地盆谷轻度风蚀轻度水蚀区

该区地处黄土高原向青藏高原的过渡带，面积34132.8km^2，占总面积的5.47%。地形起伏大，生物气候区域差异垂直变化明显。湟水下游和黄河河谷气候温暖，年降水量300～400mm，多属黄土丘陵和土石低山，黄土层浅薄，坡耕地多，开垦指数较高。因不合理放牧和采伐，水蚀及重力侵蚀明显，局部干旱沙漠土地风蚀也较显著。山地主要有冷龙岭、大坂山、拉鸡山等，属青藏高原东部边缘，海拔高程多在2900～4900m，山高谷深，坡陡土薄，气候寒冷，变化剧烈，随海拔高度增加，气温急剧降低，降水相应增多，高山区年降水量最大为820mm，气温年较差达40℃以上，温度的剧烈变化和冻融作用促使地面组成物质发生强烈地物理风化，有利于剥蚀和重力侵蚀的发生。由于地广人稀，天然草场广阔，阴坡尚有成片森林，水蚀风蚀轻微。但某些河谷中的农地及山谷风口，水蚀风蚀较明显，局部土层很薄的陡坡，有草皮滑落等现象。地下水出露的斜坡下部土层较厚处，春季常有冻融泥流出现。由上述土壤侵蚀类型的差异，该区可划分为两个亚区。即黄湟盆谷亚区和大坂山拉鸡山亚区。前者以农地面蚀、沟蚀和重力侵蚀为主；后者以农地面蚀及冻蚀侵蚀为主，土壤侵蚀轻微。

（3）陇中宁南低山宽谷丘陵中度风蚀轻度水蚀区

该区包括兰州、白银、皋兰、永登、永靖、靖远、景泰、同心、海源等市（县）的全部或一部分，面积28080.0km^2，占总面积的4.5%。境内以黄土丘陵和土石山地为主，山丘之间有比较开阔的盆谷或川平地。该区雨量少（年降水量小于300mm），大风多（每年约30天），蒸发强烈。干旱是该区农牧业生产发展的主要障碍，农业主要集中于黄河沿岸及山间盆谷的平川地。牧业在该区占有重要地位，林业所占比重不大，多为草灌，覆盖度很低。风蚀由南向北逐渐增强，水蚀则逐渐减弱。广大山地及黄土丘陵多为牧荒地，以鳞片状侵蚀为主，风蚀远较平川旱地为轻，但个别被开垦的黄土缓坡和山间洼地风蚀也较明显。

（4）陇东宁南低山丘陵残塬微度风蚀强度水蚀区

该区大致位于祖厉河流域、清水河中上游及环江上游一带，多属黄土丘陵并有小片塬地残存其间，面积38934.6km^2，占总面积的6.24%。黄土梁状丘陵区梁顶较为宽大，坡面完整，缓坡地较多，梁坡区域的阴坡一般较缓多为农地，阳坡较陡牧荒地多。梁坡多以面蚀为主，浅沟和切沟也较常见。河源区梁地之间常见黄土填充的洼地开阔平缓。但有些地方多有山洪危害，尤其是底部沟蚀严重，沟头前进和沟岸扩张剧烈。塬地黄土层深厚，土壤多为灰钙土或轻黑垆土。塬面平坦但因开垦历史久远，稍有倾斜的塬面，土壤剖面已受不同程度的侵蚀，目前仍以面蚀为主，但塬面集流面积较大，沟头溯源侵蚀活跃，塬面面积日益缩小。塬坡陡峭，又屡经开荒轮垦，或过度放牧，植被破坏严重，面蚀沟蚀均较强烈。土石山地除局部有少量森林残存外，多为天然草地，土壤侵蚀一般较轻。但由于利用不当，加上鼠类对草原的破坏，侵蚀有所加剧。总的来看该区气候干旱，土壤质地较粗，风蚀轻微，水蚀较强，侵蚀模数为5000～8000t/（km^2·a）。按侵蚀类型组合不同，可分为两个亚区，一为环县亚区，以农地面蚀为主，其次为沟蚀和重力侵蚀。二为两西亚区定西、河西，以农地面蚀和草场牧荒地鳞片状面蚀为主，其次为沟蚀。

（5）晋西北缓丘宽谷中度风蚀强度水蚀区

该区包括左云、右玉、平鲁、神池、五寨、岢岚、偏关、清水河及和林格尔等县的全部或一部分地区，面积18345.6km/km^2，占总面积的2.94%。该区河谷宽浅，割切轻微，沟谷密度约4km/km^2，除少量土石山地外，多为黄土覆盖的缓坡丘陵。年降水量400～450mm，大风日数较多。除管涔山等部分地区外，植被覆盖度低，风蚀现象较普遍，局部见有风积流沙，年均沙尘暴日数达4天以上。土壤侵蚀模数3000～6000t/（km^2·a）。

（6）陕北黄土丘陵中度风蚀极强度水蚀区

该区包括陕西吴旗、志丹、安塞、靖边、子长、绥德、子洲、横山、米脂、榆林等地的全部或一部分，面积24585.6km^2，占总面积的3.94%。该区以黄土梁峁丘陵为主，地面切割破碎，沟道密度5～6km/km^2，梁峁坡度陡，大于25°的陡坡占60%以上，陡坡耕地多，侵蚀极为强烈，有的地方侵蚀模数近 20000t/（km^2·a）。此外该区北靠风沙区，风蚀现象在北部地区较明显，不少地区见有小片流沙分布。该区按侵蚀类型可分为两个亚区：一是白于山亚区，坡耕地面蚀、细沟、浅沟侵蚀严重，沟道重力侵蚀和沟蚀均很活跃；二是绥德米脂亚区，坡耕地以面蚀为主，沟蚀、重力侵蚀次之。

（7）陕晋蒙沙化黄土丘陵强度风蚀剧烈水蚀区

该区包括神木、府谷、佳县、河曲、保德、偏关、兴县、准格尔、东胜、清水河等县（旗）的全部或一部分，地处黄河北干流晋陕峡谷两岸，地貌类型以沙化或片沙覆盖的黄土丘陵为主，面积 23836.8km^2，占总面积的 3.82%。该区为全区侵蚀剧烈中心，在气候和地理位置等方面，表现出明显的过渡性。该区处于黄土高原鄂尔多斯高原的过渡地带，是半干旱转向干旱的生物气候过渡带，水蚀与风蚀、农业与牧业的交错地带。天然植被稀少，生态环境极为脆弱。年际与年内气候变化剧烈，暴雨、大风、尘暴（沙暴）发生频繁，全年土壤侵蚀过程均很活跃，冬春为风蚀、剥蚀强盛期，夏秋则水蚀强烈。流经区内主要河流的输沙模数多在 15000 ～ 25000t/（km^2·a），黄土高原最大输沙模数和最大含沙量均出现在该区。

其侵蚀类型复杂多样，生态环境脆弱，旱、洪、风沙灾害频繁，加之人为不合理活动，土壤侵蚀仍有发展趋势。区内年大于等于 8 级的大风日为 6.2 ～ 87.2 天，年均沙暴日 4.3 ～ 26.8 天，最多达 72 天。强度风蚀区主要分布在该区的西部及北部。在遭受吹蚀强烈地区，植物根系裸露，地面砂砾到处可见。在黄土丘陵背风坡常见沙堆积，局部有波状沙丘出现。出露厚层风化砂岩的沟壁，崩塌、泻溜侵蚀十分活跃，冬春季节堆积于谷底，夏秋汛期洪水下泄，泥沙量剧增。区内黄河峡谷两岸，地形更为破碎，坡陡沟深，坡耕地侵蚀、沟谷下切及风化基岩的崩落更为剧烈，土壤侵蚀模数高达 30000t/（km^2·a）以上。

9.2.1.2　黄土高原南部水蚀区

该区北接风蚀地区，南界秦岭北坡。地貌类型复杂，有黄土丘陵、黄土塬、河谷平原、土石丘陵与山地，年降水量 500 ～ 700mm，气候温暖湿润，植被较好，属森林、森林草原环境。森林主要分布于一些山地，如子午岭、黄龙山、关山、吕梁山、太行山及秦岭北坡等地，其余地方多为农地和牧荒地，植被破坏严重。境内地面组成物质除山地有大面积基岩出露外，多为黄土所覆盖，土层深厚土壤肥沃，一般为中壤及重壤土，除个别河滩沙地有风蚀外，全地区主要是水蚀，局部沟壑陡坡伴有重力侵蚀。由于各地地貌及植被等条件不同，土壤侵蚀区域性差异显著。植被较好的山地、冲积平原区侵蚀最轻，塬区、盆谷、土石丘陵区居中，黄土丘陵区最严重。根据地貌特点及土壤侵蚀，该三级土壤侵蚀类型区可划分为 12 个土壤侵蚀片区。

（1）秦、陇山地微度水蚀区

该区包括秦岭北坡、陇山及六盘山南部地区，面积 29265.6km^2，占总面积的 4.69%。秦岭北坡以石质山地为主，多由变质岩及花岗岩组成，山峰陡峭基岩裸露。一般山坡土层浅薄，开垦很少，多为林地或荒坡，植被较好侵蚀微弱。黄土主要分布于低山区开阔山谷及坡麓，厚度小，分布不连续。在有黄土覆盖的山坡或河谷，坡耕地多，坡度多在 20° 以上，以面蚀为主，并有少量切沟。有的林区由于过度采伐，植被破坏严重，加上陡坡开垦，山洪及泥石流灾害时有发生。有黄土分布的地方，大都开垦为农地，鳞片状面蚀、沟蚀均较严重，其余地方多为天然次生林或草灌，侵蚀轻微，但在有砂页岩裸露的陡坡或沟谷，重力侵蚀极为严重，有些地方可形成泥石流。该区可分为两个亚区，即关、陇山亚区和秦岭北坡亚区。前者以面蚀为主，兼有沟蚀和重力侵蚀。后者以面蚀为主，兼有少量沟蚀。

（2）子午岭黄龙山微度水蚀区

该区包括陕甘交界的子午岭和陕北黄龙山等梢林区，面积19968.0km²，占总面积的3.2%。该区主要地貌为黄土丘陵低山，子午岭及黄龙山南部为石质低山。梢林主要是近百年逐步恢复的次生林，由于人烟稀少耕地不多，植被较好，土壤侵蚀轻微。但在某些川道地区，随着人口不断增长，耕地面积扩大，特别是近30年毁林开荒之风盛行，仅子午岭林区毁林面积达15.3万hm²，使土壤侵蚀有所发展。

（3）汾渭谷地微度水蚀区

该区包括汾、渭河谷地，面积47611.2km²，占总面积7.63%。主要地形为多级黄土台塬及山前丘陵，盆地边缘有少量断续分布的低山。川地平坦土壤肥沃，水源充足灌溉方便，有的地方灌淤土层厚达数十厘米，以堆积作用为主。台塬塬面高出河床100～400m，经过长期流水冲刷，塬地受到不同程度的割切而变得相当破碎。较完整的塬地，塬面广阔，地面比较平坦，侵蚀微弱。多数塬面，由于长期耕种施用土粪，形成了独特的塿土，有不同程度的面蚀。

（4）太行山地轻度水蚀区

该区包括太行山、太岳山、中条山等山地，面积42681.6km²，占总面积6.84%。山顶海拔多在2000～3000m左右，相对高度一般约800m。大多为变质岩、石灰岩及砂页岩组成，多单面山，山峰陡峻岗峦重叠，山谷狭窄，黄土多断续分布于山间盆地及其边缘。该区雨量充沛，多森林草灌，植被良好，地面组成物质抗侵蚀能力较强，土壤侵蚀微弱。但盆地周围山地人口稠密，农耕地多，加上乱砍滥伐，植被常遭人为破坏，土壤侵蚀仍然较严重，侵蚀模数较高。

（5）吕梁山地轻度水蚀区

该区包括恒山及吕梁山等山地，以土石山地为主，顶脊海拔1600～2800m，相对高度可达400m以上，面积12168km²，占总面积的1.95%。山体主要由花岗片麻岩、石灰岩和砂页岩所组成，缓坡及山地下部有薄层黄土覆盖。海拔较高的山地，森林植被茂密，覆盖良好，土壤侵蚀较轻。低山区地表多覆盖黄土，耕垦范围大，森林较少多以草灌为主，覆盖度较低，土壤侵蚀比较严重。

（6）晋东南盆谷丘陵轻度水蚀区

该区包括高平阳城盆地、榆社武乡盆地、南浊漳河平原及其相邻的丘陵和部分低山，面积20872.8km²，占总面积的3.2%。该区自然条件复杂，山地、黄土丘陵和冲积平原等多种地貌类型交错分布。山地海拔约1200～1500m左右，地面组成物质多为砂页岩及石灰岩，黄土覆盖很薄，以山地褐土为主。1500m左右以上的山地林草丰茂。丘陵区海拔约900～1200m，相对高度200～300m，多有薄层黄土覆盖，森林极少，以天然草灌为主，农地较多，平缓坡多已修成梯田。平川阶地区地形平坦，水蚀轻微。

（7）豫西黄土台塬低山轻度水蚀区

该区包括河南伊洛河及黄河沿岸的台塬及丘陵，面积14601.6km²，占总面积的2.34%。台塬较破碎，面蚀、沟蚀及重力侵蚀均有分布。丘陵区黄土覆盖较薄，红土及基岩出露面积大，土壤渗透性差，面蚀较强。该区降雨量在550～600mm，植被恢复较快，局部丘陵坡地尚保存少量次生林及灌丛。侵蚀模数一般在 2000t/（km^2·a）以下，通常台塬及丘陵区侵蚀模数较高，平川区较低。

（8）晋中盆谷丘陵中度水蚀区

该区包括山西境内的忻州定襄盆地，阳泉寿阳盆地、静乐岚县盆地等盆谷丘陵、台塬和平川地区，面积 18907.2km^2，占总面积的 3.03%。地面多为黄土所覆盖，以农业经营为主，坡耕地比较平缓，梯田也较多。除静乐—岚县盆地区侵蚀较严重外，其他多数地方地形平缓，侵蚀轻微多以面蚀为主，侵蚀模数一般在 2500t/（km^2·a）以下。

（9）陇西土石丘陵低山中度水蚀区

该区包括甘肃临夏、东乡、广河、康乐、和政、临洮、渭源等县的全部或大部，面积 6864.0km^2，占总面积的 1.1%。该区地形复杂，土石低山与黄土丘陵交错分布。丘陵区沟谷切割较深，沟壁红土广泛出露，重力侵蚀严重。低山区植被较好但遭人为破坏，常发生山洪及泥石流。该区年雨量 400 ～ 500mm，侵蚀模数约 5000t/（km^2·a），东南部侵蚀模数较小，西北部较大。

（10）陇西黄土丘陵强度水蚀区

该区包括甘肃的陇西、通渭、武山、甘谷、秦安、静宁、庄浪、天水、清水、张家川等县（市）的全部或一部分，面积 29640.0km^2，占总面积的 4.75%。属黄土梁状丘陵，沟壑密度 3 ～ 5km/km^2。由于植被稀少暴雨集中，面蚀、沟蚀严重。薄层黄土或红土裸露区，多滑坡、泻溜等重力侵蚀。平均侵蚀模数 8000 ～ 9000t/（km^2·a），北部侵蚀模数较大，南部较小。

（11）陕甘黄土塬地强度水蚀区

该区包括陇东董志塬、早胜塬、合水塬及渭北洛川塬、长武塬以及塬区周围的部分黄土丘陵，面积 19281.6km^2，占总面积的 3.09%。塬面略有起伏，耕层下土壤紧实，土壤渗透能力差，暴雨时塬边沟蚀、洞穴侵蚀快速发展。沟谷溯源侵蚀、沟壁崩塌、泻溜等重力侵蚀也较活跃，塬面不断变狭缩小，沟壑面积日益扩大。该区土壤侵蚀模数一般可达 5000t/（km^2·a）左右，比较破碎的塬区，侵蚀模数较大。

（12）陕北晋西黄土丘陵残塬极强度水蚀区

该区包括陕西省的清涧、吴堡、子长、安塞、延安、延川、延长、宜川及山西省的柳林、离石、中阳、石楼、临县、吉县、大宁、隰县、乡宁、永和等县的全部或一部分，面积 27456.0km^2，占黄土高原地区总面积 4.4%。北部以黄土梁状丘陵为主，南部以黄土残塬长梁为主，局部有少量土石山地。该区年降水量 500 ～ 600mm，地形破碎，沟间地和沟谷地各占 50% 左右。沟间地几乎全部为农地，面蚀强烈。沟谷地面蚀、沟蚀及重力侵蚀均很严重。北部丘陵区侵蚀模数较大，约在 10000t/（km^2·a），残塬长梁区较小，侵蚀模数一般在 8000t/（km^2·a）左右。

9.2.2　东北低山丘陵和漫岗丘陵区

根据地形地貌及土壤侵蚀发生发展特点，根据地理及土壤侵蚀特点，该二级土壤侵蚀类型区可划分出 4 个三级土壤侵蚀类型区。

（1）大兴安岭区

大兴安岭区地势呈西部和西北部高，东部和南部低，东陡西缓，海拔 300 ～ 1400m。

山地起伏和缓，大部分为低山丘陵和宽阔谷地。该区属寒温带气候夏季短暂，冬季漫长而寒冷。

据调查，黑龙江省大兴安岭区总面积8.47万km^2，有发生土壤侵蚀潜在危险的土地面积7.28万km^2，主要侵蚀形式有砂砾化面蚀、细沟和沟状侵蚀、河沟侵蚀、崩塌、泻溜、冻融侵蚀等（刘运河，1992）。已发生土壤侵蚀面积2.53万km^2，占总面积的29.9%，其中强度侵蚀面积379km^2，中度侵蚀面积583km^2，轻度侵蚀面积24370km^2，分别占已侵蚀面积1.5%、2.3%和96.2%，全区因土壤侵蚀造成砂石裸露的火烧迹地、采伐迹地、疏林地和坡耕地面积379km^2，陡峭地带有泥石流发生。

（2）小兴安岭区

小兴安岭地区位于黑龙江省北部，总面积11.5万km^2，东南至西北走向，海拔250～1000m，山体广阔，坡度平缓，低山丘陵占85.3%，山前台地占12%，河谷冲积平原占2.7%。多年平均降水量523mm，森林覆盖率较高，但因山地丘陵多，土壤侵蚀潜在危险程度很大，洪涝灾害频繁。

据刘运河（1985）调查，小兴安岭区土壤侵蚀面积为248.09万hm^2，占该区总面积的21.55%，其中耕地土壤侵蚀面积125.09万km^2，荒地侵蚀面积2.11万hm^2，林地侵蚀面积120.89万hm^2。土壤侵蚀在坡耕地以细沟侵蚀为主，植被稀少的荒地以鳞片状侵蚀为主，林木采伐区集材道以沟蚀为主，河沟沿岸崩塌严重。

（3）低山丘陵区

该区域主要分布在小兴安岭南部的汤旺河、完达山西侧的倭肯河上游，牡丹江、张广才岭西部的蚂蜒河、阿什河、拉林河等流域，吉林东部和中部的低山丘陵也属该区范围。

这一区域开垦已有百年，垦殖指数在20%左右，其中多是大于10°的坡地。加之降雨量较大，有很大的侵蚀危险性。但这些地区天然次生林较多，植被覆盖率亦较高，面蚀与沟蚀为轻度和中度侵蚀，局部地方侵蚀较严重。例如牡丹江地区，原来的山地暗棕色森林土厚度在50cm以上，经侵蚀后，逐步变为中层和薄层土壤。表土年流失厚度0.5cm左右，侵蚀模数为3000～5000t/（km^2·a）。

（4）漫岗丘陵区

该区为小兴安岭山前冲积洪积台地，具有较缓的波状起伏地形。海拔一般在180～300m范围内，相对高差为10～40m，丘陵与山地界线明显。黑土漫岗丘陵的坡度一般在7°以下，并以小于2°～4°的坡地面积居多，但坡面较长，多为1000～2000m，最长可高达4000m，汇水面积很大，使流量和流速增大，径流的冲刷能力增强。犁底层异常坚实，容重1.5～1.6g/cm^3，透水速率2.5～8.6mm/h。黑土的心土层及母质层，透水缓慢，表土含水量接近饱和时，就容易发生面蚀和沟蚀。加之这里冬季漫长而寒冷，有保持半年的冻土层，深2m左右，在土层中形成隔水层。因此，春季积雪的融冻及夏季的大量雨水，一时来不及下渗，在坡面上造成较大的地表径流，从而引起土壤流失、土地崩塌和滑坡。黑土漫岗丘陵地区的降水多集中在夏季，且多为暴雨。最大日降水量为120～160mm，有的可高达200mm；最大降水强度为1.6mm/min。这种降水特点加剧了土壤侵蚀。

这一带原来是繁茂的草甸草原，近五六十年来进行开垦，垦殖指数达70%以上，土壤侵蚀面积大，分布于20多个县，为我国有代表性的东北黑土侵蚀类型。其中嫩江支流乌裕尔河、雅鲁河和松花江支流呼兰河等流域土壤侵蚀较为严重。土壤侵蚀的形式主要有面蚀、沟蚀和风蚀。每年因面蚀流失的表土平均厚度约为 0.6 ～ 1.0cm，侵蚀模数为 6000 ～ 10000t/（km^2・a）。沟谷密度一般为 0.5 ～ 1.2km/km^2，最大可达 1.61km/km^2。沟头前进速度平均为每年 1m 左右，最快的可达 4 ～ 5m。黑土含有较多的有机质，耕垦以后表土比较疏松，特别是每年经过冬季数月的干旱和冰冻之后，表土更为细碎，春季干旱多风，常引起严重的风蚀。

9.2.3 北方山地丘陵区

该区是指东北漫岗丘陵以南，黄土高原以东，淮河以北，包括东北南部，河北、山西、内蒙古、河南、山东等省份范围内有土壤侵蚀现象的山地、丘陵。这一类型区的地形特点是山地丘陵都以居高临下之势环抱平原，如华北平原周围，北有燕山，西接太行山，南有秦岭余脉成一弧形，屏障这一大平原。从高山—低山—丘陵（垄岗）—谷地（盆地）—平原呈梯级状分布，如豫西北太行山区，主要地貌类型有中山、低山、丘陵和山间盆地，中山海拔一般为 1000 ～ 1500m，低山、丘陵为 400 ～ 800m，林县盆地为 300m 左右。根据土壤侵蚀及地貌特点，该二级土壤侵蚀类型区可划分为 2 个三级土壤侵蚀类型区。

（1）黄土覆盖的低山丘陵区

该区一些浅山的下部和丘陵的上部广泛覆盖着黄土。例如，辽河平原两侧的低丘和山前平原、河北燕山与太行山、豫西的低山及丘陵都覆盖有黄土，但土层没有黄土高原那么厚。凡覆盖有黄土的低山、丘陵，面蚀、沟蚀情况与黄土高原地区类似。

（2）石质和土石山地丘陵区

北方石质山地与丘陵往往在各种岩层上形成薄壳状土层。土壤多属褐土和棕色森林土类，粗骨性比较突出。这些土壤的抗蚀力并不太低，但因坡陡土层薄，下面又多为渗透性很差的基岩，当原始植被一旦遭到破坏，遇到暴雨就极易引起各种形式的土壤侵蚀。在一些山地，泥石流也相当活跃。

在河北围场、丰宁一带山地，年降雨量 400 ～ 500mm，80% 的降水集中在 6 ～ 8 月，山区地面坡度多在 30° 以上，自然覆盖度为 50% ～ 70%，侵蚀模数为 800 ～ 1300t/（km^2・a）。浅山区坡度 20° ～ 30°，自然覆盖度 30% ～ 50%，侵蚀模数 1500 ～ 1800t/（km^2・a）。太行山地区中山、低山、丘陵与盆地、谷地相交错，为海河水系中绝大部分支流的发源地，降雨自南至北渐增，由 500 ～ 600mm 到 700 ～ 1000mm，80% 以上雨水集中在夏季，极易发生暴雨，海拔 800m 以下的林场，因受人为破坏，几乎全部成为荒山秃岭，是太行山土壤侵蚀最严重的地区。海拔 800m 以上的深山区，人为活动较少，土层较厚，残存的天然次生林较多，但也存在不同程度的陡坡开荒过度放牧现象，全太行山区土壤侵蚀面积 16 145.99km^2，占总面积的 61.56%，年土壤流失量达 5086.92 万 t。豫西熊耳、伏牛山区，是淮河水系的源头，部分地面由于林木保护不好，植被稀疏且以耕地为主，一度盛行铲草除虫，极易发生土壤侵蚀，侵蚀模数 1300t/（km^2・a）。

9.2.4 南方山地丘陵区

该类型区大致以大别山为北屏，巴山、巫山为西障，西南以云贵高原为界，东南直抵海域，包括台湾、海南岛以及南海诸岛。土壤侵蚀主要集中在长江和珠江中游，以及东南沿海的各河流的中、上游山地丘陵。

南方山地丘陵区温暖多雨，有利于植被的恢复和生长，地面植被覆盖好，雨量丰沛，年降雨量达 1000 ～ 2000mm，且多暴雨，最大日雨量超过 150mm，1 小时最大雨量超过 30mm，因而地面径流较大，年径流深在 500mm 以上，最大达 1800mm，径流系数为 40% ～ 70%，侵蚀力强。加之炎热高温风化作用强烈，地面花岗岩、紫色砂页岩及红土又极易破碎。因此，在植被遭到破坏的浅山、丘陵岗地，土壤侵蚀相当严重。由于土壤、母质及其他自然因素的不同，该区内又有以下的不同类型。根据土壤侵蚀及地貌特点，该二级土壤侵蚀类型区可划分为 5 个三级土壤侵蚀类型区。

（1）大别山山地丘陵区

该区为南方山地丘陵区中长江以北的一片土壤侵蚀地区，包括湖北东部和安徽西部的山地丘陵地区。大别山海拔一般在 1000m 左右，个别高峰达 1700m 以上。丘陵区海拔多在 500m 以下，地面破碎，山坡陡峻。花岗岩、片麻岩分布广泛，约占面积的 80%，造岩矿物复杂，颗粒大小不一，加之该区温度变化大（昼夜温差达 20℃左右），风化强烈，风化层厚度可达 20 ～ 30m，风化物多为粗砂，抗冲性极弱，面蚀沟蚀都很强烈。

该区原为森林区，由于人为破坏严重，在高山区荒林较多，以中、强度的鳞片侵蚀为主，仅在植被较差的地区有沟蚀发生。低山丘陵区耕种指数较高，自然植被稀疏，以面蚀和沟蚀为主。

（2）湘赣丘陵地区

该区包括赣中和湘中丘陵地区。地形以丘陵为主，其相对高度一般在 50 ～ 100m，坡度 10° ～ 20°，丘陵谷地比较开阔。土壤以发育在古近纪—新近纪岩系和第四纪红土上的红壤和紫色土为主，抗冲力弱，且底土坚实黏重，透水性差，易受侵蚀。

根据长江流域土壤侵蚀区划报告（1986），位于信江两岸的红壤，土层薄，抗蚀抗冲性弱，荒地为强度鳞片状侵蚀，林地为中度鳞片状侵蚀，丘陵顶部有沟状侵蚀。南昌、丰城、进贤、乐丰、万年、余江等地，丘陵顶部出现剧烈沟蚀，荒地有强烈的鳞片状侵蚀。高安、峡江、上饶、新喻、永丰、新淦等地的丘陵半丘陵地区，森林稀疏，植被覆盖较差，荒地有强度鳞片状和沟状侵蚀，局部林地沟蚀强烈。衡阳、衡南两地，林地少，荒地多，植被差，侵蚀剧烈，荒地以中度、强度鳞片侵蚀和强度、极强度沟蚀为主，林地为中度、强度鳞片状侵蚀，并有崩塌发生。长沙、株洲、湘潭、宁乡、望城等地，以轻度、中度鳞片状侵蚀和强度、极强度沟蚀为主，局部有崩塌重力侵蚀出现。平江、通城、崇阳、攸县、浏阳、安仁等地，以轻度鳞片状侵蚀为主，山间丘陵部分地区，由于植被差，局部有强度沟蚀，花岗岩区有崩山发生。

（3）赣南山地丘陵地区

该区位于江西省南部，包括赣州、兴国、南康、信丰、安远、会昌、于都、宁都、广昌等地区的一部或大部。该区地形复杂，包括丘陵、盆地和断续山地，主要岩石为古近纪—新近纪红色岩系，盆地周围主要为火成花岗岩。前者发育的红壤土层薄，土质松散，抗蚀力弱。后者所发育的红壤，土层深厚，易遭受侵蚀。

根据兴国试验资料，在坡度为 14° 荒坡上，土壤为花岗岩发育的红壤，土壤侵蚀量达到 2974t/km^2。丘陵盆地地区侵蚀剧烈，面蚀、沟蚀普遍，露岩、崩塌现象也较常见。据调查，赣州、南康、信丰、龙南、会昌、安远、兴国、于都等地，盆地土壤土层浅薄，以剧烈面蚀为主，在砂岩区有露岩剥蚀。盆地边缘花岗岩组成的高丘，以剧烈沟蚀为主，并出现崩塌现象。广昌、宁都等地，有极强度沟蚀和鳞片状侵蚀。高丘、山地侵蚀轻微，悬崖削壁有母岩出露现象。紫色土区有沟蚀和剧烈的荒地鳞片状侵蚀。

（4）福建及广东东部山地丘陵区

该区土壤侵蚀特点与赣南十分类似，沿海丘陵主要由花岗岩、流纹岩等组成，一般有较厚的红色风化壳。如晋江一带，风化壳可达 15m 以上。广东的五华、兴宁、梅县和福建的惠安、安溪、漳浦、福清、长汀、上杭等地，在缺乏植被的情况下，土壤侵蚀都相当严重。

（5）台湾山地丘陵区

台湾省地面组成物质大部分为黏板岩、页岩、砂岩等水成岩，由于质地脆弱，常有地震，山崩、坍塌现象多有发生。境内河流源短流急，且多受台风暴雨的淋浴冲刷，所以土壤侵蚀较为严重。第二次世界大战期间，森林植被破坏严重，当地农民又有烧山开垦习惯，严重破坏了森林草原，土壤侵蚀越来越强烈。台湾省土壤侵蚀以台北的一部分、台中的玉山及花莲的高山最为强烈，其次是桃园、台中的一部分及台东的沿海区域。沿海的彰化、云林、嘉义、台南及花莲的一部分，侵蚀轻微。此外，沿海有些地方还存在一定的风力侵蚀现象。

9.2.5　四川盆地及周围山地丘陵区

四川盆地大致在北以广元，南以叙永，西以雅安，东以奉节为四个顶点连成的一个菱形地区内，盆地西部为成都平原，其余部分为丘陵。盆地四周为大凉山、大巴山、巫山、大娄山等山脉所围绕。甘肃南部、陕西南部及湖北西部山区因与该区山体相连，特点相似，可附于该区。

整个四川盆地平坝地仅占 7%，丘陵约占 52%，低山约占 41%。丘陵分为浅丘与深丘两类。浅丘地区平坝被丘陵所分割，深丘地区平坝变得相当狭窄。四川盆地气候温和，雨量丰富，大部分地区年平均降雨量在 1000mm 左右，但季节分配不均，夏季降雨集中，多暴雨，径流丰沛，径流系数为 40% ～ 50%，因而侵蚀强烈。根据地理及土壤侵蚀特点，该二级土壤侵蚀类型区可划分出 3 个三级土壤侵蚀类型区。

（1）川东褶皱低山丘陵强度侵蚀区

在川东褶皱低山丘陵土壤侵蚀较为强烈，原有植被多遭到破坏，荒山残林覆盖较差，加之雨量充沛而集中，山岭和丘陵地区起伏甚大，坡地多、平地少，山区农民耕作粗放，侵蚀强烈。特别是植被破坏严重的丘陵和山岭过渡地带，侵蚀更加强烈。侵蚀形式以农地面蚀和鳞片状侵蚀为主，局部有沟蚀和重力侵蚀。

（2）川中山地丘陵中度侵蚀区

川中山地丘陵区为中度侵蚀区，地层主要是厚砂薄层页岩或等砂等页岩层，且岩层倾角甚小，地面坡度不大，多天然平台地，田多土少。砂岩陡坡被覆良好，土壤侵蚀较为轻微。在坡耕上面蚀严重，局部农地有沟蚀发生。背斜山岭稀疏林地亦有面蚀和鳞片状侵蚀。

（3）盆地中部丘陵极强度侵蚀区

盆地中部丘陵为极强度侵蚀区，境内分布的紫色页岩，岩性松散，易于风化散碎，紫色岩风化物成土作用微弱，土壤黏粒缺乏，土体无固结能力，抗冲力差，每逢大雨，洪水泥沙齐下。

9.2.6 云贵高原及其山地丘陵区

该区包括云南、贵州及湖南西部、广西西部的高原、山地和丘陵。西藏南部雅鲁藏布江河谷中、下游山区的自然状况和土壤侵蚀特点与该区相近，可附于该区内。根据地理及土壤侵蚀特点，该二级土壤侵蚀类型区可划分出 3 个三级土壤侵蚀类型区。

（1）金沙江峡谷地带极强度侵蚀区

该区河流主要有长江上游的金沙江、雅砻江、乌江等支流，部分为珠江支流。河流水系处于剧烈下切阶段，形成高山、陡坡、深沟，地貌类型主要为高原、山地和丘陵。海拔 1000 ～ 2000m，部分山脉海拔达 3000 ～ 4000m。地质构造运动强烈，主要基岩地层有石灰岩及风化强烈的砂页岩、玄武岩、片麻岩。属亚热带东南季风气候区，年均气温 13 ～ 16℃，年均降雨量 1080 ～ 1300mm，年际、年内分配不均匀，多集中在 5 ～ 9 月，且多暴雨；部分地区年均降雨量不足 800mm。植被类型属亚热带常绿阔叶林、针阔混交林和亚热带森林。该区地形陡峻，地面组成物质以风化强烈的碎屑岩石组成。一旦缺少植被覆盖，在暴雨袭击下，薄层粗骨土及碎屑风化物极易遭侵蚀。其土壤侵蚀营力主要是流水，仅西昌安宁河流域有显著的风蚀现象，高山峡谷和某些地区有重力侵蚀发生。

（2）黔中山原中度侵蚀区

云贵高原四周都是崎岖的山岭，中央部分岩层比较平缓。河流由贵州高原向北向东急流而下，溯源侵蚀强烈，夏季洪水还经常威胁其他的区域。植被较好的黔东北及起伏较缓的黔北一带侵蚀轻微，仅在林地破坏较强烈的地区及开垦坡耕地有面蚀发生。低平地区的水稻田则多有隐匿侵蚀。除高原及湖泊的低平区外，山地、丘陵均有较强烈的侵蚀现象，普遍有林地、荒地鳞片状侵蚀，并多有较强烈的沟蚀发展。西昌及凉山一带侵蚀也较强烈，多限于河谷和低山，河谷中还有局部风蚀现象。

（3）滇东高原川西南山地强度侵蚀区

在滇东高原川西南山地金沙江峡谷地带面蚀、鳞片状侵蚀和沟蚀严重，为极强度侵蚀区。该区荒地最多，森林次之，农耕地少，多分布于高原丘陵盆地、丘陵缓坡、河谷两岸及低缓山地。除高山区外，林区多为次生幼林，植被稀疏，林下植被较差，荒地草本植被也较稀疏。由于红壤及其厚层风化壳的团聚体间黏结力弱，易发生较为强烈的侵蚀。在河谷地区，雨量较少，蒸发力强，植被再生条件较差。由于金沙江及其支流剧烈下切，形成高山深谷，坡度陡峻，侵蚀强烈。

9.3 以风力侵蚀为主的类型区

我国风力侵蚀主要分布于西北、华北、东北西部，包括新疆、青海、甘肃、宁夏、内蒙古、陕西等 11 个省、自治区的沙漠及沙漠周围地区。总面积 187.6 万 km^2，约占全国总面积的 19.0%。沙丘起伏的沙漠为 63.7 万 km^2，沙砾及碎石戈壁 45.8 万 km^2。我国中东部地区受季风影响，冬春季干旱风大，沿海地区及河流下游冲击平原沙质土地，在有风季节风沙化也十分显著，此类风沙化地区涉及辽宁、河北、山东、江西、福建、台湾、广东、海南等省、自治区。

在风力侵蚀为主的类型区内，根据我风蚀沙化区域特点，可划分为西北干旱绿洲外围沙漠化地区和内蒙古及长城沿线半干旱草原沙漠化地区 2 个二级土壤侵蚀类型区。

9.3.1　西北干旱绿洲外围沙漠化地区

该区参照我国的自然区划和农业区划，该区大致为干旱度 3.5 的界线以西，为内蒙古后套平原—宁夏银川平原和乌鞘岭以西的西北干旱区。包括新疆、甘肃、内蒙古、宁夏等省份。

西北干旱区年降水量在 200 mm 以下，理论蒸发量达 2500 ～ 3500 mm。西北干旱区集中了我国 90% 的沙漠。包括塔克拉玛干沙漠、巴丹吉林沙漠、古尔班通古特沙漠、腾格里沙漠、库姆塔格沙漠和乌兰布和沙漠。在沙漠、戈壁边缘的洪积扇地区或深入沙区的河流沿岸有许多靠地表水或地下水支撑的绿洲。土地沙漠化都是围绕着绿洲或深入沙漠内部的河流下游及水资源缺乏的地区发展的。沙漠化土地地貌景观上呈现吹扬灌丛沙堆与新月形沙丘、沙丘链相间的特征。甚至进一步发展到以新月形沙丘链为主，灌丛沙堆仅仅呈斑点状散布其间。这一地区的形态 60% 为新月形沙丘及沙丘链。

沙漠中流动沙丘前移入侵的自然进展性沙漠扩大虽然缓慢，但久而久之也是非常可观的。甘肃省河西走廊地区临近库姆塔格、巴丹吉林和腾格里三大沙漠，还有一些带状小沙漠，面积 3.07 万 km^2，尤其走廊腹地与绿洲交错分布的 6670km^2 沙漠直接危害着绿洲农田、牧场、水利和交通设施的安全和人民生活。河西地区的风沙灾害异常严重，风大沙多。5m/s 以上的起沙风年平均 35 ～ 148 天。沙尘暴日 20 ～ 38 天，沙漠化进程日益加剧。河西地区风沙线总长约 1720 km，虽然已经建起了防风固沙林带，但风沙线仍在缓慢南移，一般地区每年前移 3 ～ 5m。

9.3.2　内蒙古及长城沿线半干旱草原沙漠化地区

该区北起呼伦贝尔草原，东界大致沿大兴安岭南下，包括了兴安岭东侧的科尔沁沙地以西，沿冀辽山地、大马群山（燕山山脉）、长城、黄河（晋陕间）南下，然后沿白于山西延，包括甘肃省环县北部，西接西北干旱区。范围大致相当于全国农业区划的内蒙古及长城沿线区，主要为半干旱草原和农牧交错带。

该区处在中纬度温带半干旱气候区，又是东亚季风与干旱大陆性气候的过渡地带，自然植被为草原环境（包括森林草原、干草原及部分荒漠草原）该区处在东南季风的尾端，降水极不稳定，包括头场有效降雨和雨季到来的迟早，降水的分配、降水量都很不均匀，尤其是容易出现春旱。根据土壤侵及地貌特点，该二级土壤侵蚀类型区可划分为 5 个三级土壤侵蚀类型区。

9.3.2.1　呼伦贝尔草原区

呼伦贝尔位于内蒙古高原最北端，是我国最著名的草甸化草原之一。呼伦贝尔草原中东部有着深厚的沙物质，地质历史上曾出现过流沙，随着气候环境的变暖变湿，而演变成为固定沙地。随着牧业的不均衡发展，沿着伊敏河、辉河和海拉尔河沙丘斑点状活化，尤其是城镇经济的发展，对城镇附近土地过度利用，使城镇附近土地沙漠化迅速发展。近年由于实施保护草原、严禁垦殖的政策，总体上呼伦贝尔草原的沙漠化已基本稳定，但城镇附近的沙漠化还在发展。沙漠化过程以固定沙丘的活化为主，沙漠化土地的形态特征是固定的抛物线形沙丘迎风坡重新受到风蚀，并有斑块状活化，在整个沙地的上风向，乌尔逊河以西，风蚀草原砾质化，两种类型之间有吹扬灌丛沙堆发育。

9.3.2.2 科尔沁草原区

该区为一个有巨厚沙层的第四纪沉积盆地，沉降中心（开鲁县一带）第四系中更新统白色砂层厚达 300 m，除了西辽河平原外，沙质草原上固定和半固定沙丘东西向或平行河流分布、丘间平地开阔，形成了坨甸相间的沙区地貌，在东北部的科左中旗，科右中旗一带尚有盐渍化的干甸子。库伦旗、奈曼旗和敖汉旗南部为冀辽山地的山前黄土台地、黄土富含沙质。

在赤峰市管辖的翁牛特旗、阿鲁科尔沁旗、巴林左旗、巴林右旗、克什克腾旗一带由于气候干旱和无节制的开发土地，沙漠化继续发展，现在克什克腾旗、林西县、巴林右旗堆积在丘陵背风坡的积沙加厚、活化，使科尔沁沙地和大兴安岭西侧的浑善达克沙地连为一体。由于持续干旱，还使科尔沁左翼后旗一带的甸子地灌溉水资源减少、地下水位下降、湿地缩小，甸子旱化，孕育着土地沙漠化发展的危险。在南部的黄土台地地区农田土壤风蚀严重，耕地里片状流沙大片出现，少数地方还发展成为低矮的新月形沙丘。还因暴雨集中，水土流失严重，暂时性流水分选黄土中的砂物质，在前堆积，为土地沙漠化增添了沙源。

9.3.2.3 锡林郭勒草原沙化土地区

分布区域主要为锡林郭勒草原，位于大兴安岭以西，集二线铁路以东，包括浑善达克沙地以北的内蒙古高原草场。分布于锡林郭勒盟全境，部分位于赤峰市克什克腾旗。年降水量 150 ～ 400 mm、湿润度 0.2 ～ 0.6，是典型的半干旱草原区，随着湿度从东向西递减，草原类型为森林草原—草甸草原—干草原—荒漠草原—草原化荒漠。土地利用以牧业为主。其中有形成于晚第四纪的浑善达克和嘎亥额勒苏两个沙地。

锡林郭勒草原两个沙地总面积约为 18200 km^2。两个沙地的土地沙漠化以沙丘活化为主，流动沙丘斑点状出现为特征。由于草场利用不平衡，沙质草场过度放牧使草场退化。导致牧草矮化和覆盖度降低，优良牧草的减少甚至消失，出现不良草类及硬质灌木。在有一定量的砂物质和大风的吹刮下，风蚀粗化，砂粒向灌丛下集中，以风蚀粗化和吹扬灌丛为表现形式的沙漠化过程就开始了。根据地貌特点和土地沙化程度，该三级土壤侵蚀类型区可划分为 2 个土壤侵蚀片区。

（1）浑善达克沙地

浑善达克沙地是一个有着巨厚第四纪湖相沉积沙层的沉积盆地。沙地的主体为固定半固定沙丘。丘间低地为草甸，规模不如科尔沁地区。以宝昌—锡林浩特公路为界，东侧沙地固定程度较高，沙丘高度 10 ～ 15 m。公路以西以半固定的梁窝状沙丘分布最多。浑善达克沙地北侧、河湖盆地和山的冲洪积扇部位，沙漠化土地约有 1.25 万 km^2，与沙地地区形成对照的是草场退化以后，吹扬灌丛沙漠化、砾质化发展迅速，风沙流活动严重，居民点和局部地方积沙严重，形成片状流沙，并出现小型新月形沙丘的波状沙地。

（2）嘎亥额勒苏沙地

嘎亥额勒苏沙地绝大部分分布在西乌珠穆沁旗境内。主要位于大兴安岭东北侧山前洼地中，主体东西向延伸，长约 100 km，宽 10 km，也沿一些宽谷的东侧山前洪积扇深入大兴安岭浅山丘陵区。沙地规模和沙层厚度都远不及浑善达克沙地，沙丘多为固定、半固定的抛物线沙丘，流动沙丘以斑点状在风蚀坑下风向或沙丘背风坡出现。

9.3.2.4　内蒙古东南部旱作农垦沙化区

该区包括河北省承德地区围场、丰宁二县坝上地区，张家口地区坝上四县，锡林郭勒盟南部的五个旗县，乌兰察布市大青山以北七个旗县以及包头市固阳县。

该区冬春季为蒙古冷高压气流南下的通道，平均风速高，风力大，漫长冬季为时 7 个月。植被覆盖历时短，导致风蚀力强劲。高原为第四纪长期处于相对上升的干燥剥蚀准平原化的波状高原，大部分地区为不厚的砂、砾、碎石和黏砂土类的混杂堆积。经过长期的风蚀粗化，细物质被吹蚀损失，留下粗砂砾石，使整个地区朝着风蚀粗化砾质化发展。在宽浅的洼地两侧，第四纪沉积物较深厚和含沙量较多，经过扰动风的切割，出现了类似雅丹地貌的风蚀劣地，在风口地区更为典型。被吹蚀的粉细砂沉积在丘陵背风坡和低洼地，形成片状流沙。在有灌丛的地方都出现了吹扬灌丛沙堆，吹扬灌丛沙堆被风长期吹蚀，从上风向起，灌丛死亡，逐渐发展为波状沙地。但在剥蚀高原上沙物质不够丰富，夹杂砾、碎石的混杂堆积物粗化后形成砾、碎石覆盖层，保护了地表，难以形成大规模的沙地景观。

该区的耕垦加快了土地沙漠化的进程，使土壤风蚀严重发展，栗钙土层平均每年损失 1cm 左右，而西部地区年平均风蚀量达 3 cm。经过长期的风蚀，土壤腐殖质层几乎全部损失，钙积层出露，严重的暴露土壤母质，砾石较多的坡地，砾石积于地表，土壤生产力逐渐衰退。在风蚀沙漠化严重的地方，土地生产力的衰退较迅速。整个内蒙古高原东南部的沙漠化土地目前仍以轻度的为主，占 76.43%；而严重的只占 1.77%，但发展速度特别快，严重沙漠化土地的年增长速率达 10.43%。总的来说，这一地区的土地沙漠化仍处在正在发展阶段。东南部土地沙漠化已经越过坝，向坝下发展，河北省丰宁小坝子乡处在坝下，风沙正沿着 4 条沟谷向南推进，沙漠化不断发展，全乡已有 8% 的土地沙化，超过了耕地的面积。其中有 31.5% 耕地完全丧失了生产能力。风沙还掩埋居民房舍，造成额外的经济损失。

9.3.2.5　鄂尔多斯高原沙漠化区

鄂尔多斯地区包括内蒙古自治区鄂尔多斯市、陕西省榆林地区北部和宁夏回族自治区盐池、灵武等一部分。位于半干旱地区西部，干草原向荒漠草原的过渡地带，沙物质丰富。北部黄河南岸有库布齐沙漠，南部有毛乌素沙地，西南有宁夏河东沙地。

该区内多为高平原地形，主要地貌类型有沙丘沙地、湖盆滩地、洪积平原和土石丘陵山地。沙漠景观特色显著，气候干旱，蒸发强烈，降水量 250 ～ 450 mm，春季多风沙，年均≥ 8 级的大风多在 20 天以上，最高达 40 天以上，沙尘暴日数每年多在 10 天以上，局部地区高达 27 天。植被以沙生及旱生植物广布，稀疏低矮，覆盖度小。土壤类型主要有棕钙土、灰钙土、淡栗钙土、风沙土、草甸土和盐碱土等。土壤腐殖质层浅薄，有机质含量低，沙性大，易受风蚀。这一地区由于地面平缓，雨量稀少，水蚀轻微。水力侵蚀模数多在 500t/（km^2 · a）左右，个别大于 1500 ～ 3000t/（km^2 · a）。根据风蚀强度和特点该区又可划分为六个不同侵蚀区。根据地貌特点及土壤侵蚀，该三级土壤侵蚀类型区可划分为 6 个土壤侵蚀片区。

（1）贺兰山微度风蚀区

该区包括贺兰山东部及其山前洪积扇，面积为 2589.6km^2，占总面积的 0.415%。山地雨量比较丰富，人口稀少，植被茂密，侵蚀微弱。仅在一些低山和山麓地带因人类破坏严重植被生长较差，雨量也少，土壤干旱疏松风蚀较为明显。

（2）银川河套平原轻度风蚀区

该区包括宁夏银川平原及内蒙古河套平原，面积 38688.0km^2，占总面积的 6.2%。由于地势低平农田面积较大，部分地方为盐碱荒滩和低洼积水地。该区灌溉发达，农田表层多有质地较细的灌淤土层，土壤肥沃耕作精细，作物覆盖较好，加上防护林的保护风蚀不明显。但在地势比较高的山前洪积扇上的牧荒地、部分旱耕地和盐碱荒滩有较明显的风蚀发生。

（3）阴山南麓中度风蚀区

该区包括阴山南部的大青山、乌拉山及相邻山前的丘陵盆地，面积 5678.4km^2，占总面积的 0.91%。该区多属干旱荒漠草原灌丛，植被较差，基岩山地土层浅薄，风蚀较轻。但在盆地及边缘低丘，由于人为活动影响，加上土壤疏松干旱，风蚀仍较显著。

（4）腾格里沙漠南缘强度风蚀区

该区包括甘肃景泰及宁夏中卫两县的北部地区，面积 5179.2km^2，占总面积的 0.83%。境内地形比较复杂，靠近乌鞘岭及贺兰山等地的褶皱山地土层浅薄，甚至基岩裸露。山间谷地开阔平缓，多由冲积洪积物所组成，其保水能力较差易遭受风蚀。农田主要分布于宽谷平地或山麓缓坡、沟掌地。旱地多为沙田，部分靠引洪淤灌。该区地处黄土高原西北部气候非常干旱，多属荒漠植被覆盖度低，加之腾格里沙漠的南侵，很多地区风蚀仍较强烈。有些地方风沙直逼黄河，沿岸部分良田已遭流沙掩埋，一些地形平缓处和风口尚有大片流沙堆积。

（5）河东沙地极强度风蚀区

该区包括内蒙古的鄂托克旗、杭锦旗，宁夏的盐池、灵武、同心等县，陕西的定边等县的全部或一部分，面积 42120.0km^2，占总面积的 6.75%。除桌子山外多由起伏很小的缓丘组成。基岩多为砂岩、泥岩，地表覆有薄层黄土或风积沙。该区以畜牧业为主，由于风沙干旱严重生产极不稳定，尤其是随着人口增长，土地利用强度增大，开垦草原、过度放牧植被受到破坏，土地沙化面积不断扩大，沙漠化程度逐渐加重。

（6）毛乌素库布齐沙漠剧烈风蚀区

该区包括毛乌素及库布齐沙漠边缘地区，面积 62212.8km^2，占总面积的 9.97%。地面多为砂岩风化物经风力吹扬而形成的深厚沙层。除低湿滩地外地面片状流沙密集，固定及半固定沙丘交错分布。当前沙漠化仍在强烈发展，每年不断扩大。

9.4 以冻融及冰川侵蚀为主的类型区

该区主要分布在我部青藏高原及西部、北部的高山地区，其类型包括冰川侵蚀和冻土侵蚀 2 个二级土壤侵蚀类型区。

9.4.1 冰川侵蚀区

高原上的喜马拉雅山、昆仑山、喀喇昆仑山、唐古拉山、念青唐古拉山、巴颜喀拉山、积石山、阿尔金山，以及横断山脉的大雪山等山脉中，许多山峰高耸在雪线（海拔

4000 ～ 6000m）以上，终年冰雪皑皑，发育有多种类型的现代冰川，一般长 3 ～ 5km，也有长达 20 ～ 26km 的，最长的超过 35km。冰川侵蚀十分强烈，造成许多锥形山峰、角峰、冰斗和冰川槽谷。在雪线以下冰川危害的几十公里的地方形成一些冰碛堆积物及冰碛湖。

在世界最高山系喜马拉雅山、喀喇昆仑山等山区存在着冰川洪水、冰川泥石流等灾害。其中源于喀喇昆仑山的叶尔羌河多次突发大洪水，对于下游叶城地区造成重灾。喜马拉雅山在海拔 4600 ～ 5600m 有大量冰湖分布，其中冰碛堰塞湖占高山冰湖总数的一半以上，其中有危害的冰碛湖约占 1/4。与稳定冰碛湖相比，危险冰碛湖的容量和水深均较大，其容量通常在 1000 ～ 3000m^3，最大水深 71m，平均水深 32m。这些水体是悬挂在河源高山上最危险的水体。喜马拉雅山西侧有 20 余次冰碛湖溃决灾害，其中 3/4 发生在我国西藏镜内。

9.4.2 冻土侵蚀区

冻土侵蚀主要分布在冰川侵蚀线以下及海拔 3000m 以上的区域。根据海拔高度、气候、岩石、地形条件以及主要营力，按照冻土发育的程度，将冻土侵蚀划分为强烈发育区、中等发育区和微弱发育区。根据地貌特点和冻土侵蚀发育程度，该二级土壤侵蚀类型区可划分为 3 个三级土壤侵蚀类型区。

（1）强烈发育区

青海、新疆南部和西藏北部的高原山地，海拔多在 4500m 以上，多年冻土面积很大，南北延伸 500 余公里，冻土厚度多在 70 ～ 80m，由于冻胀和冻融蠕流作用产生冻土侵蚀。埋藏较浅（2m 左右）的地下冰，厚度通常 3 ～ 5m，常常产生热融滑塌 – 泥流舌、热融湖塘和洼地。在海拔 5000m 以上的山地，由于寒冻风化作用，造成一些石海、石流坡和石条等。

从唐古拉山到念青唐古拉山的山地，为大面积多年冻土区向带状和块状冻土区过渡地带，冻土厚度多在 40 ～ 50m，冰缘地貌丰富，如直径 3 ～ 5m 的石环，内部充气而发生自喷的冰，表面有石条的宽大泥流阶地等。此外，石流舌、石流坡坎，热融湖塘、热融滑塌等也很发育。

在东昆仑山至巴颜喀拉地区，处于半湿润冰缘区向干旱半干旱冰缘区过渡地带，连续多年冻土区的北界突然消失而进入非冻土区。在海拔 4600 ～ 4800m 还分布有广大的泥石流阶地。在 4500 ～ 4600m 的地方，泥流舌最为发育，再往下的山坡，有来自河谷的大量风沙覆盖。

（2）中等发育区

在喜马拉雅山及藏南山地，如珠穆朗玛峰和希夏邦马峰北坡，多年冻土带的下界在海拔 4900 ～ 5000m。在海拔 5200m 以上，主要是剥蚀带，有相对高度达 200m 的巨大岩屑锥，众多的泥流阶地、泥流及微型石环、石带和多边土等。在盆地河谷中，还常见有冰卷泥、热融湖塘和斑土等。

（3）微弱发育区

西藏东南部的念青唐古拉山东端，属海洋性季风气候，冬季干冷夏季湿热，在海拔 4000m 以下为森林带，有些地方现代冰川可延伸到森林带内，山地几乎没有高山苔原带，冻土基本上不发育；川西贡嘎山与滇北玉龙山一带的横断山地，同样带有海洋湿润气候的性质。在海拔 3000 ～ 4000m 范围内，泥流阶地、泥流、石河、冻胀土仍有出现，在较陡峻的山坡上，岩屑堆、石流坡等则很常见。

思考题

1. 何谓土壤侵蚀类型。
2. 我国主要有哪几种土壤侵蚀类型？其分布特点是什么？
3. 简述土壤侵蚀类型分区的意义及任务。
4. 我国土壤侵蚀类型划分遵循哪些原则？
5. 西北黄土高原区土壤侵蚀的主要特点有哪些？
6. 东北低山丘陵和漫岗丘陵区土壤侵蚀的主要特点分别有哪些？
7. 北方山地丘陵区土壤侵蚀的主要特点有哪些？
8. 南方山地丘陵区土壤侵蚀的主要特点有哪些？
9. 四川盆地及周围山地丘陵区土壤侵蚀的主要特点分别有哪些？
10. 云贵高原及其山地丘陵区土壤侵蚀的主要特点有哪些？
11. 我国以风力侵蚀为主的类型区主要分布在哪些区域？
12. 风力侵蚀类型发生地区的主要特点是什么？
13. 我国冻融侵蚀及冰川侵蚀类型主要分布在哪些地区？

闽江流域概况

闽江为福建省最大河流。上源有三，呈“T”字形排布，北源建溪出自仙霞岭，中源富屯溪和南源沙溪均出自武夷山，沙溪为正源。三源在南平相汇称闽江，东西流至福州分南北两支，至罗星塔复合，折向东北入东海。全长577km，流域面积6.09万km^2，占福建省面积一半。主要支流有田溪、尤溪、大樟溪等。该江以南平和安仁溪口为界划分为上、中、下游三段。上游段占流域面积70%，呈峡谷和宽谷相间排列；中游段也称剑溪，多峡谷，两岸峭壁陡崖，河中多暗礁、险滩；下游段江面渐宽，沙洲、沙滩发育。流域位于多雨区，年径流总量为645.8亿m^3，超过黄河。但洪枯水差异明显，最大流量29400m^3/s，最小流量仅196m^3/s，相差150倍。因流域植被繁茂，河水含沙量小，为0.13kg/m^3。闽江属山地型河流，水量大，水力资源丰富。现装机容量达468万kW，古田溪、沙溪口等已建成大型电站。航运便利，是重要水运通道。

第10章

土壤侵蚀调查与评价

[本章导言] 土壤侵蚀调查主要目的是为土壤侵蚀防治措施规划设计和水土资源综合利用规划提供依据。调查常用手段有野外现地实测与访问、遥感资料人工判读解译、计算机判读解译等。通过土壤侵蚀调查和分析影响土壤侵蚀的因子，制定土壤侵蚀形式、土壤侵蚀程度的判定指标，并形成判定指标体系，以查明调查地区土壤侵蚀特点、发展规律、形成原因，以及调查范围的水土资源利用现状及土地利用状况对土壤侵蚀的影响等。

土壤侵蚀调查是依据一定的方法和规则，将调查范围划分成若干个具有一定面积的调查单元进行土壤侵蚀调查。

一般情况下划分土壤侵蚀调查单元所遵循的原则是土地利用现状和该土地所处的地貌部位相一致。通过调查分析影响土壤侵蚀的因子，制定出土壤侵蚀形式、土壤侵蚀程度的判定指标，并形成判定指标体系。进而根据制定的土壤侵蚀强度判读因子，判定出每种土壤侵蚀形式的潜在危险性（强度）。

根据调查得到的土壤侵蚀类型、土壤侵蚀形式及其分布特点、土壤侵蚀发生程度及其强度，对调查范围内的土壤侵蚀发生发展特点、主要影响因素等做出评价。其成果主要包括两个方面，一是土壤侵蚀调查评价报告；二是与土壤侵蚀相关的图面资料，包括土壤侵蚀形式分布图、土壤侵蚀程度图和土壤侵蚀强度图、土地利用现状图、地面坡度图、沟系分布图等。

10.1 土壤侵蚀调查目的及手段

10.1.1 调查目的

我国山区、丘陵区及风沙区自然条件复杂，土壤侵蚀类型和形式多样，通过土壤侵蚀调查，可查明调查地区土壤侵蚀特点、发展规律、形成原因，以及调查范围的水土资源利用现状及土地利用状况对土壤侵蚀的影响等。归结起来土壤侵蚀调查的目的有以下两个方面。

（1）为防治措施规划设计提供依据

通过土壤侵蚀调查，掌握调查地区的土壤侵蚀类型、土壤侵蚀形式、每种形式的强度及程度、各土壤侵蚀形式的平面分布及其面积，通过土壤侵蚀调查，还要查明调查范围内影响土壤侵蚀的自然因素和人为不合理活动对土壤侵蚀的影响，为土壤侵蚀防治措施的规划、设计提供依据。

（2）为水土资源综合利用规划提供依据

在进行土壤侵蚀调查的同时，还要查明调查区域内水土资源现状（包括利用状况）、水土资源利用中存在的主要问题,尤其是水土资源不合理利用对土壤侵蚀的影响等,为保护、改善和合理利用水土资源提供依据。

10.1.2　调查手段

土壤侵蚀调查常用的手段有野外现地实测与访问、遥感资料人工判读解译、计算机判读解译等。尤其是近年来随着信息、计算机等技术的飞速发展，小型或轻型无人机被广泛应用于土壤侵蚀调查和国土资源等领域的野外调查之中。

无论采用何种方法，到有关部门收集有关资料和查阅档案材料等都是必不可少的基础性工作。在实际的土壤侵蚀调查工作中，具体采用哪一种方法？根据调查目的、调查具体要求、调查区域具体情况、所能收集到的资料和可能获得的信息源种类、调查人员的业务素质、所能获得的基础资料和可能使用的调查设备等多种因素而定。

在土壤侵蚀调查中,常常是根据具体情况以某种方法为主,结合使用其他方法进行工作。

10.2　土壤侵蚀调查步骤

根据土壤侵蚀调查内容，常常将调查工作分为几个步骤，每个步骤的侧重点虽然不同，但都是为了调查目的总目标服务的。一个完整的土壤侵蚀调查工作可分为准备工作、资料收集与整理、土壤侵蚀调查、土壤侵蚀分析与评价等几个阶段。

10.2.1　准备工作

做好准备工作是土壤侵蚀调查顺利进行的基本保证。准备工作应包括以下主要内容：①根据调查目的和范围大小，确定拟采用的调查方法或手段；②通过了解调查区域的自然条件和社会经济条件，根据拟采用的方法对调查范围进行踏勘，制定出适合当地条件的“土壤侵蚀调查细则”，包括所选择的手段、技术路线、调查的详细内容、调查单元的划分、不同土壤侵蚀形式的程度及其强度的分级标准，以及评价分级标准的因子选取等，初步编制野外调查及室内解译判读所用的表格等；③列出拟收集资料清单，并对资料的可获得性进行分析，如资料难以获得，应根据调查目的和费用等及时调整，一般调查前应收集调查地区的地形图、地质图、土壤图、植被图、航片、卫片及等图面和图像资料；④准备调查分析、测量所需的仪器、设备、化验药品等。

土壤侵蚀影响因素的多样性和综合性决定了土壤侵蚀调查的复杂性，因此调查方法的选择在很大程度上依赖于调查的空间尺度。如面积小于 50km^2 的小流域，可以进行全流域实地详查；随着流域面积增大，全范围详查显然不可能，需要进行抽样调查或采用遥感方法进行解译，并通过实地抽查验证。因此准备工作的最重要内容是确定调查方法。

10.2.2　资料收集与整理

影响土壤侵蚀的有自然因素，还有人为不合理的各种活动，因此在进行基本资料的收集时也要包括自然条件和社会经济条件两个方面，包括有关土壤侵蚀的文字及相关的图表等。同时对于已有的土壤侵蚀情况和水土保持措施等情况也应作为资料收集的对象。在资料收集过程中随时进行整理工作，以去粗取精、去伪存真进行归纳，以供土壤侵蚀调查分析使用。

10.2.2.1 自然条件

影响土壤侵蚀的自然条件一般包括气象、地貌、土壤、水文、植被等，收集这方面资料一般遵循两个原则：一是根据调查区域自然因素情况，作为了解该区域自然条件的基本背景；二是根据拟开展调查的土壤侵蚀类型，有针对性地收集主要影响因素等资料。另外调查地区历史上已发生过的土壤侵蚀灾害，如山洪、泥石流等情况也应作为资料收集的主要内容。

（1）气象条件

气象条件作为导致土壤侵蚀的外营力因素，决定了土壤侵蚀类型和其发生形式。

进行以水力侵蚀为主地区的调查时，主要收集降水资料。根据调查指标确定应收集的具体内容，如调查指标是降雨侵蚀力，应收集降雨过程资料，如果难以获得，则根据拟采用的估算公式确定收集日雨量、月雨量或年雨量。一般收集的降雨资料包括：多年平均降水量，多年平均各月降水量，丰、欠、旱年降水量。不同频率的年降水量，包括 10 年一遇、20 年一遇、50 年一遇和 100 年一遇年降水量。最大一次降水量及其历时和其出现的频率，1 日、3 日、5 日最大降水量及其在年内出现次数等。

进行以风力侵蚀为主地区的调查时，主要收集风的资料，根据调查指标确定应收集的具体内容，如调查指标是风力侵蚀气候因子，除收集月平均风速外，为了计算干燥度，还要收集多年平均月降水和月温度资料多年，或直接收集平均蒸发量，多年平均各月蒸发量，年蒸发量与降水量之比等。一般收集的风资料主要包括：主要风向及多年平均风速、主害风风向、最大风力级数、沙尘暴天数及季节分布。

进行冻融侵蚀与冰川侵蚀，以及化学侵蚀调查时，除收集降雨资料外，还要收集温度和热量方面的资料，包括多年平均气温，1 月和 7 月平均气温，绝对最高、最低气温及其发生时间，≥ 0℃、5℃、10℃积温，年内无霜日数，封冻天数及封冻深度，年日照时数和太阳辐射量等。

（2）地貌条件

地形起伏状况、地表物质组成等地貌要素在很大程度上决定了土壤侵蚀形式的发生程度及其发展强度。地貌条件中收集的资料主要有调查区域内各种地形及其所占面积比例、地质构造、岩石种类、分布范围、不同出露岩石的风化程度、风化层厚度以及突发性和灾害性地质现象等。水力侵蚀、重力侵蚀、冻融与冰川侵蚀等调查往往以流域为基本调查单元，应收集调查流域的高程差、流域面积、流域长度及其宽度、主河（沟）长度、比降、流域形状和沟壑密度等。

（3）水文条件

着重收集地表水状况，包括地表径流总量、径流系数、过境流量、地表径流的年际分布（最大、最小和一般）与年内分布（汛期洪水占全年径流的比重）等，河川径流含沙量（最大、最小和一般），地下水埋藏深度、地下水储量、水质及其利用情况等，对于较大流域还要收集土壤侵蚀模数等资料。

（4）土壤条件

收集的资料主要包括地带性土壤种类和非地带性土壤种类以及它们的分布、土壤厚度、不同土壤种类的理化性状、土壤水分含量、土壤水分渗透特性等。具体指标应根据拟调查的土壤侵蚀类型确定，如水力侵蚀、冻融和冰川侵蚀调查应侧重土壤有机质含量、机械组成、结构和土壤水分渗透特性等；风力侵蚀调查应侧重土壤机械组成和土壤水分等；重力侵蚀调查应侧重土壤机械组成、结构和土壤水分特性等。

（5）植被条件

包括地带性植被种类、现存天然植被种类及其分布现状、人工植被种类及其分布状况，不同植被种类的生长状况及其历史演变过程等，现有森林覆盖率及植物覆盖率等。

10.2.2.2　社会经济条件

社会经济方面资料包括调查区所属行政区划（省、地、县、乡、村），人口，劳力，农村产业结构，农、林、牧、副各业产业情况，土地总面积及其利用现状，劳动技术装备程度，人民生活水平，当地生产发展方向等。土壤侵蚀危害及已有防治措施，土壤侵蚀防治经验和存在的问题等。

10.2.2.3　土壤侵蚀资料

有些地区可能做过土壤侵蚀调查方面的工作，此时应收集前人的工作成果，包括调查范围（有时可能是调查范围内的一部分）内的土壤侵蚀类型、形式，各土壤侵蚀形式的发生程度及其发展强度，不同土壤侵蚀形式的分布等。

10.3　水力侵蚀调查

我国水力侵蚀面积分布范围广、面积大，水力侵蚀基本上涉及农、林、牧等各业用地。因此在进行水力侵蚀调查时，分为溅蚀和面蚀、沟蚀、山洪侵蚀三大类进行。由前述可知，溅蚀是面蚀的初期形式，溅蚀的发生主要是雨滴对土壤的分离过程，溅蚀的进一步发展必然是面蚀，因此在进行调查时将溅蚀归并到面蚀之内。

10.3.1　面蚀

面蚀是我国山区及丘陵区土壤侵蚀形式中分布最广、面积最大的水力侵蚀形式。由于面蚀发生的地质条件、土地利用现状和发展的阶段不同，面蚀又分为层状面蚀、砂砾化面蚀、鳞片状面蚀和细沟状面蚀 4 种形式，在此将他们作为一个整体进行调查。

10.3.1.1　农耕地面蚀

在坡面农耕地上，面蚀可被划分为均质土（黄土地区）上的层状面蚀、粗骨土（土石山区）上的砂砾化面蚀，当以上两种面蚀发生较为严重时就转化为细沟状面蚀。根据面蚀正在发生的速度、面蚀已经产生的结果和未来面蚀发生的可能，一般分为强度调查、程度调查和危险性调查。

（1）面蚀强度调查

农耕地面蚀强度调查反映目前面蚀发生的速度，主要以年平均土壤流失量即土壤侵蚀模数作为判别指标，当实际的土壤侵蚀模数在允许土壤流失量范围之内时，就可以认为没有面蚀发生。表 10.1 是目前水利部《土壤侵蚀分类分级标准（SL190-2007）》采用的不同侵蚀类型区允许土壤流失量。

表 10.1 不同土壤侵蚀类型区允许土壤流失量

土壤侵蚀类型区	允许土壤流失量 /[t/（km^2·a）]
西北黄土高原区	1000
东北黑土区	200
北方土石山区	200
南方红壤丘陵区	500
西南土石山区	500

由于影响土壤流失量的因素很多，往往缺少直接的观测资料，一般通过以下方法获得：①侵蚀针法，在坡耕地上插入若干带有刻度的直尺，通过刻度观察侵蚀深度，由此计算出不同耕地上每一年的土壤流失量。②坡面径流小区法，选择不同坡度的农耕地坡面建立径流小区，小区宽（与等高线平行）和长（水平投影）视情况而定，一般分别为 5m 和 20m，水平投影面积 $100m^2$，小区上部及两侧设置围埂，下部设集水槽和引水槽，引水槽末端设置量水量沙设备，通过径流小区可计算出不同地面农耕地的平均土壤流失量。但以该种方法计算的土壤流失量必须保证实际坡耕地坡度和坡长与小区一致，否则需要进行修订。③利用小型水库、坑塘的多年淤积量等间接推算其上游控制面积的年土壤侵蚀量，或根据水文站多年输沙模数资料，用泥沙输移比间接推算上游的土壤侵蚀量。采用这类方法需要注意，如果水库或坑塘流域内或水文站断面流域内有沟蚀发生，推断的结果应该同时包括面蚀和沟蚀。④采用土壤侵蚀模型估算土壤流失量，根据土壤流失量大小划分强度等级（表 10.2）。如 Wischmeier 等建立的通用土壤流失方程式（USLE）从 1977 年开始已经用于美国土壤水蚀调查。我国 2010 年开展的第一次全国水利普查水土保持专项普查，也是利用土壤侵蚀模型进行土壤水蚀普查。但需要注意的是，对模型的因子必须结合当地的实际情况选取合适的参数进行计算，尤其土壤可蚀性因子和各种水土保持措施因子，这就需要在不同侵蚀类型区建立符合当地实际情况的代表性坡面径流小区，主要包括：测定当地代表性土壤的可蚀性因子的裸地小区（按当地农事活动翻耕土壤，清除结皮和杂草，长期保证植被盖度小于 5%）；按当地代表性植物措施、工程措施和农耕措施布设各种径流小区，测定其相应的水土保持措施因子。获得土壤流失量后，即可依据土壤侵蚀强度分级标准，判断土壤侵蚀强度。表 10.2 是目前水利部《土壤侵蚀分类分级标准（SL190-2007）》采用的不同侵蚀类型区的面蚀强度分级标准，轻度以上面积即为水土流失面积。各侵蚀类型区的差异主要在于允许土壤流失量不同，导致是否为水土流失面积的标准不同，即微度和轻度的划分界限不同。一方面不同地区土壤侵蚀强度差异较大，另一方面被侵蚀对象土壤的厚度和剖面特征差异较大，对土地资源的危害程度不同，为指导水土保持规划，可根据地区实际情况确定侵蚀强度，如水利部 2009 年颁布了我国东北黑土区和西南岩溶地区的土壤侵蚀强度分级标准及判别指标表。

表 10.2　面蚀强度分级标准表

面蚀强度分级	土壤侵蚀模数 /[t/（km^2·a）]
微度	< 200，500，1000*
轻度	200，500，100 ~ 2500
中度	2500 ~ 5000
强烈	5000 ~ 8000
极强烈	8000 ~ 15000
剧烈	> 15000

* 西北黄土高原区为 1000 t/(km^2·a)；东北黑土区和北方土石山区为 200 t/(km^2·a)；南方红壤丘陵区和西南土石山区为 500 t/(km^2·a)。

鉴于土壤流失量获得难度大的实际，还可采用主要影响因子间接判断土壤侵蚀强度。水利部《土壤侵蚀分类分级标准（SL190-2007）》给出了基于坡度判断农耕地面蚀强度的分级标准（表 10.3）。

表 10.3　农耕地面蚀强度分级标准表

面蚀强度分级	坡度
微度	< 5°
轻度	5° ~ 8°
中度	8° ~ 15°
强烈	15° ~ 25°
极强烈	25° ~ 35°
剧烈	> 35°

（2）面蚀程度调查

面蚀程度反映的是侵蚀导致的结果，可通过与自然土壤剖面对比确定。自然发生的土壤层次可分为 A 层、B 层和 C 层，A 层为淋溶层，B 层为淀积层，C 层为母质层或基岩，而耕作土壤因长期受人为活动干扰，自上而下也可分出 3 个层次，即表土层（包括耕作层约 20cm 厚和其下的犁底层约 6 ~ 8cm 厚）、中间的心土层（一般厚度约 20 ~ 30cm）和位于心土层之下的底土层。

一般情况下根据表土流失的相对厚度，将面蚀程度分为 4 级，各级的耕作土壤情况及其程度划分标准如表 10.4。

表 10.4　农耕地面蚀程度与土壤流失量关系

程度级别	面蚀程度	土壤流失相对数量
1 级	无面蚀	耕作层在淋溶层进行，土壤熟化程度良好，表土具有团粒结构，腐殖质损失较少
2 级	弱度面蚀	耕作层仍在淋溶层进行，但腐殖质有一定损失，表土壤熟化程度仍属良好，具有一定量团粒结构，土壤流失量小于淋溶层的 1/3
3 级	中度面蚀	耕作层已涉及淀积层，腐殖质损失较多，表土层颜色明显转淡。在黄土区通体有不同程度的碳酸钙反应，在土石山区耕作层已涉及下层的风化土沙，土壤流失量占到淋溶层的 1/3 ~ 1/2
4 级	强度面蚀	耕作层大部分在淀积层进行，有时也涉及母质层，表土层颜色变更淡。在黄土区通体有不同明显的碳酸钙反应，在土石山区已开始发生土沙流泻山腹现象，土壤流失量大于淋溶层的 1/2

在野外确定土壤流失厚度时，还可以参照调查单元上散生的乔灌木年龄及其根部出露地面的高度进行推算。

（3）面蚀危险性判定

面蚀危险性是在不改变当前土地利用方向和不采取任何土壤侵蚀防治措施的情况下，面蚀发生发展的可能性大小。因此农耕地面蚀危险性是根据某些影响土壤侵蚀的因子进行判定而得到的。

一般情况下根据农耕地的田面坡度大小，对其危险性进行判定。常将农耕地上的面蚀危险性划分为 5 级，有时也可根据具体要求进行适当增减。农耕地的田面坡度与其面蚀危险性划分标准如表 10.5。

表 10.5　农耕地的田面坡度与其面蚀危险性划分标准

强度级别	面蚀强度	田面坡度
1 级	无面蚀危险的	≤ 3°
2 级	有面蚀危险的（包括细沟状面蚀）	3° ～ 8°
3 级	有面蚀危险和沟蚀危险的	8° ～ 15°
4 级	有面蚀危险、沟蚀危险的	15° ～ 25°
5 级	有重力侵蚀危险的	＞ 25°

10.3.1.2　非农耕地面蚀

在非农耕地坡面上，由于人为不合理活动，如过度樵采、放牧和自然因素的影响等原因，使植物种类减少，生长退化，覆盖率降低，导致发生鳞片状面蚀。鳞片状面蚀发生程度及其发展强度、主要是根据地表植物生长状况、覆盖率高低和分布是否均匀等因子进行判定。

（1）面蚀强度调查

鳞片状面蚀强度调查主要参照地表植物生长状况、分布情况和其覆盖率的高低来确定。有植物生长部分（鳞片间部分）地表鳞片状面蚀没用或较轻微，无植物生长部分（鳞片状部分）地表有鳞片状面蚀或较严重。一般地常将鳞片状面蚀强度划分为 4 级，各级植物生长状况描述见表 10.6。

表 10.6　地表植物生长状况与鳞片状面蚀强度划分

程度级别	鳞片状面蚀强度	地表植物生长状况
1 级	无鳞片状面蚀	地面植物生长良好，分布均匀，一般植物覆盖率大于 70%
2 级	弱度鳞片状面蚀	地面植物生长一般，分布不均匀，可以看出“羊道”，但土壤尚能连接成片，鳞片部分土壤较为坚实，植物覆盖率为 50% ～ 70%
3 级	中度鳞片状面蚀	地面植物生长较差，分布不均匀，鳞片状部分因面蚀已明显凹下，鳞片间部分土壤和植物丛尚好，植物覆盖率为 30% ～ 50%
4 级	强度鳞片状面蚀	地面植物生长极差，分布不均匀，鳞片状部分已扩大连片，而鳞片间土地反而缩小成斑点状，植物覆盖率小于 30%

也可采用与农耕地类似的方法调查侵蚀强度，即采用年平均土壤流失量，以土壤侵蚀

模数作为判别指标，参考表 10.1 判断是否有侵蚀发生。获得侵蚀模数的方法也相同，然后参考表 10.2 判断侵蚀发生强度。与农耕地不同的是，由于非农地的林地、草地和园地等的覆盖度对侵蚀影响很大，因此如果采用主要影响因子判断侵蚀强度时，除考虑坡度外，还要考虑植被覆盖度。

水利部《土壤侵蚀分类分级标准（SL 190-2007）》给出了基于坡度和植被覆盖度判断林地、草地和园地等面蚀强度的分级标准（表 10.7）。

表 10.7 林地、草地和园地面蚀强度分级标准表

地类与坡度		< 5°	5° ~ 8°	8° ~ 15°	15° ~ 25°	25° ~ 35°	> 35°
非耕地林草覆盖度 /%	> 75	微度	微度	微度	微度	微度	微度
	60 ~ 75	微度	轻度	轻度	轻度	中度	中度
	45 ~ 60	微度	轻度	轻度	中度	中度	强烈
	30 ~ 45	微度	轻度	中度	中度	强烈	极强烈
	< 30	微度	中度	中度	强烈	极强烈	剧烈

（2）面蚀危险性判定

参照地表植物的生长趋势及其分布状况可判定非农地的面蚀危险性行，通常将鳞片状面蚀强度判定分为 3 级，各级鳞片状面蚀强度与地表植物生长趋势如表 10.8 所示。

表 10.8 地表植物生长趋势与鳞片状面蚀危险性划分依据

强度级别	鳞片状面蚀危险性	地表植物生长趋势
1 级	无鳞片状面蚀危险的	自然植物生长茂密，分布均匀
2 级	鳞片状面蚀趋向恢复的	放牧和樵采等利用情况逐渐减少，植物覆盖率在增加，生长逐渐壮旺，鳞片状部分“胶面”和地衣苔藓等保存较好，占 70% 以上未被破坏
3 级	鳞片状面蚀趋向发展的	放牧和樵采等利用逐渐增加，植物的覆盖率在减少，生长日趋衰落，鳞片状部分“胶面”不易形成

注：胶面是指由生长在岩石和土壤表面的菌藻类低等植物死亡后形成的暗黑色膜状物。

10.3.2 沟蚀程度调查与强度判定

沟蚀的发生导致了土地资源的彻底破坏，也是山洪、泥石流固相物质的主要来源。对侵蚀沟道调查，了解沟蚀发展阶段及其发展趋势，对控制侵蚀沟的发展具有重要作用。通过调查沟道发展阶段，以确定沟蚀的发生程度和其发展强度。

沟蚀调查多以沟系为单位进行，一般情况下规模较大的沟系，其发展程度较为严重，但其今后的发展趋势将会逐渐减缓下来。反过来规模较小的沟系，其发展程度尽管较轻微，但如果不进行防治的话，其将来的发展趋势将会是很剧烈的。

因此在进行沟蚀调查时，其主要调查内容为集水区面积、集水区长度、侵蚀沟面积及其长度、沟道内的塌土情况（包括重力侵蚀形式、数量及其发生位置等）、沟底纵坡比降、基岩或母质种类、集水区范围内的植物种类及其生长状况等，依据以上调查情况确定沟蚀

的发生程度和其发展强度（表 10.9）。

表 10.9 沟蚀发生程度及发展强度分级指标表

沟壑占坡面面积比 /%	< 10	10 ~ 25	25 ~ 35	35 ~ 50	> 50
沟壑密度 /（km/km^2）	1 ~ 2	2 ~ 3	3 ~ 5	5 ~ 7	> 7
程度分级	轻微	中度	强度	极强	剧烈
强度分级	剧烈	极强	强度	中度	轻微

10.3.3 山洪侵蚀调查

山洪是山区常见的一种土壤侵蚀形式，一旦发生将对下游造成冲掏或沙压等危害。对山洪侵蚀进行调查，一是查清以往发生山洪的条件、发生规模、发生频率、造成的危害范围及危害程度；二是判定今后发生山洪危害可能性的大小。

（1）历史山洪情况调查

调查历史山洪常使用的方法有洪痕调查法、访问当地群众和山洪资料查询等方法，实际中具体采用的方法视可供调查的条件而定，有时也常几种方法结合使用并相互印证其结果。

调查的主要内容为集水面积、发生山洪时的降雨情况、集水范围内的植被、地质、地形、土壤和土地利用状况等，并分析山洪形成的原因、山洪历时、洪峰流量、淹没范围及其危害等。了解山洪对沟岸、河岸及沟（河）床的侵蚀情况、在山洪沟道下游及沟口开阔处，调查泥沙淤积量及淤积物质组成等。

（2）山洪及其灾害预测

通过对历史上发生过的洪水灾害调查，预测当地可能发生山洪的气象条件、地质地形条件、植被条件及山洪灾害范围等，并提出相应的防治措施。

10.4 风力侵蚀调查

风力侵蚀调查包括风蚀发展历史与其现状，风力侵蚀发生的程度和其发展强度，风蚀危害和造成风蚀的原因。风力侵蚀调查可通过野外定位、半定位量测来进行，或者采用不同时期的航片和卫片通过判读解译来完成。

常用方法有标杆法、形态测量法。标杆法是地面风蚀调查最简便实用的方法。利用 2m 高度的标杆埋入地面 1m 深，使杆顶与地面高差为 1m，经过一定时间以后进行观察，视地面与标杆之间垂直距离变化数值，便可算出地面被吹蚀的深度，然后将每一个时期所得的数值再和同期风速相比较，就能得出它们之间的关系。形态测量法是在每次大风之后，进行沙丘或沙地的大比例尺（1∶100 ~ 1∶1000）等高线地形测量，绘制地形图比较几次测量结果，可计算出某个测点的风蚀深度，同时计算出其测点的积沙厚度。

10.4.1 输沙量及风沙流结构调查

沙粒在气流中的运动，即风沙运动的特征，一般用集沙仪和手持风速仪来进行观测。

常用的有集沙仪，当风沙流发生时，沙粒便通过离地表各个不同高度的集沙仪小细管，顺着倾斜的细管进入相应的小铝盒内。应用集沙仪和风速仪在不同性质的地表（如组成物质的粗细、植物覆盖状况不同等）和沙丘的不同部位（如迎风坡脚、坡腰、丘顶和背风坡脚以及两翼等）进行观测的结果，可以获得起沙风速、靠近地表气流层中沙粒随高度分布特性质、靠近地表气流层中沙粒移动方向和数量、沙丘表面风沙流速线的分布特点等。

10.4.2　沙丘移动状况

沙丘移动方式可分为前进式、往复式、往复前进式，采用重复多次的形态测量法或纵剖面测量法即可确定沙丘的移动状况。

可选定不同沙丘，在垂直于沙丘走向的迎风坡脚，丘顶、背风坡脚埋设标志（标杆即可），重复量测并记录其距离变化。

在野外路线考察中，特别是对于沙漠边缘风沙危害地区进行考察时，必须收集有关沙丘移动的数据。可以通过访问当地居民，了解道路、地物（房屋、土工建筑等）被沙埋和变迁的情况，以大致确定沙丘移动方向和其移动速度。

对于沙丘移动，应用全球导航卫星系统（GNSS）可取得精确而快速的定时测算。

10.4.3　地面粗糙度调查

地面粗糙度是表征下垫面粗糙程度的一个非常重要的量值。对于裸露沙丘（地）来说，代表近地面平均风速为零处的高度。它是在推导风的对数定律时，作为下界面条件引入的，常用 Z_0 表示，沙面越起伏，Z_0 越大。当沙面有一定植被或人工设置的障碍时，粗糙度表征的是与大气接触的植被、覆盖物顶部的崎岖情况。这时，平均风速为零的高度应是粗糙度和一个与植被或其他覆盖物高度有关的修正值（D）之和。沙区天然植被不高，D 可以近似零看待，计算获得的风速为零的高度，即粗糙度（图 10.1）。在风蚀和土地荒漠化研究中，粗糙度不但用来计算风速廓线，还用来评价地面抗风蚀能力，尤其可用来评价固沙工程。

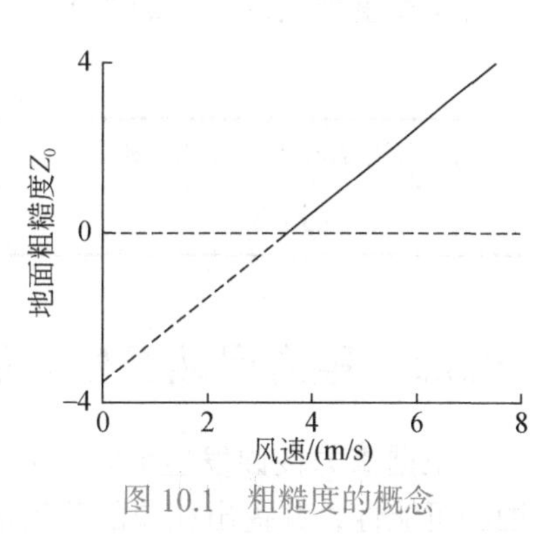

图 10.1　粗糙度的概念

10.4.4　风蚀成因调查

风蚀是风对疏松沙质地面进行吹蚀、搬运和堆积的结果。风蚀成因调查就是要查明风成地貌类型（风蚀地貌或风积地貌）及其空间分布特征。

（1）风蚀地貌形态

在野外调查中，要选择有代表性的地段，进行详细的风蚀地貌形态描述和形态量测。描述其外貌、空间分布、方位，以及组成物质的性质。量测其长度、宽度、相对高度（或深度）、斜坡倾向和倾角等要素，估计出风蚀正（风蚀残丘、风蚀土墩等）、负（风蚀凹地、风蚀沟槽等）地貌形态的面积和体积，便可得到地表风蚀地貌的发育程度，同时也可分析判定出风蚀的发展强度。

（2）风积地貌形态

在野外调查中，对风积地貌可描述和量测的项目包括沙丘的相对高度（最大、最小和平均值）、沙丘的相互间距（最大、最小和平均值）、沙丘迎风坡和背风坡的长度、坡度及坡向、沙丘排列方向（走向）。

根据以上因素的调查，即可得到沙丘的起伏度和密度，反映出沙丘形态发育的规模，确定沙丘形态形成的动力条件。同时也可得到地表风积地貌的发育程度和分析判定出风积的发展强度。

10.5 重力侵蚀调查

10.5.1 重力侵蚀形式及其程度

通过野外实测或遥感资料室内判读解译，调查重力侵蚀形式、发生的地貌部位和发生规模，调查不同重力侵蚀形式发生的气象（包括降雨量、降雨历时、降雨强度等）、地质（包括岩石种类、风化特性、透水性、硬度、层理等）、地形（包括坡度、坡型、坡长等）、水文条件（坡面水源和入渗情况、地下水埋深及储水结构等）、土壤（包括种类、土壤厚度、土壤质地、孔隙度、含水量、内聚力等）、植被等条件和人为活动对重力侵蚀的影响，同时调查重力侵蚀导致的危害及危害程度等。可参照表 10.10 进行重力侵蚀程度的划分。

表 10.10 重力侵蚀强度分级指标

重力侵蚀面积占坡面面积比 /%	＜10	10～15	15～20	20～30	＞30
强度分级	轻度	中度	强度	极强度	剧烈

10.5.2 重力侵蚀发生发展强度

根据重力侵蚀发生形式、发生条件调查，分析坡面土石体的稳定性和今后发生重力侵蚀的可能性，并提出相应的防治措施。

10.6 混合侵蚀调查

混合侵蚀的发生需有大量地表径流，同时还要在沟底或坡面上有大量处于被冲状态的松散固相物质。一般情况下混合侵蚀所流经的区域可分为侵蚀区、流通区和堆积区 3 个部分。对其调查时一般采用现地实测和调查访问当地群众相结合的方法进行。

10.6.1 混合侵蚀发生条件

对已发生过的混合侵蚀进行调查时，首先应调查其发生的具体形式，如高含沙山洪、石洪、泥流或泥石流等。可通过实测沟底固相物质堆积数量、搬运过程、堆积位置和其物质组成等，推定当时所发生的具体混合侵蚀形式、发生时间和发生频率及其所造成的危害等。

根据已有文字材料，调查混合侵蚀发生时的气象条件、地形条件、沟道弯曲状况、地质条件、流域内松散固相物质的数量及其堆积情况等。

10.6.2　混合侵蚀发生发展趋势判定

通过对已发生混合侵蚀沟底或流域情况的综合调查材料，分析当前流域和沟道中松散固相物质的堆积情况和其他土壤侵蚀形式，尤其是重力侵蚀发生发展可能性的大小，判定混合侵蚀再次发生的概率，明确指出是否可能发生混合侵蚀？发生的危险性及其所造成的危害程度等。

10.7　冻融侵蚀与冰川侵蚀调查

10.7.1　冻融侵蚀调查

冻融侵蚀作用主要出现在多年冻土区。虽然季节性冻土区也有冻融侵蚀作用发生，但与这些地区的其他外营力相比是次要的。

通过查阅资料、进行电测或夏季开挖探槽，可以确定一个地区冻土是否存在。石海、石河、石环和多边形土均是冰缘作用的有效证据，凡有此类地貌出现的地段都有冻融侵蚀，通过标志性地貌来确定冻融侵蚀是一个简便适用的方法。

高夷平台地也是多年冻土区的标志性地貌，通过定量测量某一高夷平台地高度、坡长、坡度、相关沉积的变化，可定量研究该地区冻融作用的程度和强度。

10.7.2　冰川侵蚀调查

冰川侵蚀的范围较易确定，凡是冰川覆盖区域均有冰川侵蚀作用发生。利用航空像片、卫星像片或在地面上都可容易地勾绘出冰川侵蚀区的范围。但冰川侵蚀量的测定却是相当困难的。因为冰川侵蚀主要是在巨厚冰层底部发生的，现在还没有切实可行的办法，在冰川底部实测冰川侵蚀量，一些关于冰川侵蚀量的数据都是间接测定的。

通过冰川末端冰川融水含沙量的测定可推测冰川流域内的侵蚀量。但是，冰碛物的粒度成分十分悬殊，漂砾大的可以像整座楼房，小的比黏粒还小。冰川融水中的碎屑物质只是冰川磨蚀形成的沙、粉沙和黏土，不含或基本不含砾石物质。所以，通过冰川融水含沙量推断冰川侵蚀量也是较为困难的，其结果也并非十分确切。

在山岳冰川区，通过测定终碛、侧碛体的体积，大体可以推断出冰川的侵蚀量。测量终碛体积并确定冰川的面积和冰川作用的时间，就可以推算山岳冰川的侵蚀量。但冰碛中的细粒物质往往被冰川融水带走，由此推算的冰川侵蚀量也是概略性的。

冰川融水的侵蚀作用是十分巨大的，在做冰川侵蚀调查工作时，应注意冰川融水的侵蚀作用。此外冰川退缩之后在冰斗或谷地源头常堆积有大量冰碛物质，其厚度可达几十米以至上百米，它们常成为混合侵蚀的主要固相物质来源。

10.8　化学侵蚀调查

化学侵蚀的主要表现形式是岩溶侵蚀、淋溶侵蚀和土壤次生盐渍化。

10.8.1 岩溶侵蚀

岩溶侵蚀调查内容主要有气象（主要包括年降水量及平均气温等）和地质构造（主要包括岩石种类、地质构造、岩层分布、地下水分及其循环运动特征等），尤其是调查地层组合中可溶性岩石（碳酸盐岩类、石膏及卤素岩类等）的分布状况和岩溶现状等。

10.8.2 淋溶侵蚀

淋溶侵蚀是在降水后，随水分下渗表层土壤中的可溶性离子被淋溶至土壤深层，导致土壤结构破坏，肥力下降的过程。

淋溶侵蚀调查的主要内容有降水量调查（包括年降水量、降水年内分配等），采用剖面法调查土壤中淀积层物质种类、埋藏深度、厚度，进而分析其对土壤发育的影响。同时还要进行表土和淀积层土壤理化性质分析，通过对照区土壤理化特性的对比，分析淋溶侵蚀发生后对土壤形状的影响。

10.8.3 土壤次生盐渍化

土壤次生盐渍化主要发生在地下水埋深较浅的地区，由于水分蒸发而使盐分在表层土壤中聚积的过程。其调查内容包括次生盐渍化土壤理化性状及其形成条件。

（1）盐碱土性状调查

采用野外调查与室内分析相结合方法，调查盐碱土壤的形态特征、物理性状和化学性状，形态特征包括地表特征（如盐霜类、盐壳类、浅黄色盐霜盐壳类、潮湿类、板结类、龟裂类等）和土壤结构（片状结构、气孔板状结构、棱柱状结构、块状结构、核状结构等）。

物理性状包括土壤质地、容重、比重、孔隙度、持水能力、毛管上升高度和土壤的渗透性能等。化学性质包括土壤的含盐量及化学组成（主要测定 CO_3^{2-}、HCO_3^-、Cl^-、SO_4^{2-}、Ca^{2+}、Mg^{2+}、K^+、Na^+ 的含量）、土壤溶液浓度、钠吸附比（SAR）、交换性钠百分数（ESP）、pH 等。

通过以上分析获得盐碱土发生的程度，并结合当地气象条件分析指出盐碱土的发展趋势。

（2）次生盐渍化调查

调查的主要内容有气候条件（包括年均降水量、平均年蒸发量、干燥度等）、地形地貌条件（地下水出现的地形、地貌部位等）、地下水条件（地下水埋藏深度、矿化度、化学组成、地下径流、地下水的季节动态等）。

同时还要调查人为活动对土壤次生盐渍化的影响。人为活动对土壤次生盐渍化的影响作用力和影响范围有时可以超越自然因素，且具有明显的主动性和方向性。主要调查内容有人类活动对植被及土壤水分蒸发、入渗和地下水的变化影响。因耕作粗放导致地力下降而引起的次生盐渍化、水库浸润引起的次生盐渍化、输水渠道浸润引起的次生盐渍化、农田不合理灌溉引起的次生盐渍化、北方地区插花种水稻引起的次生盐渍化等均是需要调查的内容。

通过以上调查对当地土壤次生盐渍化的发生程度做出评价，并指出今后土壤次生盐渍化发展的可能性。

10.9　土壤侵蚀的综合分析与评价

外业调查或室内判读工作基本完成后，应对获得的所有资料进行分析、加工、判断、计算、归纳、总结等。

调查或判读资料一般可分为三大类：现状资料，如自然条件、社会经济条件、土地利用现状、土壤侵蚀现状等；历史资料，如植被、土壤侵蚀、水土保持、人口的动态变化等；预测资料，如土壤侵蚀、人口、生产水平等。

10.9.1　土壤侵蚀调查报告

经过整理分析上述资料后，撰写土壤侵蚀调查报告，要求报告能够全面系统、简明扼要地反映调查成果，包括必要的数据表格和简图等。

土壤侵蚀调查报告的编写过程，实际上也就是土壤侵蚀的综合分析过程。土壤侵蚀分析内容主要有以下几个方面。

分析归纳总结调查区域的土壤侵蚀形式、各种形式的面积、平面分布、发生程度和其发展强度。根据土壤侵蚀发展规律结合土壤侵蚀影响因素分析，找出各因素间的关系，阐明自然因素中影响土壤侵蚀的主导因素并分析其对土壤侵蚀的作用。

分析人类生产活动与该地土壤侵蚀间的关系，包括人类生产活动与自然因素的关系。土壤侵蚀对当地生态环境、水土资源、农林牧各业生产及人民生活、生存的环境危害，并指出当地防治土壤侵蚀的措施体系及其必要性和可行性。

10.9.2　图面资料整理

大面积的土壤侵蚀调查应完成土壤侵蚀分区图（或水土保持工作分区图）和重点治理流域分布图，图形比例尺根据调查区域面积而确定，一般为 1 : 5 万～ 1 : 10 万或 1 : 50 万～ 1 : 100 万。

小面积的土壤侵蚀调查需完成土壤侵蚀分布图（包括土壤侵蚀类型、土壤侵蚀形式及其程度和强度）和土地利用现状图（与土壤侵蚀防治措施现状项结合），根据具体要求还须完成各种专业图（如土壤图、植被图、沟系图等），其制图比例尺一般为 1 : 5000 ～ 1 : 10000。

10.10　土壤侵蚀图的制备

目前土壤侵蚀图的制备主要有手工和计算机辅助制图两种方法。计算机制图的效率、质量、成本等方面都具有较强的优越性，而且随着计算机技术水平的提高和性能增强，计算机制图已逐渐全部代替手工制图，因此手工制图在这里仅作简单介绍。

手工制图的方法大体需要以下几个步骤来完成：

一是地形图的准备，根据调查精度、调查范围的不同选择 1 : 1 万～ 1 : 100 万的地形图作为调查底图，大区域的调查需要分幅作业。

二是土壤侵蚀图调绘，利用卫片、航片等遥感图片调查、解译得到侵蚀分类图后转绘到地形图上，也可通过现场调查直接在地形图上勾绘土壤侵蚀图斑。

三是图形拼与接纠错，把绘制的图件按地理坐标拼接在一起。由于图幅接边处会存在类型误差，需要通过现场校对或利用遥感图像判读来纠正，保证图幅接边处的土壤侵蚀类型一致、边界线吻合。

四是图形清绘，将透明纸覆盖在拼接好的土壤侵蚀图上，用专用绘图笔把行政界线、流域界线、类型分界线等用不同线型勾绘出来。不同侵蚀类型用不同的符号或颜色填充，侵蚀类型、侵蚀程度和侵蚀强度绘制在同一图上时，应把其中的一个专题用背景颜色表示，等高线利用较浅的颜色勾绘，政府所在地、主要河流、道路等用不同的符号、线型或颜色表示。在图幅的适当位置绘制图框，标注图名、地名、比例尺、指北针、图例及其他辅助信息。这样一幅土壤侵蚀图就绘制完成。

单从计算机制图角度讲，AutoCAD 具有很强的功能，但是从地理数据的采集、处理、叠加、分析直到土壤侵蚀制图的过程来看，地理信息系统（Geography Information System，简称 GIS）有其独到之处。基于上述原因，这里主要介绍应用 GIS 制作土壤侵蚀图的方法。

10.10.1 计算机辅助制图

随着科学技术及计算机技术的迅速发展，目前越来越多的使用计算机辅助制图，其中使用较多的制图软件是地理信息系统（GIS），了解与土壤侵蚀制图有关的 GIS 功能，对于土壤侵蚀图的制备是很有必要的。

（1）图形图像管理

GIS 具有通过鼠标、键盘、扫描仪、数字化仪、GPS 等设备输入或由其他数据格式转换等多种方式获取地图数据的功能。

地理信息系统中的空间几何数据可分为点、线、面 3 种类型，为了提高效率注记文字也可作为同一图层来处理。而对于面状要素几何数据的处理，又都是以弧（或链）为基础进行，因而图形编辑的基本对象是点和弧线。为便于操作一般设置“撤销（Undo）”和“恢复撤销（Redo）”功能。点的编辑处理比较简单，仅仅是增加、删除和检索等基本操作。而弧段数据修改是较为复杂的，主要是由于涉及拓扑信息的调整。一般的图形编辑应具有修改一段弧、删除弧段上一部分、删除一条弧段、弧段的连接与断开的功能。图形编辑还具有移动一个地物、删除一个目标、旋转一个实体、图形对象拷贝与镜面反射等功能。

地理信息系统与一般的数字测图系统主要区别之一是 GIS 需要建立几何图形元素之间的拓扑关系。需要将数字化的结点和弧段组成 GIS 中线状地物或面状地物，通常可以通过编码让计算机自动组织，也可以在图形编辑系统中，使用鼠标人工装配地物，或编辑修改已建立的拓扑关系。

对属性数据的输入与编辑一般是在属性数据处理模块中进行的，但为了建立属性描述数据与几何图形的联系，通常需要在图形编辑系统中，设计属性数据的编辑功能，主要是将一个实体的属性数据连接到相应的几何目标上。亦可在数字化及建立图形拓扑关系的同时或之后，对照一个几何目标直接输入属性数据。一个功能强的图形编辑系统可能提供删除、修改、拷贝属性等功能。

GIS 中有两类图形基本查询，一类是选择一个几何图形，显示对应的属性数据；另一类是与此相反，根据属性数据的关键字或某一限定条件，显示相应的几何坐标。通过查询功能可以编辑一定条件下的图形对象。GIS 的空间分析功能包括逻辑分析、层间空间分析、缓冲区分析、地理模型分析等，还包括属性数据和图形的检索、分类及列表，多媒体信息的索引、查询及播放。

（2）属性数据库管理

属性数据库管理功能是为属性数据的采集与编辑服务的，它是属性数据存储、分析、统计、属性制图等的核心工具。它也是整个系统的重要组成部分，具备对数据库结构操作、属性数据内容操作、数据的逻辑运算、属性数据的检索、从属性数据到图形的查询、属性数据报表输出等功能。同时它还提供属性数据和图形图像的接口，在制图时，正是利用了属性与图形接口把专题内容以图形的方式表达出来。

（3）数字地形模型

空间起伏连续变化的数字表示称为数字高程模型（DEM），有三种主要的形式，包括格网 DEM、不规则三角网（TIN）以及由两者混合组成的 DEM。

可进行等高线分析，等高线图是传统上观测地形的主要手段，人们可以在等高线图上精确地获知地形的起伏程度，流域内各部分的高程等。等高线图可以从格网 DEM 中获取，也可以在 TIN 中生成。

等高线图虽然精确，但不够直观，用户往往需要从直观上观察地形的概貌，所以 GIS 通常具有绘制透视图的功能，有些系统还能在三维空间格网上涂色，使图形更加逼真。

进行坡度坡向分析也是数字地形模型中具有的一项功能，建立数字高程模型以后，很容易在格网内或三角形内计算坡度和坡向，派生出坡度和坡向图供地形分析用。在土壤侵蚀制图中，利用坡度坡向分析功能获得专题指标。

（4）图形输出功能

GIS 具有点、线、面等不同类型图层的叠合、图例标注、比例尺标注、文字注记、注记符号的制作及其在图中的旋转、移动、缩放、变形等图幅修饰功能，打印预览（模拟输出）功能，输出操作功能等，土壤侵蚀专题制图正是利用 GIS 的这一功能实现的。

10.10.2　专题图制备

专题图主要包括植被盖度图、土地利用现状图、坡度图、地质地貌图、土壤类型图、侵蚀类型图、降水分布图等。这些专题图的属性可决定土壤侵蚀强度。根据调查手段的不同，GIS 专题制图目前有两种方法，一种是人工专题调查得到基础图件，然后利用 GIS 进行精绘；另一种是直接利用计算机解译遥感影像生成专题图，再利用 GIS 制图功能进行输出。这里介绍的是前一种方法，后一种方法参考“第 11 章 土壤侵蚀监测预报”中的部分内容。

（1）图形数据整编

土壤侵蚀专题调查完成以后，基本图件需整编处理才能输入计算机。整编包括对图形的专题分类、图形矢量化处理、图幅编制等，其中重要的一项内容是图形编绘。图形数据整编包括以下内容。

图形分层处理，图形分层是针对矢量数据结构而言的，它由点、线、多边形等若干图层组成，每一图层代表一个专题。图形分层后属性数据要分层记录，即把一个图表单元内的不同专题信息，用数据库中的不同字段来表示。图形分层注意对于不同的系列专题图，各图层的图框一致、坐标系一致。各图层比例尺应该一致，每一层反映一个独立的专题信息。点、线、多边形等不同类型的矢量形式不能放在同一图层上，只有这样才能使信息系统化、规范化和条理化。

图形分幅处理，大幅面的图形分幅后才能满足输入设备的要求。图形分幅有两种方法。

一种是规则图形分幅，它是把一幅较大的图形，以输入设备的幅面为基准或以测绘部门提供的标准地图大小为标准，分成规则的几幅矩形图形。这种分幅方法要遵从三个原则：①图幅张数分的尽可能少，以减少拼接次数；②分幅处的图线尽可能少，以减轻拼接时线段连接的工作量；③同一条线或多边形分到不同图幅后，它们的属性应相同。

另一种是以行政区为单位的分幅，如一个县的专题图，可把一个乡或一个村作为一幅图进行单独管理。这样，一幅图被分成若干个不规则的图形。这种分幅方式要以地理坐标为坐标系，同时要求不同图层分幅界线最好一致。

根据技术规范对各项专题图用事先约定的点、线、符号、颜色等做进一步清理，使图形整体清晰、不同属性之间区别明显。经过上述操作，图形和属性数据都可输入到计算机中。但二者必须建立起一定联系，才能表达完整的意义。为此把图形、属性库以及属性库的内容通过关键字联结起来，形成完整意义的空间数据库。

（2）专题制图程序

基本图件输入是采用数字化仪、扫描仪等输入设备，把经过处理的图件按点、线、面、注记等类型输入到计算机。而后进行图形编辑，以去除图层中的错误信息，保证图幅中的点、线、面图斑的属性和空间位置正确，建立图斑拓扑关系。专题属性库必须根据图形属性建立数据库，并使属性库与图形文件的图斑相互对应起来。

把分幅输入的图件按地理坐标或图形坐标拼接在一起，形成一张完整的图形。把点、线、面不同性质的图件按地理坐标配准，叠加起来形成完整的图形信息。利用属性库中的属性值对图形进行图例设置，然后把相应的文字注记标在图面上，并标出图形比例尺、指北针、设置图形的经纬网、附图及其他说明的注记，至此专题图制作完成。

利用绘图仪、彩色打印机等设备把制好的专题图输出，在输出图形的幅面超过输出设备的幅面时，图形要分幅输出。GIS 专题制图程序如图 10.2 所示。

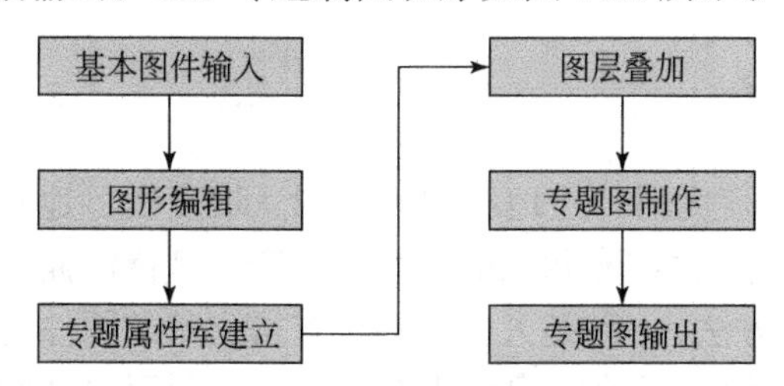

图 10.2　GIS 专题制图程序

10.10.3　土壤侵蚀制图

GIS 土壤侵蚀制图根据调查手段的不同分为两种方法，一种方法是人工调绘得到土壤侵蚀图，然后利用 GIS 的制图功能把侵蚀图进一步精绘，这种方法与上一节的专题制图完全一致，另一种是利用已有的专题图，利用计算机根据侵蚀模型自动叠加分类生成土壤侵蚀图，然后整理修饰后输出。这里介绍的是后一种。

图层叠加运算的前提是每一专题图的地理坐标都相同，同名地物点的垂直投影能完全重合，其表达式为

$$P = F(p_1, p_2, \cdots, p_n) \tag{10.1}$$

式中，P 为模型叠加运算生成的土壤侵蚀图；F 为土壤侵蚀计算模型；p_1，p_2，…，p_n 分别为影响土壤侵蚀的各要素专题图。

图形叠加运算的过程可以用图 10.3 表示出来。

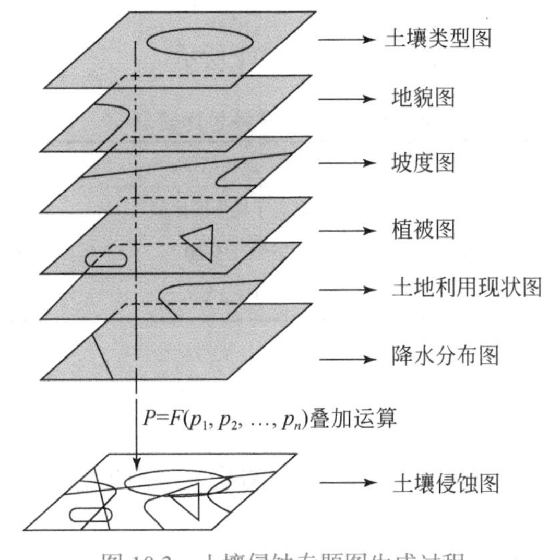

图 10.3　土壤侵蚀专题图生成过程

土壤侵蚀专题图生成后，利用 GIS 制图功能对不同类型的土壤侵蚀程度和其强度赋予不同的颜色，然后把行政区界线、主要河流等图层叠置于其上，再经文字注记后即可打印输出。

10.11　调查结果评价与分析

10.11.1　信息源评价

土壤侵蚀调查通常采用的信息源主要有实测数据、地形图、航空照片、卫星影像、其他专题图等判读解译数据等。实测数据是最准确的数据，如果在较大面积的土壤侵蚀调查中不能对每个调查单元都进行实测，而只实测部分调查单元用作检验室内的判读精度，就必须进行信息源的分析工作。

地形图在调查中使用的较早，把地形图作为信息源的成本较低，但是在地形图上直接勾绘图斑边界不易精确确定，因此需要有经验的人员现场勾绘才能保证精度。当然调查精度主要取决于地形图的比例尺，由于比例尺越大调查的工作量也越大，所以在实际调查中一般采用 1∶1 万～1∶5 万的地形图进行野外调查。在大面积的调查中也可以使用 1∶10 万的地图，但需要配合其他信息源一起使用。

航空照片是目前获取较为精确信息的常用信息源，精度可高达 1∶5000。航片中的不同地物可通过色彩、纹理等加以区别，其边界比较明显。在土地利用现状、植被盖度等调查中可以通过目视解译得到精度较高的图形数据。航片的成本比地形图高，目视解译也需要足够的经验，在成图时需要投影矫正才能使用。

卫星遥感影像的精度比较低，适合大面积的专题信息调查。一般认为常用的 TM 影像的最佳比例尺为1：1万，最大为1：5万。在进行特征信息提取、最优波段组合的基础上可达到1：2.5万。遥感影像可通过计算机自动纠正、解译和分类直接生成专题图并使之矢量化，其效率比使用地形图调查要高得多。由于遥感影像数据必须由专门的机构接收，所以其成本较高。

对比常用的几种信息源，各项指标如表10.11所示。

表10.11 信息源评价比较表

信息源	成本	效率	一般精度	最高精度	适宜应用范围
地形图	较低	较低	取决于地形图比例尺	取决于地形图比例尺	从小流域到大区域
航片	较高	较高	1：1万～1：5万	1：5000	中小尺度专题调查或大区域补充调查
卫星影像	高	高	1：10万	1：2.5万	大区域专题调查

10.11.2 调查手段评价

调查手段一般有人工野外调查与现场图形调绘，室内遥感图像人工判读，计算机遥感影像判读等方法，每种调查方法都有其各自的特征。

野外现场调查一般采用地形图或航片进行实地勾绘，这种调查方法可以把误差降低到最低。但由于这种调查方法需要的人力、物力较大，且速度较慢，所以一般适合于小面积的调查或作为检验调查精度的一种方法，或作为建立解译标志的方法。

室内遥感图像人工判读可以减少人力、物力等消耗，工作效率较高。这种方法适用范围广，从小流域到大区域均可采用。但是人工解译需要有较丰富经验的技术人员，同时需要对当地情况比较了解，这样才能够保证判读的准确性。

计算机遥感影像判读一般采用监督分类的方法，这种方法效率高，但由于某些地物波谱特征相近以及环境状况对遥感影像的影响，往往使分类结果精度偏低。由于遥感影像的分辨率本来就较低（如TM影像经纠正后分辨率为每像素28.5m），所以它适合大区域的调查。在实际应用中，需要经过实地辅助调查验证其精度方可使用。

10.11.3 调查误差分析

目前，在土壤侵蚀调查中主要采用遥感资料进行室内目视解译或卫星遥感影像计算机分类的方法，这些方法必须经过误差分析后才能够应用于实际。

（1）误差来源及减少误差措施

误差来源主要有以下几个方面：原始数据本身的误差，如边界误差、分类误差等；数据采集和存储带来的误差，如采样精度低、数字化仪输入时采点密度带来的误差；计算机存取时产生的误差，如不同数据类型的转换产生的误差；在同一分析中使用多层次数据引起的误差，如专题图叠加分类带来的误差等。

误差的存在就必须采取措施以减少误差提高精度。根据误差来源不同，减少误差的措施也不一样，在原始数据采集过程中提高采样精度，采取较好的分类方法，数据输入时采用非手工的输入方法，软件中采用精确的算法，使用优良的硬件设备等都是有效减少误差的方法。总起来说优良的软、硬件设备加上有经验的专业化数据采集人员，是减少误差的根本途径。

（2）数据采样

检验调查的精度，需要经过野外抽样调查与室内判读或计算机解译进行对比。数据要按随机采样方式在不同的侵蚀类型区分别进行，样方面积视调查区域大小而定。采样方法有两种，一种是按单一类型采样，即在图面或计算机屏幕上选定某种类型的若干样点，通过 GNSS 定位与实际地物或土壤侵蚀类型、程度、强度进行比较，找出存在差异的样本数量；另一种方法是混合采样，即在图面或计算机屏幕上随机选定若干矩形区域，在区域内量测每种类型的面积，然后通过 GNSS 定位，现场量测相同类型的面积，从而计算误差。误差的具体计算见下一节内容。

（3）误差计算

采样方法不同，计算调查误差的方法也不同，可概括为以下几种计算方法。

一是按单一类型取样进行误差估算类型内部误差和评判读误差。计算类型内部误差时，如果某种类型的采样数量为 n，判读正确的样本数为 m，则精度 δ 为

$$\delta=m/n\times 100\% \tag{10.2}$$

计算平均判读误差时，若每类判读精度为 δ_1，δ_2，…，δ_p，p 为分类数，则平均判读精度 ω 为

$$\omega=(\delta_1+\delta_2+\cdots+\delta_p)/p \tag{10.3}$$

二是用混合取样方法进行误差估算。计算样方内误差时，在一个样方内的 p 个类型中，如果第 i 类的判读面积为 A_{i1}，实际测量面积为 A_{i2}，则样方内的误差 ω_i 为

$$\omega_i=\left(\sum_{i=1}^{p}\frac{|A_{i1}-A_{i2}|}{A_{i2}}\right)\Big/P\times 100\% \tag{10.4}$$

计算平均判读误差时，若取样个数为 n，则平均误差 ω' 为

$$\omega'=\left(\sum_{i=1}^{n}\omega_i\right)\Big/n \tag{10.5}$$

10.12　3S 技术在土壤侵蚀调查中的应用

3S 技术是指遥感（RS）、地理信息系统（GIS）和全球导航卫星系统（GNSS）。三者各自独立，又紧密联系可集成为一体化的技术系统。20 世纪 80 年代时期，在土壤侵蚀调查研究中，遥感技术应用很为广泛，近年来遥感与地理信息系统相结合，使常规的土壤侵蚀调查，进一步发挥监测、预报和规划能力。GNSS 的高精度定位技术，在大地测量和精密工程测量等方面已获得成功的经验，同时也展示出与 RS、GIS 相结合，进一步研究不同类型的土壤侵蚀如片蚀、沟蚀及滑坡、泥石流动态过程的前景。

10.12.1　第一次全国土壤侵蚀遥感调查

1984 ～ 1989 年由全国农业区划委员会下达，并由水利部遥感技术应用中心主持了“应用遥感技术调查我国土壤侵蚀现状，编制全国土壤侵蚀图”的任务。这是首次应用遥感技术进行大规模全国性的土壤侵蚀调查。

10.12.1.1 土壤侵蚀遥感调查的设计方案

制定统一的土壤侵蚀分区、分类、分级的技术标准。

（1）土壤侵蚀分区

以长江、黄河、松辽、海河、淮河、珠江六大流域分区；以（直辖市、自治区）行政区分区；以侵蚀类型分区。

（2）土壤侵蚀分类

以侵蚀外营力为依据，将全国土壤侵蚀分为三大类型：水力侵蚀、风力侵蚀和冻融侵蚀。

（3）土壤侵蚀分级

土壤侵蚀强度分级指标如表 10.12 所示，以侵蚀模数或年侵蚀深度表示定量指标。面蚀、沟蚀和重力侵蚀以定性指标表示。影响土壤侵蚀的植被结构和植被覆盖度分级指标如表 10.13 所示。

表 10.12　土壤侵蚀强度分级指标

级别	定量指标		定性指标组合			
	侵蚀模数 /[t/（km^2·a）]	侵蚀深 /（mm/a）	面蚀（坡耕地）	沟蚀		重力侵蚀
			坡度 /（°）	沟谷密度 /（km/km^2）	沟壑面积比 /%	重力侵蚀面积比 /%
Ⅰ微度侵蚀	<（200，500 或 1000）	< 0.16，0.4 或 0.8	< 3			
Ⅱ轻度侵蚀	（200，500 或 1000）～ 2500	（0.16，0.4 或 0.8）～ 2	3 ～ 5	< 1	< 10	< 10
Ⅲ中度侵蚀	2500 ～ 5000	2 ～ 4	5 ～ 8	1 ～ 2	10 ～ 15	10 ～ 25
Ⅳ强度侵蚀	5000 ～ 8000	4 ～ 6	8 ～ 15	2 ～ 3	15 ～ 20	25 ～ 35
Ⅴ极强度侵蚀	8000 ～ 15000	6 ～ 12	15 ～ 25	3 ～ 5	20 ～ 30	35 ～ 50
Ⅵ剧烈侵蚀	> 15000	> 12	> 25	> 5	> 30	> 50

注：沟壑面积比为侵蚀面积与总面积之比；重力侵蚀面积比为重力侵蚀面积与坡面面积之比。

表 10.13　植被结构和植被覆盖度分级

植被结构			植被覆盖度	
分级	自然植被	人工作物	分级	覆盖度 /%
Ⅰ高结构	乔灌草三层结构		Ⅰ高覆度	> 90
Ⅱ中高结构	乔草、灌草二层结构	橡胶林、油茶、桑园	Ⅱ中高覆度	70 ～ 90
Ⅲ中结构	草（密集）一层结构	牧草	Ⅲ中覆度	50 ～ 70
Ⅳ中低结构	疏灌草、疏草等	水田	Ⅳ中低覆度	30 ～ 50
Ⅴ低结构	疏乔草等	果园、旱地	Ⅴ低覆度	10 ～ 30
Ⅵ裸地	裸地	荒地	Ⅵ裸地	< 10

土壤侵蚀潜在危险度以土壤抗蚀年限表示，即有效土层厚度（mm）除以年侵蚀深度（mm/a），共分为 5 级（表 10.14）。

表 10.14　土壤侵蚀潜在危险度级别划分

土壤侵蚀潜在危险度	无险型	较险型	危险型	极险型	毁坏型
土壤抗蚀年限	> 1000 年	100 ～ 1000 年	10 ～ 100 年	1 ～ 10 年	< 1 年

地形因子按绝对高程 4000m、1000m 左右及海平面作为三级侵蚀基准；按相对高程（m）分为 6 级（表 10.15）。

表 10.15 地形因子级别划分

级别	1	2	3	4	5	6
相对高程 /m	＜ 50	50 ～ 200	200 ～ 500	500 ～ 1000	1000 ～ 1500	＞ 1500

土质类型按颗粒粒径分为 6 级：黏壤土、粉砂土、砂壤土、砂砾土、砾石土和基岩。

10.12.1.2 土壤侵蚀遥感调查方法

采用陆地卫星 MSS 和 TM 影像（1985 ～ 1986 年）作为信息源，选用的比例尺有 1∶25 万、1∶50 万、1∶100 万，同时选用不同比例尺黑白航片和彩红外航片。收集有关的资料和图件包括不同比例尺的地形图、地质、地貌、气象、植被、土壤、森林、草场、沙漠及水文泥沙等图件及文字资料。土壤侵蚀目视解译如图 10.4 所示。

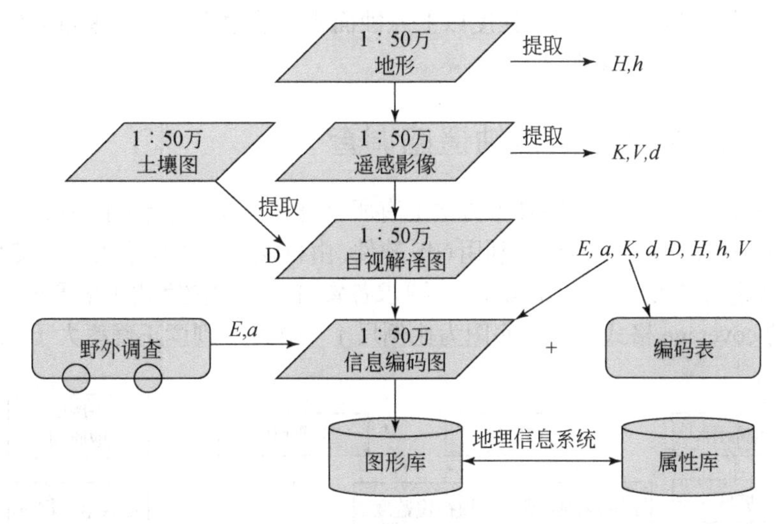

图 10.4 土壤侵蚀目视解译流程图

H. 海拔；*h*. 高差；*D*. 土壤种类；*d*. 土壤厚度；*E*. 土壤侵蚀量；*a*. 土壤侵蚀程度；*V*. 植被种类及盖度

侵蚀量的获取是利用坝库多年泥沙淤积资料、水保试验站和水文站径流小区以及小流域多年径流、泥沙观测资料和野外调查资料等获取侵蚀量。利用全国土壤普查资料或实地观测，确定潜在危险度的土层厚度。

10.12.1.3 成图和建立信息系统

采用双指标多因子综合系列成图。双指标指土壤侵蚀强度与抗侵蚀年限，多因子包括侵蚀类型、土质类型、地形因子和植被覆盖度。最后完成了全国各省（市、区）和六大流域 1∶50 万的土壤侵蚀图、1∶200 万全国土壤侵蚀图和 1∶400 万全国土壤侵蚀区划图，建立了多层次数据库的全国水土保持信息系统。经归纳，全国第一次土壤侵蚀遥感调查汇总如表 10.16。

表 10.16 全国第一次土壤侵蚀遥感调查汇总表 （单位：万 km²）

侵蚀强度	水蚀		风蚀		冻融		三类侵蚀合计	
	面积	比重 /%	面积	比重 /%	面积	比重 /%	面积	比重 /%
轻度侵蚀	91.91	51.23	94.11	50.16	68.01	54.23	254.03	51.59
中度侵蚀	49.78	27.74	27.87	14.86	57.40	45.77	135.05	27.42
强度侵蚀	24.46	13.36	23.17	12.35			47.62	9.67
极强度侵蚀	9.14	5.08	16.62	8.86			25.76	5.23
剧烈侵蚀	4.12	2.30	25.84	13.77			29.96	6.08
轻度及其以上总数	179.41	100.00	187.61	100.00	125.41	100.00	492.44	100.00
强度及其以上总数	37.72	20.74	65.63	34.98			103.35	28.16

注：比重指各自侵蚀面积占轻度及其以上侵蚀强度总面积的比例。

轻度以上水蚀总面积 179.4 万 km²，风蚀面积 187.6 万 km²，冻融侵蚀面积 125.4 万 km²，其中水蚀与风蚀共计 367 万 km²，占国土总面积的 38.23%。强度以上的水蚀面积 37.72 万 km²，应作为治理的重点。强度以上风蚀面积虽然很大，但治理重点应集中在水蚀风蚀交错地区，多为沙尘暴来源区。

10.12.2 第二次全国土壤侵蚀遥感调查

第二次调查较第一次的调查在技术方法上有所改进和提高，进行时间为 1997～2001 年，信息源为 1995～1996 年的 TM 影像，利用 GIS 软件，由目视解译改为采用人机交互判读方式，以全数字化方式进行图形编辑（图 10.5）。要求各省份上交的数字化土壤侵蚀图必须是 GIS 软件 ArcInfo 的 coverage 格式。工作底图为比例尺 1：10 万，判读正确率大于 90%，定位偏

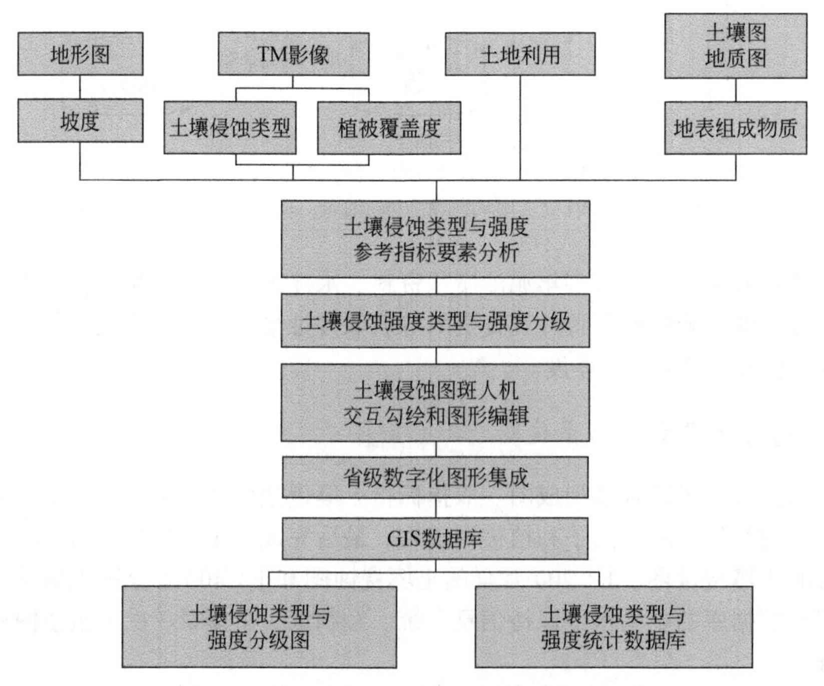

图 10.5 第二次全国土壤侵蚀遥感调查流程图

差小于 0.6，成图最小图斑≥ 1.8mm × 1.8mm，采用《土壤侵蚀分类分级标准》判别侵蚀类型和强度。第二次调查工作于 2001 年完成，2002 年发表调查结果（表 10.17）：全国水土流失面积 356 万 km^2，其中轻度以上水蚀面积 164.9 万 km^2，轻度以上风蚀面积 190.7 万 km^2，在水蚀和风蚀面积中有 26 万 km^2 为水蚀和风蚀交错区。与第一次遥感调查成果相比，水蚀面积减少了 14.5 万 km^2，风蚀面积增加了 3.1 万 km^2，冻融侵蚀面积增加了 5.7 万 km^2。

10.12.3 第一次全国水利普查水土保持情况普查

2010 ～ 2012 年，国务院组织开展了中华人民共和国成立以来的第一次全国水利普查，包括河湖基本情况普查、水利工程基本情况普查、经济社会用水情况调查、河湖开发治理保护情况普查、水土保持情况普查、水利行业能力建设情况普查，以及灌区和地下水取水井普查。水土保持情况普查又包括土壤侵蚀、沟道侵蚀和水土保持措施普查，旨在全面查清我国水土流失、治理情况及其动态变化等。其中的土壤侵蚀普查包括水蚀、风蚀和冻融侵蚀，采用方法与前两次遥感调查方法不同。土壤侵蚀普查采样的是地面抽样调查、遥感解译、模型计算和统计分析等综合方法。通过收集全国降水、风等气象资料，计算获取影响土壤侵蚀的降雨侵蚀力、风力因子等外营力因素；利用国家普查土壤资料，计算全国不同土壤类型的土壤可蚀性；利用 DEM 提取影响土壤侵蚀的地形因子；通过对 SPOT/ASTER、HJ-1、MODIS、AMSR-E、PALSAR 等遥感数据解译与反演分析获得植被、表土湿度、年冻融日循环天数、日均冻融相变水量等侵蚀影响因子；利用野外抽样调查单元数据经过空间分析获得水土保持工程措施、耕作措施因子、地表粗糙度等侵蚀因子；利用侵蚀模型定量计算土壤流失量，综合分析水蚀、风蚀、冻融侵蚀的分布、面积和强度，具体工作流程见图 10.6。

土壤水力侵蚀模型的基本形式如下

$$M=R \cdot K \cdot LS \cdot B \cdot E \cdot T \tag{10.6}$$

式中，M 为土壤水蚀模数，t/（$hm^2 \cdot a$）；R 为降雨侵蚀力因子，MJ · mm/（$hm^2 \cdot h \cdot a$）；K 为土壤可蚀性因子，t · hm^2 · h/（hm^2 · MJ · mm）；LS 为坡长坡度因子，无量纲；B 为生物措施因子，无量纲；E 为工程措施因子，无量纲；T 为耕作措施因子，无量纲。

土壤风蚀模型分为耕地、草（灌）地和沙地模型。耕地模型如下

$$Q_{fa}=0.018 \cdot (1-W) \cdot \sum_{j=1} T_j \cdot \exp\left\{a_1+\frac{b_1}{z_0}+c_1 \cdot [(A \cdot U_j)^{0.5}]\right\} \tag{10.7}$$

式中，Q_{fa} 为耕地风蚀模数，t/（$hm^2 \cdot a$）；W 为表土湿度因子，%；T_j 为一年内风蚀发生期间各风速等级的累积时间，min；z_0 为地表粗糙度，无量纲；A 为与耕作措施有关的风速修订系数，无量纲；U_j 为风力因子，无量纲；a_1、b_1、c_1 为与土壤类型有关的常数，无量纲，分别取值 −9.208、0.018 和 1.955。

草（灌）地模型如下

$$Q_{fg}=0.018 \cdot (1-W) \cdot \sum_{j=1} T_j \cdot \exp[a_2 + b_2 V^2 + c_2/(A \cdot U_j)] \tag{10.8}$$

式中，Q_{fg} 为草（灌）地风蚀模数，t/（$hm^2 \cdot a$）；V 为植被盖度，%；a_2、b_2、c_2 为与土壤类型有关的常数，无量纲，分别取值 2.4869、−0.0014 和 −54.9472。

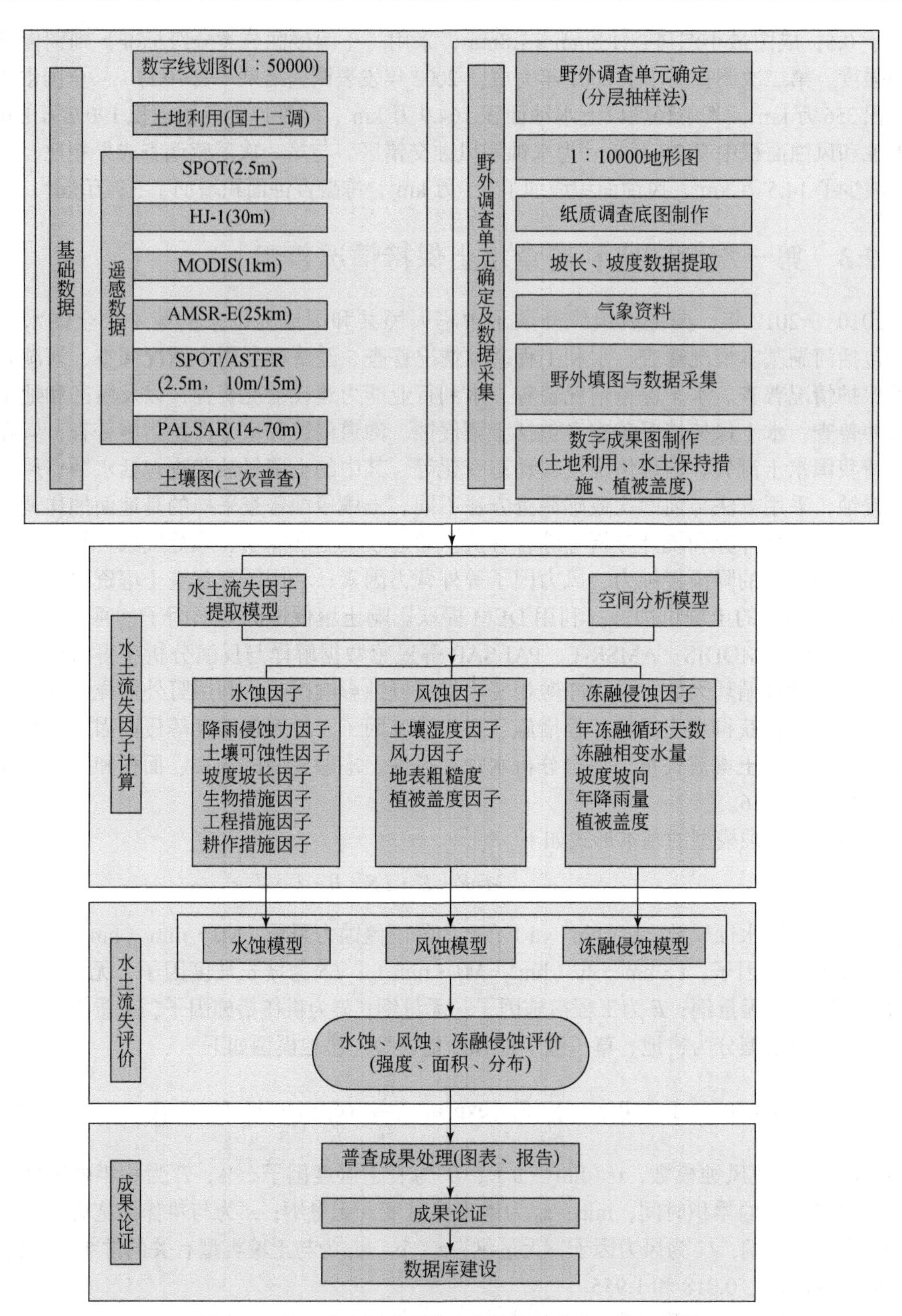

图 10.6　第一次全国水利普查土壤侵蚀普查工作流程图

沙地模型如下

$$Q_{fs}=0.018\cdot(1-W)\cdot\sum_{j=1} T_j\cdot\exp[a_3+b_3V+c_3\ln(A\cdot U_j)] \tag{10.9}$$

式中，Q_{fs} 为沙地风蚀模数，$t/(hm^2\cdot a)$；a_3、b_3、c_3 为与土壤类型有关的常数，无量纲，分

别取值 6.1689、−0.0743 和 −27.9613。

土壤冻融侵蚀模型的基本形式如下

$$I=\sum_{i=1}^{n} W_i I_i \Big/ \sum_{i=1}^{n} W_i \tag{10.10}$$

式中，I 为冻融侵蚀综合评价指数，无量纲，不同的取值范围对应各冻融侵蚀强度；i=1，2，…，n 为选择的指标数量；n=6，分别为年冻融日循环天数、日均冻融相变水量、年均降水量、坡度、坡向和植被盖度；W_i 为各指标的权重，无量纲（表 10.17）；I_i 为各指标在不同数量范围内的赋值，无量纲（表 10.18）。

表 10.17　冻融侵蚀强度分级计算指标及权重

指标	年冻融日循环天数	日均冻融相变水量	年均降水量	坡度	坡向	植被盖度
权重	0.15	0.15	0.05	0.35	0.05	0.25

表 10.18　冻融侵蚀强度分级计算指标赋值标准

	计算指标	赋值标准			
1	年冻融日循环天数 / 天	≤ 100	100 ～ 170	170 ～ 240	＞ 240
	赋值	1	2	3	4
2	日均冻融相变水量	≤ 0.03	0.03 ～ 0.05	0.05 ～ 0.07	＞ 0.07
	赋值	1	2	3	4
3	年均降水量 /mm	≤ 150	150 ～ 300	300 ～ 500	＞ 500
	赋值	1	2	3	4
4	坡度 / (°)	0 ～ 3	3 ～ 8	8 ～ 15	＞ 15
	赋值	1	2	3	4
5	坡向 / (°)	0 ～ 45，315 ～ 360	45 ～ 90，270 ～ 315	90 ～ 135，225 ～ 270	135 ～ 225
	赋值	1	2	3	4
6	植被盖度	60 ～ 100	40 ～ 60	20 ～ 40	0 ～ 20
	赋值	1	2	3	4

思考题

1. 土壤侵蚀调查目的主要步骤是什么？
2. 土壤侵蚀调查之前，需要做哪些必要的准备工作？
3. 在不同土壤侵蚀类型地区进行调查时，所需收集资料有何差别？
4. 面蚀调查步骤及标准是什么？
5. 沟蚀程度及强度调查标准是什么？
6. 风力侵蚀及其成因调查内容是什么？
7. 重力侵蚀及混合侵蚀调查内容是什么？
8. 冻融侵蚀、冰川侵蚀及化学侵蚀调查内容是什么？
9. 土壤侵蚀的综合分析与评价步骤及主要内容是什么？
10. 一般情况下，土壤侵蚀调查结果需要哪些专题图？

塔里木河流域概况

塔里木河是我国最长的内陆河流，也是世界著名的内陆河之一。塔里木河流域是环塔里木盆地9大水系144条河流的总称，流域面积102万km^2，涵盖了我国最大盆地——塔里木盆地的绝大部分，它是保障塔里木盆地绿洲经济、自然生态和各族人民生活的生命线，被誉为“生命之河”、“母亲之河”。塔里木河干流全长1321km，自身不产流。塔里木盆地位于新疆维吾尔自治区南部，地处天山和昆仑山之间，盆地中心塔克拉玛干沙漠面积3511km^2，山前平原和绿洲仅19.24km^2。

塔里木河北倚天山，西临帕米尔高原，南靠昆仑山、阿尔金山，三面高山耸立，地势西高东低。塔里木河流域地处欧亚大陆腹地，远离海洋，四周高山环绕，属大陆性暖温带、极端干旱沙漠性气候。其特点是：降水稀少、蒸发强烈，温差大，多风沙、浮尘天气，日照时间长，光热资源丰富。气温年平均日较差14～16℃，年最大日较差一般在30℃以上。年平均气温在10.6～11.5℃。夏酷冬寒，夏季7月份平均气温为20～30℃，极端最高气温43.6℃。

塔里木河流域土地沙漠化十分严重，塔里木盆地是一个封闭的内陆盆地，土壤普遍积盐，形成大面积的盐土。由于水资源利用不合理，灌排不配套等原因，塔里木河流域内灌区土壤次生盐碱化十分严重。

第11章

土壤侵蚀监测与预报

[本章导言] 从土壤侵蚀监测与预报目的及原则出发，叙述了土壤侵蚀监测与预报分类、指标体系、技术标准以及监测与预报成果应包含的内容，阐述了土壤侵蚀监测与预报方法、程序、结果等。并重点介绍了不同类型土壤侵蚀预报模型，包括经验模型、数理模型、随机模型、混合模型、专家打分模型、逻辑判别模型、土壤侵蚀数字地形模型和数字流域土壤侵蚀模型等。

通过土壤侵蚀动态监测与预报，探讨土壤侵蚀在不同的环境条件下发生发展的可能性、规模和其可能形成的危害等，为人居生活、交通运输、矿山开采等的安全、水土资源的可持续利用提供技术支撑。

11.1　土壤侵蚀监测与预报目的及成果

11.1.1　监测与预报目的及原则

土壤侵蚀是导致土地生产潜力下降、生态环境退化的主要原因之一，有效地监测土壤侵蚀动态变化情况并对土壤侵蚀发展状况进行预测预报，是防治土壤侵蚀的重要依据，同时也是水土保持监督执法的科学依据，对我国生态环境建设具有重要意义。根据我国当前社会经济发展要求，主要对在自然条件下和人为干预情况下（如生产建设项目、流域治理等）影响土壤侵蚀的因素及其过程进行动态监测，其目的是为水土保持和流域综合治理提供基础资料，为水土保持评价和决策提供科学依据，为水土保持科研提供可靠的动态资料，为水土保持监督执法提供技术支持，为行业标准体系建设提供技术支持和保障。

土壤侵蚀监测与预报应为工农业生产、土地经营服务，同时也为科学研究服务，应遵从科学性、实用性、主导因子与次要因子相结合和可操作性原则。

科学性原则，土壤侵蚀监测与预报既要考虑侵蚀发生的成因，又要重视侵蚀发育阶段与其形成特点的联系，宏观与微观相结合，抓住主要矛盾，把握土壤侵蚀发生发展规律，使监测与预报尽可能准确、及时。

实用性原则，监测与预报的成果能够为土壤侵蚀防治、生产建设、科学研究等服务，为土地可持续利用提供科学依据。

主导因子与次要因子相结合原则，在宏观上抓住影响土壤侵蚀的主要因子，同时在微观上要注重影响土壤侵蚀的次要因子，既突出重点因子又顾全综合因素，从而使监测结果能够满足不同层次的生产与土壤侵蚀防治要求。

可操作性原则，监测指标容易获得，模型运算灵活方便，分级分类指标清晰直观、符合逻辑，监测结果便于应用。

11.1.2 监测与预报分类

土壤侵蚀监测与预报按不同的分类标准可分为以下几种类型，按监测目的和实用性可分为自然侵蚀监测与预报、水土保持生态治理项目监测与预报、开发建设项目监测与预报；按监测方法可分为人工监测与预报、遥感监测与预报、计算机监测与预报系统；按监测范围可分为典型监测与预报、全面监测与预报；按监测途径可分为直接监测与预报、间接监测与预报；按监测内容可分为土壤侵蚀类型监测与预报、土壤侵蚀程度监测与预报、土壤侵蚀强度监测与预报、土壤侵蚀模数监测与预报等；按监测性质可分为定性监测与预报、定量监测与预报、混合监测与预报；按侵蚀类型可分为水力侵蚀监测与预报、风力侵蚀监测与预报、冻融侵蚀监测与预报、重力侵蚀监测与预报、混合侵蚀监测与预报等。

11.1.3 监测与预报指标体系

土壤侵蚀监测与预报的内容包括土壤侵蚀模数、容许土壤流失量、土壤侵蚀类型分区、土壤侵蚀程度分级、土壤侵蚀强度分级等。监测往往不能直接得到这些数据，需要通过预报模型间接获取结果。因此需要有相应的指标才能够进行监测与预报。土壤侵蚀类型不同、监测与预报方法不同，需要的监测指标也会有差异。但从土壤侵蚀的产生原因来看，影响土壤侵蚀的主要因子是地形、地貌、地面物质组成、植被、气候和人为活动等。

土壤侵蚀监测与预报指标主要有气象、地貌、地质、土壤、植被、土地利用现状 6 大类。每个类别中具体有若干个监测因子。

气象指标中有包括降雨量、降雨强度、前期降雨量、平均降雨量、风速年积温、最冷月平均气温、最热月平均气温、年最低温度、年最高温度等。

地貌指标中主要包括山地、丘陵、平原面积，坡度、沟壑密度、海拔高度等地。

地质指标中包括岩石种类、岩石分布等。

土壤指标中包括土壤质地与土壤类型。

植被指标中主要有植被结构和植被盖度。研究表明当植被覆盖度大于 70% 时，土壤侵蚀强度大多可减少至容许土壤侵蚀量以下。

土地利用现状指标中包括不同利用现状的土地面积及其所占比例。

11.1.4 监测与预报成果

目前，土壤侵蚀监测与预报已经发展到运用遥感、地理信息系统、全球导航卫星系统相结合的技术手段进行全面监测、定点分析、动态预报。按这种技术路线，土壤侵蚀监测与预报将会产生一系列成果。

11.1.4.1 信息指标体系与专题数据

土壤侵蚀监测与预报需要的各类指标，根据土壤侵蚀监测国家标准，把这些指标划分为不同等级、区间或精度的指标，通过 RS、GNSS、GIS 等手段快速获取专题信息。

专题数据生成是在土壤侵蚀信息标志建立后，依靠人机交互方式进行信息识别、信息分析、信息分类、信息提取、信息编辑操作等，产生专题图件，形成新的专题数据层面。这些专题层面作为预报模型的变量，是最基础的信息。

11.1.4.2　分析模型库建立

不同的土壤侵蚀类型，相应的土壤侵蚀程度和强度判别指标也不相同，依靠上述间接指标不同组合关系进行逻辑分析、数理分析或统计分析而产生土壤侵蚀程度和强度。也就是说针对不同大小、不同类型、不同地区建立经验模型、统计模型、数理模型或逻辑模型，形成土壤侵蚀监测与预报模型库。在模型计算方法上，可采用有序数值阵列管理和 GIS 空间叠加分析技术支持下的土壤侵蚀强度栅格分析模型，在逐点分析结果基础上形成任意区域大小单元内的综合结果，也可以采用矢量层面叠加分析技术方法，得到不同尺度下的各级行政单元和不同流域土壤侵蚀程度和强度状况。

11.1.4.3　监测与预报系统的建立

选择合适的软件和硬件，作为监测与预报信息系统建设的主要系统平台。针对全国、省、地区、县及不同流域尺度的特点，制定数据库建设规范和标准。把已经建立的指标库、模型库有机地组织起来，通过良好的人机界面，建立方便的输入输出机制。最终按行政区域建立全国土壤侵蚀监测与预报网络系统。

11.1.4.4　最终成果

在地理信息系统软件支持下，完成基础图件的分幅编辑、坐标转换和图幅拼接等过程。利用土壤侵蚀监测与预报信息系统生成的土壤侵蚀图，与行政区域或流域叠加，能够建立起不同区域或流域的土壤侵蚀数据库，在此基础上按流域或地区统计土壤侵蚀类型、土壤侵蚀程度和强度数据。

土壤侵蚀分级与分区标准包括土壤侵蚀程度分级、土壤侵蚀强度分级、土壤侵蚀模数、容许土壤流失量、土壤侵蚀类型分区等。利用上述软件系统，可以把这些图件进行图幅拼接、整饰输出。

撰写与土壤侵蚀监测与预报内容相对应的总结报告，或制作多媒体报告光盘，或通过网络向其他网站发布监测信息。

11.1.5　监测技术标准

11.1.5.1　数据标准

数据组织、存储及命名规范主要是指出数据组织的方法、结构及存储以及数据文件的命名规则和方法。

行政区划数据标准主要是在 CGCS2000 的国家标准基础上，对我国最新的行政区划进行补充，增加县名综合及拼音注记。遥感图像数据标准是监测系统使用遥感图像的标准，包括格式文件类型、投影及坐标参数等。

土地资源数据专题标准包括分类系统及其编码、数据基本属性表格式、数据派生表格式以及相关各类数据项的标准。基础地理数据标准主要包括河流、地名注记等的标准。数据交换标准有数据类型、交换格式等标准。

11.1.5.2 主要技术指标

土壤侵蚀遥感调查作业比例尺是按不同行政级别而确定的，一般小流域要求达到1∶1万，县级使用1∶5万～1∶10万，大中流域或省级使用1∶50万～1∶100万，全国常使用1∶250万～1∶400万的比例尺。

遥感影像深加工的几何精度高、分辨率误差控制在0.5个像元内、中低分辨率误差控制在1个像元内，即1∶10万比例尺地图上的误差为0.6mm左右；读精度的判对率＞95%，定位偏差＜0.5mm；制图精度最小图斑≥6×6个象元，最小条状图斑的短边长度≥4个象元。

11.1.5.3 监测周期

土壤侵蚀范围及强度是一个动态变化过程，但各侵蚀因子的变化速度又是不一样的，这就要求在土壤侵蚀动态监测时，针对不同侵蚀因子选择不同监测周期。对于侵蚀因子几乎不变的，本底数据库长期有效。对于侵蚀因子渐变的，如沟壑密度，以10年为一监测周期（水蚀严重地区5年为一监测周期）。对于侵蚀因子变化快的，如土地利用、植被盖度等，以5年为一监测周期。定点监测视侵蚀营力情况的变化而实时监测。

11.2 我国监测与预报网络系统

我国监测网络系统从2002年开始立项，在项目规划中建设全国水土保持监测中心、七大流域建立监测中心站、各省设立监测总站、175个地市监测分站、根据不同侵蚀类型和侵蚀强度建立748个监测点，形成全国一体化自动监测网络系统。通过网络信息手段快速准确获得土壤侵蚀、生态环境、水土保持治理与预防保护等多项动态数据，实现水土保持监测数据的共享，为土壤侵蚀动态变化研究和预测预报提供时空动态数据，为制定水土保持宏观决策提供科学依据。

通过监测网络系统建设，统一全国监测指标、手段、方法，建立长期监测与预报模型和对社会发布土壤侵蚀状况公报。系统建设综合应用3S技术、时空数据库技术、计算机网络技术、数据仓库技术、分布式数据库技术、CAD技术、多媒体技术，制定元数据标准，建立数据共享体制，有效地存储、管理与分发图形、图像和音像等海量数据、实现多层次信息资源共享，GIS与MIS紧密和水土保持的业务系统集成。

相应的信息系统软件开发要统筹考虑国家、流域机构、各省（区）、市、县各级监测站网之间的关系，设计满足不同管理尺度需要的监测与信息系统。结合水土保持业务工作流程，建立方便、实用的水土保持应用系统。

11.2.1 监测预报网络系统的层次与任务

水利部水土保持监测中心、七大流域监测中心站、省监测总站、地（市）监测分站、县级监测点分别建设满足不同层次需要的监测系统，各层次监测系统的关系如图11.1所示。

水利部水土保持监测中心负责制定监测信息获取、信息传输、信息存储、信息发布和应用等相关技术标准，汇总全国监测点信息和全国区域土壤侵蚀信息，建立全国土壤侵蚀预测预报模型，发布全国土壤侵蚀状况报告和水土保持公告，面向全国提供水土保持信息服务。

流域监测中心站负责制订流域级相关监测技术标准的实施办法，汇总流域内监测点信息和流域土壤侵蚀信息，建立江河流域土壤侵蚀预测预报模型，发布流域土壤侵蚀状况报告和水土保持信息公告，上报流域监测成果，面向流域提供水土保持信息服务。

省监测总站负责制订省级相关监测技术标准的实施办法，汇总省内监测点信息和全省土壤侵蚀信息，建立全省土壤侵蚀预测预报模型，发布全省土壤侵蚀状况报告和水土保持公告，分别向国家和所属流域上报监测成果，面向全省提供水土保持信息服务。

地（市）监测分站负责审核监测点监测成果，汇总辖区监测点信息和土壤侵蚀信息，建立辖区土壤侵蚀预测预报模型，发布全市土壤侵蚀状况报告和水土保持公告，向监测总站上报监测成果，面向全市提供水土保持信息服务。

县监测点通过自动、半自动方式实现定点、定量、动态监测，向上级服务器传输监测数据，分析监测点土壤侵蚀及水土保持效益动态变化情况，发布本县监测成果，向社会提供水土保持信息服务。

上述监测与预报成果的分析、上报、汇总和发布均通过各级网络信息系统自动实现，全国土壤侵蚀监测网络信息系统按各级监测机构只能配置相应的功能。

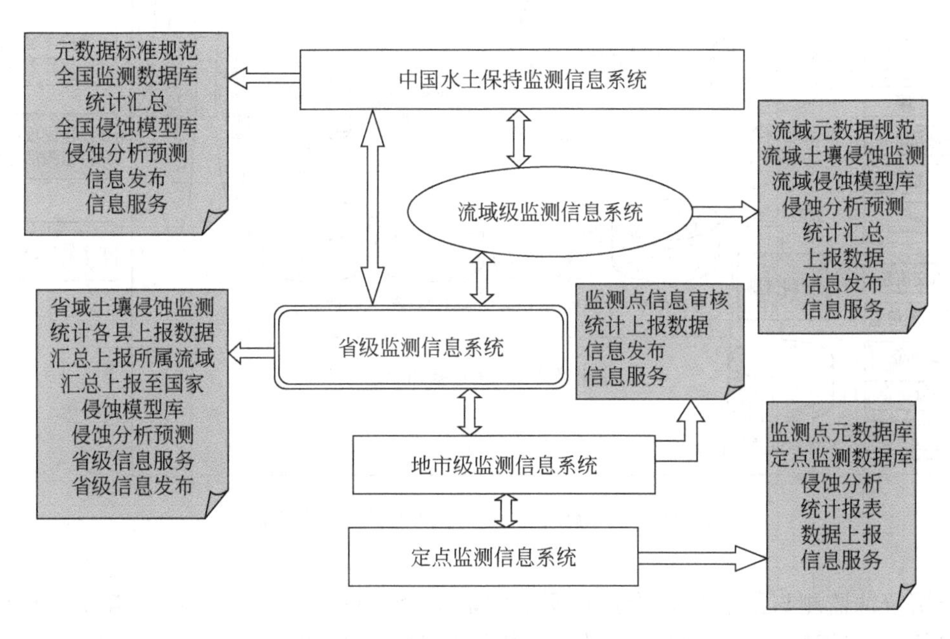

图 11.1　水土保持监测网络系统业务层次示意图

11.2.2　监测预报网络系统的技术构架

土壤侵蚀监测与预报系统是一个多成分、多层次、多功能的复杂系统，具备极强的专业性和动态性特点。这两大特点形成了对该运行服务系统的特殊要求，它要求系统中主要专题数据层面，如土地利用层面、沟壑密度层面、地表质地层面、坡度层面等的专题层面数据信息将集中建立，存储于中央数据服务器，并要求系统具有及时更新数据的机制。同时这些多部门、多用户共享的数据信息又可以通过网络提供给不同级别、不同层次的用户，以进行空间信息处理、分析、应用。因此，监测与预报系统应采用数据集中式的网络信息系统组合方式，它是基于客户/服务器体系结构的分布式信息系统，从而能够方便灵活地为水土保持规划、设计、土地可持续利用提供科学依据，为水土保持科学研究提供基础数据，也为国家其他部门生产决策提供相关信息，其构成模式如图 11.2 所示。

全国水土保持监测网络体系以地面自动化监测为基础、抽样调查为补充，以遥感、地理信息系统、全球导航卫星系统、无线通讯系统以及计算机网络技术为技术支撑，水利部与各流域机构、省（区）、市、县相集成，建立完善的水土保持监测站网体系，改造和拓展水土保持信息采集方式，实现对不同尺度水土流失及其防治动态的快速监测，加快信息传输和处理速度，促进资源共享和开发利用，全面提高水土保持规划、科研、示范、监督和管理水平，实现对流域水土流失及其防治动态的快速监测。

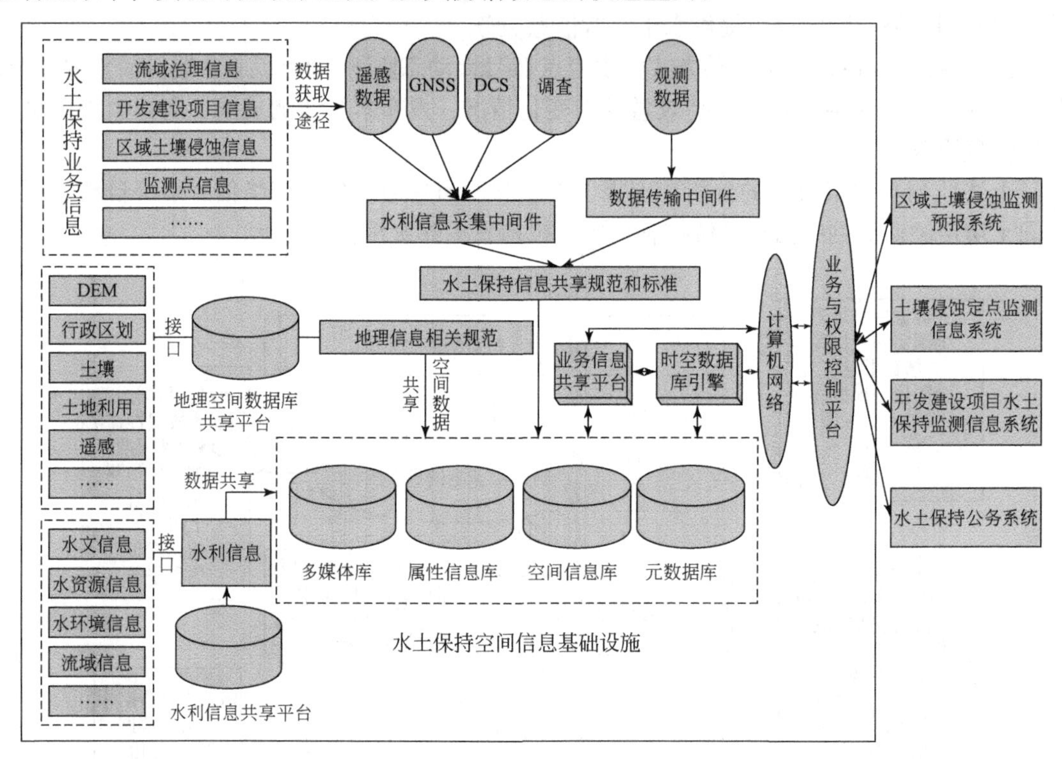

图 11.2　土壤侵蚀监测与预报系统技术构架图

土壤侵蚀监测与预报网络系统包括野外监测、室内技术分析两大部分组成。野外部分主要进行定点监测，为监测指标的获取、指标分类、数据纠正、模型建立、数据拟合、动态更新等提供典型数据，主要由实验站、观测站、GNSS 定位分析点等组成。室内部分主要进行指标提取、指标分析、模型建立、监测与预报成果生成、信息发布等工作，主要由以国家监测中心为核心的计算机网络系统与相应的监测与预报系统构成。

网络系统建设包括监测系统的软、硬件平台和运行环境的确定、硬件系统的构成、硬件系统的构成、网络连接以及操作系统软件平台配置以及系统网络构成，以及应用软件平台的构成、空间数据结构设计、操作界面的设计、数据安全及系统稳定运行和应用设计等。

数据集中、功能分布的特点要求系统体系结构是基于 client/server 模式的网络体系结构，并要求硬件系统必须具有很好的数据处理能力、I/O 吞吐能力、网络通信能力、容错能力、安全性能和扩展能力。

鉴于层次性的中央与省级系统设计，并考虑到全国土壤侵蚀遥感调查所涉及的广泛区域、众多的专题数据，以及数据相互交换和信息服务的需要，中央服务器应该具有极强的数据处理能力及巨大的网络吞吐量和开放式的体系结构，以便满足数据管理、数据交换和多用户应用的服务需求。

为了保证网络系统安全稳定运行，需配备在线智能 UPS 电源。在外部断电的情况下，UPS 监视系统能通知系统 Server 置 UPS 到关机模式，UPS 则可以在指定的时间内关闭系统和 UPS 本身，不会导致系统数据丢失、系统瘫痪或 UPS 损坏，在供电恢复后，能自动启动服务器，保证服务器正常运行。

Windows NT Server4.0 局域网络服务器操作系统提供了一个功能强大、容易使用、高效率、集中管理、保密措施完善、自动修复、不断电系统、Internet 等理想的网络操作系统，客户端可以运行 Windows 系列 和 Unix 等操作系统的微机。整体 C2 等级安全防护措施，具有容错能力的 RAID level 磁盘镜像和 RAID level5 带校验的带区设置。支持不断电系统，支持数据备份等功能，为网络数据设置了良好的安全措施和先进的容错能力。

系统中配置图形工作站、普通工作站及多媒体工作站，专门用于处理遥感图像、GIS 数据、多媒体数据，建立监测指标库，并通过预报模型运算得到监测结果。这类工作站由系统专业技术人员操作，完成的处理结果通过网络存放在服务器上。为了满足监测与预报的需要，工作站一般要求配置较大的内存（>256MB 内存）、大容量内置硬盘或外置硬盘、磁带机、刻录机等存储设备。软件系统配备具有 GIS 功能、遥感图像处理功能、预报模型分析功能的集成软件系统，以满足监测与预报的需要。

输入设备主要有数据数字化仪、扫描仪等图形图像输入设备，输出设备主要有激光打印机、喷墨绘图仪等设备，这些设备最好配置为网络打印机，使外设能够更好得共享。中央系统每台计算机都拥有一个网络适配卡，使用专用电缆互相连接在交换机或集线器上，运行联网软件构成一个内部局域网。该局域网同时与地方监测网络互连、与 GNSS 定位监测站互连、与野外实验观测站互连，构成一个广域监测与预报网络系统。

11.2.3 监测预报网络系统的结构与功能

系统利用采集所获取的土壤侵蚀因子、小流域径流泥沙观测数据以及重点支流、全流域水文泥沙观测数据等，通过应用坡面、沟道、小流域、支流和全流域土壤侵蚀定性分析和定量计算模型，尤其是物理模型和统计模型，对特定时段内不同尺度范围的土壤侵蚀数量和来源进行分析计算，揭示土壤侵蚀成因和规律，并在参数给定的条件下，预测土壤侵蚀发展趋势；结合仿真模拟技术，再现土壤侵蚀发生和发展过程。

系统结构设计采用 C/S 结构，用于空间数据、专题图像等基础地理数据的收集、统计分析及系统维护管理等。系统的结构设计详见图 11.3。

在应用系统总体架构中，各业务系统主要面向两种用户服务："业务用户"和"决策用户"，每个子系统可单独授予权限。"业务用户"可以进行数据维护（编辑）、处理、查询、检索、统计报表、制图等各种权限。"决策用户"没有数据编辑和维护的权限，只按业务需求统计和显示结果。

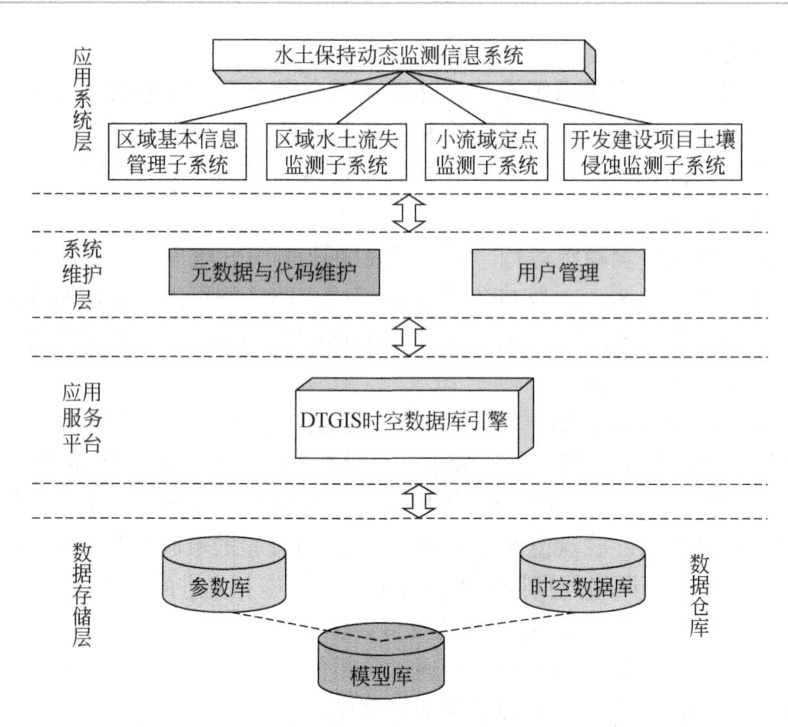

图 11.3 土壤侵蚀监测信息系统结构框架图

11.2.3.1 软件系统

作为水土保持监测子系统的业务组织系统结构如图 11.4 所示。

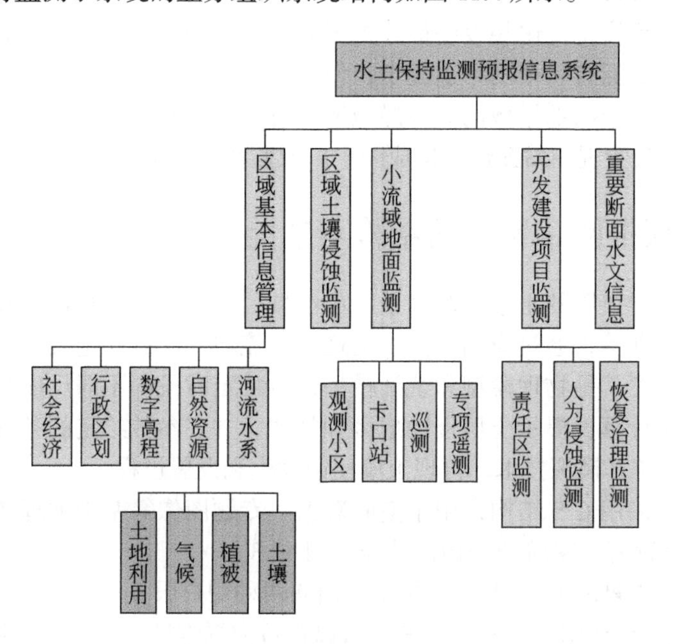

图 11.4 水土保持监测信息系统业务组织结构图

系统实现对常用图形、图像数据直接入库，为系统建设空间数据库提供工具，具有支持异构（空间）数据功能，系统建成以后支持数据导出常用图形文件。

系统数据统计表具有与Excel数据格式的转换功能，空间数据与常用GIS软件转换功能。

系统可以对属性数据进行添加、修改、删除、变更等编辑操作。

系统支持对BMP、TIF、JPG、AVI、MPG3、DAT、WAV、MID、WORD、TXT、EXCEL、PPT 等格式的多媒体数据进行添加、修改、删除、下载等操作。

空间数据在线编辑具有输入、修改、变更、恢复历史、分裂、增加、删除、备份、移动、旋转、Undo/Redo、复制、粘贴以及地图裁剪等功能。

根据空间数据编辑时与数据库的关系，可以分为“在线编辑”和“离线编辑”两种。在线编辑时，空间数据的修改过程全部被数据库记录在案，适用于建立真正的动态时空数据库。离线编辑时，数据库只保存最终的修改结果，对空间数据的修改过程没有记录。

根据已有数据情况，基准年数据（首期监测数据）可以通过各类软件工具导入数据库中。空间数据库建立可以利用 GIS 工具处理，按标准的数据结构导入数据库；属性数据利用通用的数据库或电子表格软件导入数据库；多媒体数据可以利用多媒体制作软件录制，然后保存在多媒体数据库中。为了保证数据的实时性，数据库建成以后必须实现在线维护，而不能再利用导入数据的方式进行。尤其是空间数据，要利用在线编辑才能记录动态变化的历史。

为了减少数据量，提高数据库存储和访问效率，动态数据采用增量存储的方式保存，历史信息只保留各类图层变化的部分，没有变化的部分不进行数据备份。利用模型应用可以随时、快速得到应用结果，所以结果数据可以保存在数据库中，但大多数情况下不需要保存，只需要再生成即可，也可以把数据下载到客户端，以文件的方式应用。

系统具有显示、漫游与缩放功能，能够为决策者、管理者和有关人员直观显示水土保持业务图形、图像、多媒体等信息，并能够提供对图形、图像信息的地图漫游、缩放等功能。

系统具有较好的查询功能，在进行数据检索时，采用标准的 SQL、空间数据访问接口扩展进行，检索数据的结果以图像、图形、三维虚拟、多媒体等方式返回客户端，并在浏览器和 Win32 应用中被表现出来。查询具有按时间、专题、区域（行政区、小流域或支流）、空间叠加或缓冲区等方式进行。包括多种查询方式，可出现二维、三维两种查询结果。

具有统计报表功能，按专题要求进行统计，以表格、统计图等形式出报表。报表可以以文件方式保存在客户端，也可以直接打印输出。

具有很好的专题图制作功能，按专题要求生成专题图，进行图面修饰，制图拼版，专题制图结果可以以文件方式保存在客户端，也可以直接打印输出。制图输出允许用户对地图的一部分进行操作。

能够进行地图参数的控制，设置地图的坐标系、投影、比例尺，进行地图配准等功能，以完成地图的管理。

能够管理土壤侵蚀及水土保持等需要的各种符号库管理，包括符号编辑与索引。采用隐含式的树型结构与列表管理实现对 Office、纯文本等文档以及图形数据的操作，要求适合 Windows 操作模式。

通过分析评价模型实现土壤侵蚀分析、评价与预测，水土保持效益评价和生态环境评价等。

11.2.3.2 数据共享与管理

可以将下级的详细监测信息逐级综合、汇总，形成全国范围内的土地利用现状图，形成信息的多层次共享。通过网络实现上下级之间的数据上报和数据库访问，能够实现多层次共享，使数据流程更加规范，数据生产的灵活性、准确性得以提高，减少了工作量和数据投资，满足各层次监测工作的要求。

按GIS以及水土保持国家规范和行业规范建立元数据库和代码库，针对国家、流域、省、市等不同土壤侵蚀数据精度要求提供分级维护的功能，进行元数据与代码管理。

对上报数据在上报之前进行审核，上报数据审核无误后封存，封存后的数据，所有用户只能查询不能修改。如果数据封存以后仍发现有问题只有通过系统管理员来维护。

对审核以后的土壤侵蚀等数据通过网络上报到上级主管单位，上报数据一旦上报成功各类用户均没有修改的权限，为保证数据一致性，上级主管单位对上报的数据也无修改权限。

11.3 监测方法与过程

11.3.1 遥感监测方法

作为较大区域的土壤侵蚀监测与预报，一般采用遥感影像获取植被覆盖因子和土地利用现状因子，利用地形图通过DEM模型获得地面坡度、沟壑密度、沟壑面积、高程等因子，通过现有专题图获取土壤类型、地貌类型、行政边界、流域边界等因子，通过典型调查与航片分析获得典型土壤侵蚀类型和土壤侵蚀形式等分类标准及其他辅助因子。

利用获得的这些因子进行叠加，通过专家模型建立计算机土壤侵蚀分类系统，生成土壤侵蚀专题图和数据库。在此基础上进一步建立土壤侵蚀数学模型，并与专家模型进行对比，从而提高精度，最终利用土壤侵蚀模型对土壤侵蚀进行监测与预报。监测与预报的技术流程可用图11.5表示。

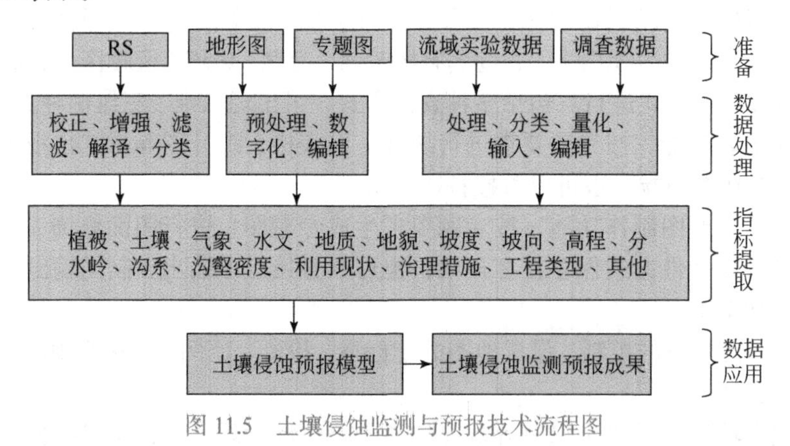

图11.5 土壤侵蚀监测与预报技术流程图

11.3.1.1 资料准备与野外作业

首先要准备的是TM影像，采用近期TM假彩色合成数字影像为宜。图面资料选择最新版本的1：5万～1：10万比例尺地形图，条件许可情况下向国家测绘部门直接购买电子版地形图，供解译判读、行政及流域界线划分、DEM生成使用。为提高影像信息可解译性，广泛收集整理现有基础研究成果及地质图、地貌图、植被图、土壤图、荒化图、土壤侵蚀图、土地利用图、流域界线图等专业性图件。还要收集整理有关站点的水文、气象观测资料，包括水文站点的水文泥沙资料、实验站的土壤侵蚀观测资料、淤地坝的泥沙淤积资料等。

通过不同流域不同土壤侵蚀区域进行的外业路线调查，建立土壤侵蚀类型、程度和强度分级遥感解译标志，如有条件，可拍摄野外实况照片，用于土壤侵蚀强度判读分析用。

11.3.1.2　数据处理

数据处理包括对数字的专题分类、图形矢量化处理、图幅编制、其他有关声音及图片索引关系建立等。

图形分层处理是把不同属性的图形分层处理时，应注意不同的系列专题图，各图层的图框和坐标系应该一致；各图层比例尺一致；每一层反映一个独立的专题信息；点、线、多边形等不同类的矢量形式不能放在一个图层上。

图形分幅处理是指大幅面的图形分幅后才能满足输入设备的要求。图形分幅有两种方法，一是规则图形分幅，即把一幅大的图形以输入设备的幅面为基准，或以测绘部门提供的标准地图大小为标准，分成规则的几幅矩形图形。这种分幅方法要使图幅张数分得尽可能少，以减少拼接次数；分幅处的图线尽可能少，以减轻拼接时线段连接的工作量；同一条线或多边形分到不同图幅后，它们的属性应相同。二是流域为单位进行分幅，如为完成一个县的流域管理项目，可把一个乡或一个村作为一幅图进行单独管理。这样一幅图被分成若干个不规则的图形。这种分幅方式要以地理坐标为坐标系，同时要求不同图层分幅界线最好一致。

图形清绘与专题图输入是根据技术规范对各项专题图用事先约定的点、线、符号、颜色等做进一步清理，使图形整体清晰、不同属性之间区别明显。把图形和属性数据输入到计算机中，并把图形、属性库以及属性库的内容通过关键字联结起来，形成完整意义的空间数据库。对遥感影像进行精纠正、合成、增强、滤波、根据野外调查建立判读标准等。

11.3.1.3　专题指标提取

专题指标数据是一系列有组织和特定意义的指标要素的空间特征数据，也就是土壤侵蚀监测与预报的指标系统，用于在土壤侵蚀类型的基础上，确定土壤侵蚀程度和其强度。依卫星 TM 影像为信息源，结合历史资料，采用全数字人机交互作业方式或计算机自动监督分类方式确定土壤侵蚀类型和土壤侵蚀形式。

土地利用是资源的社会属性和自然属性的全面体现，最能反映人类活动及其与自然环境要素之间的相互关系，它是土壤侵蚀强度划分的重要参考指标。土地利用获取的最快办法是利用遥感影像进行计算机监督分类，矢量化以后作为一个数据层面。对于小区域的土壤侵蚀监测与预报可以采用近期的土地利用现状图，输入到计算机以后作为现状层面使用。土地利用现状的类型划分参照国土资源局制定的土地分类标准。

土壤质地反映了土壤的可蚀性，质地尽可能依靠已有成果资料，通过土壤图、地质图综合分析获得。土壤类型也反映了土壤的可蚀性，可利用现有的土壤图输入到计算机使用。

沟谷密度是单位面积上侵蚀沟的总长度，用于反映一定范围的地表区域内沟谷的数量特性，通常以每平方公里面积上的沟谷总长度（km）为度量单位。沟谷密度的发育和演化过程是地表土壤侵蚀过程的产物，因此沟谷密度是水力侵蚀强度分级的重要指标。在山丘区分析沟谷发育尤为重要，任何级别的沟谷所引起的土壤侵蚀都具有相当强的环境意义，但这些细小沟谷在卫星影像上无法完全识别，限制了土壤侵蚀研究中的沟谷密度分析。因而，沟谷密度分析一般可依靠航片，也可以利用地形图通过 GIS 生成。利用航片分析沟谷密度的方法是，在航片上分析水系类型，并根据不同的密度等级以小流域为单元，选择样区作为确定沟谷密度的样片，在 GIS 软件的支持下，生成以“km/km^2”为单位的沟谷密度结果。利用地形图生成沟谷密度的方法是通过 DEM 计算出水系，然后计算沟系总长度。沟谷密度根据“行业标准”分为< $1km/km^2$、1 ～ $2km/km^2$、2 ～ $3km/km^2$、3 ～ $5km/km^2$、5 ～ $7km/km^2$ 和> $7km/km^2$ 共 5 级。

数字高程模型（DEM）综合反映了地形的基本特征，如坡度、海拔高度、地貌类型等，这些都是土壤侵蚀程度和强度分析的关键要素。坡度主要用于水力侵蚀类型的面蚀分级，依“水土保持行业标准”，坡度分为< 5°、5° ～ 8°、8° ～ 15°、15° ～ 25°、25° ～ 35° 和> 35° 六个等级；海拔反映了基本地势特征，不同的高程带具有不同的环境条件和集中了不同的人类活动，因而具有不同的土壤侵蚀状况，它是冻融侵蚀程度和强度分级的主要指标。地貌类型 DEM 分析划分为山地、丘陵、平原等。

根据地形图上的行政划分获得行政界线，利用遥感影像直接获取流域界线。降水指标是根据区域内布设的气象站观测数据建立等值线图，然后插值计算详细数据得到的。其他指标，泥沙、土壤水分、暴雨强度等用于详细计算土壤侵蚀模数的指标可以通过气象站、水文站或现场观测、实验得到。根据水土保持试验研究站（所）代表的土壤侵蚀类型区取得的实测径流泥沙资料进行统计计算及分析，这类资料包括标准径流场的资料，但它只反映坡面上的溅蚀量及细沟侵蚀量，故其数值通常偏小。全坡面大型径流场资料能反映浅沟侵蚀，故比较接近实际。还需要收集各类实验小流域的径流、输沙资料等。这些资料是建立坡面或流域产沙数学模型最宝贵的基础数据。

11.3.1.4 模型建立与结果生成

当得到土壤侵蚀各项指标以后，利用土壤侵蚀分类系统、专家经验模型或数理模型等分析计算土壤侵蚀程度和土壤侵蚀强度，生成土壤侵蚀数据库。

在完成土壤侵蚀类型、土壤侵蚀形式、土壤侵蚀程度及强度分级判读后，利用 GIS 软件进行分幅编辑，坐标转换和图幅拼接等，然后在数据库中对其进行系统集成、面积汇总，生成坡度、高程、流域及省的土壤侵蚀类型、土壤侵蚀形式、土壤侵蚀程度和强度图件及数据。

11.3.2 无人机监测方法

11.3.2.1 无人机监测方案设计

以该项目平面布置图及项目所在区域地形图为基础，制定航测方案。主要包括飞行路线、飞行高度、拍摄空域间隔，并布设一定数量的地面标识以及解译标志。

11.3.2.2 航测数据处理

目前，无人机影像处理软件主要在自动化摄影测量处理上进行提升。笔者通过多个软件的比对测试，最终选定美国徕卡公司基于 ERDAS 软件制作的 LPS（Leica Photogrammetry Suite）模块，进行数据最终处理。该模块操作简单，自动化程度高，其分布式处理功能能够充分利用硬件资源，极大提升效率，这些特点能充分满足开发建设项目水土保持监测工作需求。

在数据录入之前，通过清除异常航片、错误纠正，对航测数据进行预处理，记录相机参数、飞行高度、控制点坐标、航线轨迹图等，并整理影像 POS 数据；利用 LPS 模块进行数据录入，主要包括创建工程、影像导入、内外方位元素导入以及三个阶段；参考初始的 POS 数据，利用 LPS 模块自动生成同名点；根据生成的同名点及初始的内外方位信息，反复进行空三运算，剔除其误差较大的同名点，最终形成空三成果；从空三成果中提取项目区 DEM 数据，形成 DEM 成果，并通过正射校正，完成影像镶嵌。

11.3.2.3　无人机监测成果应用

根据确定的水土保持监测内容，无人机技术获取的成果可以应用到以下几个方面：

（1）水土流失动态变化监测

通过影像成果，结合项目区平面布置图，绘制项目各分区边界线，精确计算分区扰动土地面积；利用无人机监测获取的影像成果，通过解译标志，提取项目区各划分单元植被覆盖度以及土地利用信息，并分析 DEM 数据，获取坡度信息，结合土壤侵蚀分类分级标准，判别各划分单元的土壤侵蚀强度；通过对弃渣场控制点进行空间插值，可以获得弃渣场的 DEM，通过与原地形的对比分析，计算该项目施工期间弃渣量。

（2）水土保持措施监测

通过影像成果，精确计算项目区工程、植物措施面积，建立地面解译标志，分析植被盖度。

（3）水土保持效益监测

结合传统监测手段，分析上述监测结果，得出该项目扰动土地治理率、水土流失治理率、土壤流失控制比、植被恢复系数、林草植被覆盖率、拦渣率等综合评价指标。

11.3.3　自然坡面监测

（1）坡面面蚀测定

坡面面蚀的简易测定常用插钎法。测定前选择典型坡面，在坡面上以 1m × 1m 的间距（间距可以根据精度要求而改变）、按照一定的布设规律将直径 0.5cm、长 30cm 的铁钎以与坡面垂直的方向插入地面。铁钎插入土中的深度为 10 ～ 20cm。每根铁钎布设好后从坡下部开始（也可以从坡上部开始）按一定的顺序进行编号，并测定铁钎顶部到地面的距离。为了提高精度，铁钎的数量应该不少于 50 根，测定时观测员必须与铁钎保持一定的距离，防止对铁钎周围的践踏。测定后采用式（11.1）和式（11.2）计算面蚀量

$$\Delta H=\sum_{i=1}^{n}\Delta L_i/n \tag{11.1}$$

$$A=100\times H\times\cos\theta\times d \tag{11.2}$$

式中，ΔH 为铁钎顶部到地面距离的变化量（cm）；n 为在观测样地内布设的铁钎总数，如果观测过程中有铁钎丢失，则 n 为最近一次测量时观测样地内钢钎的保存数；ΔL_i 为第 i 根铁钎顶部到地面距离的变化量（cm）；A 为单位面积上的侵蚀量（t/hm²）；θ 为地面坡度；d 为表层土壤的容重（g/cm³）。

（2）坡面沟蚀测定

坡面沟蚀通常采用实地测量法进行观测。测定时先选择观测样地，测定观测样地的面积，然后在样地内对每条侵蚀沟进行测量。测量侵蚀沟时一般从侵蚀沟的沟头开始，按一

定的间距将待测量侵蚀沟划分为若干段。确定测定间距和划分观测时段应该以同一段侵蚀沟内宽度和深度基本一致为原则。在每一测定段内观测和记录侵蚀沟的平均宽度、平均深度、长度，以此为基础计算每段侵蚀沟的体积，整条侵蚀沟的体积等于各段侵蚀沟体积之和。测定时应该尽量避免对侵蚀沟的践踏。

如果第 i 条侵蚀沟分为 m 段，每一段侵蚀沟的体积用下式计算

$$V_j = B_j \times H_j \times L_j \tag{11.3}$$

式中，V_j 为第 j 段侵蚀沟的体积；B_j 为第 j 段侵蚀沟的平均宽度；H_j 为第 j 段侵蚀沟的平均深度；L_j 为第 j 段侵蚀沟的长度。

每一条侵蚀沟的体积 V_i 用下式计算

$$V_i = \sum_{j=1}^{m} V_j \tag{11.4}$$

如果调查样地内共有 n 条侵蚀沟，则样地内侵蚀沟的总体积 V 可用下式计算

$$V = \sum_{i=1}^{n} \sum_{j=1}^{m} V_j \tag{11.5}$$

如果表层土壤的容重为 d，调查样地的坡面面积为 S，坡度为 θ，则调查样地内单位面积的沟蚀量可以用下式计算

$$W = \frac{V \times d}{S \times \cos\theta} \tag{11.6}$$

（3）激光扫描法

坡面沟蚀还可以采用三维激光扫描仪进行测定。测定时选择一个能够观察到整个待测坡面的点，安装好三维激光扫描仪后，对整个坡面进行扫描，得到原始的坡面地形数据。在降雨后或一段时间后，再一次对坡面进行扫描，得到原始的坡面地形数据，就可以得出整个坡面地形的变化量，利用地形的变化量乘以表层土壤的容重就可以计算出整个坡面的侵蚀量，同时通过对比分析侵蚀沟的地形数据，能够得到侵蚀长度、宽度、深度的变化量，利用侵蚀沟体积的变化量乘以土壤容重得出沟蚀量。三维激光扫描法能够快速准确测定观测坡面的地形变化，是一种很先进的坡面侵蚀观测方法。但这种方法只适合于无植物生长的裸露坡面，如果坡面有植物生长，尤其是当植物较多时，由于三维激光扫描仪无法将植物本身的生长变化量去除，这必将会造成较大误差，因此在有植物生长的坡面不宜采用三维激光扫描仪测定侵蚀量。

11.4 土壤侵蚀预报模型

土壤侵蚀预报模型是监测与预报的核心工具，目前在微观领域内的模型较多而且较为实用，用于宏观研究的模型较少。从模型的种类来看，可分为经验模型、数理模型、随机模型、混合模型、专家打分模型、逻辑判别模型、土壤侵蚀数字模型等。

11.4.1 经验模型

较早建立的土壤侵蚀和产沙模型大多为经验模型，其试验分析研究的因子主要集中在降雨、植被、土壤和地形等因子上。其基本性是依据实际观测资料，利用统计相关分析方法，

建立侵蚀和产沙量与其主要影响因子之间的经验关系（曲线或方程式），而后根据选定因素的资料估算侵蚀或产沙量。

1940 年 Zingg 采用小区的试验资料，发现坡长、坡度与坡面土壤流失量之间有关系

$$E=\alpha S^{\beta} L^{y} \tag{11.7}$$

式中，E 为单位面积土壤流失量；S 为坡度；L 为山坡的水平长度；α、β、y 为常数和系数。

后来研究发现，α 是降雨、土壤种类、作物经营管理的函数。1947 年 Musgrave 对观测资料进行了分析后还发现土壤流失量除与坡长、坡度间存在正比关系外，还与最大 30min 降雨强度 P_{30}、植被覆盖因子 C 和土壤类型密切相关，并提出了计算公式

$$E=0.00257\, P_{30}^{1.75}\, KS^{1.35}\, L^{0.35}\, C \tag{11.8}$$

式中，K 为土壤可蚀性因子。

1957 年 Smith 和 Wischmeier 搜集了美国 8000 多块试验小区的土壤侵蚀资料作了大量系统的土壤侵蚀影响因素分析工作，于 1958 年由 Wischmeier 等人提出了通用土壤流失方程（USLE）用以估算地表的土壤流失量

$$A=R \cdot K \cdot L \cdot S \cdot C \cdot P \tag{11.9}$$

式中，R 为降雨侵蚀力因子；P 为土壤侵蚀控制措施因子；其他字母所示意义同前。

USLE 方程式所描述的地表状况为坡度为 9%、坡长 22.13m、保持连续轻耕裸露休闲状态、且实行顺坡种植的小区，此种条件下的小区为标准小区，这就为不同地表条件下土壤流失量的比较提供了可能。

在该方程式中充分考虑了影响土壤流失的主要因子。各评价因子完全相互独立，并且可以进行实际测试。降雨侵蚀力指数为各地提供了更准确的降雨侵蚀能力值。土壤可蚀性指数直接用土壤性状评价，并且对大部分土壤提供了计算土壤可蚀性的方法。将作物覆盖与田间管理综合考虑，更符合实际情况。

USLE 作为美国水土保持规划的主要工具，用来预测农耕地土壤流失量，确定土地利用方案，引导农民做出土地利用方式或水保措施的布设和选择，使土壤流失量达到允许土壤流失量或农民的期望值。它的设计思路、因子确定原则和模型结果简单明了，对世界范围内土壤侵蚀预报模型的开发产生了很大影响。很多国家和地区以 USLE 为蓝本，结合本国的地区实际情况，研发适合本国本地区的土壤侵蚀预报模型。同样，USLE 对我国土壤侵蚀预报模型的研究也起到了重要的推动作用。但应当指出：USLE 计算的是年均土壤侵蚀量，很难反映次降雨过程土壤流失状况。在理论上方程对某些因子的相互作用重复计算，如 R 与 C、L 与 P，而忽略了因子之间的相互作用，如 R 与 S，且该方程是建立在缓坡条件下的，对于较陡坡面和复杂地形区，其应用受到限制。

值得指出的是，USLE 使用时应注意以下几个问题：①该模型能预报农耕地年均土壤流失量，也能预报草地年均土壤流失量；②该模型数据库主要来自于缓坡地，因此不适用于陡坡耕地；③模型适用的坡长有明显的范围，且该模型仅适用于地块尺度，不能用于小流域；④在使用该模型时必须正确使用单位转换，即国际单位系统与英制单位系统装换。

我国类似的经验模型也很多，如贾志伟和江忠善等提出了降雨特征与土壤侵蚀的关系，得出一次降雨侵蚀模数 MS（t/km^2）与平均雨强 I（mm/h）及降雨量 P（mm）的关系为

$$MS=AP^{a}\, I^{b} \tag{11.10}$$

一次降雨侵蚀模数 MS 与最大 30min 雨强 I_{30}（mm/h）及降雨量的关系为

$$MS=AP^{a}I_{30}^{b} \tag{11.11}$$

一次降雨侵蚀模数与一次降雨动能 E（j/m²）及最大 30min 雨强的关系

$$MS=A(EI_{30})^{a} \tag{11.12}$$

在经验模型中我国研究最多的是在 ULSE 基础上进行参数分析，得到了全国许多省区的统计模型。随着研究深入和人们对流域泥沙机制认识水平的不断提高，这类研究的不足越来越清晰地显露出来。

11.4.2 数理模型

数理模型开始出现于 20 世纪 60 年代末，是从产沙、水流汇流及泥沙沉积的物理概念出发，利用各种数学方法把气象学、水文学、土壤学和泥沙运动力学的基本原理结合在一起，经过一定的简化，以数学形式表述土壤侵蚀过程与影响因子之间的关系，以模拟各种不同形式的侵蚀，预报土壤侵蚀在时间和空间上的变化，因此具有较强的理论基础，外延精度也较高，对一次暴雨洪水的产沙模拟较准确。

早在 1967 年，Negev 就提出了一个具有物理基础的产沙模型，该模型考虑了雨滴击溅，坡面流输移及细沟和冲沟中水流侵蚀和输移过程，各侵蚀子过程的侵蚀量和输沙量由经验关系确定，其中雨滴溅蚀量为

$$D_r=K_1 I^{\alpha} \tag{11.13}$$

式中，I 为雨强；α 为指数；K_1 为土壤及植被系数。

坡面径流输沙量为

$$T=K_2(\sum D_r)q^{\beta} \tag{11.14}$$

式中，$\sum D_r$ 为有效溅蚀量；q 为坡面径流量；β 为指数；K_2 为影响流速的地表特征参数。

细沟和冲沟侵蚀量为

$$E_{rg}=K_3 q^{r} \tag{11.15}$$

式中，E_{rg} 为细沟或冲沟侵蚀量；r 为指数；K_3 为决定于细沟与冲沟特征参数。

细沟和冲沟侵蚀量分成两部分，细颗粒为中间质 E_{rgi}，粗颗料为床沙质 E_{rgb}，其输沙量分别为

$$T_{\mathrm{rgi}}=K_4(\sum E_{\mathrm{rgi}})Q^{\beta} \tag{11.16}$$

$$T_{\mathrm{rgb}}=K_{\delta}(\sum E_{\mathrm{rgb}})Q^{\varepsilon} \tag{11.17}$$

式中，Q 为流量；δ，ε 为指数，K_4，K_{δ} 为系数。

总输沙量之和为

$$T=T_r+T_{\mathrm{rgi}}+T_{\mathrm{rgb}} \tag{11.18}$$

计算时坡面流采用了 Stanford 水文模型。

影响最深远的物理基础产沙模型是美国农业部土壤保持研究所 Meyer 和 Wischmeier 于 1969 年提出的模型，该模型将坡面侵蚀过程分成 4 个子过程，分别建立各侵蚀子过程的定

量关系

降雨分散量

$$D_r = S_{DR} A_i I_2 \quad (11.19)$$

径流分散量

$$D_f = S_{DF} A_i S^{2/3} Q^{2/3} \quad (11.20)$$

降雨输移能力

$$T_r = S_{TR} SI \quad (11.21)$$

径流输移能力

$$T_f = S_{TF} S^{5/3} Q^{5/3} \quad (11.22)$$

式中，A_i 为坡段 i 的面积；I 为雨强；S 为比降；Q 为流量；S_{DR}、S_{DF}、S_{TR}、S_{TF} 为系数。

方程中的指数是根据侵蚀过程研究和理论探讨确定的。各单元面积上的泥沙来源于降雨与径流的分散量（$D_r + D_f$）及上游坡段带来的沙量，将单元面积上的泥沙产量与输沙能力（$T_r + T_f$）相比较，如可供沙量小于输沙能力，则可供沙量为坡面单元面积的限制因子，带到下一单元面积上的泥沙量等于现有沙量，反之则输沙能力成为限制因子，产沙量等于输沙能力。

1975 年 Foster 和 Meyer 提出的物理过程模型得到了较广泛的应用，利用质量输移连续方程来描述泥沙顺坡运动

$$\frac{\mathrm{d}G_S}{\mathrm{d}x} = D_r + D_i \quad (11.23)$$

式中，G_S 为输沙率；x 为距离；D_r 为细沟分散率；D_i 为沟间地泥沙输移率。

推导出泥沙淤积方程

$$\frac{D_r}{D_{cr}} + \frac{G_S}{T_{cr}} = 1 \quad (11.24)$$

式中，D_{cr} 为细沟流分散能力；T_{cr} 为细沟流输沙能力，将以上两个方程联立，得

$$\frac{\mathrm{d}G_S}{\mathrm{d}x} = \frac{D_{cr}}{T_{cr}}(T_{cr} - G_S) + D_i \quad (11.25)$$

已知 D_i/D_{cr} 和 T_{cr}，求解式（11.19）可能产沙量 G_S、D_i 和 D_{cr} 由 USLE 求得

$$D_i = EI(S + 0.014)KCP(q_p / Q) \quad (11.26)$$

$$D_{cr} = Nq_p^{1/3}(x/22.1)^{n-1} S^2 KCP(q_p / Q) \quad (11.27)$$

式中，EI 为降雨强度；S 为比降；q_p 为峰流量；Q 为径流量；x 为距离；n 为坡长指数；K、C、P 为 USLE 系数，T_{cr} 用修正的 Yalin 公式计算。

David 和 Beer 建立的侵蚀产沙模型对土壤侵蚀和泥沙输移过程考虑得比较详细，时段雨滴溅蚀量

$$E_d = SCPLSFI^{\alpha} \exp(-Ky) \quad (11.28)$$

式中，SCP 为土壤及植被因子；LSF 为坡度因子；I 为雨强；y 为地表径流深；K 为大于 1 的系数；α 为指数。

直接溅入河道中的泥沙量

$$E_s = ASE_d \tag{11.29}$$

式中，A 为面积（能溅入河道的）；S 为坡度。

时段末坡面分散存贮量

$$D = D_0/\exp(Rt) \tag{11.30}$$

式中，D_0 为时段初分散存贮量；R 为气候因子；t 为时段。

坡面径流挟沙力

$$T=ns^{\delta} y^{k} \tag{11.31}$$

式中，n 为坡面糙率；δ、k 为常数（近似 1.67）。

降雨产沙量的限制因子是输沙能力与供沙量中之较小者，即 $T < D$ 时，产沙量 $T' = T$，反之，$T' = D$。地表径流分散量

$$E_r = C'Y^{\beta_b} \tag{11.32}$$

式中，C' 为表征土壤和坡度的系数；β_b 为指数。

不透水面积上来沙量

$$E_i = K'aE_a \tag{11.33}$$

式中，a 为不透水面积系数；K' 为系数。

$$E = T' + E_r + E_s + E_i \tag{11.34}$$

河岸和河床侵蚀量为

$$Ec = \beta_4 Q^{a_3} \tag{11.35}$$

式中，a_3 为指数；β_4 为系数。

河道中总悬移沙量为

$$E_t = E_c + E' \tag{11.36}$$

式中，E' 为大于 24h 时段内的累积 W 值。

此模型只限于预报平均日产沙量，且不包括沟道侵蚀和河道淤积。

CSU 模型可以模拟流域地表的水文过程、产沙过程以及小流域水沙运动的时空变化。模型分成坡面及沟道两个系统，坡面部分可模拟截留、蒸发、填洼、下渗等降雨损失及雨滴溅蚀和面流冲刷过程，并将坡面水沙演算到最近河槽，河槽部分模拟水沙在河槽中的运动，确定泥沙的冲刷和淤积。流域划分及概化采用网格系统或将流域分成若干子流域。降雨损失只考虑截留和下渗。截留量为

$$V_I = C_c V_c + C_g V_g \tag{11.37}$$

式中，C_c 和 C_g 为树冠及地表覆盖度；V_c 和 V_g 为树冠和地表可能截留量。

下渗按达西定律计算

$$F = k \cdot t \tag{11.38}$$

式中，k 为水力传导度；t 为水势参数，坡面汇流用一维运动波近似，阻力公式用 Darcy-Weisbach 公式或 Manning 公式

$$\frac{\partial A}{\partial t}+\frac{\partial Q}{\partial x}=q_e \tag{11.39}$$

$$S_f=S_0=f\ \frac{Q}{8gRA^2}，或 S_f=S_0=f\ \frac{n^2Q^2}{2.21R^{4/3}\ a^2} \tag{11.40}$$

式中，Q 为流量；A 为过水面积；q_e 为超渗净雨量；S_f 为阻力坡度；S_0 为坡度；R 为力半径；f、n 为阻力系数。

用分析法或数值法求解上述方程中的水力要素 h、v 或 Q、A。水流挟沙力计算推移质用 Du-Boys 公式，悬移质用 Einstein 公式，则总输沙量为

$$G_S=B\ (g_b+g_s) \tag{11.41}$$

式中，B 为宽度。

供沙量计算考虑雨滴击溅和径流分离，雨滴溅蚀量则为

$$D_r=aI^2\left(1-\frac{Z_1}{Z_2}\right)(1-C_g)(1-C_c) \tag{11.42}$$

$$Z_2=3d=3\ (2.23I^{0.182}) \tag{11.43}$$

式中，I 为雨强；Z_1 为松散土层及水深之和；Z_2 为雨滴能击穿的最大水深；d 为雨滴直径。

当 $Z_1<Z_2$、$D_r>0$ 时，$Z=Z_1+D_r+\Delta t$，径流分离量按泥沙连续方程计算

$$\frac{\partial G_S}{\partial x}+\frac{\partial CA}{\partial t}+(1-\lambda)\ \frac{\partial P_Z}{\partial t}=g_s \tag{11.44}$$

式中，G_S 为总输沙量；C 为含沙量，$C=G_S/Q$；λ 为土壤孔隙率；g_s 为旁侧来沙量；P 为湿周。

将 G_S 代入式（11.44），用数值方法求解出松散土可能变化量为：$\Delta Z^P=\frac{\partial Z}{\partial t}$，若 $\Delta Z^P<Z$，径流不冲刷；若$\Delta Z^P\geqslant Z$，则有冲刷分离量 $D=-D_f[\Delta Z^P+Z]$。式中，D_f 为可蚀性因子。

如果新松散土厚度为 $Z=Z+D$，若输沙能力大于供沙量时产沙量等于供沙量；反之，产沙量等于输沙能力。河道水沙演算是根据河槽中的水流运动方程、连续方程及泥沙连续方程，用非线性四点隐式差分法求算。

WEPP 模型是美国林务局为了克服 USLE 的缺点而推出的以替代 USLE 的新一代水蚀预测模型。分为坡面版和流域版。WEPP 模型坡面版是 WEPP 模型中最基本的模型版本，在侵蚀模拟计算中将坡面侵蚀分为细沟侵蚀和细沟间侵蚀。细沟间侵蚀指的是雨滴击溅和坡面水流对土壤进行剥蚀和搬运的过程；细沟侵蚀指的是在细沟内土壤所发生的剥蚀、搬运和沉积的过程。WEPP 模型利用稳态流沙连续方程来描述坡面泥沙运动，方程见式（11.45）。

$$\frac{\mathrm{d}G}{\mathrm{d}x}=D_r+D_i \tag{11.45}$$

式中，x 为某点沿下坡方向的距离（m）；G 为输沙量[kg/(s·m)]；D_r 为细沟侵蚀指速率[kg/(s·m^2)]；D_i 为细沟间泥沙输移到细沟的速率[kg/(s·m)^2]。

当水流剪切力大于临界土壤剪切力，并且输沙率小于泥沙输移能力时，细沟内以搬运过程为主，见式（11.46）和式（11.47）。

$$D_r = D_c\left(1 - \frac{G}{T_c}\right) \tag{11.46}$$

$$D_c = K_\gamma(\zeta_f - \zeta_c) \tag{11.47}$$

式中，D_c为细沟水流剥蚀能力［kg/（s·m^2）］；T_c为细沟间泥沙输移能力［kg/（s·m）］；K_γ为细沟可蚀参数（s/m）；ζ_f为水流剪切压力（Pa）；ζ_c为临界剪切力（Pa）。

当输沙率大于泥沙输移能力时，以沉积过程为主，见式（11.48）。

$$D_r = \frac{\beta V_f}{q}(T_c - G) \tag{11.48}$$

式中，V_f为有效沉积速率（m/s）；q为单宽水流流量（m^2/s）；β为雨滴扰动系数。

WEPP（water erosion prediction project）模型流域版是以坡面版为基础的。它将流域划分为多个坡面流单元（overland flow element，OFE），每个 OFE 具有相同的土壤类型和作物管理措施。在 WEPP 模型流域版中，流域定义为由一个或多个坡面组成的流向一个（或多个）沟道或拦蓄设施的闭合区域。这样，一个基本的流域由坡面、沟道和拦蓄设施三个部分组成，最小的流域包括一个坡面和一个沟道。土壤侵蚀过程包括剥离、搬运和沉积。

WEPP 模型流域版的泥沙运动方程如下

$$\frac{dG}{dx} = D_l + D_f \tag{11.49}$$

式中：x为某点沿下坡方向的距离（m）；G为输沙量［kg/（s·m）］；D_l为从相邻坡面流入的泥沙量［kg/（s·m^2）］；D_f为水流对沟道的剥蚀量或水流中泥沙的沉积量［kg/（s·m^2）］。

当平均沟道水流剪切力大于临界土壤剪切力，并且输沙率小于泥沙输移能力时，沟道内以搬运过程为主；当沟道中的输沙率大于泥沙输移能力时，以沉积过程为主。

WEPP 模型流域版更加复杂，其输入参数除气候、坡度坡长、土壤和作物管理外，还有沟道和流域结构的参数。前者包括沟道可蚀性和沟道土壤的临界剪切力等，后者包括流域的划分和水流方向等。值得注意的是，WEPP 模型流域版所模拟的流域不能包括特别明显的冲沟或河道。

WEPP 模型中描述侵蚀产沙的方程式是基于稳态的泥沙连续方程。实际上侵蚀过程是不断随着时间变化的空间过程，不仅坡面和侵蚀沟的坡度随时间发生变化，而且坡面及侵蚀沟内的水流及其动力特性也随时空发生变化，在该模型中坡度对于坡面流水动力特性有无影响并不明确。

从概念上说 WEPP 是基于物理过程的公式，但一些过程的表达仍是经验公式。同时侵蚀机理仍需要进一步验证和研究。WEPP 所需输入参数多，获取和修正都很困难。特别是一些重要参数的确定不能经过实验测定，必须采用非测量的“估算”方法，甚至有时候还需要采用其参改默认值。

就 WEPP 的应用范围来说，在农地的最大适用范围约为 260 hm^2，林地约为 800 hm^2。但通常 WEPP 应用的流域面积不能大于 40hm^2，且坡长不能超过 100m。WEPP 只能用于细沟、细沟间和浅沟侵蚀预报，不能用于切沟、河道侵蚀和沟蚀。目前，坡面版在其他国家已经得到广泛应用，模拟预报的结果较好，而流域版仍局限于末级子流域。黄土丘陵区坡耕地的侵蚀，不仅发生细沟侵蚀，而且形成发育的浅沟和切沟。应用坡面 WEPP 模拟我国径流小区，需要大量试验数据的支持和验证。

11.4.3　随机模型

这类是利用以往的资料提供的信息，和降雨－径流－产沙过程的随机特性建立起来的，虽然由于缺乏长期观测资料使得这类模型的发展受到限制，但近来也有一些进展。

1976 年 Fogel 等从次洪产沙的 MULSE 模型出发，得到次洪产沙量

$$z=a\left[\frac{y_1x_1^{\ 4}}{(x_1+s)^2(0.5x_2+y_2)}\right]^b KLSCP \qquad (11.50)$$

式中，x_1 为有效降雨；x_2 为暴雨历时；s 为流域下渗参数；y_1 为流域面积常数；y_2 为汇流时间指标；s、y_1 和 y_2 为常数；x_1 和 x_2 为随机变量，可用伽玛概率密度函数来描述。K 为土壤可蚀性因子；L 为坡长因子；S 为坡度因子；C 为作物管理因子；P 为土地利用因子。

因此，随机变量 Z 可用二变量分布函数来计算，如已知每年暴雨次数的频率分布或各次暴雨的时间，则年产沙量的函数可生成暴雨产沙系列。1989 年 Julien 也提出了坡面产沙的随机模型。从一次暴雨土壤流失量公式出发，得到多次暴雨土壤流失方程

$$M=\int_0^\infty\int_0^\infty mP(t_r)P(i)\,\mathrm{d}t_r\mathrm{d}i \qquad (11.51)$$

式中，M 为次暴雨流失量；$P(t_r)$ 为降雨历时密度函数；$P(i)$ 为雨强密度函数。

利用通用土壤流失方程式（USLE）关系可得面积为 A_e、坡长为 L、坡度为 S 的坡面土壤流失量

$$M=A_eaS^\beta L^{r-1}\Gamma(r+\delta+1)CPt_ri^{r+d} \qquad (11.52)$$

式中，C、P 为作物管理和土地利用因子；$\Gamma(r+\delta+1)$ 为伽玛函数。

我国学者也利用随机模型对河流逐月入库输沙率时间序列进行了人工生成。

11.4.4　混合模型

混合模型是经验模型、数理模型以及其他模型综合研究得到的模型，它吸收各类模型优点，一般比单一的模型精度高。实际上，前面提到的模型也不完全是单一的，这里提出“混合模型”是为了让在今后的侵蚀模型研究中更注重综合性。

用量纲分析和统计分析相结合的方法建模，分别得到坡面及沟谷水力土壤侵蚀公式

$$E_S=a_0\left(\frac{I-I_0}{I_0}\right)^{a_1}H_s\left(\frac{S_T}{d}\right)^{a_2}(\sin 2\alpha)^{a_3}e^{-a_4v} \qquad (11.53)$$

式中，E_S 为坡面土壤侵蚀深度；I 为降雨强度；I_0 为不足以产生侵蚀的降雨强度；H_s 为地表径流深度；d 为土粒平均粒径；α 为坡面角；v 为植被覆盖度；a_0，a_1，a_2，a_3，a_4 为分别为地理系数。

$$E_R=b_0h_R(DL)^{b_1}J^{b_2} \qquad (11.54)$$

式中，E_R 为沟谷水力侵蚀深度（mm）；h_R 为沟槽径流深度（mm/a）；D 为沟谷密度（km/km^2）；L 为沟道长度（km^2）；J 为沟边坡降（%）；b_0，b_1，b_2 为地理系数。

$$E=E_s+E_R \qquad (11.55)$$

目前，人们还逐渐使用正在发展的 WEPP 模型来代替 USLE，该模型可通过数字化的

地形图、土壤图、地质图及地理资料，融合入流域模型中。现在还有些人利用系统动力学方法、神经网络方法等研究土壤侵蚀模型，这类模型也属于混合模型。

11.4.5 专家打分与逻辑判别模型

11.4.5.1 专家打分模型

土壤侵蚀专家打分模型是通过采用影响土壤侵蚀程度和强度的各个指标进行定量的表达，及其在此基础上由各个因素权重参与的综合数学运算形成土壤侵蚀综合状况指数，并对这一指数实施分级方法来建立土壤侵蚀模型。也就是说该模型需要确定指标、指标打分、确定指标权重等环节。

对影响土壤侵蚀的各个因素的空间特征，统一采用有序数值阵列方式进行定量化管理与分析，有助于利用地理信息系统中的空间叠加分析方法和专家知识的支持，在植被盖度、坡度、沟谷密度、高程带、植被结构、土壤质地等指标要素实现定量化表达的基础上，按照其对于土壤侵蚀的相互组合关系及其重要性，确定每一个基本分析单元的综合量表达值，这些综合量值建立起一个新的覆盖层，即土壤侵蚀综合指数。它代表了各种土壤侵蚀类型不同程度和强度的综合结果。这些综合指数值是进一步实现土壤侵蚀程度和强度分级的基础。

确定了影响土壤侵蚀程度和强度的指标后，为采用数值分析方法确定土壤侵蚀程度和其强度，必须确定各指标权重的大小。指标权重的大小是反映该指标对土壤侵蚀所起作用的大小，权重大表明该指标影响作用就大。目前，确定各指标对土壤侵蚀的贡献程度还没有统一的数值处理方法，因而多数采用“专家确定”法，即由该领域的专家根据各影响因子对土壤侵蚀所起作用的大小确定。

在土壤侵蚀综合指数分析的基础上，通过土壤侵蚀数据（实验数据和观测数据等）和土壤侵蚀综合指数建立拟合关系，从而确定土壤侵蚀程度和强度等级，或者在土壤侵蚀综合指数分级基础上，通过土壤侵蚀模数对其进行验证，从而在空间上生成土壤侵蚀图。

11.4.5.2 逻辑判别模型

逻辑判别模型也是一种专家模型，与专家打分模型不同的是专家直接对影响土壤侵蚀的指标进行组合判别，确定土壤侵蚀程度和其强度。

逻辑判别模型需要确定影响土壤侵蚀的指标，根据专家经验判别在不同的土壤、降水、坡度、地貌、植被、土地利用现状等状况下，土壤侵蚀程度和其强度的分级。我国土壤侵蚀国家标准中的土壤侵蚀强度分级系统实际上就是典型的专家判别模型。

11.4.6 土壤侵蚀数字模型

11.4.6.1 土壤侵蚀数字地形模型

土壤侵蚀数字地形模型是土壤侵蚀发生后两个时期的地表体积差计差。如图 11.6 和图 11.7 所示，数字高程模型（DEM）有两种表示方法，DEM 体积可由四棱柱和三棱柱的体积进行累加得到。四棱柱上表面可用抛物双曲面拟合，三棱柱上表面可用斜平面拟合，下表面均为水平面或参考平面，两种 DEM 体积计算公式分别为

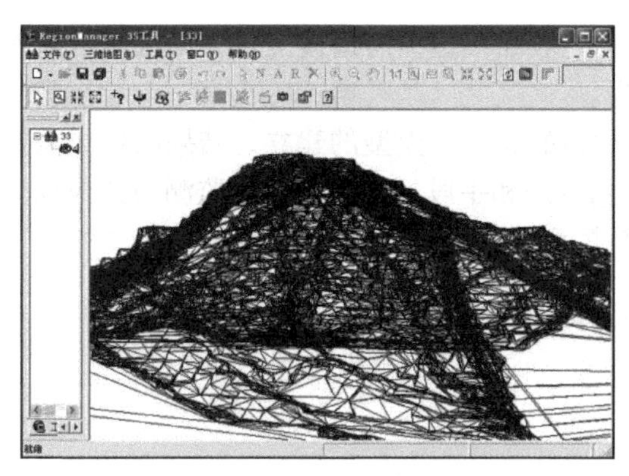

图 11.6　不规则三角网

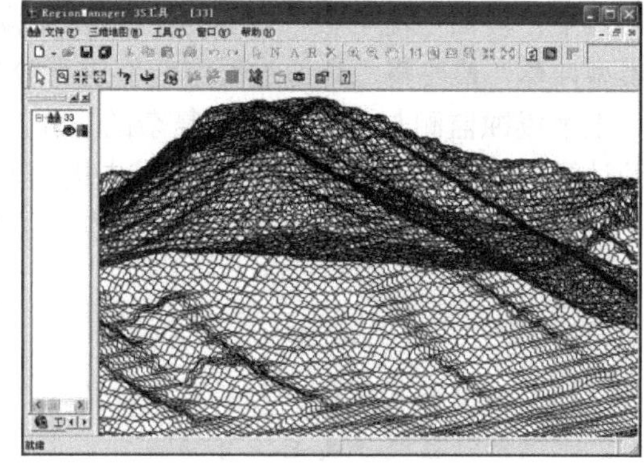

图 11.7　规则格网模型

$$V_3 = \frac{Z_1 + Z_2 + Z_3}{3} M_3 \tag{11.56}$$

$$V_4 = \frac{Z_1 + Z_2 + Z_3 + Z_4}{4} M_4 \tag{11.57}$$

式中，M_3，M_4 分别为三棱柱和四棱柱的底面积，Z_1，Z_2，Z_3，Z_4 分别为三棱柱和四棱柱的每个棱柱的高程。

假设侵蚀发生前后 DEM 的体积分别为 V_{t_1} 和 V_{t_2}，土壤平均容重为 Γ，则土壤侵蚀量 E 为

$$E = \Gamma(V_{t_1} - V_{t_2}) \tag{11.58}$$

11.4.6.2　数字流域土壤侵蚀模型

土壤在水力侵蚀作用下，随着地表径流由坡面到沟道，由支沟到支流，依次类推逐级汇入大江大河的土壤侵蚀过程用流域土壤侵蚀模型来描述。如图 11.8 所示，数字流域侵蚀模型汇流过程包括两个阶段，坡面产流和河道汇流，土壤侵蚀模型也由两部分组成。

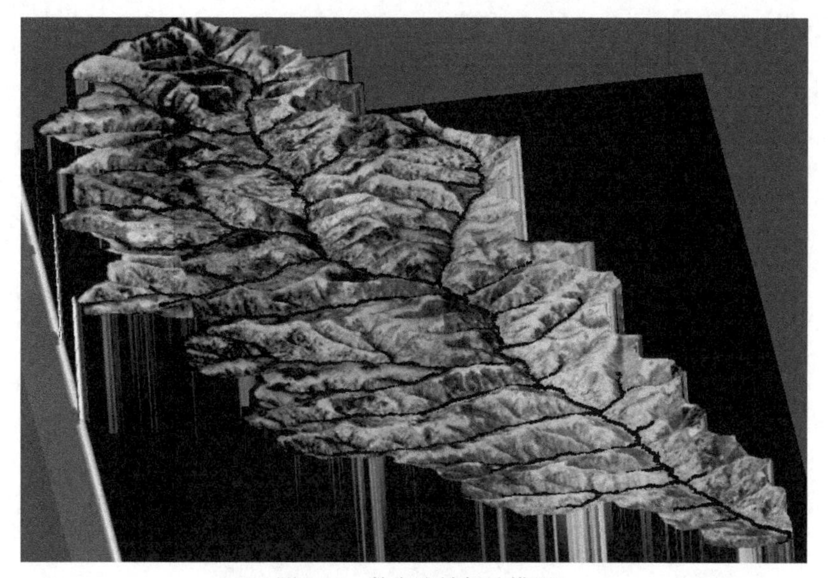

图 11.8　数字流域侵蚀模型

其中，坡面汇流与侵蚀根据坡面侵蚀实验建立坡面模型，河道侵蚀量大多根据水文泥沙模型计算，最终将二者通过时空转换进行分析。

土壤侵蚀监测与预报是非常复杂的工作，指标的获取、模型的建立、结果的生成需要借助计算机这一工具，3S 技术提供了先进的监测方法和手段，使全国性的监测与预报成为可能。但从目前来看，监测与预报的难点仍然是模型问题。

思考题

1. 水土保持监测与预报的主要目的是什么？
2. 土壤侵蚀监测分类主要有哪些？
3. 我国土壤侵蚀监测与预报网络体系构成的主要框架是什么？
4. 土壤侵蚀监测的指标主要有哪些？
5. 土壤侵蚀监测的程序主要有哪些？
6. 土壤侵蚀监测方法有哪些？
7. 土壤侵蚀模型主要有哪几类？各自的优缺点主要有哪些？
8. 通用土壤流失方程式的基本形式是什么？
9. 简述 WEPP 模型的基本原理及其应用方法？
10. 简述通用土壤流失方程式及 WEPP 模型的局限性？

黑河流域概况

黑河是我国西北地区第二大内陆河，流经青海、甘肃、内蒙古三省区，流域南依祁连山，北与蒙古国接壤，东西分别与石羊河、疏勒河流域相邻，战略地位十分重要。流域面积约为 14.3 万 km^2，由 35 条河组成。

黑河发源于祁连山北麓，干流全长 821km。出山口莺落峡以上为上游，河道长 303km，面积 1 万 km^2，两岸山高谷深，河床陡峻，气候阴湿寒冷，植被较好，年降水量 350mm，是黑河流域的产流区；莺落峡至正义峡为中游，河道长 185km，面积 2.56 万 km^2，两岸地势平坦，光热资源充足，但干旱严重，年降水量仅有 140mm，蒸发量达 1700mm，人工绿洲面积较大，部分地区土地盐碱化严重；正义峡以下为下游，河道长 333km，面积 8.04 万 km^2，除河流沿岸和居延三角洲外，大部为沙漠戈壁，年降水量只有 47mm，蒸发量达 2250mm，气候非常干燥，属极端干旱区，风沙危害十分严重。

中游地区有可供开发利用的大小河流 26 条，均发源于祁连山北麓，多年平均径流量为 24.75 亿 m^3，其中黑河干流年径流量 15.8 亿 m^3，占整个中游地区可利用地表径流量的 63.8%。

第12章

土壤侵蚀研究方法

[本章导言] 土壤侵蚀过程与机制研究是进行土壤侵蚀防治和水土保持规划与措施设计的基础。土壤侵蚀研究手段包括野外调查、定位观测和室内模拟实验与分析等。通常土壤侵蚀研究方法主要包括4个方面，即：土壤侵蚀调查研究（包括测量学方法、水文学方法、地貌学方法、土壤学方法和遥感学方法）、土壤侵蚀定位研究（包括水力侵蚀、风力侵蚀的野外定位观测研究）、土壤侵蚀模拟研究（包括野外、室内模拟试验研究）和土壤侵蚀示踪研究。

随着土壤侵蚀研究工作的进展，很多传统研究方法得到了不断改进和提高，并在研究实践和生产实践中已得到广泛应用。土壤侵蚀研究方法大致可归纳为土壤侵蚀调查研究、土壤侵蚀定位研究、土壤侵蚀模拟研究、土壤侵蚀示踪研究4个部分。

12.1 土壤侵蚀调查研究

土壤侵蚀调查研究主要是依据抽样调查的统计学原理，调查有代表性的典型事件（如典型地段、典型时段等），经过统计分析，找出一般规律。利用土壤侵蚀野外调查方法，可以进行不同区域（流域）的水力侵蚀、风力侵蚀、重力侵蚀等土壤侵蚀类型及其形式的调查和评价研究。调查研究的方法主要有测量学方法、水文学方法、地貌学方法、土壤学方法、遥感学方法等。

12.1.1 测量学方法

此类方法通常研究单位面积（多以 km^2 为单位）土壤侵蚀量（常以侵蚀掉的土层厚度来表示），计算整个流域（或区域）内的土壤侵蚀量。土壤侵蚀厚度可以利用多种测量学方法取得。根据所采用测量手段的差异，又可以分为以下3种方法。

12.1.1.1 高程实测法

在区域内均匀布置观测点（一般按一定密度的空间网格均匀布置），确定合理的样本数，在一定时间间隔的起止时间分别精确测量各个观测点的高程值，确定在此时间段内各个观测点高程的降低值，利用统计学方法求得区域平均土壤侵蚀厚度。此方法适用于侵蚀强度较大、高程变化明显的地区。此方法易于操作，但对于较大流域研究来说，需选用大量的样本点，工作量大，成本较高。

12.1.1.2 航空摄影测量法

这种方法是利用小型飞机，在一定的时间间隔内进行两次或多次摄影，再在室内利用仪器对两套照片或多套照片进行高程测量，求取相邻两次摄影时间间隔内地面高程差值，得到该时间间隔内土壤侵蚀厚度值。此方法在技术上较为成熟，缺点是研究精度有限，作业面积有限，研究周期较长等。研究精度主要受飞机摄影比例尺的影响，摄影间隔时间的选择对于其精度也有影响，间隔太短，高程差不明显，测量效果较差，但时间间隔太大，又不利于迅速地掌握土壤侵蚀量的变化。

12.1.1.3 直接丈量法

此方法是可以用钢卷尺等直接量测观测点的土壤侵蚀厚度。虽然是最原始的方法，但在许多土壤侵蚀的研究中被应用；在测量沟蚀（如沟头前进）速度、面蚀速度等研究中，有其他方法不可比拟的优越性。常用的传统方法有测针法、铁钉法（或竹筷法）等。此方法通常用于难以进行定量观测的陡坡或冲淤交替的地段（如沟床），如泻溜面剥蚀观测、切冲沟床变化区段。利用测针法原理，土壤侵蚀调查方法还派生出色环法、埋桩法以及利用古文化遗迹、树根出露、考古法等多种方法调查侵蚀状况。

12.1.2 水文学方法

12.1.2.1 水文资料法

水文资料法是通过测量流域断面控制范围内的侵蚀量来研究土壤侵蚀情况，即以实际观测的长期水文泥沙资料为基础，分析计算某流域在某时段土壤流失量的平均、最大、最小特征值。由于目前水文泥沙测量技术的不完善，往往漏测了通过断面的推移质泥沙，所以求得的往往是相对侵蚀量（或悬移质泥沙量）。如果要用某一流域内悬移质泥沙量来求该流域的侵蚀量，首先要解决泥沙输移比的问题。按目前现状看，泥沙输移比转换法是可以直接用于土壤侵蚀和水土流失研究的较为可行的方法，其适用条件要有足够丰富的水文资料，优点是研究范围可以很大，速度快；局限是可靠程度受水文测量方法的影响。

12.1.2.2 淤积法

淤积法是通过量测水库、塘、坝以及谷坊等拦蓄工程的拦淤量（淤积量），并结合集水区内影响土壤侵蚀因素的调查，计算分析土壤侵蚀量。利用淤积法调查土壤侵蚀量，要特别注意拦蓄年限内的情况调查，如拦蓄时间、集流面积、有无分流、有无溢流损失、蒸发、渗透及利用消耗等。对于水库淤积调查，若有多次溢流，或底孔排水、排沙，就难以取得可靠的数据。

（1）有水库（坝）实测资料

水库（坝）实测资料包括库区大比例地形图、库（坝）断面设计、库容特征曲线、建库及拦蓄时间、水库运行记录（放水时间、放水量、水面蒸发、渗漏及库岸崩塌等），以及水库上游的水文、泥沙等资料。通过这些基本资料，可以利用水沙量平衡法计算泥沙淤积量，某一时段内水库（坝）的上、下游进库（坝）与出库（坝）的水、沙量之差等于该时段水库（坝）拦蓄量。还可用地形图法计算泥沙淤积量，有实测库（坝）的淤积状况的大比例尺地形图时，分层量算水体积，从总蓄积库容中减去水体体积后，得到淤积库容体积。有时也可采用横断面法，对库区布设固定的横断面进行多次量测，并绘制各横断面图，利用相邻两断面的平均值，与断面距之积求算容积的原理，计算出淤积体积。在上述方法中，水沙平衡法多限于大型骨干工程，一般中、小流域不具备基础资料条件，难以应用。地形图法精度较高，但工作量较大，可作为重点库（坝）研究用。横断面法方法简便，又能取得各时段的淤积量，所以被广泛采用。

（2）无库区基本资料

小型库（坝）、水土保持拦蓄工程没有库（坝）区基本资料或不完全，而这些工程分布广、数量大、形式多样，水、沙蓄积明显，调查此类工程也可得到需要的水土流失资料。对此类工程采用需要补充基本情况的调查，如集水面积、蓄积年限、原来地形或地形图、工程基本尺寸、标高等。在此基础上确定调查研究方法，然后着手调查。通常调查的方法有断面法、测钎法或挖坑法、地形类比法等。

12.1.3 地貌学方法

土壤侵蚀导致地表起伏、裂点迁移、沟谷密度、沟谷面积等地貌因素发生相应变化，研究这些地貌因素的变化和分布规律，也能预测土壤侵蚀的发生状况，这是地貌学方法的基本原理，也是目前土壤侵蚀研究的重要方向之一。地貌学方法通过野外观察、测量与土地侵蚀有关的各种地貌现象，定性或半定量地确定土壤侵蚀强度。野外调查常用的地貌方法有：侵蚀沟调查法、相关沉积法、侵蚀地形调查等。

12.1.3.1 侵蚀沟调查法

土壤侵蚀的发生和发展，在坡面上留下了从细沟、浅沟到切沟、冲沟、干沟和河沟的侵蚀沟谷系统，它们的形态变化反映了土壤侵蚀的历史和强弱。在某一区域（例如黄土地区）范围内，沟谷的切深与拓宽，因具有大体相同的地质基础，就可量算这些指标确定侵蚀量的大小，如常用的沟谷密度指标。由于地表微地形变化较大，常受人为活动影响，且调查多在暴雨后进行，因此该方法常被作为小范围的调查方法，或作为其他方法的补充调查，以区分不同情况下的土壤侵蚀量。该方法也可用于整个沟谷系统，这需要对沟谷形成、发展有深入的研究，才具有实际意义。

12.1.3.2 相关沉积法

相关沉积法是利用侵蚀搬运的堆积物数量来作为侵蚀区域的土壤侵蚀量。从广义来看，上述水文法、淤积法也属于此法。如考察华北平原的堆积体，可以估算黄河中、上游的多年土壤侵蚀状况，量测山前洪积扇的堆积数量，确定山地该流域的剥蚀速率等。针对小区域（流域）范围的土壤侵蚀调查，相关法主要用于沟坡重力侵蚀和沙化风蚀方面。

（1）沟坡重力侵蚀

重力侵蚀是指坡面岩体或土体在重力作用下失去平衡而产生位移的侵蚀现象，泻溜、崩塌（错落）和滑坡（滑塌）是主要的侵蚀形式。土体（岩体）发生位移，堆积在坡脚，量测其滑坡体或崩塌体体积，可计算得到该地段的土壤侵蚀总量。泻溜量的观测可采用修筑集沙槽的方法；崩塌量的观测可采用直接测量堆积物体积的方法，或采用测定崩塌后坡面地形变化的方法；滑坡的位移观测可采用经纬仪发和变形针法。

（2）沙化风蚀研究

调查沙化面积扩展速度及积沙厚度变化，能够反映风沙活动和风蚀程度。在调查时，通过设置测针的方法，能够摸清沙源，从而确定区域的风蚀强度。

12.1.4 土壤学方法

土壤学方法是将土壤剖面各层与原始发生层次厚度进行比较，进行土壤侵蚀的强弱分类。早在 1962 年，朱显谟先生就曾根据土壤发育层次厚度、地形坡度、植被覆盖度、沟壑面积百分比来确定土壤侵蚀强度。经过大量试验研究与验证，侵蚀调查指标逐步完善。1984 年水利部总结上述成果，颁布了我国黄土区水力侵蚀强度分级标准。

12.1.5 遥感方法

遥感学方法是将遥感技术与地理信息系统和全球导航卫星系统相结合，应用于土壤侵蚀调查（监测）研究的方法。土壤侵蚀量的大小受到自然因素和人类活动的综合影响，除与降雨、径流有关外，还与岩性、土壤、地质、地貌、植被、土地利用等下垫面因素密切相关。土地利用 / 覆盖、地面坡度、植被覆盖状况与土壤侵蚀强度相关性明显，因此土壤侵蚀强度的调查可以转化为对土地覆盖、地表坡度以及植被覆盖度等间接指标的调查。利用地理信息系统平台，通过对不同区域遥感信息源（影像数据）的遥感学分析、目视解译和调查制图，可以快速判定区域土壤侵蚀现状，包括土壤侵蚀类型、形式、强度及其分布等。自 20 世纪 80 年代时期以来，遥感技术在我国土壤侵蚀调查研究中应用很为广泛。

12.2 土壤侵蚀定位研究

土壤侵蚀定位研究主要指观测土壤侵蚀过程、定量评价土壤侵蚀的方法，主要包括两个方面，土壤水蚀野外定位观测研究和土壤风蚀定位观测。

12.2.1 土壤水蚀野外定位观测

12.2.1.1 坡地土壤侵蚀观测

坡地土壤侵蚀规律的研究，通常通过设置各种类型的径流小区（径流场）来进行观测和分析。径流小区是研究单项因素对径流泥沙影响的观测设施，可在各种降雨条件下，探讨不同下垫面类型（如土地利用、植被类型等）的产流、产沙规律。

（1）坡面径流小区

一般在试验小流域内，选择有代表性的坡面设置径流场（径流小区）。选择时要注意保留原有的自然条件，土壤剖面结构相同，土层厚度比较均匀，坡度比较均一，土壤理化特征（机械组成、土壤密度、有机质含量等）比较一致。如果坡面有小的起伏，可进行人工修整。

径流场通常由多个径流小区组成，其中包括标准径流小区和因子径流小区。标准径流小区是一种有多种用途的最基本的径流小区，一般要求设置在坡面平整、全年裸露无杂草的坡耕地上。如有草木出土，应立即拔掉。标准径流小区一般宽 5m（与等高线平行），长 20m（水平投影），水平投影面积 100m^2；坡度固定为 15°。径流场上部及两侧设置围埂，下部设集水槽和引水槽，引水槽末端设量水设备。标准径流小区平面布置见图 12.1。

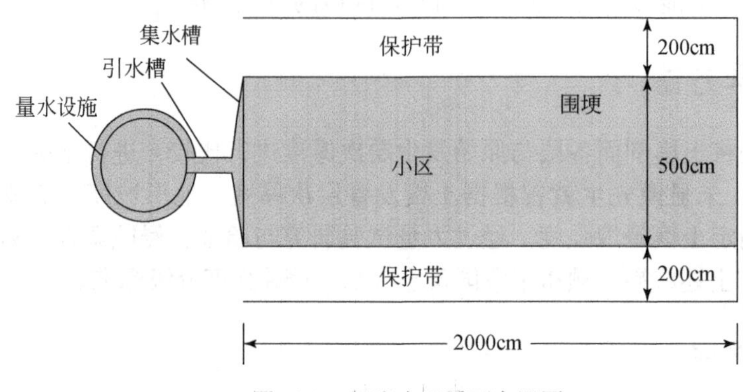

图 12.1 径流小区平面布置图

因子径流小区主要是研究某一因子（如坡度、坡长、土地利用类型等）对水土流失（径流、泥沙等）的影响。在设置时，除了突出要研究的因子外，其他条件、测试仪器和测验方法等，均应和标准小区保持一致。

径流小区观测项目主要有降雨观测、径流观测、泥沙观测和其他项目（如土壤水分、地表植被等）的观测。其具体观测方法参见国家相关的技术标准与规范。

（2）天然坡面径流场

天然坡面径流场主要是研究各种自然和人为因素对水土流失的综合影响，应布设在地形、土壤等有代表性的天然坡地上。其主要特点是控制面积大，从几百平方米到几千平方米（包括从坡顶到坡脚一个坡面上的自然集流区，但场区内不能有陷穴和裂缝）；径流场形状可以不规则，视地形条件而定。

（3）坡面土壤因子观测

在研究坡面土壤侵蚀中，经常对坡地侵蚀土壤因子进行观测。通常观测的主要内容有土壤抗冲性、抗蚀性、渗透性和孔隙性等。土壤抗冲性测定一般采用原状土冲刷法，可应用索波列夫抗冲仪进行。土壤抗蚀性测定是通过测定土壤团聚体在静水中的分散速度，以比较土壤的抗蚀性能大小，并用水稳性指数“K”表示之。土壤渗透性测定一般用同心环法，测定土壤入渗过程和入渗速率。土壤孔隙性测定可采用环刀法，测定土壤孔隙度，包括总孔隙度、毛管孔隙和非毛管孔隙度。

12.2.1.2 小流域土壤侵蚀观测

（1）实验小流域选择

实验小流域是研究土壤侵蚀规律及人类经济活动对径流、泥沙影响的小流域，应按其特定的专题研究目的、所在类型区的代表性，以及在一定期限内对治理程度的要求来确定流域面积，但为便于参考，除特殊需要外，一般不超过 100km^2，以小于 30km^2 为宜。实验小流域不论其面积大小，应有明确的分水界线，并要求为一闭合流域，它的自然条件和土地利用情况必须具有当地的代表性。还应有治理与不治理（自然状况）的对比小流域。

在总体规划部署时，应按大流域套小流域、综合套单项的原则来考虑。而在小流域研究方法上，则应根据实际条件采用单独流域法（流域自身对比）或并行流域法（平行对比）。大流域套小流域是指在大流域内再选几个不同治理措施的小流域，同时进行观测。综合套单项是指在实施治理的流域内选择只有单项措施的流域，与大流域同时进行观测。

单独流域法是在一个自然流域内，根据治理前和治理后降水与径流的定量关系，消除因降水不同对流域径流泥沙产生的影响后进行比较，估算水土保持和森林变化对河川径流和泥沙的影响。单独流域对比法的优点是流域自身对比，因此，其流域面积、土壤地质、地形地貌、流域的沟壑密度等下垫面因素基本保持不变，但是，治理前后的降水情况并不完全相同，从而使研究结果的可信度降低。另外，单独流域法需要的观测年限很长。

平行对比法是选择几个相互邻近而在地形、地质构造、土壤、质地、流域面积、沟壑密度等等条件类似的流域，在流域出口处修建量水设施，同时进行降雨、径流、泥沙等的观测。所选流域中一个保持原始状态作为对照流域，其他的流域进行不同程度的治理（如森林覆盖率不同、农林牧的比例不同、治理程度不同等）。平行对比法的缺点是各流域的地形地貌、土壤地质、流域面积、沟壑密度等下垫面的基本情况不可能完全相同，因此，在选择研究流域时尽可能选择下垫面基本情况较为相近的流域。

（2）小流域观测项目与方法

小流域土壤侵蚀观测项目一般有径流、泥沙观测和降水观测。

小流域径流观测，一般是在小流域出口选择适宜的观测断面，通过修建量水建筑物的方法，测定小流域的径流量和径流过程。量水建筑物有测流堰和测流槽，包括薄壁堰、宽顶堰、三角形剖面堰、平坦“V”形堰、长喉道槽、短喉道槽。薄壁堰中常用的有三角堰、矩形堰和梯形堰，长喉道槽有矩形长喉道槽和梯形长喉道槽，短喉道槽中常见的有巴歇尔量水槽。

量水建筑物测流设施一般由测流堰（槽）体、引水墙、进水口、导水管、观测室、观测井、沉砂池和水尺等组成。利用量水建筑物测流的基本原理，是通过观测量水建筑物上水位的变化过程，建立水位 - 流量关系曲线，计算径流量的变化过程。具体方法参见《水文测验试行规范》等技术规范或水土保持试验手册。

小流域泥沙观测时土壤侵蚀监测的重要内容，小流域输出的泥沙有悬移质和推移质之分。目前，小流域悬移质泥沙的输沙量一般采用取样法测定，取样有人工取样和自动取样（如ISO泥沙自动取样器等）两种方法；推移质泥沙的测定主要采用测坑法（沉砂池）和取样器法。具体分析方法按《水文测验试行规范》等技术规范或标准执行。

小流域降水（主要是降雨）是造成土壤侵蚀的重要因子。降雨观测的特征指标主要有降雨量、降雨历时、降雨强度、降雨过程线等。观测方法是在小流域内选择确定适宜数量的观测点，建立降雨观测站而进行。降雨观测站布置的主要设备有标准雨量筒、自记雨量计等。

12.2.2　土壤风蚀定位观测

土壤风蚀观测通常是对风蚀影响因子、输沙量（输沙率）和风蚀量（风蚀强度）的观测。

（1）起沙风速和输沙率观测

起沙风速为地面砂粒由静止状态进入运动状态时的临界风速，即使地面砂粒开始运动的瞬间风速。测定时使用瞬时风速表或 1min 平均风速表，风杆高度 2m，风杆距测沙点为 2m，观测时连续不断读取瞬时风速。

风蚀输沙率（输沙量）即单位宽度（m）、一定时段内（mm、h、s）风沙流通过的沙粒量（t、

m^3）。年单位输沙量采用 t（m^3）/（$km^2 \cdot a$）。常用集沙仪进行观测。集沙仪是用于收集地表以上随风一起移动沙量的仪器，常用的有固定式集沙仪和自动旋转式集沙仪。

（2）风蚀量与风蚀强度观测

风蚀量是指一定时间内被风吹走的地表物质与堆积量之差。单位时间内的风蚀量即风蚀强度，单位一般为 cm/a。常规的测定方法是插钎法，即在风蚀和风积部位布置测扦，通过量测测扦高度计算风蚀量。或采用基于断面测量原理的风蚀桥法进行风蚀量的测定。

12.3 土壤侵蚀模拟研究

12.3.1 水力侵蚀模拟降雨试验

水力侵蚀模拟实验研究主要是指用室内人工降雨装置所进行的研究。野外径流小区是研究土壤侵蚀过程的基本手段，但一般须经历较长时期的野外观测，才能取得必需的分析数据。应用室内人工模拟降雨装置，则能加快研究进程，缩短研究周期，在较短时间内获得需要的资料。水力侵蚀模拟降雨按照实验地点、研究对象和人工降雨装置系统的差别，分为野外人工模拟降雨实验和室内人工模拟降雨实验。

12.3.1.1 野外人工模拟降雨实验

野外人工降雨侵蚀实验在野外安装人工降雨装置，研究自然下垫面（如自然坡面径流小区）或人工下垫面（如人工坡面径流小区）的土壤侵蚀与降雨的关系。人工模拟降雨装置一般由供水系统（如供水车或供水箱）、控制系统和降雨（喷头）系统所组成。

人工降雨装置按照降雨喷头装置和喷射形式不同，又分为侧喷式模拟降雨系统和下喷式人工模拟降雨系统。

（1）侧喷式人工降雨系统

侧喷式模拟喷头是一种由不同规格的挡水板组成的人工模拟降雨喷头，其通过先向上喷射雨滴然后再自由落体的方式模拟自然降雨。侧喷式降雨系统的喷头装置由喷头体、出流孔板、碎流挡板及其支架、螺钉等构件组成。侧喷式降雨的原理，为水流经过供水接管射流到喷头孔板，由孔扳的锥形面和锥顶上的集流孔进行集流。集流形成水柱，水柱射向碎流挡板，再经挡板被分散，形成近似扇形碎流面喷射、散落形成降雨。侧喷式降雨装置可进行单组或两组对喷，相对喷水时形成重叠降雨区，降雨面积随之变化。该装置的主要优点是简便易于装卸和运输，其缺点是在野外试验时受风的干扰较大，必要时可配置相应的防风蓬。

（2）下喷式人工降雨系统

下喷式降雨系统的喷头装置由不同规格的下喷式喷头组成，不同喷头的喷水在空间上重合叠加，形成雨强较为均匀的人工降雨区。下喷式降雨系统可在相对较低的降落高度下模拟出天然降雨。

以上两种降雨装置都得到较广泛的应用，且在应用中各地区根据具体情况均有一定的改进。野外人工模拟降雨实验解决了受天然降雨年际丰歉分配不均、数据积累慢、试验周期长的限制和缺点。但在野外由于水电、交通等因素的限制及数据采集等方面存在的问题，对深入探讨土壤侵蚀演变过程、微观变化尚存在较大的困难。而室内人工模拟降雨实验可以较好地克服此类困难。

12.3.1.2 室内人工模拟降雨实验

（1）室内人工模拟降雨系统装置

室内人工模拟降雨装置一般安置在模拟降雨大厅内，由供水系统（供水室、供水池与水泵等）、控制系统（控制室及雨量雨强控制装置）和降雨系统（喷头与供水管网等）所组成。降雨大厅一般为单跨度、单层高建筑，全厅可分为不同的降雨区（一般 2 ～ 4 个），可采用下喷式或侧喷式降雨（喷头）装置。例如设置有 4 个模拟降雨区的降雨大厅布局如图 12.2 所示。

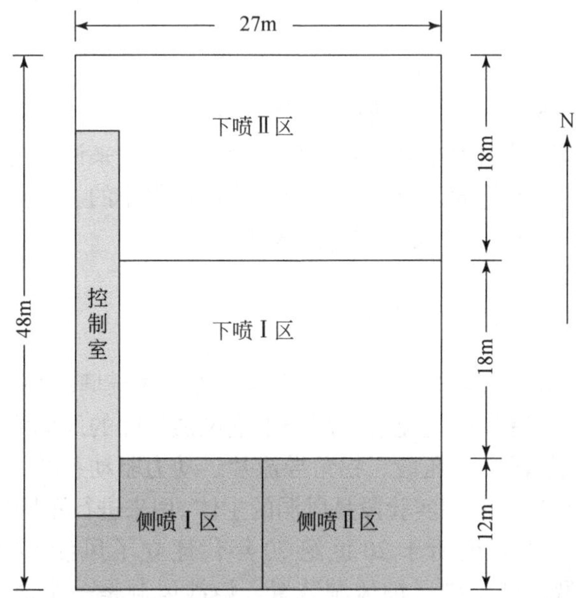

图 12.2 人工模拟降雨大厅规模和降雨分区示意

人工模拟降雨特征值（雨强、雨滴大小及组成、雨滴动能、雨量等）可通过喷头的选择、喷头安置高度（雨滴降落终点速度）及供水系统压力等进行控制。

（2）降雨大厅下垫面模拟装置

人工模拟降雨侵蚀实验的下垫面通常采用人工修建并调控一定坡度的砖砌水泥槽或金属板制作的固定钢槽或活动钢槽。在降雨大厅内，固定的下垫面装置通常只能模拟裸露地面的侵蚀过程。移动式的钢槽可使室内与野外相结合进行实验。移动并活动式的钢槽，不仅可以增加下垫面植被与耕作处理，而且可进行不同坡度的变坡实验。为了保证人工降雨特征数据的确切性和可靠性，在实验正式开始前要进行雨强和雨滴动能的率定。土壤侵蚀模拟试验过程中可进行流量、流速，尤其是径流、土壤入渗、侵蚀产沙量等土壤侵蚀指标的测定。

12.3.1.3 人工模拟降雨实验注意问题

（1）人工模拟降雨强度

降雨强度是造成土壤侵蚀的主要因素之一。天然降雨特别是暴雨其强度在时空上变化很大。即使是同一类型的暴雨，在随降雨历时延长时，雨强也会出现不同的变化。因此，要较好地模拟天然降雨强度及其变化是非常困难的。研究中一般只模拟能引起明显侵蚀或重要水文过程的雨强范围内的几种暴雨强度。

（2）人工模拟暴雨步骤

利用人工降雨进行研究，往往是依据研究目的和研究对象而定的，但通常应注意选择最能提供所要求资料的条件进行模拟。如若要进行土壤湿度对侵蚀的影响研究时，首先应在较干燥的土壤上进行，然后为较湿润的土壤，这样才会得到较为满意的结果。有时，为了使研究结果具有可比性，通常都是在第一场人工模拟降雨后，再进行对比的试验研究。

（3）人工降雨持续时间

与其他因素相比，人工降雨模拟试验持续的时间长短并不重要，但大多数试验的时间应足够长，以使降雨能形成径流，并且在降雨停止之前，使入渗达到某种程度的稳定，或者便于改变降雨强度。

（4）模拟实验结果校正

在不同地点、不同条件、不同时间使用降雨模拟装置，要使降雨强度完全相同是很困难的，因此就会使实验结果出现差异。对于高强度降雨研究来说，可以假定施加的降雨强度和设计降雨强度之间偏差不大，对入渗率的影响也是很小的。因此，将设计降雨强度减去实际入渗量或入渗率，就得出校正过的径流量或径流率。

12.3.2 风力侵蚀风洞模拟实验

利用风力侵蚀的风洞模拟实验，可以深入和快速地探讨土壤风蚀的过程与机制。目前，我国一些科研院所和高等院校已经建立了用于土壤风蚀研究的风洞实验室。模拟实验风洞装置一般由实验段、调压段、扩压段、拐角导流片、动力驱动系统、稳定段、整流装置、收缩段及测量控制系统组成；其中实验段是风洞的主体，用来进行不同风速的风蚀模拟实验。

中国科学院兰州沙漠研究所于20世纪70年代建立了风沙环境风洞实验室，并自行设计建造了一座中型野外土壤风蚀风洞装置。该沙风洞是一个直流式低速风洞，全长37.78m，实验段长16.23m，矩形横断面积100cm × 60cm；风洞的可控风速2～40m/s，连续可调，紊流强度在0.4%以下。风速的测量一般采用皮托管和测微压力计，沙量的测定使用单管或多管集沙仪；也可以应用激光多普勒测速仪，在不干扰测点流动的条件下，快速、精确地测出风速和沙粒的数量及其运动速度。

北京师范大学风沙环境与工程实验室于2007年建造了风沙环境工程风洞。该风洞是一个直流式低速风洞，全长71.1m，实验段长24m，矩形横断面积3m × 2m，顶板可自动升降±0.2 m。轴心可控风速2～45m/s，连续可调。该风洞配有三维位移和供沙系统、风沙流流场数据采集系统、数字式粒子图像测试系统（PIV）、土壤风蚀天平及一系列风沙工程力学测试仪器，使得实验平台在风沙环境工程方面具有一流的综合测试能力。

12.4 土壤侵蚀示踪研究

放射性同位素按其来源有人为放射性核素（如^{137}Cs、^{134}Cs等）、天然放射性核素（如^{238}U、^{235}U等）、宇宙射线产生的放射性核素（如^{7}Be等），稳定性稀土元素经中子活化后，也能产生放射性；由于其特殊的“指纹”作用，可以在土壤侵蚀研究中充当良好的示踪剂。我国同位素示踪技术在土壤侵蚀研究中的应用始于20世纪60年代，自20世纪70年代起

以 ^{137}Cs 示踪技术应用研究较为活跃。此外，也有采用 ^{7}Be、^{210}Pb、^{226}Ra、单核素或多核素示踪技术研究侵蚀过程、河流泥沙的沉积或来源等。用 ^{7}Be 和 ^{137}Cs 复合可确定和预测集水区的泥沙来源，或探讨土壤侵蚀过程机制。也有利用 ^{137}Cs、^{210}Pb 和 ^{226}Ra 三种核元素描述河流泥沙来源。此外，采用稀土元素 REE 示踪技术可定量化研究土壤侵蚀过程的空间变化等。

土壤侵蚀的同位素示踪研究中，^{137}Cs 同位素示踪技术的应用较广泛，在土壤侵蚀及产沙研究中已取得不少成果。美国、英国、加拿大、澳大利亚的科学家根据侵蚀地与非侵蚀地 ^{137}Cs 的面积浓度，先后曾研究建立了经验公式或理论公式，根据 ^{137}Cs 的流失量计算侵蚀地的土壤流失量。我国土壤侵蚀研究者（如张信宝等）在前人研究基础上，也提出了 ^{137}Cs 法测定农耕地等地块的平均侵蚀量的公式。^{137}Cs 示踪法的基本原理，是 ^{137}Cs 在地表环境中进行迁移，土壤颗粒吸附的 ^{137}Cs 尘埃，通过暴雨随同径流泥沙迁移到坡面下方，或进入河、湖、水库而沉积。某一土壤削面的 ^{137}Cs 面积浓度低于或高于当地 ^{137}Cs 本底值，则表明该土壤剖面发生侵蚀或堆积。对照本底值就可以定性或定量地计算该处土壤的流失量或堆积量。

思 考 题

1. 通常土壤侵蚀研究方法主要包括哪几个方面？
2. 土壤侵蚀野外调查研究方法及其内容主要是什么？
3. 土壤侵蚀定位研究的优点是什么？
4. 坡地及小流域土壤侵蚀定位研究方法有哪些？
5. 土壤侵蚀模拟研究主要方法是什么？
6. 人工模拟降雨的系统组成及注意的问题有哪些？
7. 目前土壤侵蚀示踪研究方法所使用的主要放射性核素是什么？
8. 土壤侵蚀示踪研究方法的优缺点各有哪些？

第一次全国水利普查水土保持情况

（摘抄自“第一次全国水利普查公报” 中华人民共和国水利部 中华人民共和国国家统计局 2013年3月26日）

根据国务院决定2010～2012年开展第一次全国水利普查，普查的标准时点为2011年12月31日，普查时期为2011年度。普查范围为中华人民共和国境内（未含香港特别行政区、澳门特别行政区和台湾地区）河流湖泊、水利工程、重点经济社会取用水户以及水利单位等。普查主要内容包括河流湖泊基本情况、水利工程基本情况、经济社会用水情况、河流湖泊治理保护情况、水土保持情况、水利行业能力建设情况。本次普查按照“在地原则”，以县级行政区划为基本工作单元，采取全面调查、抽样调查、典型调查和重点调查等多种调查形式进行。

国务院第一次全国水利普查领导小组办公室采用二阶段分层抽样法，在全国31个省级水利普查区内进行了事后质量抽查。抽查结果显示，水利普查对象综合漏报率为0.11%，指标汇总数据的平均误差率为6.20%，数据质量符合预期目标。

经国务院批准，现将水利普查主要成果公布如下。

水土保持情况：

土壤侵蚀。土壤水力、风力侵蚀面积294.91万km^2。其中水力侵蚀面积129.32万km^2，按侵蚀强度分，轻度66.7万km^2，中度35.14万km^2，强烈16.87万km^2，极强7.63万km^2，剧烈2.92万km^2；风力侵蚀面积165.59万km^2，按侵蚀强度分，轻度71.60万km^2，中度21.74万km^2，强度21.82万km^2，极强度22.04万km^2，剧烈28.39万km^2。

侵蚀沟道。西北黄土高原区侵蚀沟道666719条，东北黑土区侵蚀沟295663条。

水土保持措施面积。水土保持措施面积为99.16万km^2，其中：工程措施20.03万km^2，植物措施77.85万km^2，其他措施1.28万km^2。

淤地坝。共有淤地坝58466座，淤地面积927.57km^2，其中：库容在50万～500万m^3的骨干淤地坝5655座，总库容57.01亿m^3。

主要参考文献

拜格诺 R.A.1959. 风沙和荒漠沙丘物理学 . 钱宁译 . 北京：科学出版社
北京大学等 .1979. 地貌学 . 北京：人民教育出版社
蔡强国，王贵平，陈永宗 .1998. 黄土高原小流域侵蚀产沙过程与模拟 . 北京：科学出版社
蔡如藩 .1981. 水土保持学 . 台北：中央图书出版社
常鸣，唐川，李为乐等 .2012. 汶川地震区绵远河流域泥石流形成区的崩塌滑坡特征 . 山地学报 , (5)：561-569
陈安泽 .2011. 中国喀斯特石林景观研究 . 北京：科学出版社
陈光曦，王继康，王林海 .1983. 泥石流防治 . 北京：中国铁道出版社
陈泮勤 .1996. 全球增暖对自然灾害的可能影响 . 自然灾害学报 ,5(2)：95-101
陈晓安，杨洁，熊永等 .2013. 红壤区崩岗侵蚀的土壤特性与影响因素研究 . 水利学报 , 44(10)：1175-1181
陈永宗，景可，蔡强国 .1988. 黄土高原现代侵蚀与治理 . 北京：科学出版社
成都地质学院陕北队 .1978. 沉积岩（物）粒度分析及其应用 . 北京：地质出版社
程金花，张洪江，王伟等 .2009. 重庆四面山 5 种人工林保土功能评价 . 北京林业大学学报 , 31(6)：1-9
程金花，张洪江，王伟等 .2010. 重庆紫色土区不同森林恢复类型对土壤质量的影响 . 生态环境学报，19(12)：212-217
崔鹏 .1990. 泥石流起动机理与条件的实验研究 . 科学通报，36(21)：1650-1652
崔鹏，刘世建 .2000. 中国泥石流监测预报研究现状与展望 . 自然灾害学报 ,9(2)：10-15
崔鹏，柳素清，唐邦兴等 .2005. 风景区泥石流研究与防治 . 北京：科学出版社
丁国栋 .2008. 风沙物理学中两个焦点问题研究形状与未来研究思路刍议 . 中国沙漠，28(3)：395-398
董玉祥，刘玉璋，刘毅华 .1995. 沙漠化若干问题研究 . 西安：西安地图出版社
董曾南 .1995. 水力学 (上册). 北京：高等教育出版社
杜春利 .1995. 河北省太行山区水土流失及其防治对策 . 中国水土保持，12(3)：1-3
杜恒俭，陈华慧，曹伯勋 .1981. 地貌学及第四纪地质学 . 北京：地质出版社
杜榕桓，康志成，陈循谦等 .1987. 云南小江泥石流综合考察与防治规划研究 . 重庆：科学技术文献出版社重庆分社
樊萍，宋维秀，魏国良 .2005. 单雨滴降雨对结皮土壤溅蚀的影响 . 青海大学学报，(1)：59-61
弗里德曼 G.M, 桑德斯 J.E.1987. 沉积学原理 . 徐怀庆 , 陆伟文译 . 北京：科学出版社
高全洲，沈承德 .2001. 珠江流域的化学侵蚀 . 地球化学，(5)：223-230
高学田，包忠谟 .2001. 降雨特性和土壤结构对溅蚀的影响 . 水土保持学报，15(3)：24-27
龚绪龙，孙自永 .2007. 额济纳盆地绿洲风蚀荒漠化危险性分析 . 内蒙古科技与经济，(12)：32-33
关君蔚，解明曙，张洪江 .1996. 水土保持原理 . 北京：中国林业出版社
郭晓军，崔鹏，朱兴华 .2012. 泥石流多发区蒋家沟流域的下渗与产流特点 . 山地学报，(5)：585-591
国务院第一次全国水利普查领导小组办公室 .2010. 第一次全国水利普查培训教材之六：水土保持情况普查 . 北京：中国水利水电出版社
韩致文，董治宝，王涛等 .2003. 塔克拉玛干沙漠风沙运动若干特征观测研究 . 中国科学，33(3)：255-263
何晓英，陈洪凯，唐红梅等 .2013. 泥石流龙头冲击特性模型实验研究 . 重庆交通大学学报 (自然科学版)，doi:10.3969/j.issm.1674-1696
黄秉维 .1955. 编制黄河中游流域土壤侵蚀分区图的经验教训 . 科学通报 , (12):15-21
黄河水利委员会黄河志总编辑室 .1989. 黄河志 . 郑州：河南人民出版社
蒋红，佟鼎，黄宁 .2011. 坡面风沙运动的风洞实验及数值模拟 . 工程力学，28(12)：190-198
蒋斯善，刘湫勤 .1988. 地貌学 . 北京：地质出版社
金昌宁，董治宝，李吉均等 .2005. 高立式沙障处的风沙沉积及其表征的风沙运动规律 . 中国沙漠，25(5)：652-657
荆绍华 .1986. 泥石流临界雨量和触发雨量的初步分析 . 铁道工程学报，4：91-95
景可，陈永宗 .1990. 我国土壤侵蚀与地理环境的关系 . 地理研究，9(2)：20-27
卡森 M.A，柯克拜 M.J.1984. 坡面形态与形成过程 . 窦葆璋译 . 北京：科学出版社

柯克比 M.J，摩根 R.P.1987. 土壤侵蚀 . 王礼先，吴斌等译 . 北京：水利电力出版社
拉尔 R.1991. 土壤侵蚀研究方法 . 黄河水利委员会宣传出版中心译 . 北京：科学出版社
李械，罗德富 .1988. 我国南方山地和丘陵的荒漠化问题 . 中国沙漠，8(4)：1-10
李麒麟，梁明宏，王云斌等 .2004. 疏勒河上游地区土壤盐渍化现状与综合治理分析 . 西北地质，37(1)：81-85
李维能，方贤铨 .1987. 地貌学 . 北京：测绘出版社
李艳富，王兆印，余国安 .2013. 三江源区风沙沉积物的特性 . 清华大学学报 (自然科学版)，1：18-23
李智 .2011. 辽西北风蚀荒漠化土地研究现状与利用前景分析 . 资源环境与科学，(9)：298-299
李智广 .2005. 水土流失测验与调查 . 北京：中国水利水电出版社
梁光模，王成华，张小刚 .2003. 川藏公路中坝段溜砂坡形成与防治对策 . 中国地质灾害与防治学报，14(4)：34-38
刘秉正，吴发启 .1997. 土壤侵蚀 . 西安：陕西人民出版社
刘春成，李毅，郭丽俊等 .2011. 微咸水灌溉对斥水土壤水盐运移的影响 . 农业工程学报，27(8)：39-45
刘和平，符素华，王秀颖等 .2011. 坡度对降雨溅蚀影响的研究 . 土壤学报，48(3)：479-486
刘宏，吴文青 .1998. 路南石林现代喀斯特溶蚀速率研究 . 云南地理环境研究，(1)：42-45
刘拓，周光辉 .2012. 石漠化综合治理模式 . 北京：中国林业出版社
刘运河，应杰 .1995. 小兴安岭地区的水土流失及其防治 . 中国水土保持，12(3)：11-14
刘振 .2004. 水土保持监测技术 . 北京：中国大地出版社
吕儒仁，李德基 .1989. 西藏波密冬茹弄巴的冰雪融水泥石流 . 冰川冻土，11(2)：148-160
罗来兴 .1965. 划分晋西、陕北、陇东黄土区沟间地与沟谷地貌类型 . 地理学报，22：29-32
罗亲普 .2012. 土壤溅蚀过程和研究方法综述 . 土壤通报，43(1)：230-235
罗廷彬，任崴，李彦等 .2006. 咸水灌溉条件下干旱区盐渍土壤盐分变化研究 . 土壤，38(2)：166-170
马波，吴发启，马璠 .2010. 谷子冠层下的土壤溅蚀速率特征 . 干旱地区农业研究，28(1)：130-134
马世威，马玉明等 .1998. 沙漠学 . 呼和浩特：内蒙古人民出版社
马廷，周成虎 .2006. 基于雨滴谱函数的降雨动能理论计算模型 . 自然科学进展，10(16)：1251-1256
马西军，张洪江，程金花等 .2011. 三峡库区森林立地类型划分 . 东北林业大学学报，39(12)：109-113
蒲玉琳，张宗锦，刘世全等 .2010. 西藏土壤钙、镁、钾、钠的迁移和聚集特征 . 水土保持学报，24(1)：86-90
钱宁，万兆惠 .1983. 泥沙运动力学 . 北京：科学出版社
乔捷娟，李强，赵烨等 .2009. 京津冀接壤区土壤表土层中碳酸钙的分布规律 . 地理与地理信息科学，25 (6)：56-59
屈建军，黄宁，拓万全等 .2005. 戈壁风沙流结构特性及其意义 . 地理科学进展，20(1)：19-23
施雅风 .1988. 中国冰川概论 . 北京：科学出版社
施雅风，李吉均 .1994.80 年代以来中国冰川学和第四纪冰川研究的新进展 . 冰川冻土，16(1)：1-14
史明昌，田玉柱 .2004. 县级水土保持监测信息系统 . 北京：中国科学技术出版社
史婉丽，杨勤科，张光辉 .2006.WEPP 模型的最新研究进展 . 干旱地区农业研究，24(6)：173-177
水利部国际合作与科技司 .2002. 水利技术标准汇编水土保持卷 . 北京：中国水利水电出版社
谭炳炎 .1986. 泥石流沟严重程度的数量化综合评价 . 水土保持通报，6(1)：51-57
谭万沛，王成华，姚令侃等 .1994. 暴雨泥石流滑坡的区域预测与预报——以攀西地区为例 . 成都：四川科学技术出版社
唐邦兴，李宪文，吴积善等 .1994. 山洪泥石流滑坡灾害及防治 . 北京：科学出版社
唐克丽 .2004. 中国水土保持 . 北京：科学出版社
唐小明，李长安 .1999. 土壤侵蚀速率研究方法综述 . 地球科学进展，14(3)：274-278
唐政洪，蔡强国，李忠武等 .2001. 内蒙古砒砂岩地区风蚀、水蚀及重力侵蚀交互作用研究 . 水土保持学报，15(2)：25-29
田均良，周佩华，刘普灵等 .1992. 土壤侵蚀 REE 示踪法研究初报 . 水土保持学报，6(4)：21-27
田连权，吴积善，康志成等 .1993. 泥石流侵蚀搬运与堆积 . 成都：成都地图出版社
王光谦，刘家宏 .2006. 数字流域模型 . 北京：科学出版社
王礼先 .1994. 流域管理学 . 北京：中国林业出版社
王礼先 .2004. 中国水利百科全书·水土保持分册 . 北京：中国水利水电出版社
王礼先，于志民 .2001. 山洪泥石流灾害预报 . 北京：中国林业出版社
王礼先，朱金兆 .2005. 水土保持学（第二版）. 北京：中国林业出版社

王贤，张洪江，程金花等 .2012. 重庆市四面山典型林分土壤饱和导水率研究 . 水土保持通报，42(4)：29-34
王雪芹，张元名，张伟名等 .2004. 古尔班通古特沙漠生物结皮对地表风蚀作用影响的风洞实验 . 冰川冻土，26(5)：632-638
王彦华，谢先德，王春云 .2000. 风化花岗岩崩岗灾害的成因机理 . 山地学报，18(6)：496-501
韦方强，胡凯衡，Jose Luis Lopez 等 .2003. 泥石流危险性动量分区方法与应用 . 科学通报，48(3)：298-301
吴发启，张洪江，王健等 .2012. 土壤侵蚀学 . 北京：科学出版社
吴积善，田连权，康志成等 .1993. 泥石流及其综合治理 . 北京：科学出版社
吴普特 .1997. 动力水蚀实验研究 . 西安：陕西科学技术出版社
吴晓旭，邹学勇，钱江等 .2011. 毛乌素沙地不同下垫面的风沙运动特征 . 中国沙漠，31(4)：828-835
吴正 .1987. 风沙地貌学 . 北京：科学出版社
吴志峰，钟伟青 .1997. 崩岗灾害地貌及其环境效应 . 生态科学，16(2)：91-96
夏邦栋 .1987. 普通地质学 . 北京：地质出版社
谢承陶 .1993. 盐渍土改良与作物抗性 . 北京：中国农业科学技术出版社
谢德体，范晓华 .2010. 三峡库区消落带生态系统演变与调控 . 北京：科学出版社
辛树帜，蒋德麒，关君蔚等 .1982. 中国水土保持概论 . 北京：农业出版社
熊康宁，黎平等 .2002. 喀斯特石漠化的遥感 GIS 典型研究——以贵州省为例 . 北京：地质出版社
徐恒刚 .2004. 中国盐生植被及盐渍化生态 . 北京：中国农业科学技术出版社
许炯心 .2004. 黄土高原丘陵沟壑区坡面 - 沟道系统中的高含沙水流（1）：地貌因素与重力侵蚀的影响 . 自然灾害学报，13(1)：55-60
薛海，王光谦，李铁键 .2009. 黄河中游区重力侵蚀研究综述 . 水利科学进展，20(4)：599-606
严钦尚，曾昭璇 .1986. 地貌学 . 北京：高等教育出版社
杨达源 .1985. 江南的晚更新世风成砂丘 . 中国沙漠，5(4)：36-43
杨杰程，张宇，刘大有等 .2010. 三维风沙运动的 CFD-DEM 数值模拟 . 中国科学，40(7)：904-915
杨景春 .1993. 中国地貌特征与演化 . 北京：海洋出版社
杨明义，田均良 .2000. 坡面侵蚀过程定量研究进展 . 地球科学进展，15(6)：649-653
杨子生 .2002. 云南金省沙江流域滑坡泥石流灾害区划研究 . 山地学报，(S1)：88-94
姚令侃 .1988. 用泥石流发生频率及暴雨频率推求临界雨量的探讨 . 水土保持学报，2(4):72-77
姚小华，任华东，李生等 .2013. 石漠化植被恢复科学研究 . 北京：科学出版社
于国强，李占斌，张茂省等 .2012. 水土保持措施对黄土高原小流域重力侵蚀的调控机理研究 . 土壤学报，49(4)：646-654
余世鹏，杨劲松，刘广明 .2011. 不同水肥盐调控措施对盐碱耕地综合质量的影响 . 土壤通报，42(4)：942-946
袁志忠，周耀渝，唐旺旺 .2013. 基于齐波夫定律的我国滑坡泥石流灾害分析 . 中国地质灾害与防治学报，24(4):34-39
曾廉 .1990. 崩塌与防治 . 成都：西南交通大学出版社
张德平，孙宏伟，王效科等 .2007. 呼伦贝尔沙质草原风蚀坑研究（Ⅱ）：发育过程 . 中国沙漠，27(1)：20-24
张洪江 .1985. 通用土壤流失方程式综述 . 北京林学院学报，7 (3)：73-87
张洪江，程金花，何凡等 .2006. 长江三峡花岗岩地区优先流运动及其模拟 . 北京：科学出版社
张洪江，杜士才，程云等 .2010. 重庆四面山森林植物群落及其土壤保持与水文生态功能 . 北京：科学出版社
张洪江，王礼先 .1997. 长江三峡花岗岩坡面土壤流失特性及其系统动力学仿真 . 北京：中国林业出版社
张济，杨秀春，李亚云等 .2011. 基于干燥度指数的辽西北土地风蚀荒漠化判别 . 地理研究，12(30)：2239-2246
张世熔，黄元仿，李保国等 .2001. 近 20 年间黄淮海平原典型区盐渍土性质的对比分析 . 土壤通报，32（专辑）：14-17
张祥松，周隶超等 .1990. 喀喇昆仑山叶尔羌河冰川与环境 . 北京：科学出版社
张学俭，陈泽健 .2007. 珠江喀斯特地区石漠化防治对策 . 北京：中国水利水电出版社
张正偲，赵爱国，董治宝等 .2007. 藻类结皮自然恢复后抗风蚀特性研究 . 中国沙漠，7(27)：558-562
张治昊，曹文洪，周景新等 .2008. 黄河下游引黄灌区风沙运动对环境的危害与防治 . 泥沙研究 ,(3)：57-62
张宗祜 .1996. 黄土高原区域环境地质问题及治理 . 北京：科学出版社
章文波，谢云，刘宝元 .2002. 用雨量和雨强计算次降雨侵蚀力 . 地理研究，21(3)：384-389
赵超，王书芳，徐向舟等 .2012. 重力侵蚀黄土沟壑区沟坡产沙特性 . 农业工程学报，28(12)：140-145
赵晓光，吴发启 .2001. 单雨滴溅蚀规律及其对溅蚀土粒的分选作用 . 水土保持学报，15(1)：43-45
郑粉莉，高学田 .2003. 坡面土壤侵蚀过程研究进展 . 地理科学，23(2)：230-231

郑书彦，李占斌 .2005. 滑坡侵蚀研究 . 郑州：黄河水利出版社
郑晓静，周又和 .2003. 风沙运动研究中的若干关键力学问题 . 力学与实践，25(2)：1-6
中国科学院成都山地灾害与环境研究所 .1989. 泥石流研究与防治 . 成都：四川科学技术出版社
中国科学院黄土高原综合考察队 .1990. 黄土高原地区土壤侵蚀区与特征及其治理途径 . 北京：中国科学技术出版社
中国科学院青藏高原综合考察队 .1986 . 西藏冰川 . 北京：科学出版社
中国自然地理编写组 .1994. 中国自然地理 (第二版). 北京：高等教育出版社
中山大学 .1978. 自然地理学 (上册). 北京：人民教育出版社
钟敦伦，谢洪，王士革等 .2004. 北京山区泥石流 . 北京：商务印书馆
朱莉，李金霞，秦富仓等 .2009. 鄂托克旗风蚀荒漠化景观格局动态变化研究 . 中国沙漠，(29)：1063-1068
朱显谟，陈代中 .1989. 中国土壤侵蚀类型及分区图 . 北京：科学出版社
朱震达 .1989. 中国沙漠化及其治理 . 北京：科学出版社
朱震达，陈广庭 .1994. 中国土地沙质荒漠化 . 北京：科学出版社
邹学勇 .1990. 中国亚热带湿润地区沙地貌的研究，中国沙漠，10(2)：43-53
Cheng Q J, Cai Q G, Hu X. 2005. Rain splash erosion and soil crust development of loess soils different in particle size.Acta Pedologica Sinica,42 (3)：504-507
Chu-Agor M L, Fox G A, Wilson G.V.2009.Empirical sediment transport function predicting seepage erosion undercutting for cohesive bank failure prediction.Journal of Hydrology,377(1-2)：155-164
David W.P, Beer C.E.1975.Simulation of soil erosion.Part I.Development of a mathematical erosion model.Trans. ASAE,18(1)
Eung S L, Noel C.2001.A four-component mixing model for water in a karst terrain in south-central Indiana.USA. Using solute concentration and stable isotopes as tracers.Chemical Geology
Fogel M M, Heknan D L.1976.A stochastic sediment yield model using the modified universal.soil loss equation. In：Soil Erosion：Prediction and control.Soil Conservation Society of America.Special publication.No.21
Foster G R，Meyer L.D.1975.Mathematical simulation of upland erosion by fundamental erosion principles.Trans. ASAE,20(4)
Hudson N W.1981.Soil Conservation znd.Ithaca:Cornell Univ.Press
Jinhua cheng，Hongjiang Zhang，Wei Wang et al.2011.Changes in preferential flow path distribution and its affecting factors in southwest China.Soil Science,12：1-9
Julien P Y，1989.Soil erosion losses from upland areas.Proc.the 4th international symposium on river sedimentation
Kinnell P I A.2005.Raindrop-impact-induced erosion processes and prediction：A review.Hydrol Process,19：2815-2844
Legouta C, Legue'doisb S，Le Bissonnaisb Y, et al.2005.Splash distance and size distributions for various soils. Geoderma,124：279-292
Merritt W S，Letcher R A, Jakeman A.J.2003.A review of erosion and sediment transport models .Environmental Modelling & Software,18(8-9)：761-799
Meyer L D，Wischmeier W.H.1969.Mathematical simulation of process of soil erosion by water.Trans.ASAE,12(6)
Morgan R P C.2001.A simple approach to soil loss prediction：A revised Morgan-Finney model.Catena,44(4)：305-322
Morgan R P C. 2005.Soil Erosion and Conservation (the third version).New York:M.Blackwell publishing
Negev M A.1967.A sediment model on a digital computer.Technical Report 76.Deportment of Civil Engineering. Stanford University
Stroosnijder L.2005.Measurement of erosion：Is it possible? Catena,64：162-173
Terrence J T, George R F, Kenneth G R. 2002.Soil Erosion：Processes Prediction Measurement and Control .NewYork：John Wiley & Sons
Wischmeier W H，Smith D.D，Uhland.R.E.1985.Evaluation of Factors in the Soil Loss Equation.Agric. Eng,39.458-642
Wright L D，Friedrichs C T. 2006.Gravity-driven sediment transport on continental shelves：A status report. Continental Shelf Research，26(17-18)：2092-2107
Zingg A W.1940.Degree and length of Land slope as It Affects Soil Loss in Runoff.Agric.Eng,21:1959-1964

附　　录

1990 年全国土壤侵蚀面积遥感调查统计表

序号	省（市、自治区）	土地总面积 /km^2	土壤侵蚀面积 /km^2				占本省面积百分比 /%
			水力侵蚀	风力侵蚀	冻融侵蚀	小计	
1	北京	16367	4830	0	0	4830	29.51
2	天津	11534	403	0	0	403	3.49
3	河北	187492	58085	12877	0	70962	37.85
4	山西	156886	107731	167	0	107898	68.77
5	内蒙古	1149651	158101	640530	51062	849693	73.91
6	辽宁	145745	63715	1933	0	65648	45.04
7	吉林	190947	24097	15785	0	39882	20.89
8	黑龙江	454631	112560	7666	14268	134494	29.58
9	上海	6185	0	0	0	0	0.00
10	江苏	102168	9161	0	0	9161	8.97
11	浙江	101800	25708	0	0	25708	25.25
12	安徽	139386	28854	0	0	28854	20.70
13	福建	121793	21130	250	0	21380	17.55
14	江西	167073	45652	152	0	45804	27.42
15	山东	154898	50373	10295	0	60668	39.17
16	河南	164947	64756	0	0	64756	39.26
17	湖北	185900	68483	0	0	68483	36.84
18	湖南	211829	47156	0	0	47156	22.26
19	广东（含港、澳）	177873	11382	0	0	11382	6.40
20	广西	236661	11143	0	0	11143	4.71
21	海南	34132	455	0	0	455	1.33
22	四川（含重庆）	565708	184153	0	64662	248815	43.98
23	贵州	176103	76682	0	0	76682	43.54
24	云南	385443	144471	0	1960	146431	37.99
25	西藏	1204628	62057	50592	921581	1034230	85.85
26	陕西	205718	120404	11572	0	131976	64.15
27	甘肃	413803	106937	129252	13690	249879	60.39
28	青海	717360	40060	142647	151376	334083	46.57
29	宁夏	51800	22897	15975	0	38872	75.04
30	新疆	1663056	113843	836403	35518	985764	59.27
31	台湾	35788	8888	0	0	8888	24.84
32	合计	9537303	1794167	1876096	1254117	4924380	51.63

资料来源：水利部水土保持监测中心，1990 年。

2002年全国土壤侵蚀面积遥感调查统计表

序号	省（市、自治区）	土地总面积 /km²	土壤侵蚀面积 /km²				占本省面积百分比 /%
			水力侵蚀	风力侵蚀	冻融侵蚀	小计	
1	北京	16367	4383	0	0	4383	26.78
2	天津	11534	463	0	0	463	4.01
3	河北	187492	54662	8295	0	62957	33.58
4	山西	156886	92863	0	0	92863	59.19
5	内蒙古	1149651	150219	594607	47699	792525	68.94
6	辽宁	145745	48221	2333	0	50554	34.69
7	吉林	190947	19296	14278	0	33574	17.58
8	黑龙江	454631	86539	8907	16071	111517	24.53
9	上海	6185	0	0	0	0	0.00
10	江苏	102168	4105	0	0	4105	4.02
11	浙江	101800	18323	0	0	18323	18.00
12	安徽	139386	18775	0	0	18775	13.47
13	福建	121793	14832	87	0	14919	12.25
14	江西	167073	35106	0	0	35106	21.01
15	山东	154898	32432	3555	0	35987	23.23
16	河南	164947	30073	0	0	30073	18.23
17	湖北	185900	60843	0	0	60843	32.73
18	湖南	211829	40393	0	0	40393	19.07
19	广东（含港、澳）	177873	11010	0	0	11010	6.19
20	广西	236661	10369	4	0	10373	4.38
21	海南	34132	205	342	0	547	1.60
22	重庆	82339	52040	0	0	52040	63.20
23	四川	483369	150400	6121	64693	221214	45.77
24	贵州	176103	73179	0	0	73179	41.55
25	云南	385443	142562	0	0	142562	36.99
26	西藏	1204628	62744	49893	912588	1025225	85.11
27	陕西	205718	118096	10708	0	128804	62.61
28	甘肃	413803	119370	141969	13212	274551	66.35
29	青海	717360	53137	128972	132503	314612	43.86
30	宁夏	51800	20907	15943	0	36850	71.14
31	新疆	1663056	115425	920726	83010	1119161	67.30
32	台湾	35788	7844	0	0	7844	21.92
33	合计	9537303	1648816	1906740	1269776	4825332	50.59

资料来源：水利部水土保持监测中心，2002年1月。

2013年第一次全国水利普查土壤侵蚀面积遥感调查统计表

序号	省（市、自治区）	土地总面积 /km²	土壤侵蚀面积 /km²				占本省面积百分比 /%
			水力侵蚀	风力侵蚀	冻融侵蚀	小计	
1	北京	16367	3202	0	0	3202	19.56
2	天津	11534	236	0	0	236	2.05
3	河北	187492	42135	4961	0	47096	25.12
4	山西	156886	70283	63	0	70346	44.84
5	内蒙古	1149651	102398	526624	14469	643491	55.97
6	辽宁	145745	43988	1947	0	45935	31.52
7	吉林	190947	34744	13529	0	48273	25.28
8	黑龙江	454631	73251	8687	14101	96039	21.12
9	上海	6185	4	0	0	4	0.06
10	江苏	102168	3177	0	0	3177	3.11
11	浙江	101800	9907	0	0	9907	9.73
12	安徽	139386	13899	0	0	13899	9.97
13	福建	121793	12181	0	0	12181	10.00
14	江西	167073	26497	0	0	26497	15.86
15	山东	154898	27253	3555	0	27253	17.59
16	河南	164947	23464	0	0	23464	14.23
17	湖北	185900	36903	0	0	36903	19.85
18	湖南	211829	32288	0	0	32288	15.24
19	广东	177873	21305	0	0	21305	11.98
20	广西	236661	50537	4	0	50537	21.35
21	海南	34132	2116	342	0	2116	6.20
22	重庆	82339	31363	0	0	31363	38.09
23	四川	483369	114420	6622	48367	169409	35.05
24	贵州	176103	55269	0	0	55269	31.38
25	云南	385443	109588	0	1306	110894	28.77
26	西藏	1204628	61602	37130	323230	421962	35.03
27	陕西	205718	70807	1879	0	72686	35.33
28	甘肃	413803	76112	125075	10163	211350	51.08
29	青海	717360	42805	125878	155768	324451	45.23
30	宁夏	51800	13891	5728	0	19619	37.87
31	新疆	1663056	87621	797793	93552	978966	58.87
32	合计	9537303	1293246	1655916	660956	3610118	37.85

注：①资料来源：水利部水土保持监测中心，2013年10月；

②按照国务院的决定，2010年至2012年开展第一次全国水利普查，普查的标准时点为2011年12月31日，时期资料为2011年度，普查范围为中华人民共和国境内（未含香港、澳门和台湾）。

土壤侵蚀网站

土壤侵蚀研究及与此有关的最新信息，可通过世界范围内的网络找到，在网站上发布的信息通常会比公示信息提前一年或更多时间，另外，还会有机会接触到参与有关研究的人士。下面列举的是一些有关土壤侵蚀网站的地址及其主办者。

网站地址	主办者
asae.org	美国农业工程协会
boris.qub.ac.uk/bgrg	英国地形研究组
cmex-www.arc.nasa.gov/Aeolian/Aeolian.html	亚利桑那州立大学行星风成实验室
dillaha.bse.vt.edu/answers/index.html	弗吉尼亚科技大学生态系统工程部
dmoz.org/Science/Earth_Sciences/Geology/geomorphology/soil_Erosion	土壤侵蚀，地质工程开放协会
forest.moscowfsl.wsu.edu/4702/wepp0.html	莫斯科森林科学实验室森林保护
grl.ars.usda.gov	美国农业部自然资源保护所，里诺草场研究实验室
hydrolab.arsusda.gov	美国农业部自然资源保护所，贝兹维尔水文遥感实验室
hydrolab.arsusda.gov/wdc/arswater.html	美国农业部自然资源保护所，贝兹维尔水资源数据中心
kimberly.ars.usda.gov/pampage.shtml	美国农业部自然资源保护所
mwnta.nmw.ac.uk/GCTEFocus3/networks/erosion.htm	全球变化与生态系统中心
office.geog.uvic.ca/dept/cgrg/cgrg.htm	加拿大地形研究组
pubs.usgs.gov/gip/deserts/eolian	美国内政部地质调查组
sbxh.org	中国水土保持学会
topsoil.nserl.puidue.edu	美国农业部自然资源保护所，国家土壤侵蚀研究实验室
tucson.ars.ag.gov/kineros	美国农业部自然资源保护所
water.usgs.gov/osw	美国内政部地质调查组
weru.ksu.edu	美国农业部自然资源保护所，曼哈顿风力侵蚀研究室
www.agric.gov.ab.ca/agdex/500/72000002.html	加拿大艾伯塔省农业局
www.ars.usda.gov	美国农业部农业研究所
www.asce.org	美国土木工程师协会
www.blm.gov	（美国内政部）土地管理局
www.brc.tamus.edu/swat/index.html	美国农业部农业研究所草原水土研究实验室

续表

网站地址	主办者
www.ca.nrcs.usda.gov/wps/download.html	美国农业部自然资源保护所
www.caass.org.cn	中国农学会
www.cast.org.cn/	中国地质学会
www.ches.org.cn/	中国水利学会
www.cjw.com.cn/	水利部长江水利委员会
www.cla.sc.edu/geog/gsgdocs	美国地理学家协会地貌学专业小组
www.cost623.leeds.ac.uk/cost623	欧洲科技研究合作组织
www.csf.org.cn	中国林学会
www.csrl.ars.usda.gov/wewc	美国农业部得克萨斯州拉伯克市风力侵蚀与水资源保护中心
www.csss.org.cn	中国土壤学会
www.ctic.purdue.edu/CTIC/CTIC.html	水土保持科技信息中心
www.distromet.com	瑞士 Distromet 有限责任公司
www.distrometer.at	澳大利亚 Joanneum 研究公司
www.egi.ac.cn	中国科学院新疆生态与地理研究所
www.engr.utk.edu/research/water/erosion	田纳西州诺克斯维尔大学，水资源与环境工程研究中心
www.epa.gov	美国环境保护组织
www.erosioncontrol.com	国际侵蚀控制协会
www.ex.ac.uk/～yszhang/caesium/welcome.htm	英国埃克塞特大学地理研究部
www.forestry.gov.cn	中华人民共和国国家林业和草原局
www.fs.fed.us/em	美国农业部农业研究所，森林保护与山脉研究工作站
www.ftw.nrcs.usda.gov/nhcp_2.html	美国农业部自然资源保护所
www.gcrio.org/geo/soil.html	美国全球变化研究信息办公室
www.geog.le.ac.uk/bgrg	英国地形地貌研究组
www.geog.ucl.ac.uk/weels	欧洲（苏格兰）沙壤风力侵蚀研究中心
www.geosociety.org	美国地质社团
www.gov.on.ca/OMAFRA/english/engineer/soil/erosion.htm	加拿大安大略湖渥太华农业、食品与乡村事务研究中心
www.gsc.org.cn/	中国地理学会
www.homepage.montana.edu/ueswl/geomorphlist/index.htm	国际地形学家协会
www.hrc.gov.cn/	水利部淮河水利委员会
www.hwcc.com.cn/	水利部海河水利委员会

续表

网站地址	主办者
www.iae.ac.cn	中国科学院沈阳应用生态研究所
www.icourses.cn/coursestatic/course_3663.html	“土壤侵蚀原理”国家级精品资源共享课
www.icourses.cn/viewVCourse.action?courseId=ff80808141db790e0141dec4287501d6	“土壤侵蚀原理”国家级精品视频公开课
www.ieca.org	国际侵蚀控制协会
www.igsnrr.ac.cn	中国科学院地理科学与资源研究所
www.imde.ac.cn	中国科学院水利部成都山地灾害与环境研究所
www.isicohome.org	国际水土保持组织
www.iso.ch	国际标准组织
www.issas.ac.cn	中国科学院南京土壤研究所
www.iswc.ac.cn	中国科学院水利部水土保持研究所
www.iwhr.com	中国水利水电科学研究院
www.kuleuven.ac.be/facdep/geo/fgk/pages/expgeom.htm	比利时鲁汶大学，地形学实验室
www.lbk.ars.usda.gov/wewc	美国田纳西州诺克斯维尔大学水资源与环境工程研究中心
www.lisa.univ-paris12.fr	法国 inter 大学大气系统实验室
www.lknet.forestry.ac.cn	中国林业科学研究院
www.maf.govt.nz/MAFnet/schools/kits/soil.htm	新西兰农业部
www.medalus.demon.co.uk	地中海土地荒漠化与土地利用项目
www.mrsars.usda.gov	美国农业部自然资源保护所，北部中心土壤保护研究实验室
www.mwr.gov.cn	中华人民共和国水利部
www.nal.usda.gov/wqic/wqdb/esearch.html	美国农业部自然资源保护所，国家农业实验室水质信息中心
www.ncg.nrcs.gov	美国农业部自然资源保护所
www.neigae.ac.cn	中国科学院东北地理与农业生态研究所
www.odyssey.maine.edu/gisweb/spatdb/egis/eg94023.html	荷兰乌得勒支大学地理部
www.osei.noaa.gov/Events/Dust	美国国家海洋–大气商业部
www.osmre.gov	美国内政部表层采矿办公室
www.pearlwater.gov.cn/	水利部珠江水利委员会
www.psw.fs.fed.us	美国农业部自然资源保护所，太平洋西南森林保护研究部
www.psw.fs.fed.us/techpub.html	美国农业部自然资源保护所，太平洋西南森林保护研究部
www.rcees.ac.cn	中国科学院生态环境研究中心
www.rusle2.com	田纳西诺克斯维尔大学农业与生态系统工程部
www.sbxh.org.cn	中国水土保持学会

续表

网站地址	主办者
www.sedlab.olemiss.edu	美国农业部自然资源保护所，牛津国家沉降实验室
www.shef.ac.uk/ ~ scidr	谢菲尔德大学，英国国际干旱地研究中心
www.silsoe.cranfield.ac.uk/iwe/erosion/eurosem.htm	英国克兰菲尔德大学水与环境研究中心
www.slwr.gov.cn/	水利部松辽水利委员会
www.soilerosion.net	北爱尔兰贝尔法斯特女王大学，地理学院
www.statlab.iastate.edu/soils/cer	美国国家生态单元空间结构研究部门
www.stream.fs.fed.us	美国农业部自然资源保护所
www.swcc.org.cn/	水利部水土保持司
www.swcs.org	水土保持社团
www.tba.gov.cn/	水利部太湖水利委员会
www.tucson.ars.ag.gov	美国农业部自然资源保护所，图森西南流域研究中心
www.usace.army.mil	美国陆军工程兵园
www.usbr.gov	美国内政部再生署
www.usgs.gov	美国内政部雷斯顿地质调查中心
www.watershed.org/wmc	流域管理委员会
www.wcc.nrcs.usda.gov/water/climate/gem/gem.html	美国农业部自然资源保护所，国家水资源与气候中心
www.wcc.nrcs.usda.gov/water/quality/frame/wqam	美国农业部自然资源保护所，波特兰国家水资源与气候中心
www.wcc.nrcs.usda.gov/wtec.html	美国农业部自然资源保护所
www.weru.ksu.edu/nrcs	美国农业部自然资源保护所，曼哈顿风力侵蚀研究单位
www.yellowriver.gov.cn/	水利部黄河水利委员会